陈福良 主编

农药新剂型加工与应用

化学工业出版社
·北京·

本书主要介绍了微乳剂、水乳剂、悬浮剂、水分散粒剂、缓释剂及省力化农药剂型共6类当前对环境友好的农药新剂型；详细介绍了各个新剂型的概念、组成及配制；深入浅出地介绍了各个剂型的相关理论知识，加工工艺及设备，质量技术控制指标和测定方法，以及在农药中的应用等内容。

本书可供广大从事农药剂型研发的相关人员阅读，也可供农业院校农药、植保等相关专业师生参考。

图书在版编目（CIP）数据

农药新剂型加工与应用/陈福良主编. —北京：化学工业出版社，2015.1
ISBN 978-7-122-22433-0

Ⅰ.①农… Ⅱ.①陈… Ⅲ.①农药剂型-生产工艺 Ⅳ.①TQ450.6

中国版本图书馆CIP数据核字（2014）第280719号

责任编辑：刘　军　张　艳　　　　文字编辑：向　东
责任校对：吴　静　　　　　　　　装帧设计：刘丽华

出版发行：化学工业出版社（北京市东城区青年湖南街13号　邮政编码100011）
印　　刷：北京市永鑫印刷有限责任公司
装　　订：三河市宇新装订厂
710mm×1000mm　1/16　印张19¼　字数396千字　2015年3月北京第1版第1次印刷

购书咨询：010-64518888（传真：010-64519686）　　售后服务：010-64518899
网　　址：http://www.cip.com.cn
凡购买本书，如有缺损质量问题，本社销售中心负责调换。

定　价：88.00元　　　　　　　　　　　　　　　　　　版权所有　违者必究

本书编写人员名单

主　编　陈福良
编写人员　（按姓氏汉语拼音排序）
　　　　　曹　源　广西田园生化股份有限公司
　　　　　陈福良　中国农业科学院植物保护研究所
　　　　　丑靖宇　中化集团沈阳化工研究院
　　　　　刘勇良　中化化工科学技术研究总院
　　　　　魏方林　浙江大学
　　　　　杨代斌　中国农业科学院植物保护研究所
　　　　　袁会珠　中国农业科学院植物保护研究所
　　　　　张春华　中化化工科学技术研究总院
　　　　　张小军　中农立华生物科技股份有限公司

前言

农药剂型是伴随着有机农药的发展而发展起来的,经过几十年的发展,目前已形成一个独立的学科——农药制剂学。现有农药剂型林林总总,不下百余种,但在大田广泛实际应用的仅有 10 余种。随着人们环保意识的增强,以及对食品安全与人类健康的关注,人们越来越注重生活品质及生态环境,对农药剂型的发展提出了新的要求,其发展主流朝着水性化、粒状化、多功能、缓释、省力化和精细化的方向发展。传统老剂型如乳油和可湿性粉剂因环境相容性差,深受人们的诟病,其被取代的呼声越来越高,一些高效、安全、经济和环境相容的新剂型应运而生,本书正是适应这一发展趋势,选取目前在大田应用最广泛的现代农药新剂型进行介绍,涵盖了水基化剂型、环境友好剂型、绿色环保剂型、缓释剂型、省力化农药剂型,代表了农药剂型的发展方向,符合现代农业可持续发展的需求。

本书共分 6 章,分别为微乳剂、水乳剂、悬浮剂、水分散粒剂、缓释剂及省力化农药剂型。详细介绍了各个新剂型的概念、组成及配制,深入浅出地介绍了各个剂型的相关理论知识、加工工艺及设备、质量技术控制指标和测定方法,以及在农药中的应用。分别由经验丰富、具有实践经验的农药剂型研究者编写,既有剂型理论知识,又有丰富的实际应用。可供各大农业院校农药专业学生、农药科研人员及企业农药制剂研发人员参考。

本书由 9 位人员编写,其中,第一章由陈福良编写,第二章由魏方林编写,第三章由丑靖宇编写,第四章由张春华、张小军、刘勇良编写,第五章由陈福良、杨代斌编写,第六章由袁会珠、曹源编写。由于各人的专业角度与背景不同,水平各异,疏漏与不当之处在所难免,恳请广大读者批评指正。

陈福良
2014 年 12 月

目录

第一章 微乳剂 … 1

第一节 概述 … 1
一、水基化制剂的概念和特点 … 1
二、农药微乳剂的概念 … 2
三、农药微乳剂的特点 … 3
四、微乳剂的不足之处 … 4
五、微乳剂在国内外的发展概况 … 5

第二节 农药的分散体系及微乳液概念 … 7
一、农药分散度 … 7
二、分散体系 … 8
三、微乳液的概念 … 9

第三节 微乳体系形成的理论基础 … 11
一、瞬间负界面张力理论 … 11
二、双重膜理论 … 12
三、增溶理论 … 13
四、几何排列理论 … 14
五、R 比理论 … 15
六、热力学理论 … 17

第四节 农药微乳剂的研究方法 … 17
一、微乳剂配方研究的技术要点 … 17
二、微乳剂的研究方法 … 19

第五节 微乳剂的物理稳定性 … 25
一、微乳剂浊点 … 26
二、微乳剂低温稳定性 … 30
三、微乳剂乳液稳定性 … 33
四、微乳剂的活化能与制剂稳定性 … 36
五、微乳剂的粒径及分布与制剂稳定性 … 38

第六节 微乳剂的配方组成及加工工艺 … 41
一、微乳剂的配方组成 … 41

二、微乳剂配方实例 ………………………………… 46
　　三、微乳剂的加工工艺 ……………………………… 46
第七节　微乳剂的质量控制指标及检测方法 ………………… 47
　　一、微乳剂质量控制指标测定方法 ………………… 47
　　二、微乳剂质量控制指标建议值 …………………… 49
第八节　商品化的农药微乳剂品种 …………………………… 50
　　一、甲氨基阿维菌素苯甲酸盐微乳剂 ……………… 52
　　二、高效氯氟氰菊酯微乳剂 ………………………… 56
　　三、啶虫脒微乳剂 …………………………………… 59
　　四、烯唑醇微乳剂 …………………………………… 61
　　五、氟硅唑微乳剂 …………………………………… 62
　　六、三唑磷微乳剂 …………………………………… 63
　　七、银泰微乳剂 ……………………………………… 64
参考文献 ………………………………………………………… 67

第二章　水乳剂　　70

第一节　概述 ………………………………………………… 70
　　一、水乳剂的概念 …………………………………… 70
　　二、水乳剂的特点 …………………………………… 70
　　三、水乳剂在国内外的发展概况 …………………… 71
第二节　乳状液分散体系形成的理论基础 ………………… 76
　　一、乳状液的形成理论 ……………………………… 76
　　二、乳状液类型的鉴别 ……………………………… 79
第三节　水乳剂的物理稳定性 ……………………………… 80
　　一、乳状液稳定理论 ………………………………… 80
　　二、水乳剂的不稳定现象 …………………………… 82
　　三、影响水乳剂物理稳定性的因素 ………………… 84
第四节　水乳剂的配方组成 ………………………………… 88
　　一、有效成分 ………………………………………… 89
　　二、表面活性剂 ……………………………………… 89
　　三、水 ………………………………………………… 90
　　四、有机溶剂 ………………………………………… 90
　　五、助表面活性剂 …………………………………… 91
　　六、增稠剂 …………………………………………… 91
　　七、防冻剂 …………………………………………… 91

八、消泡剂 …… 92
第五节　水乳剂的加工工艺及设备 …… 93
　一、水乳剂的加工工艺 …… 93
　二、加工设备 …… 94
第六节　水乳剂的质量控制指标及检测方法 …… 98
　一、水乳剂的质量控制项目 …… 98
　二、质量控制项目指标及检测方法 …… 98
第七节　水乳剂配方开发实例 …… 104
　一、5%联苯菊酯水乳剂 …… 104
　二、30%毒死蜱水乳剂 …… 105
　三、10%联苯菊酯水乳剂 …… 105
第八节　商品化的水乳剂品种及其应用 …… 105
参考文献 …… 109

第三章　悬浮剂　110

第一节　概述 …… 110
　一、悬浮剂的定义 …… 110
　二、悬浮剂的特点 …… 111
　三、悬浮剂在国内外的发展情况 …… 111
　四、悬浮剂目前存在问题及开发前景 …… 112

第二节　悬浮分散体系形成的理论基础 …… 115
　一、固-液分散体系的稳定性 …… 115
　二、静电稳定理论 …… 117
　三、空间稳定理论 …… 117
　四、空缺稳定理论 …… 118
　五、悬浮体系的流变性能 …… 118

第三节　悬浮剂的物理稳定性 …… 119
　一、悬浮剂稳定机理的研究 …… 120
　二、悬浮剂的沉淀与黏度问题 …… 121
　三、悬浮剂贮存稳定性 …… 123
　四、悬浮剂的长期物理稳定性的判断 …… 125

第四节　悬浮剂技术开发难点 …… 126
　一、低熔点原药悬浮剂开发 …… 126
　二、高水中溶解度原药悬浮剂开发 …… 127
　三、高质量分数悬浮剂开发 …… 127

四、制剂膏化 127
　　五、悬浮率控制 129
　　六、加工过程中气泡的消除 130
　第五节　悬浮剂的配方组成 130
　　一、有效成分 131
　　二、分散剂 131
　　三、润湿剂 136
　　四、增稠剂 139
　　五、消泡剂 140
　　六、稳定剂 140
　　七、抗冻剂 140
　　八、pH 调节剂 141
　　九、防腐剂 141
　　十、增效剂 141
　第六节　悬浮剂的制备方法、加工工艺和设备 141
　　一、悬浮剂的制备方法 141
　　二、悬浮剂的加工工艺 142
　　三、悬浮剂的加工设备 142
　　四、研磨介质 144
　　五、高输入能量密度砂磨机 148
　第七节　悬浮剂的质量控制指标及检测方法 148
　　一、悬浮剂的质量控制指标 148
　　二、悬浮剂的质量控制指标检测方法 151
　　三、悬浮剂制剂的参照标准 153
　第八节　悬浮剂的配方开发实例 153
　　一、悬浮剂配方的确定 153
　　二、悬浮剂试样的制备 155
　　三、有效成分质量分数及热贮分解率的测定 155
　　四、配方确定及性能检测 156
　第九节　悬浮剂的安全化生产 157
　　一、原药及助剂的选购使用 157
　　二、悬浮剂的生产装置 157
　　三、污染风险的评估 157
　　四、生产装置的清洁水平 158
　　五、悬浮剂生产的操作规程 158
　　六、悬浮剂的产品包装 158

第十节　悬浮剂的商品化品种及其应用……………………………… 159
　　一、有特点农药新品种的商品化…………………………………… 159
　　二、国外专利到期（或将到期）品种的商品化…………………… 160
　　三、高浓度悬浮剂品种的商品化…………………………………… 160
参考文献……………………………………………………………………… 160

第四章　水分散粒剂　　162

第一节　概述………………………………………………………… 162
　　一、水分散粒剂的概念……………………………………………… 162
　　二、水分散粒剂的特点……………………………………………… 164
　　三、水分散粒剂国内外发展进程…………………………………… 165

第二节　水分散粒剂理论基础…………………………………… 169
　　一、颗粒团聚机制理论……………………………………………… 169
　　二、崩解机制理论…………………………………………………… 171
　　三、分散稳定机制理论……………………………………………… 174

第三节　水分散粒剂的配方组成………………………………… 179
　　一、分散剂…………………………………………………………… 179
　　二、润湿剂…………………………………………………………… 185
　　三、崩解剂…………………………………………………………… 188
　　四、填料……………………………………………………………… 191
　　五、消泡剂…………………………………………………………… 200
　　六、黏结剂…………………………………………………………… 201

第四节　水分散粒剂的配制……………………………………… 201
　　一、小试试验工艺…………………………………………………… 201
　　二、配方筛选………………………………………………………… 202
　　三、配方优化………………………………………………………… 202

第五节　水分散粒剂的加工工艺及设备………………………… 203
　　一、流化床造粒工艺及设备………………………………………… 203
　　二、挤出造粒工艺及设备…………………………………………… 204
　　三、喷雾干燥造粒工艺及设备……………………………………… 206
　　四、其他造粒方式及设备…………………………………………… 207

第六节　水分散粒剂的控制指标及检测方法…………………… 208
　　一、水分散粒剂质量控制指标……………………………………… 208
　　二、检测方法………………………………………………………… 209

第七节　商品化的水分散粒剂品种及其应用…………………… 212

- 一、杀虫剂水分散粒剂品种 … 212
- 二、杀菌剂水分散粒剂品种 … 214
- 三、除草剂水分散粒剂品种 … 215

参考文献 … 217

第五章　缓释剂　219

第一节　概述 … 219
- 一、缓释剂的概念 … 219
- 二、农药持效期与用药剂量的关系 … 220
- 三、缓释剂的特点 … 220
- 四、缓释剂的发展概况 … 223
- 五、缓释剂的释放机制 … 224

第二节　农药缓释剂载体 … 225
- 一、高分子化合物概念 … 225
- 二、高分子化合物分类 … 225

第三节　微囊 … 231
- 一、微囊化技术的概念 … 231
- 二、微囊制备的方法 … 231
- 三、微囊中活性成分的缓释动态 … 237
- 四、微囊对活性成分包封率的测定 … 238
- 五、微囊的新进展 … 239

第四节　微球 … 240
- 一、微球的概念 … 240
- 二、微球在国内外的研究现状 … 241
- 三、微球的分类 … 242
- 四、微球的制备方法 … 244
- 五、微球的缓释机制 … 251

第五节　控释包膜颗粒剂 … 253
- 一、控释包膜颗粒剂的概念 … 253
- 二、控释包膜材料在国内外的发展概况 … 254
- 三、控释包膜颗粒剂制备工艺 … 255

第六节　其他缓释制剂 … 256
- 一、β-环糊精包合物 … 256
- 二、吸附性缓释剂 … 258
- 三、均一体 … 259

参考文献 ··· 260

第六章　省力化农药剂型　264

第一节　概述 ··· 264
一、农药制剂和农药使用方法的展望 ································ 264
二、省力化剂型的概念 ·· 265
三、省力化剂型的特点 ·· 266
四、省力化剂型在国内外的发展概况 ································ 267

第二节　展膜油剂 ··· 268
一、展膜油剂的配方筛选 ·· 268
二、展膜油剂的配方优化 ·· 272
三、展膜油剂铺展性能的测试方法 ···································· 274
四、5％醚菊酯展膜油剂的加工方法 ·································· 275
五、展膜油剂在水面扩散速率曲线模拟 ···························· 275
六、农药展膜油剂的配方 ·· 276
七、5％醚菊酯展膜油剂的质量指标 ·································· 277
八、展膜油剂在水面的分布均匀性 ···································· 278

第三节　泡腾片剂 ··· 279
一、农药泡腾片剂的发展历史 ·· 279
二、农药泡腾片剂的特点 ·· 281
三、农药泡腾片剂的崩解作用机制 ···································· 281
四、农药泡腾剂的配方组成 ·· 281
五、农药泡腾片剂的配方设计 ·· 282
六、农药泡腾片剂的加工制备 ·· 285
七、农药泡腾剂加工新技术 ·· 285
八、泡腾片剂的质量控制指标及检测方法 ······················ 286
九、除草剂泡腾片剂的使用 ·· 286

第四节　其他省力化剂型 ·· 288
一、撒滴剂 ··· 288
二、大粒剂 ··· 289
三、可分散袋剂 ··· 291
四、高浓度悬浮剂 ··· 292
五、育苗箱处理剂 ··· 292

参考文献 ··· 292

第一章

 微乳剂

第一节 概述

农药微乳剂（microemulsion）为经时稳定、热力学稳定的绿色环保剂型，属于水基化制剂。

一、水基化制剂的概念和特点

以水为介质或稀释剂的农药制剂统称为水基化制剂。水基化制剂概念有广义和窄义之分。

广义指含水的制剂，如水剂（草甘膦、百草枯、杀虫单、井冈霉素）、微乳剂、水乳剂、悬浮剂、悬乳剂、微囊悬浮剂和悬浮种衣剂等所有以水为分散介质的制剂。

窄义指不溶于水的有效成分水基化，一般指微乳剂、水乳剂、悬浮剂、悬乳剂和微囊悬浮剂等。

水基化制剂最大的特点是对环境友好，以水替代全部或大部分有机溶剂，不但节约了原料成本，且传统的有机溶剂大多数来源于日益枯竭的、不可再生的石油资源，节省下来的有机溶剂可为能源工业提供大量的资源。减少无生物活性的有机溶剂洒向大田，减轻了环境污染的压力，有利于农业的可持续发展；也降低了有机溶剂对人畜毒性、作物药害等的危害。对于越来越注重生活品质及生态环境的21世纪，降低有机溶剂用量符合行业发展的趋势。

水基化制剂的不足之处：有机溶剂虽然本身不具有生物活性，但具有协助有效成分渗透进植物体内的作用，且作物靶标表层的蜡质层为亲脂性，含有机溶剂的乳油制剂对蜡质层具有亲和性，且有机溶剂也需要表面活性剂的乳化，故乳油的表面活性剂用量易于在靶标润湿、展着、附着。而水基化制剂亲水性较强，不易渗透进蜡质层，而且正是由于减少了有机溶剂的用量，使水乳剂的表面活性剂用量降低，悬浮剂完全不用有机溶剂，这两种制剂的表面活性剂的用量均低于乳油，导致农药使用时的稀释液表面活性剂用量达不到在靶标表面有效润湿、展着、附着的作用，对药效有一定的影响，且悬浮剂是固体颗粒，其作用也不如油珠颗粒的渗透性强。

微乳剂含有高于乳油的表面活性剂，且有效成分分散度高，故药效好于或与乳油相当，但较多的表面活性剂用量抵消了节约的有机溶剂的成本，在成本上不具优势，与乳油相当或略高，明显高于水乳剂，纳米级有效成分颗粒进入生物体内的影响还不为人所知，是否具有不可预知的影响，目前还无人对其开展毒理学的研究。

二、 农药微乳剂的概念

农药微乳剂（剂型代码 ME）又被称为水基乳油、可溶乳油，是油溶性或微溶于水的液体原药或溶于非极性有机溶剂的固体原药的液体分散水中形成的一种农药制剂。该剂型一般定义为由油（原药）、水、表面活性剂构成的透明或半透明的、经时稳定的、热力学稳定的单相分散体系。农药微乳剂一般特指水包油型的微乳状液。

《农药剂型名称及代码》（GB/T 19378—2003）中对微乳剂定义为"透明或半透明的均一液体，用水稀释后成微乳状液体的制剂"。该定义只强调了微乳液外观状态，而并没有详细说明制剂的组成及性质。黎金嘉对农药微乳剂的定义："水和与水不相溶的农药液体（固体原药溶于非极性有机溶剂），在表面活性剂和助表面活性剂的作用下，形成各向同性的、热力学稳定的、外观透明或半透明的、单相流动的分散体系"。该定义比较全面，不仅说明了微乳剂剂型基本组成为有效成分（液体有效成分可不加有机溶剂直接制备，固体有效成分加入适量的有机溶剂溶解）、表面活性剂、助表面活性剂和水，而且强调了以水作为连续相（把水放在首要位置），明确了农药微乳剂属于水包油的微乳液范畴，是水基化制剂。但该定义没有涉及稀释液的状态（农药微乳剂不同于一般微乳液之处在于其可以任意比例对水稀释，存在着稀释液形态），若两者相结合，则可形成较完整的农药微乳剂定义。

微乳剂外观和稀释液均为透明或半透明，是用户区分微乳剂与乳油或水乳剂最直观的视觉判断，无需用仪器检测即可进行。"单相"（亦可称做"均相"）意味着无分层、无结晶、无液晶、无沉淀、无悬浮物，"流动"意味着不出现凝胶和黏稠。黏稠和不流动的农药制剂常常给使用者带来不便，因此在微乳剂中添加增黏剂是不必要的（除非是为了提高药效而额外添加的）。一般来说，在农药制剂中添加增黏剂是为了提高制剂的物理稳定性，如悬浮剂、水乳剂等，而微乳剂是热力学稳定体系，无需再添加增黏剂来提高其物理稳定性。

针对以上农药微乳剂的概念，考察目前在我国农药市场上的微乳剂品种，大多数还是比较规范的，的确属于微乳剂的范畴，如阿维菌素微乳剂、拟除虫菊酯类微乳剂、毒死蜱微乳剂、哒螨灵微乳剂等。但也有少数品种并不属于微乳剂，却冠以微乳剂的名称。下面仅举出几个典型的例子，予以辨析。

20%杀虫单微乳剂。杀虫单为水溶性钠盐，完全溶于水，在水中形成真溶液，液体制剂只能加工成水剂，在制剂中不可能存在油相，即在水溶液中不可能有分散质点（油珠颗粒）存在。

30%吡虫啉微乳剂（该品种已经获得农药正式登记）。吡虫啉为极性较强的有效成分，易溶于极性溶剂，而不溶于非极性溶剂。制备农药微乳剂一般采用非极性溶剂，因极性溶剂与水互溶，在水相中易于析出有效成分结晶，故通常不用做农药微乳剂的溶剂。30%吡虫啉液态制剂经过强酸化处理，有人以高分散液剂命名之，但与微乳剂的概念相差甚远。

20%氧乐果无水微乳剂。氧乐果是一种极性很强的有机磷农药，但在水中又极易分解。农药微乳剂其实质是一种分散体系中存在油相分散质点，即通过物理化学的方法能够测定其体系中的油珠颗粒，而不是以分子状态溶解其中的溶液。所谓"无水微乳剂"即互不相溶的两种液体借助助溶剂和表面活性剂使之互溶。该概念与农药微乳剂的概念有较大的差异。另外，互不相溶的两种液体不一定以一种分散质点分散于另一种溶液中，如制备油剂的溶剂对有效成分的溶解度都较低，有时必须加入助溶剂才能完全溶解，而油剂属于真溶液。

三、农药微乳剂的特点

1. 制剂及稀释液外观透明或半透明

微乳剂属于水基液态剂型，其油珠粒径小于100nm，一般波长小于可见光的1/4以下的液滴不折射光线，而可见光波长为380~780nm，所以制剂及对水后的微乳液均清澈透明。

2. 对环境友好

微乳剂少用或甚至不用有机溶剂，不但节省了大量有机溶剂，同时大幅度降低了排放到大气、土壤、地下水和河流中的有机溶剂，大大减轻了对环境的压力，对于维护农业生态平衡具有重要意义，更有利于农业的可持续发展。故微乳剂被称为对环境友好的绿色农药剂型。

3. 生物活性高

微乳剂稀释液油珠粒径为纳米级，有效成分分散度高，粒径小，易于渗透靶标体内，有利于发挥药效和增强对有害生物体或植物体表面的渗透，故可以提高触杀效果或用于防治潜叶蝇等隐蔽性害虫；此外，由于微乳剂添加的表面活性剂用量较高，有利于提高对靶标的润湿性、黏着性，从而提高生物活性。据报道，毒死蜱防治美洲斑潜蝇，微乳剂的药效比乳油药效高30%。3%甲氨基阿维菌素B_{1a}苯甲酸盐微乳剂对小菜蛾的室内毒力是乳油的1.5倍，10%啶虫脒微乳剂对麦蚜的室内毒力比乳油高26%，2.5%吡虫啉微乳剂对菜蚜的室内毒力是乳油的1.6倍。

4. 安全性提高

微乳剂以水为分散介质，避免或大大减少有机溶剂的使用，对生产者和使用者的毒害大为减轻，对人、畜及其他有益生物的毒性较低。微乳剂生产、贮运过程中不会发生燃烧、爆炸，安全性较乳油剂型大大提高。农药微乳剂在喷洒时刺激性和臭味减轻，降低了对农产品风味和人畜健康的影响。由于以水为分散介质，微乳剂不腐蚀包装容器，无容器限制，便于贮存和运输。

5. 制剂加工工艺简单

微乳液可自发形成，故微乳剂加工工艺较为简单，可直接利用乳油加工设备，不增加设备投资，加工成本低廉。

6. 不影响产品品质

微乳剂对水稀释液为透明或半透明，在蔬菜和果树上使用，不会在农产品上残留制剂中填料或乳状液形成的污渍，影响产品的外观。

7. 经时稳定性好

农药产品在出厂后直至使用前，一般要经过较长时间的贮存；使用时要求经过对水稀释和简单搅拌后均能保持均匀的状态，以便通过喷雾器喷洒。微乳剂是热力学稳定的单相体系，可以长期放置而不发生相分离，稀释后仍为热力学稳定体系。因此可以说在现代的水基化农药新剂型中，只有微乳剂真正解决了制剂稳定性问题，从而确保了它在存放和贮运中具有稳定的制剂质量和经久的贮存期。

四、微乳剂的不足之处

任何一种剂型，都不可能尽善尽美，既有优点，必然也会有缺点。微乳剂也存在着下面几点不足之处。

1. 有效成分质量分数较低

一般在水中稳定的、油溶性农药有效成分才能制备微乳剂，且微乳剂有效成分质量分数较低，不能加工成高浓度的制剂，一般商品化农药品种的微乳剂有效成分质量分数不超过20%，而某些剂型如水分散粒剂可以加工成高浓度制剂。

2. 透明温度范围较窄

微乳剂以非离子表面活性剂为主，所以微乳剂也存在非离子表面活性剂固有的浊点问题，其透明温度范围较窄，在此范围之外则制剂浑浊，影响制剂外观及物理稳定性。

3. 表面活性剂的用量较高

微乳剂使用的表面活性剂用量大，一般为乳油的1~2倍，虽然减少了有机溶剂用量，但增加了表面活性剂用量，制剂成本与乳油相比，难以大幅度降低。随着微乳剂开发技术的成熟，其表面活性剂用量仅略高于乳油或与之持平。

4. 增加制剂运输、包装成本

微乳剂作为质量分数较低的液体制剂，增加了运输、包装成本。

总之，微乳剂比较适合于高经济附加值的农药品种，如生物活性高、高附加值的有效成分、使用剂量低的农药品种。

五、微乳剂在国内外的发展概况

20世纪70年代，美国、德国、日本、印度就开始公开报道农药微乳剂的研究，并首次研制成功商品化的氯丹微乳剂品种。目前，农药微乳剂在国外已经得到了很好的发展，现在国外微乳剂的研究已涉及卫生用药及农用杀虫剂、杀菌剂、除草剂等各领域，且不断深化和发展。在日本菊酯类农药大部分都制备成微乳剂。

国外报道的微乳剂品种有：有机氯类硫丹微乳剂；有机磷类二嗪磷、毒死蜱、三唑磷、对氧磷、马拉硫磷、对硫磷、乙拌磷等微乳剂；氨基甲酸酯类苯氧威、甲萘威微乳剂；拟除虫菊酯类氟氰戊菊酯、苯醚菊酯、溴氰菊酯、氯氰菊酯等微乳剂，混剂有氯菊酯·胺菊酯微乳剂，氯菊酯·氯氰菊酯微乳剂，苯醚菊酯·右旋烯丙菊酯微乳剂、右旋烯丙菊酯、氯菊酯、胺菊酯以及与胡椒基丁醚混合微乳剂；阿维菌素微乳剂；昆虫生长调节剂烯虫乙酯微乳剂；杀螨剂三氯杀螨醇、乐杀螨微乳剂；杀菌剂氯苯嘧啶醇微乳剂；除草剂氟乐灵微乳剂，野燕枯·2,4-滴丁酯微乳剂。碳化二亚胺与特殊的溶剂/乳化剂聚合体在缓冲液中形成的结合物可以制备稳定的双甲脒、磺酰脲类除草剂微乳剂等。

国外在微乳剂研究中卓有成效的农药公司有：德国 Hoechst 公司，法国 Rhone-poulenc 公司，瑞士 Ciba-Geigy 公司，日本北兴化学、三菱油化和 Ube 工业公司，美国 Isp Investiments 公司等。这些公司申请了大量的农药微乳剂专利，如 DE3624910、DE3707711、EP371212、EP388122、EP432062、EP533057、EP648414、US4824663、US5045311、US5227402、US5298529、US5106410、US5338762、US5733847、US5820855、US5968990、US6153181、US6193974、WO906681 等。

另外，国外还公开披露了一些微乳剂的专用乳化剂专利。1994年美国专利报道了用2种非离子表面活性剂组合制备三唑类杀菌剂微乳剂。以苯乙基酚聚氧乙烯醚磷酸酯及其盐与另一种非磷酸化的表面活性剂组成的乳化剂组合可以用来制备包括阿维菌素、三唑磷、硫丹等杀虫剂的微乳剂。Hobbs 公司申请的专利中公开了一种由脂肪醇环氧乙烷加合物、油溶性磺酸盐和聚氧乙烯的混合物组成的微乳专用乳化剂。德国 Hoechst 公司采用复配表面活性剂制备乐杀螨微乳剂。1984年日本一家公司利用阴离子和非离子表面活性剂混配得到除草、杀虫和杀菌剂微乳剂。美国 Horton 公开了制备微乳剂的专用乳化剂。目前微乳剂品种在日本农药制剂中还占有一席之地，在欧美国家比较少见。

我国从20世纪80年代后期开始家庭卫生使用的微乳剂研究和生产，先后研制了不同配方的家用水基杀虫喷雾剂；直到20世纪90年代才开始研究和开发农用微乳剂；1992年安徽省化工研究院首次研究成功8%和20%氰戊菊酯微乳剂；化工部农药剂型研究中心研制出5%高效氯氰菊酯微乳剂、菊酯类·灭多威微乳剂；1993年广东石岐农药厂研制出10%氯氰菊酯微乳剂；1995年北京农业大学公开了20%北农一号微乳剂专利。近十几年公开报道的微乳剂单剂新品种见表1-1。

表 1-1　近十几年我国公开报道的微乳剂品种

农药种类	微乳剂品种	英文通用名称	报道者
拟除虫菊酯类杀虫剂	8%氰戊菊酯微乳剂	fenvalerate 80ME	陈蔚林,1997
	5%高效氯氰菊酯微乳剂	β-cypermethrin 50ME	陈福良等,1999
	4.5%高效氯氰菊酯微乳剂	β-cypermethrin 45ME	家新发,2000
	10%甲氰菊酯微乳剂	fenpropathrin 10ME	陈立,2000
	2.5%溴氰菊酯微乳剂	deltamethrin 25ME	邵新玺等,2001
	5%高效氯氟氰菊酯微乳剂	$lambda$-cyhalothrin 50ME	赵辉等,2005
	高效氟氯氰菊酯微乳剂	β-cyfluthrin	刘钰,2007
阿维菌素类杀螨、杀虫剂	0.3%阿维菌素 B_{1a} 微乳剂	abamectin 3ME	李光伟等,1999
	1%阿维菌素 B_{1a} 微乳剂	abamectin 10ME	陈福良等,1999
	2%阿维菌素 B_{1a} 微乳剂	abamectin 20ME	李培强等,2005
	0.2%甲氨基阿维菌素 B_{1a} 苯甲酸盐微乳剂	emamectin benzoate 2ME	陈福良等,2003
有机磷类杀虫剂	8%三唑磷微乳剂	triazophos 80ME	谢光东,2002
	15%三唑磷微乳剂	triazophos 150ME	金文灶等,2002
	30%毒死蜱微乳剂	chlorpyrifos 300ME	黄启良等,2002
	20%二嗪磷微乳剂	diazinon 200ME	黄松其等,2001
	10%丙线磷微乳剂	ethoprofos 100ME	李艳芬等,2003
氨基甲酸酯类杀虫剂	10%抗蚜威微乳剂	pirimicarb 100ME	陈福良等,2004
	3%残杀威微乳剂	propoxur 30ME	宋芳,2004
	10%残杀威微乳剂	propoxur 100ME	聂思桥,2006
	10%仲丁威微乳剂	fenobucarb 100ME	张晓光等,2007
新烟碱类杀虫剂	30%吡虫啉微乳剂	imidacloprid 300ME	黄荣茂等,2001
	2.5%吡虫啉微乳剂	imidacloprid 25ME	陈福良等,2002
	3%啶虫脒微乳剂	acetamiprid 30ME	齐崇广,2003
甲酰脲类杀虫剂	3%氟铃脲微乳剂	hexaflumuron 30ME	陈福良等,2005
其他杀虫剂	10%虫螨腈微乳剂	chlorfenapyr 100ME	张宇等,2009
植物源杀虫剂	0.15%苦皮藤素微乳剂		刘小凤等,2002
	7.0%砂生槐总碱微乳剂		张璐等,2007
	1.5%银杏酸微乳剂	ginkgolic acids 15ME	杨小明等,2008
	5.0%印楝素微乳剂	azadirachtin 50ME	段琼芬等,2009
哒嗪酮类杀螨剂	10%哒螨灵微乳剂	pyridaben 100ME	陈福良等,2002
苯并吡喃酮类杀鼠剂	0.5%溴敌隆微乳剂	bromadiolone 5ME	陈锋等,2000

续表

农药种类	微乳剂品种	英文通用名称	报道者
三唑类杀菌剂	5%烯唑醇微乳剂	diniconazole 50ME	陈福良等,2001
	5%腈菌唑微乳剂	myclobutanil 50ME	胡伟武等,2003
	6%戊唑醇微乳剂	tebuconazole 60ME	田文学等,2003
	8%氟硅唑微乳剂	flusilazole 80ME	陈福良等,2004
	5%己唑醇微乳剂	hexaconazole 50ME	贾忠民等,2005
	10%三唑酮微乳剂	triadimefon 100ME	陈福良等,2005
	10%苯醚甲磺唑微乳剂	difenoconazole 100ME	徐妍等,2007
有机铜杀菌剂	15%壬菌铜微乳剂	cupric nonyl phenolsulfonate	许中怀,2003
吡啶噁唑啉类杀菌剂	10%啶菌噁唑微乳剂	SYP-Z048	董广新,2006
咪唑类杀菌剂	10%咪鲜胺微乳剂	prochloraz 100ME	温书恒等,2009
取代苯类杀菌剂	15%甲霜灵微乳剂	metalaxyl 150ME	徐妍等,2000
其他杀菌剂	25%溴菌腈微乳剂	bromothalonil 250ME	胥璋,2008
杂环类除草剂	36%异噁草松微乳剂	clomazone 360ME	李永丰等,1998
苯氧羧酸类除草剂	5%精喹禾灵微乳剂	quizalofop-P 50ME	林昌志,2004
	10.8%高效氟吡甲禾灵微乳剂	haloxyfop-R-methy 108ME	蔡党军等,2008
酰胺类除草剂	50%乙草胺微乳剂	acetochlor 500ME	何明波等,2002
磺酰脲类除草剂	烟嘧磺隆微乳剂	nicosulfuron ME	吕长和等,2010

第二节 农药的分散体系及微乳液概念

一、农药分散度

农药被分散的程度称为农药分散度,是衡量农药制剂加工或喷洒质量的主要指标之一。农药分散度通常采用颗粒粒径的大小表示,分散度越大,粒径越小。也可以用颗粒的总体积与总表面积之比表示,称为比表面积,比表面积越大,粒子越小,颗粒越多,分散度越大。

表 1-2 为农药主要剂型及相应的颗粒粒径大小。

表 1-2 农药主要剂型的颗粒粒径

农药剂型	颗粒粒径/μm
水剂、乳油	<0.001
微乳剂	0.01~0.1
烟剂	0.1~2

续表

农药剂型	颗粒粒径/μm
水乳剂	0.1~10
悬浮剂	1~5
可湿性粉剂	<45

农药分散方法主要有加工及施药两种方法。通过加工的分散方法也称为一次分散,是农药分散的主要方法。每种剂型根据形态不同,采取不同的加工方法:乳油和水剂通过溶解原药使之分散;固体制剂,如可湿性粉剂、水分散粒剂通过气流粉碎使之分散;悬浮剂,如悬浮种衣剂则通过湿磨或砂磨使之分散。

通过施药方法的分散一般是在田间使用过程中产生的,也称为二次分散。一般通过加大喷雾器的压力,降低雾滴粒径,扩大农药有效成分的分散。

提高分散有以下的主要作用。

① 增加覆盖面积:分散度越大,覆盖面积越大。

② 增大药剂的附着性:药剂在靶标的附着,颗粒粒径越小,越容易附着。

③ 改变雾滴的运动性能:分散度不同,其运动轨迹也不同,微细雾滴受环境影响大,如受风力影响,易于飘移,影响药剂的有效沉积,特别对于除草剂,容易产生飘移药害。

④ 提高药剂颗粒的表面能:颗粒越细,溶解能力越大;微细雾滴易于被靶标捕获,如著名的最佳生物粒径理论;但增大的比表面能,不仅增加助剂用量,且增大粉剂的包装体积。

⑤ 提高悬浮率及乳液稳定性:提高分散可提高可湿性粉剂和悬浮剂的悬浮率,提高乳油及水乳剂、微乳剂的乳液稳定性。

二、分散体系

农药原药必须分散到各种相关介质中,具有某种适当的形态,才能成为可使用的商品。分散就是把一种物质均匀分布到另外一种物质或物体中,使之形成一种均匀的混合物以便于使用,被分散物质称为分散相,如农药原药;另一种物质或物体是辅助成分,用来分散分散相的,保持连续的未被分散的状态,称为连续相,也称为分散介质或载体。

根据物理化学的概念,分散体系可分为均相分散体系和非均相分散体系。均相分散体系是指在一种分散体系中,只存在一种均匀的状态,如水剂、乳油剂型;非均相分散体系是指几种互不相溶的物质经过分散而成的体系,如油类及不溶于水的固体物质分散于水中,水乳剂和悬浮剂均属于非均相分散体系。

分散体系还可以依据不同的分散方法分为一次分散体系和二次分散体系。

① 一次分散　农药原药在特定的分散介质中所形成的高浓度或较高浓度的可商品化生产的分散体系,称为一次分散。原药加工成剂型属于一次分散。

② 二次分散　一种剂型在使用时在固体或液体介质中混合、稀释时所发生的再次分散现象称为二次分散。制剂在田间喷洒的分散属于二次分散。

农药制剂加工和对水配制过程中所发生的分散体系的变化，形成二次分散以后，一次分散即不复存在。

农药的分散体系一般有以下几种：
① 乳油对水稀释后形成乳白色的乳状液，水乳剂剂型本身即为乳状液；
② 微乳剂为清澈透明的微乳状液（微乳液）；
③ 悬浮剂为浑浊的悬浮液，可湿性粉剂和水分散粒剂稀释后形成悬浮液；
④ 水剂、乳油、油剂为真溶液，水剂对水后还是真溶液。

表 1-3 为农药主要剂型的性能比较。

表 1-3　农药主要剂型的性能比较

项目	微乳剂	水乳剂	悬浮剂	乳油
外观	透明,均相	不透明,非均相	不透明,非均相	透明,均相
分散体系	微乳液,水基	乳状液,水基	悬浮液,水基	溶液,油基
颗粒粒径/μm	0.01～0.1	0.1～10	1～5	0.001
热力学稳定性	稳定	不稳定	不稳定	稳定
加工设备	简单	复杂,需要高速剪切机	复杂,需要砂磨机	简单
药效	好	较差	较好	好
安全性	安全	安全	安全	易燃易爆

三、微乳液的概念

英国科学家 Hoar 和 Schulman 于 1943 年首次报道了一种新的分散体系：水和油与大量表面活性剂和助表面活性剂（一般为中等脂肪碳链长度的醇）混合能自发地形成透明或半透明的液体。该液体既可以油分散在水中（O/W 型），也可以水分散在油中（W/O 型），分散质点为球形，但粒径非常小，是热力学稳定体系。在这之后的一段时间中，这种体系分别被称为亲水的油胶团（hydrophilic oleomicelles）或亲油的水胶团（hleophilic hydromicelles），亦称为溶胀的胶团或增溶的胶团。直至 1959 年，Schulman 等才首次将上述分散体系命名为"微乳状液"或"微乳液"（microemulsion）。于是"微乳液"正式问世，开创了分散体系的一个新领域。目前微乳液的公认定义是由 Danielsson 和 Lindman 于 1977 年提出的，即"微乳液是一种由水、油、两亲性物质（分子）组成的、光学上各向同性、热力学上稳定且经时稳定的外观透明或者近乎透明的胶体分散体系，微观上由表面活性剂界面膜所稳定的一种或两种液体的微滴构成"。微乳液分散质点粒径为 10～100nm，属于纳米粒径范畴。微乳液包括油包水（W/O，反相微乳液）、水包油（O/W，正相微乳液）和介于两者之间的连续相（BC，中相微乳液）3 种结构。

微乳液具有以下性质。

1. 热力学稳定体系

乳状液在动力学理论上可在较长时间内保持稳定，但是由于分散质点较大，易发生沉降、絮凝和聚结，随着时间的推移，最终会发生油水两相分离。加入表面活性剂、高分子保护剂或稳定剂可以降低乳液凝聚速度，但不能改变减少两相接触面积的推动力，通常认为它是热力学不稳定体系，在制备时需要给予一定的能量来克服两相间界面自由能和液滴间凝聚速度。微乳液则不同，它是热力学稳定体系，黏度较低，长期放置不会分层和破乳。在制备时它是自发形成的，只要配方合适，稍加搅动即可形成微乳液。微乳液形成与配方组成有关，而与制备方式无关。

2. 分散质点小

微乳液分散质点非常小，一般都小于100nm。普通光学显微镜的分辨率为200nm，因此不能直接用来观测微乳液的粒径，必须用电子显微镜才能观察到微乳液分散质点。人们发现液滴越细分布越窄，当粒径为30nm时液滴几乎均为同样大小的球形。而乳状液粒径一般在 $0.1 \sim 10 \mu m$，甚至更大，分布较宽，即粒径大小差异较悬殊。

3. 透光性

可见光的波长在 $0.4 \sim 0.8 \mu m$ 之间。当液滴直径大于入射光的波长时，主要发生反射（也有可能部分折射和吸收），乳状液粒径一般在 $0.1 \sim 10 \mu m$ 以上，对可见光的反射比较显著，故外观呈不透明的乳白色。微乳液的粒径在 $10 \sim 100 nm$ 之间，可见光的波长可通过，因此外观呈透明状。农药微乳剂有时外观呈各种颜色，这是由于它能较强地选择性吸收某一种波长的光，使该波长的透过光部分变弱，这时透过光不再是白光，而会呈现某种颜色（如淡黄色到红色）。每种农药分子都有自己的特征吸收波长，农药微乳剂中液滴对光吸收某一波长主要取决于农药有效成分的化学结构。

4. 导电性

微乳液的导电性根据结构不同而异，O/W 型以水为连续相，导电性能良好，与水的电导率相近；W/O 型以油为连续相，导电性能较差，而 BC 则介于两者之间。

5. 结构类型

在乳状液中有 O/W 型、W/O 型和多重乳液（如 W/O/W，O/W/O）3种类型。微乳液中也有3种结构类型，即 O/W 型、W/O 型和 BC 型（双连续相）。在双连续相结构范围内，任何一部分油形成油珠链网组成的油连续相，此外水也能形成水珠链网组成的水连续相。油珠链网与水珠链网相互贯穿与绕缠形成油-水双连续相结构，它具有 O/W 和 W/O 型2种结构的综合性能。这3种类型可以在一定条件下相互转变，农药微乳剂一般制备成以水为连续相的 O/W 微乳液。

6. 微乳液与其他分散体系的比较

在油-水-表面活性剂（包括助表面活性剂）体系中，当表面活性剂浓度较低时，能形成乳状液；当浓度超过临界胶团浓度（cmc）时，表面活性剂分子聚集形成胶团，体系成为胶团溶液；当浓度进一步增大时，即可能形成微乳液。微乳液、乳状液和胶团溶液都是分散体系，从分散质点大小看，微乳液是处于乳状液和胶团溶液之间的一种分散体系，因此微乳液与乳状液特别是胶团溶液有着密切的联系，而其复杂性远远超过后两者。表1-4列出了它们之间的差异。

表1-4 微乳液、乳状液、胶团溶液的性能比较

项目	乳状液	微乳液	胶团溶液
外观	不透明乳白色	透明或近乎透明	透明
分散质点大小/μm	0.1~10	0.01~0.1	<0.01
分散度	粗分散体系,多相,不均匀	单相,均匀	单相,均匀
界面张力/(mN/m)	20~50	1×10^{-5}~1×10^{-3}	1~40
质点形状	通常为球形	球形	各种形状
热力学稳定性	不稳定,易于分层	稳定,不分层	稳定,不分层
表面活性剂用量	少,水乳剂需要时添加共乳化剂	多,常加助表面活性剂	少,超过cmc即可
组成成分	三(四)组分:油、水、表面活性剂和(或)共乳化剂	三(四)组分:油、水、表面活性剂和(或)助表面活性剂	二组分:水(或油)、表面活性剂

第三节 微乳体系形成的理论基础

微乳液的形成及稳定机制目前主要有瞬间负界面张力理论、双重膜理论、增溶理论、几何排列理论、R比理论和热力学理论等。

一、瞬间负界面张力理论

Schulman 和 Prince 等人于1977年针对微乳液的形成提出了瞬间负界面张力理论。Schulman 提出微乳液形成的条件是：

$$\sigma = (\sigma_{O/W})_a - \pi < 0$$

式中 σ——油-水界面张力；

π——界面膜的铺展压力，表示表面活性剂和助表面活性剂在膜上的聚集与油相对膜的渗透；

$(\sigma_{O/W})_a$——加入助表面活性剂后的油-水界面张力。

水-油体系界面张力在表面活性剂的作用下大大降低，表面活性剂的存在可以降低两相间的表面自由能和界面张力，再加入助表面活性剂，则界面张力进一步降低至1×10^{-5}~1×10^{-3} mN/m，形成稳定的界面膜，油分子向膜内渗透，导致 π

增大到大于 $(\sigma_{O/W})_a$ 时，则有 $\sigma<0$，而实际上负界面张力是不可能存在的。为了达到体系平衡，体系将自发扩张界面，使更多的表面活性剂和助表面活性剂吸附于界面而使其油相体积浓度降低，直至界面张力恢复至零或微小的正值，使分散质点分散度增加，最终形成更小的液滴，界面张力 σ 由负值变为零。当分散质点在热运动下发生碰撞而聚结时，分散质点变大又会形成瞬间负界面张力即 $\gamma<0$，使分散质点再次分散变小，以增大界面积，使负界面张力消除（即 $\sigma=0$），体系又达到平衡。若是微乳液滴有发生聚结的趋势，那么界面面积缩小，复又产生负界面张力，从而对抗液滴聚结，保持微乳液的稳定性。这就是微乳液为热力学稳定体系的机制，分散质点不会聚结和分层。

通常微乳液的组成中含有一些助表面活性剂如短链醇、中链醇或长链醇，助表面活性剂本身并没有任何乳化能力，但它的加入却可以成倍或数十倍地提升表面活性剂的活性（顾名思义称为助表面活性剂），有效地促进微乳液的形成。

根据这一机制，助表面活性剂在微乳液的形成中似乎是不可缺少的，但一些双链离子型表面活性剂如二（2-乙基己基）琥珀酸酯磺酸钠（AOT）和非离子表面活性剂混配无需加入助表面活性剂也能形成微乳液。表明超低界面张力或负界面张力说目前尚不能完全解释微乳液的形成，还有其他的未知因素对微乳液的形成起重要的作用。

事实上，零界面张力不一定就能形成微乳液。例如形成液晶相时，界面张力也很低或趋于零，但液晶相中的界面是刚性的（不易弯曲），因此界面的柔性或弯曲不稳定性对微乳液的形成具有重要的作用。当体系中存在助表面活性剂时，或者改变体系的温度，都可以使界面的柔性增加。所以，加入助表面活性剂可以使液晶相转变为微乳液。另一个重要的因素是质点的分散熵。形成微乳液时，分散相以很小的质点分散在另一相中，导致体系的熵增加，这一熵效应可以补偿因界面扩张而导致的自由能增加。

二、双重膜理论

Schulman 和 Bowcott 等于 1977 年提出，在水-油-表面活性剂-助表面活性剂体系中，表面活性剂和助表面活性剂形成混合膜，吸附在油水界面两侧形成不同特性的油/膜界面和水/膜界面（又称为双重膜）。助表面活性剂的存在使混合膜液化，因而双重膜具有非常高的柔性，易于在油水界面上弯曲，膜弯曲后，膜两侧每个表面活性剂分子的表观面积不相等，若油侧表面活性剂分子展开程度比水侧小，则形成 O/W 微乳液，反之形成 W/O 微乳液。表面活性剂和助表面活性剂的极性"头基"和非极性"链尾"的性质对微乳液类型的形成至关重要。

双重膜理论从双界面张力来解释这种膜弯曲的方向选择。既然吸附层作为油/水之间的中间相，分别与水、油接触，在水、油两侧分别存在两个界面张力或膜压，而总的界面张力或膜压为两者之和。如果它们不相等，则双重膜将受到一个剪切力作用而发生弯曲。结果高膜压一侧的面积增大,低膜压一侧面积缩小,直至两侧膜压达到相等。达到平衡时总的油/水界面张力较原来有所改变,即从 $\sigma_{O/W}$ 变到 $(\sigma_{O/W})_a$(下标 a 表示助表面活性剂存在时的界面张力)。因为是零界面张力,总膜压 $\pi = (\sigma_{O/W})_a$,如图 1-1 所示,平面界面膜两侧的膜压分别为 π'_O 和 π'_W,弯曲界面两侧的膜压分别为 π_O 和 π_W,总膜压为 π。π'_O 和 π'_W 之间的差异产生的压力梯度剪切力 π_G 使界面弯曲直至 $\pi_O = \pi_W$ 或 $\pi = (\sigma_{O/W})_a$。弯曲程度取决于 $\pi_G - (\sigma_{O/W})_a$,油、水向混合膜中的渗透状况实质上反映了混合膜的亲水、亲油之间的相互作用。通常形成 O/W 型微乳液所需的醇/表面活性剂比(质量比)较低,而形成 W/O 型微乳液所需的醇/表面活性剂比(质量比)较高。即醇对界面膜的亲水亲油平衡(HLB)具有调节作用,从而影响膜的自发弯曲方向。

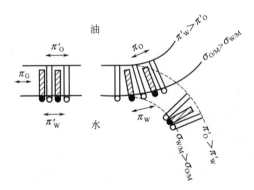

图 1-1 微乳液双重膜弯曲示意图

$\sigma_{W/M}$—水/膜界面的界面张力;$\sigma_{O/M}$—油/膜界面的界面张力

双重膜理论提出微乳液形成的两个必要条件:
① 在油/水界面有大量表面活性剂和助表面活性剂混合物的吸附;
② 界面具有高度的柔性。

条件①要求所用的表面活性剂 HLB 与微乳体系相匹配,可以通过选择合适 HLB 的表面活性剂混合物,加入助表面活性剂,或改变体系的盐度、温度等来实现。条件②通常通过加入助表面活性剂(如对离子型表面活性剂)或调节温度(如对非离子表面活性剂)来满足。因此,醇在微乳液的形成中尤其是使用离子型表面活性剂具有重要的作用。

三、 增溶理论

增溶理论由 Shinoda 等于 1975 年提出,他们认为微乳液是溶胀的胶束体系。在水-表面活性剂-助表面活性剂三组分体系中,存在着正胶束(O/W)区,反胶束(W/O)区和两个液晶区,其中正胶束(O/W)区、反胶束(W/O)区可以看做微乳液。在水、表面活性剂、助表面活性剂组成的三相图中加入少量的油,油与助表面活性剂混溶,相图仅发生轻微变化,但是加入较大量的油,相图会发生显著的变化。在含有表面活性剂的水相中，存在着表面活性剂的加溶和浊点曲线，在这两曲线之间存在着一个各向同性的 O/W 加溶体系。在一定温度下，加入油的含量在加溶线以上，会导致油的分离。在给定的表面活性剂浓度下，温度的增加在表面活性剂的浊点曲线以上，将会导致油、水和表面活性剂的分离。另外，在含有表面活性剂的油相中，也存在着浊点和加溶曲线，在这两曲线之间则存在着一个各向同性的 W/O 加溶体系。在油相中加水，水会被加溶，在接近表面活性剂的低温浊点线，随着温度的降低，加溶作用会显著增加。在一定温度下，超过加溶极限，水与油的质量比增加会导致水相的分离。在给定的表面活性剂浓度下，低于浊点温度以下会导致水、油和表面活性剂的分离。在水相中，非离子表面活性剂随着温度的升高，其溶解度下降；而对于油溶液则正好相反。

当表面活性剂的水溶液浓度大于临界胶束浓度（critical micelle concentration, cmc）后，就会形成胶团（胶束）溶液。此时加入油，油的溶解度显著增大，这表明起增溶作用的内因是胶团。随着这一过程的进行，进入胶团的油量不断增加，使胶团膨胀形成微乳液，故有人将微乳液称为"增溶的胶团溶液"（swollen micellar solutions）或"溶胀的胶团溶液"（solubilized micellar solutions）。胶团增溶是一个非常复杂的过程，一般来说胶团增溶有：增溶于胶团内核［图 1-2(a)］；增溶于胶团的定向表面活性剂之间［图 1-2(b)］；增溶于胶团的表面，即胶团-溶剂交界处［图 1-2(c)］；增溶于胶团极性基团之间［图 1-2(d)］4 种方式。不同体系有不同的增溶方式（见图 1-2）。由于增溶作用能使油类的化学势显著降低，使体系更加稳定，即增溶在热力学上是稳定的，只要外界条件不变，体系就不会随时间而改变。胶团增溶作用是自动进行的，因此，微乳液能自发形成。

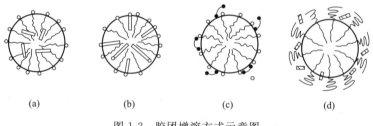

图 1-2 胶团增溶方式示意图

四、几何排列理论

Robbins（1977）、Mitchell 和 Ninham（1981）等考察了表面活性剂聚集体中分子的几何排列，提出了界面膜排列的几何模型。该理论认为表面活性剂极性的亲水基头和非极性的烷基链尾分别与水和油构成分开的均匀界面，在水侧界面，极性头水化形成水化层，而在油侧界面，油分子是穿透到烷基链中的。从几何的角度来讲，设定填充系数 $V/(a_0 L_C)$（其中 V 是表面活性剂分子中烷基链的体积；a_0 是表面活性剂极性头的截面积；L_C 是烷基链的长度）。该填充系数提供了亲水亲油平衡的衡量标准，界面的优先弯曲就取决于此填充系数，而此填充系数受到水和油分别对极性头和烷基链溶胀的影响。当 $V/(a_0 L_C)=1$，油水界面是平面时，体系为层状液晶相；当 $V/(a_0 L_C)>1$ 时，烷基链的横截面积大于极性头的横截面积，界面发生凸向油相的优先弯曲，导致形成反胶团或 W/O 型微乳体系；当 $1/3 < V/(a_0 L_C) < 1$ 时，导致形成 O/W 型微乳液。W/O 型和 O/W 型微乳液之间的转相即是填充系数变化的结果。

对简单的水-油-表面活性剂体系，如果表面活性剂具有截面积较大的极性头和面积较小的烷基链尾（如单链离子型表面活性剂）则将趋向于形成正常胶团或 O/W 型乳状液。加入少量助表面活性剂醇，则 a_0 和 L_C 几乎不受影响，而 V 增大，于是填充系数变大，当其值大于 1/3 时，即可形成 O/W 型微乳液。进一步增加助表面活性剂用量，将使 $V/(a_0 L_C)>1$ 而转为 W/O 型微乳液。这就是为什么单链离子型表面活性剂，形成 O/W 型微乳液只需较低的醇/表面活性剂比，而形成 W/O 型微乳液则需要较高的醇/表面活性剂比。如果表面活性剂的烷基链尾相对于极性头较大，如双烷基离子型表面活性剂，则表面活性剂本身的填充系数即大于 1，无需添加助表面活性剂，即可形成 W/O 型微乳液。这就较好地解释了 AOT 无需助表面活性剂也能自发形成 W/O 型微乳液的原因。

对于 O/W 型和 W/O 型的微乳液滴，Arturo 等研究表明 $V=AR/3$（V 是微乳液滴增溶物的体积，A 是总的界面面积，R 是液滴半径），即增溶量和微乳质点半径成正比关系。几何排列理论成功地解释了界面膜的优先弯曲和微乳液的结构问题。

温度对表面活性剂特别是非离子表面活性剂的填充系数将产生影响。对非离子表面活性剂的研究表明，温度升高，填充系数增大。这可以部分地解释为什么温度上升使亲水基头的水化程度减弱，因此可以预计，在浊点以下温度范围内，非离子表面活性剂形成的正常胶团或 O/W 型微乳液质点将随温度的上升而增大，达到浊点时发生相分离。当温度进一步升高时即转为反胶团或 W/O 型微乳液，发生转相的温度即是所谓的相转变温度 PIT。根据几何填充模型，在 PIT 时有 $V/(a_0 L_C)=1$，界面是平的。

几何填充模型成功地解释了助表面活性剂、电解质、油的性质以及温度对界面曲率，进而对微乳液的类型或结构的影响。此外，几何填充系数与表面活性剂的 HLB 之间具有定量相关性。HLB<7 相应于 $V/(a_0 L_C)>1$，有利于形成 W/O 型微乳液。而高 HLB 值（9~20）相应于 $V/(a_0 L_C)<1$，有利于 O/W 型微乳液的形成。

五、R 比理论

R 比理论由 Bourrel 和 Schecheter 于 1988 年提出。R 比理论认为，任何物质间存在着相互作用，而作为双亲物质，表面活性剂必然同时与水和油之间存在着相互作用。这些相互作用的叠加决定了界面膜的性质。该理论的核心是定义了一个内聚作用能比值，并将其变化与微乳液的结构和性质相关联。

R 比理论首先确定了表面活性剂存在下界面的微观结构。在微乳液体系中存在三个相区，即水区（W）、油区（O）和界面区或双亲区（C）。与双重膜理论类似，界面区被认为是具有一定厚度的区域，其中表面活性剂是主体，但还包括一些渗透到表面活性剂亲水基层和烷基链层中的水和油分子。真正的分界面是表面活性剂亲水基和亲油基的连接部位。整个界面区域的厚度可以认为类似于油/水分界面的厚度。

界面区存在水、油和表面活性剂，表面活性剂可分为亲水部分（H）和亲油部分（L）。于是在表面活性剂的亲油基一侧，存在着油分子之间的内聚能 A_{oo}，表面活性剂亲油基之间的内聚能 A_{ll} 和表面活性剂亲油基与油分子间的内聚能 A_{lco}（co 表示渗透到 C 层中的油分子）；而在另一侧则存在水分子之间的内聚能 A_{ww}，表面活性剂亲水基之间的内聚能 A_{hh} 和表面活性剂亲水基与 C 区水分子之间的相互作用能 A_{hcw}。此外还存在着表面活性剂亲油基与水之间、亲水基与油之间的相互作用能 A_{lcw} 和 A_{hco}，如图 1-3 所示。因此，综合考虑了 C 区中所有相互作用，R 比定义为：

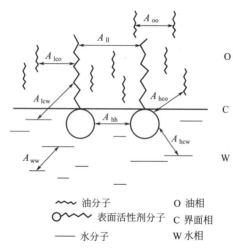

图 1-3 油水界面双亲膜中的相互作用能

$$R = (A_{co} - A_{oo} - A_{ll})/(A_{cw} - A_{ww} - A_{hh})$$

根据 R 比的大小，油-水-表面活性剂多相体系可分为三类：当 $R<1$ 时为 S_1 与过量的油（含分子分散的表面活性剂）达到平衡，也叫下相微乳液，微乳体系形成 O/W 型结构；当 $R>1$ 时为 S_2 与过量的水（含分子分散的表面活性剂）达到平衡，亦称上相微乳液，成为 W/O 型微乳体系；当 $R=1$ 时为含有大量水、油和表面活性剂的表面活性剂相与含有分子分散的表面活性剂的过量水相和过量油相达到平衡，体系形成双连续相结构，即所谓的中相微乳液。它们分别被称为 Winsor Ⅰ 型、Winsor Ⅱ 型和 Winsor Ⅲ 型微乳体系。

从 R 比的定义来看，Winsor 指出，A_{co} 和 A_{cw} 越大，两者越接近相等，两亲膜的共溶效应就越大，同时增溶的油和水也就越多。因此，要使最佳增溶量增大，应在保证 $R=1$ 的条件下，尽可能同时增加 A_{co} 和 A_{cw}。例如对非离子表面活性剂，同时增加亲水基和亲油基链长，使油、水的相互增溶量增加。

六、热力学理论

热力学理论分别由 Ruckenstein 和 Chi (1975)，Overbeek (1978，1984) 等提出。他们认为只有当界面张力降低时，剩余的界面自由能能够补偿由于介质中小液滴分散而产生的熵，自由能才会降低，微乳液可自发形成。单一的表面活性剂可降低界面张力，但是在大多数情况下界面张力接近零之前会到达 cmc 点，当加入第二种具有完全不同性质的表面活性剂（助表面活性剂），可进一步降低体系的界面张力，甚至会达到瞬间负值，即微乳液的形成需要足够低的界面张力。随着自由能的降低，微乳液自发形成的条件为界面张力低至完全补偿因新界面产生而引起的熵增加。

第四节　农药微乳剂的研究方法

农药微乳剂属于热力学稳定体系，加工方式与乳油类似，简单方便。但制剂需要经过配方研究，才能成为合格的微乳剂产品，这个过程需要制剂研发人员进行细致、踏实、辛勤的工作来完成。

一、微乳剂配方研究的技术要点

1. 有机溶剂及助表面活性剂

微乳剂虽然是水基化制剂，但溶解农药有效成分的有机溶剂需选用油溶性溶剂，过去一般添加芳烃类溶剂及酮类溶剂，如二甲苯或环己酮等通用溶剂。工业和信息化部（简称工信部）最新制定的《农药乳油中有害溶剂的限量标准及实施方案》（二甲苯≤10%，虽然该限量标准对环己酮没有提出限制，但我国台湾地区限定≤10%，环己酮属于易燃溶剂）业已通过，制剂研发人员应主动摒弃目前使用的低闪点、高挥发的有机溶剂，而自觉以高闪点、环境相容性好的油溶性有机溶剂来替代，如二甲酸酯、松脂油、重芳烃、链烷烃、白油、生物柴油等。但需要符合闪点高、环境友好（在环境中易于降解、毒性低）、对大多数有效成分的溶解性高（符合溶剂的通用性）、成本低廉、来源广等要求。

助表面活性剂包括强极性的短链醇以及其他的极性溶剂，其本身没有表面活性，但可以大幅度降低表面活性剂的界面张力，有效促进微乳液的形成，所以成为大多数微乳剂的必需组分。但也需要选择对环境友好的极性溶剂，而且尽量降低其用量，降低对环境的影响。制剂研发人员应主动摒弃甲醇、N,N-二甲基甲酰胺等对人畜及环境毒性较大的有害溶剂，建议选用乙醇、异丙醇、丁醇（但要保证微乳剂的浊点足够高）等环境友好的助表面活性剂。而对某些有效成分，如有机磷类、阿维菌素，短链醇有可能会引起有效成分的醇解，这些配方中要慎用醇类作为助表面活性剂，要经过严格的热贮及经时稳定试验，才可以确定是否可用。

某些有效成分，无需有机溶剂，仅仅添加助表面活性剂就可以配制出合格的微乳剂，如高熔点的甲氨基阿维菌素，低熔点的氟硅唑、咪鲜胺、银泰等。

2. 表面活性剂

微乳的形成取决于表面活性剂的作用，因此，表面活性剂是组成微乳剂的关键组分，是形成微乳液的必要条件。表面活性剂一般选择2种或3种表面活性剂进行混配，如非离子与阴离子之间、不同HLB值的非离子表面活性剂之间，一般原则是选择HLB差值大的表面活性剂进行搭配，如选择亲水性强的与亲油性强的表面活性剂。极性较强的有效成分，需要调配HLB值高的表面活性剂体系；极性较弱的有效成分，调配HLB值较低的表面活性剂体系，使微乳剂体系的亲水亲油达到平衡。选择作用效率高的表面活性剂，降低其用量，制备透明温度范围广的微乳剂。

但建议弃用那些在环境中难于降解、对水生生物毒性较大的表面活性剂，如壬基酚聚氧乙烯醚类（NP系列），慎用对水体有富营养作用的磷酸酯类表面活性剂。

3. 透明温度范围

制备的微乳剂配方需具备宽广的透明温度范围，以适应我国幅员辽阔的特点，在任何地点、任何季节均能保持微乳剂外观透明。高温稳定需要亲水性较强的表面活性剂，低温稳定需要亲油性较强的表面活性剂，要求制剂研发人员耐心、细致地调配表面活性剂，达到微乳体系的亲水亲油平衡。选用乙醇为助表面活性剂，强极性非离子与阴离子表面活性剂混配均可以提高微乳剂的浊点。

4. 针对某些性状特殊有效成分的微乳剂品种研制

难溶于一般有机溶剂的有效成分，存在着低温稳定性问题，如吡虫啉、哒螨灵、烯唑醇、氟铃脲等。必须加强攻关，筛选合适的有机溶剂，解决低温稳定性问题。

微乳剂一般在使用稀释范围内，可以无限稀释，保持着微乳液状态。但对于某些有效成分，如烯唑醇、三唑酮、戊唑醇、己唑醇、氟铃脲、氟虫腈和溴虫腈等，存在着乳液不稳定现象。针对这些品种的研制，需要制剂研发人员采用多种措施，多管齐下，解决乳液稳定性问题。

5. 关注药效

农药作为一种防治农作物病虫草害的农资产品，最终的目标体现在大田的防治药效上，如果室内的配方研制合格，制剂的质量技术指标优良，但在大田的药效反映平平，产品不能被市场接受，即研制的配方经不起市场检验，不能说该配方研制是成功的。作为农药制剂研发人员，不但要研制质量技术指标优良的制剂，还要注重药液表面张力、接触角、扩展面积及对靶沉积量的研究，使研制的产品对防治对象具有优良的防治效果。农药制剂研发人员有责任把农药的有害一面降到最低，而把有利的一面最大化。

二、微乳剂的研究方法

1. 单因素筛选法

农药制剂的研制，一般是在有效成分及质量分数、剂型、防治对象确定的情况下，对配方进行筛选的。这些因素确定后，可变的因素就是助剂的筛选。微乳剂主要是有机溶剂、表面活性剂和助表面活性剂的筛选，分散介质一般以自来水即可。

（1）有机溶剂筛选　可根据原药的性质筛选有机溶剂，筛选具有对该有效成分溶解度大，对该成分无不良影响，闪点高，环境相容性好的溶剂。利用低温稳定性指标来评价筛选有机溶剂，根据有机溶剂的溶解度确定其用量。

（2）助表面活性剂筛选　根据原药性质，筛选对原药无不良影响、环境友好的助表面活性剂，原则上以筛选除甲醇以外的短链醇类，如乙醇、异丙醇、正丁醇等为主，特殊情况下可以选用二甲基亚砜、N-甲基吡咯烷酮等极性溶剂（兼做助溶剂）。一般以常规用量添加，在配方优化阶段再调整其适宜用量。

（3）表面活性剂筛选　微乳剂配方的关键在于表面活性剂的筛选，可根据HLB值、双层膜、增溶等理论来筛选合适的表面活性剂。

① 考察制剂外观是否形成微乳为微乳剂成功配制的关键。可以根据配制经验，确定其中一种表面活性剂的用量，在配方中补充适量的水，使体系呈浑浊状态，在浑浊的体系中缓慢滴加另一种表面活性剂并搅拌，直至体系出现透明，计算另一种表面活性剂的用量，补足水量。如果制剂外观保持清澈透明不变，则可以初步确定表面活性剂的种类及用量；如果最终结果转变为浑浊，可以适当调整两表面活性剂的用量，直至达到透明状态为止。如果滴加搅拌过程中没有出现澄清透明，可以考虑调整第一种表面活性剂的用量，如果还是达不到透明状态，则说明这两种表面活性剂的配伍不合适，需要更换表面活性剂的种类。

② 根据透明温度范围调整其体系的表面活性剂比值，以冷、热贮稳定性试验来确定各组分表面活性剂用量。

③ 根据各项质量技术指标的测定进行配方优化，原则上以最小助剂加入量，达到质量技术指标最大化的优选配方。

2. 正交实验法

正交实验设计（orthogonal experimental design）是研究多因素多水平的一种设计方法，它根据正交性从全面试验中挑选出部分有代表性的点进行试验，这些代表性的点具备了"均匀分散，齐整可比"的特点，正交实验设计是分式析因设计的主要方法。是一种高效率、快速、经济的实验设计方法。

正交实验具有以下特点。

① 整齐可比性　每列中不同数字出现的次数相等。这一特点表明每个因素的每个水平与其他因素的每个水平参与试验的概率是完全相同的，从而保证了在各个水平中最大限度地排除其他因素水平的干扰，能有效地比较试验结果并找出最优的

试验条件。

② 均衡分散性　在任意 2 列其横向组成的数字对中，每种数字对出现的次数相等。这个特点保证了试验点均匀地分散在因素与水平的完全组合之中，因此具有很强的代表性。

在农药微乳剂的研究中应用正交实验，首先需要选择一个或多个合适的可以量化的制剂技术指标作为试验结果，如浊点、乳液稳定性时间、透明温度范围等。其次确定试验因素，因素一般为构成微乳剂的主要成分，且对试验结果有影响的因素均需作为因素列入试验表中，如在浊点研究中，如果采用同一水质，则分散介质水可不作为试验因素，如果要考察不同硬度的水质，则需要把水质作为因素，表面活性剂是形成微乳的主要组分，故所有的表面活性剂组分均需列为试验因素。随后要选择合适的正交表，一般根据因素、水平选择正交表，其原则为：因素和交互作用自由度总和不大于正交表的自由度，如 3 因素 3 水平，可以选择 $L_9(3^3)$ 正交表，4 因素 4 水平的可以选择 $L_{16}(4^5)$ 正交表。最后根据正交实验表安排试验方案，最好是设计的每一个配方在室温下均能形成微乳，才能获得每一个配方（试验号）的量化结果并对试验结果进行直观分析、极差分析和方差分析。在分析试验结果的基础上，根据质量技术指标的测定确定最佳配方或下一步试验方向。

下面以 5%高效氯氰菊酯微乳剂浊点测定的正交实验来说明正交实验设计在农药微乳剂中的应用。

根据随机筛选的 5%高效氯氰菊酯微乳剂基础配方，设计以有机溶剂二甲苯、表面活性剂 2201 与 OP-10、助表面活性剂醇类、醇用量等为 5 个因素，每因素取 4 个水平（质量分数,%），选取 $L_{16}(4^5)$ 正交表，考察上述组分对微乳剂浊点的影响。实行 5 因数 4 水平正交实验，共 16 个配方，3 次重复。对数据进行极差分析和方差分析。因子水平见表 1-5，试验结果见表 1-6。

表 1-5　$L_{16}(4^5)$ 因子水平

水平	A(OP-10)/%	B(2201)/%	C(二甲苯)/%	D(醇用量)/%	E(醇种类)
Ⅰ	6.0	13	8.0	9.0	甲醇
Ⅱ	7.0	14	10	10	乙醇
Ⅲ	8.0	15	12	11	正丙醇
Ⅳ	9.0	16	14	12	正丁醇

表 1-6　5%高效氯氰菊酯微乳剂浊点测定正交实验结果　　　　单位：℃

试验序号	重复Ⅰ	重复Ⅱ	重复Ⅲ	平均	试验序号	重复Ⅰ	重复Ⅱ	重复Ⅲ	平均
1	66.0	66.0	65.0	65.7±0.47	9	74.0	74.8	74.0	74.3±0.38
2	71.0	71.2	71.0	71.1±0.09	10	66.8	67.0	66.0	66.6±0.43
3	56.0	56.8	57.0	56.6±0.43	11	36.0	36.0	36.0	36.0±0.00

续表

试验序号	重复Ⅰ	重复Ⅱ	重复Ⅲ	平均	试验序号	重复Ⅰ	重复Ⅱ	重复Ⅲ	平均
4	28.0	28.0	25.0	27.0±1.41	12	60.0	62.0	60.0	60.7±0.94
5	29.0	29.0	29.0	29.0±0.00	13	55.0	55.0	55.0	55.0±0.00
6	61.0	60.0	60.8	60.6±0.43	14	35.0	35.0	35.0	35.0±0.00
7	68.6	68.8	68.6	68.7±0.09	15	69.0	70.2	70.1	69.8±0.54
8	67.0	66.4	67.0	66.8±0.28	16	80.0	80.0	80.0	80.0±0.00

水平	A(OP-10)	B(2201)	C(二甲苯)	D(醇用量)	E(醇种类)
Ⅰ	55.1	56.0	60.6	57.5	67.2
Ⅱ	56.3	58.3	57.7	57.2	73.5
Ⅲ	59.4	57.8	58.2	58.1	58.2
Ⅳ	60.0	58.6	54.3	57.9	31.8
极差(R)	4.90	2.60	6.30	0.90	41.7

从极差分析结果可见，在不同种类的助表面活性剂正交实验中，高效氯氰菊酯微乳剂中各组分对浊点的贡献大小为：助表面活性剂种类≫二甲苯＞OP-10＞2201≫醇用量。从水平来看，乙醇的浊点最高，甲醇次之，正丁醇最低。助表面活性剂用量依附于醇种类，故在本试验中对浊点的影响最小。表面活性剂 OP-10 对浊点的影响大于 2201，表明亲水性越大的表面活性剂对浊点的影响越大；随着用量增加，浊点上升。有机溶剂二甲苯对浊点的贡献大于表面活性剂，随着用量增加，浊点下降。

为进一步探讨微乳剂各组分对浊点影响的差异，进行方差分析，见表1-7。各组分对浊点的影响除助表面活性剂用量差异不显著，其余差异均达到极显著水平。

根据正交实验结果，筛选乙醇为助表面活性剂，用量为9%。然后根据优化配

表 1-7 方差分析

变异来源	SS	DF	MS	F
A(OP-10)	201.074	3	67.0247	71.35**
B(2201)	50.0040	3	16.6680	17.74**
C(二甲苯)	238.611	3	79.5369	84.67**
E(醇种类)	12164.6	3	4054.86	4316.75**
误差	17.8473	19	0.939331	
总和	12672.1	31		

注：1. "*"表示差异显著，"**"表示差异极显著。

2. *$F_{0.05}(3, 19)$=3.13，**$F_{0.01}(3, 19)$=5.01。醇用量偏差平方和明显偏小，并入误差平方和。

方，测定微乳剂各项质量技术指标，对优化配方进行适当调整，可以获得最佳的微乳剂配方。

3. 拟三元相图法

相图是指在一定条件（温度、压强、浓度）下不同组分的物质体系所呈现出的相的平衡状态。农药微乳液是不同的组分（如农药原药、溶剂、表面活性剂、助表面活性剂和各种添加剂）所形成的热力学稳定的均一相体系。在相图上，可以直观地了解到不同组分用量变化过程对物质体系相行为的影响，从而确定形成微乳液组成用量的范围，为下一步的筛选和研究打下基础。由于农药微乳液的组成较多。所以在相图的绘制上，通常简化成三元相图来处理，也称拟三元相图。在实际操作中，将原药溶液、表面活性剂和助表面活性剂混合相、水相作为拟三元相图中正三角形的3个顶点，通过滴定法来绘制相图。

夏茹等利用拟三元相图制备2.5%高效氟氯氰菊酯微乳剂。将原药溶于环己酮，作为油相（O），并与表面活性剂（S）和水（W）固定为拟三元相图的3个顶点。将油相O与表面活性剂S相按1∶9、2∶8、3∶7、4∶6、5∶5、6∶4、7∶3、8∶2、9∶1混合，分别置于100mL试剂瓶中，放入恒温水浴中，同时用微量滴定管边搅拌边逐滴加入蒸馏水。记录混合溶液由澄清变浑浊时或者从浑浊到澄清的边界点加水量。分别计算油相O、水相W、表面活性剂相S的比例，并据此绘制相图。连接相图中微乳液的形成或破坏边界点，微乳区以L表示，凝胶区以G表示。

当原药与环己酮的比例从1∶1增加到1∶2时，微乳区面积相应增大说明增加溶剂用量有助于微乳的形成。见图1-4。

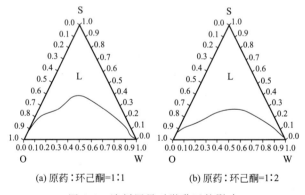

(a) 原药∶环己酮=1∶1　　　(b) 原药∶环己酮=1∶2

图1-4　溶剂用量对微乳区的影响

选择非离子表面活性剂芳基酚聚氧乙烯醚（A）、烷基酚聚氧乙烯醚（C）、阴离子表面活性剂烷基苯磺酸盐（B）与助表面活性剂乙醇进行对比试验，获得的相图见图1-5。使用单一组分表面活性剂A或C时均出现了凝胶区，而加入乙醇后，凝胶区消失，微乳区增大，表面活性剂A的微乳区域比C大，可见芳基酚聚氧乙烯醚更适合于作为高效氟氯氰菊酯微乳剂的乳化剂。为了获得更佳的微乳体系，分别在A、C中添加阴离子表面活性剂B，进行复合表面活性剂研究，结果发现，添加 B 无助于微乳区区域面积的扩大，但可以增加水的增溶量，其中以 A：B：乙醇为 3：1：2 微乳区区域面积最大。

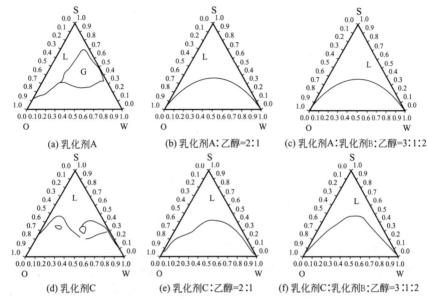

图 1-5　不同乳化体系的拟三元相图

表 1-8 是根据不同微乳体系的拟三元相图，从其微乳区选择有效成分质量分数为 2.5% 的微乳剂配方配制试样，测定其透明温度范围的。结果发现醇的加入可以有效提高透明温度范围的上限；而乳化剂 B 虽然不能明显增加微乳区面积，但能有效降低透明温度范围的下限。并且在复合表面活性剂中使用乳化剂 A 也明显比乳化剂 C 的透明温度区宽。

表 1-8　2.5% 高效氟氯氰菊酯微乳剂不同配方的透明温度范围

溶剂体系	表面活性剂体系	透明温度范围 $\Delta T/℃$
高效氟氯氰菊酯：环己酮＝2：1	乳化剂 A	3～57
	乳化剂 A：乙醇＝2：1	-1～63
	乳化剂 A：乳化剂 B：乙醇＝3：1：2	-4～74
	乳化剂 C：乳化剂 B：乙醇＝3：1：2	18～78

4. 等边三角坐标法

微乳剂配方确定乳化剂品种后，选择一种合理的配比筛选方法，能科学地统筹安排试验，既能减少试验次数、缩短试验时间，也可以有效地控制配方成本，确保配方质量。

如果初筛 3 种乳化剂，则等边三角坐标实验法就是乳化剂配比筛选最好的方法之一。

```
                        A
                        1
                      2   3
                    4   5   6
                  7   8   9   10
               11  12  13  14  15
              16  17  18  19  20  21
            22  23  24  25  26  27  28
           29  30  31  32  33  34  35  36
         37  38  39  40  41  42  43  44  45
        46  47  48  49  50  51  52  53  54  55
       56  57  58  59  60  61  62  63  64  65  66
        B                                        C
```

图 1-6　等边三角坐标法示意图

等边三角坐标法就是指在等边三角形中设其3边为3个变量，利用3个变量及对应的坐标关系，来确定3个变量在配方中最佳比例的方法（见图1-6）。本方法首先确定3种乳化剂混合的总用量，即配方中乳化剂的总用量，那么3种乳化剂在组合物中的含量均可在0～100%之间连续变化。然后再根据经验确定其试验方案，假设3种乳化剂用"A"、"B"、"C"表示，如图1-6所示，三角型A点、B点、C点分别表示乳化剂A、B、C，而三边均被等分为10等份，连接各分点做平行于三边的平行线，在三角形内部构成许多小三角形，那么每个三角形的顶点就代表一个三组分体系，每条直线就代表一种组分的含量（见表1-9）。

表 1-9　在等边三角坐标法各个点中各乳化剂组分的用量

单位：%（质量分数）

序号	A组分	B组分	C组分	序号	A组分	B组分	C组分
1[①]	100	0	0	13[①]	60	20	20
2	90	10	0	14	60	10	30
3	90	0	10	15	60	0	40
4	80	20	0	16[①]	50	50	0
5	80	10	10	17	50	40	10
6	80	0	20	18	50	30	20
7	70	30	0	19	50	20	30
8	70	20	10	20	50	10	40
9	70	10	20	21[①]	50	0	50
10	70	0	30	22	40	60	0
11	60	40	0	23	40	50	10
12	60	30	10	24	40	40	20

续表

序号	A组分	B组分	C组分	序号	A组分	B组分	C组分
25	40	30	30	46	10	90	0
26	40	20	40	47	10	10	80
27	40	10	50	48	10	20	70
28	40	0	60	49	10	30	60
29	30	70	0	50	10	40	50
30	30	60	10	51	10	50	40
31	30	50	20	52	10	60	30
32	30	40	30	53	10	70	20
33[①]	30	30	40	54	10	80	10
34	30	20	50	55	10	90	0
35	30	10	60	56[①]	0	100	0
36	30	0	70	57	0	90	10
37	20	80	0	58	0	80	20
38	20	70	10	59	0	70	30
39[①]	20	60	20	60	0	60	40
40	20	50	30	61[①]	0	50	50
41	20	40	40	62	0	40	60
42	20	30	50	63	0	30	70
43[①]	20	20	60	64	0	20	80
44	20	10	70	65	0	10	90
45	20	0	80	66[①]	0	0	100

① 初步试验筛选点。

在应用等边三角坐标法的过程中，为了减少工作量，缩短配方的研究时间，我们可以从中选择几个有代表意义的点，如表1-9所示，即：1、13、16、21、33、39、43、56、61、66，根据各个点的组分比例配制试样，并对其各试样进行性能评价，从中找出良好的性能点，在此区域附近再选择几个点配制试样，直至将评估过程持续到确定一个"最佳"性能点为止。

另外，还有多因素试验法（如均匀设计）、对分法等试验方法，由于没有成熟的实例，在此不多赘述，有兴趣的读者可以查阅有关书籍。

第五节　微乳剂的物理稳定性

农药微乳剂为经时稳定的分散体系，如果配方合适，制剂长期贮存，理化性能保持稳定。但配方研制中，存在着以下物理稳定性问题。

（1）透明温度范围偏窄　一般农药微乳剂以非离子表面活性剂制备，在制剂中存在着表面活性剂对温度敏感的浊点问题，即透明温度上限；对有些不溶于常规有机溶剂的有效成分，则存在着低温稳定性问题（与透明温度下限有所区别，低温稳定的温度一般高于透明温度下限）。早期研制的微乳剂品种，透明温度范围偏窄，如4.5%高效氯氰菊酯微乳剂透明温度范围仅为0～40℃，50%乙草胺微乳剂透明温度范围为-5～48℃，在炎热的夏天制剂外观将会出现浑浊，长时间将会导致分层，严重影响微乳剂的质量。一个质量优良的微乳剂制剂应该具有较宽广的透明温度范围，才能保证其在2年的有效期内，在任何季节、任何地区均保持制剂外观透明。

（2）乳液不稳定　在一定浓度范围内（一般要求大于表面活性剂的cmc），农药微乳剂可以任何比例对水稀释，乳液稳定，外观保持清澈透明。据研究发现大多数农药品种的微乳剂乳液非常稳定。但一些理化性能较特殊的有效成分，如三唑类杀菌剂，则乳液不稳定问题比较突出。

目前已经发现的微乳剂乳液不稳定的农药品种有烯唑醇、三唑酮、戊唑醇、己唑醇、氟铃脲、氟虫腈、虫螨腈等。

一、微乳剂浊点

在表面活性剂的增溶作用下，不溶于或微溶于水的农药有效成分以小于可见光波长的胶束形式分散在水中，故微乳剂表观上属于单相分散体系。大多数农药微乳剂选用非离子表面活性剂或含非离子表面活性剂的混合型表面活性剂来制备，所以微乳剂也存在非离子表面活性剂固有的浊点问题。

1. 浊点的概念及作用

浊点（cloud point）是非离子表面活性剂的特性之一。非离子表面活性剂在水溶液中可与水形成氢键，当溶液的温度升高到某一点时，氢键断裂，表面活性剂与水相分离，溶液由澄清变浑浊，这一点的温度即称为浊点。当温度低于浊点时，非离子表面活性剂借助于其中的—O—与水分子中的—H—之间形成氢键而溶解于水相中；当温度高于浊点时，氢键断裂，非离子表面活性剂从水中游离出来。一般而言，亲水性较强的非离子表面活性剂浊点高；而亲油性较强的非离子表面活性剂浊点低。浊点的高低也是反映农药微乳剂物理稳定性的一项重要技术指标。浊点越高，微乳剂越稳定。

2. 微乳剂组分对浊点的影响

以5%烯唑醇微乳剂浊点测定的正交实验结果表明，微乳剂中各组分对浊点的贡献大小为：非离子表面活性剂＞乙醇＞混合型表面活性剂＞二甲苯＞环己酮。乙醇用量对浊点的贡献仅次于非离子表面活性剂。非离子表面活性剂对浊点的影响大于混合型表面活性剂，随着用量增加，浊点升高。有机溶剂二甲苯对浊点的贡献与环己酮相当，但贡献很小，随着用量增加，浊点下降不明显。

以不含有机溶剂的8%氟硅唑微乳剂浊点测定的正交实验结果表明,微乳剂中各组分对浊点的贡献大小为:非离子表面活性剂＞水质≫乙醇＞混合型表面活性剂。非离子表面活性剂对浊点的影响大大高于混合型表面活性剂,随着用量增加,浊点升高。水质对浊点的影响仅次于非离子表面活性剂,且蒸馏水＞标准硬水＞自来水＞1026mg/L硬水,自来水和标准硬水硬度接近,测定的浊点差异也较小。随着水质硬度上升,浊点下降。

从上正交实验结果可以看出,亲水性强的非离子表面活性剂、助表面活性剂、水质对浊点的影响最大,而有机溶剂和亲水性弱的表面活性剂对浊点影响小。^{17}O NMR研究结果表明,微乳剂浊点与表面活性剂、助表面活性剂和水之间形成的氢键强度成正相关,这揭示了分子间氢键的作用力是形成浊点的根本原因。

(1) 表面活性剂　表面活性剂在微乳剂形成过程中起主导作用,故研制微乳剂的关键技术是选择适宜的表面活性剂。浊点与非离子表面活性剂的结构有关,非离子表面活性剂的烃链越长,或环氧乙烷（EO）链越短,则其亲油性越强,HLB值越小,浊点也越低,反之,EO链越长,亲水性越强,浊点越高。这主要是由于EO链可与水分子形成氢键,EO链越长,形成的氢键强度越强,破坏这些氢键所需能量就越大,因而需要较高的温度才能完全破坏表面活性剂与水分子间的氢键作用力。

表面活性剂对微乳剂浊点的影响差异很大。强亲水性的非离子表面活性剂和阴离子表面活性剂,如OP-21、农乳500#等,用量少,但对浊点影响显著;弱亲水性的非离子表面活性剂和混合型表面活性剂,如OP-10、0203B、CM-101等,虽然用量大,但对浊点的影响却较小,见图1-7。

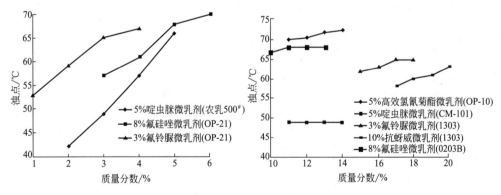

图1-7　表面活性剂对浊点的影响

OP-21为强亲水性表面活性剂,具有平均21个EO链长（HLB为16）,与水形成的氢键强度强,对浊点的影响大。在非离子表面活性剂中加入少量的阴离子表面活性剂农乳500#（十二烷基苯磺酸钙）,可显著提高其浊点,如图1-7中的5%啶虫脒微乳剂。阴离子与非离子表面活性剂相互作用形成混合胶束,阴离子表面活性剂可插入胶束界面膜内，形成以非离子表面活性剂为主的胶束，使胶束界面带有电荷。二者形成混合物的电荷密度越高，胶束间的排斥力越大，导致含水量增加，与水形成的氢键强度增强，随着用量增加，浊点上升幅度增大。

OP-10虽与OP-21均为同系列非离子表面活性剂，但只具有平均10个EO链长（HLB为13.6），相对亲水性弱得多，对浊点的影响较小。而亲水性更弱的CM-101（辛基酚聚氧乙烯聚氧丙烯醚，HLB为9.5），其用量变化对5%啶虫脒微乳剂的浊点基本没有影响。混合型的表面活性剂农乳0203B和1303，虽然含有阴离子表面活性剂农乳500#，但所占的比重低，与非离子表面活性剂形成混合胶束的作用较低，对微乳剂的浊点影响也较小。

（2）助表面活性剂　微乳液的自发形成，需要表面活性剂或其混合物吸附在油/水界面层，以降低界面张力至极低值，甚至达到瞬间负值。单用表面活性剂，通常在界面张力降至零以前，已达到 cmc 值或受到溶解度的限制。为此在微乳液形成时，除添加表面活性剂之外，还需加入助表面活性剂，才能使界面张力进一步降低，直至负值。此时界面扩展形成了完好的被分散的液滴，在界面上吸附更多的表面活性剂、助表面活性剂，使得溶液中表面活性剂、助表面活性剂的浓度降低，界面张力重新成为正值，微乳液自发形成。

醇碳链不同，对浊点影响差异很大，随着醇碳链的增加，其浊点下降明显。用乙醇制备的微乳剂，其浊点最高。助表面活性剂的—OH键可与水形成氢键，限制表面活性剂的胶团化作用，使浊点升高；同时助表面活性剂吸附在胶束的界面层和栅栏层中，与水形成氢键，胶束总含水量增加，也使浊点升高。在栅栏层中的助表面活性剂，亲水基靠近表面活性剂的极性头，空间阻碍及与—O—形成氢键的作用降低了表面活性剂的水合能力，使浊点下降。甲醇、乙醇碳链短，亲水性强，大部分溶于水，部分吸附于胶束界面及栅栏层，使浊点升高；对碳数大于4的醇，亲水性差，多数吸附在栅栏层中，使浊点降低。

助表面活性剂用量对浊点的影响较大，随着用量的增加，其浊点上升（见图1-8）。乙醇用量对微乳剂浊点的影响因有效成分不同而异，其中3%氟铃脲微乳剂、5%烯唑醇微乳剂、8%氟硅唑微乳剂和10%抗蚜威微乳剂乙醇用量对浊点影响较小，随着用量增加，曲线比较平缓，而1%阿维菌素微乳剂、5%啶虫脒微乳剂和5%高效氯氰菊酯微乳剂乙醇用量对浊点影响很显著，

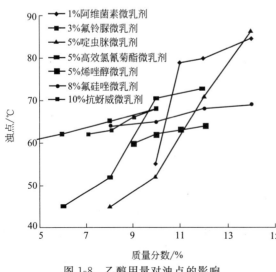

图1-8　乙醇用量对浊点的影响

随着用量增加，曲线较直，而且明显存在着突升点（leap point）。如1%阿维菌素微乳剂中乙醇用量从10%处增加1%，则浊点突升24℃。

（3）水质　农药微乳剂一般定义为O/W型微乳液，水质在微乳剂中占据重要地位。我国幅员广大，南北水质差异悬殊，南方水质较软，可能接近于蒸馏水，而北方水质较硬，大多数地区水质与标准硬水接近，个别地区的深井水水质硬度有可能超过1000mg/L。所以研究不同水质硬度对微乳剂稳定性的影响具有重大的理论价值和实际意义。

以蒸馏水、自来水（中国农业科学院植物保护研究所位于北京市海淀区马连洼地区，自来水硬度为320mg/L）、标准硬水（342mg/L）和硬水（1026mg/L）来配制微乳剂，测定试样的浊点。随着水质硬度的提高，微乳剂的浊点均有不同程度的下降。在测定的几种微乳剂品种中，浊点降幅最大的为5%高效氯氰菊酯微乳剂，达到11.5℃，最小为10%抗蚜威微乳剂，仅3.5℃，多数微乳剂浊点的降幅为5～8℃。

硬水中阴离子Cl^-对水的亲和力大于水与表面活性剂形成氢键的结合力，使水分子聚集在Cl^-周围，自由水减少，即盐析作用使非离子表面活性剂易于从水中析出，导致浊点下降；硬水中阳离子Mg^{2+}、Ca^{2+}易与非离子表面活性剂的—O—络合，因此易发生盐溶作用，自由水增加，使浊点升高。但Cl^-的数量大于Mg^{2+}、Ca^{2+}时，即负离子的盐析作用大于阳离子的盐溶作用，则加和作用的结果使浊点下降。

3. 提高微乳剂浊点的措施

（1）选择亲水性强的非离子表面活性剂或与阴离子表面活性剂搭配，可以获得较高的浊点。正交实验和^{17}O NMR研究表明，亲水性强的非离子表面活性剂和阴离子表面活性剂对半峰宽和浊点的作用最大，而极性较弱的非离子表面活性剂及混合型表面活性剂对半峰宽和浊点影响较小。在非离子表面活性剂为主要成分的微乳剂中添加少量阴离子表面活性剂，可显著提高浊点。表明微乳剂浊点与表征氢键的半峰宽密切相关。

鉴于亲水性强的表面活性剂用量增加可显著提高微乳剂浊点，故在适宜配制微乳剂的表面活性剂种类中，在配方筛选上应该优先选择亲水性强的表面活性剂来提高微乳剂的浊点，以降低表面活性剂的用量，降低生产成本。

（2）以乙醇为助表面活性剂，可以有效提高浊点。一般微乳液添加的助表面活性剂均为中级醇（4～6个碳链），特别对于W/O型的微乳液，而对于农药而言，需要较宽的透明温度范围，而且农药的热贮稳定性实验联合国粮农组织规定一般农药制剂需在54℃±2℃下贮存14d，故农药微乳剂要求较高的浊点。对碳数大于4的醇类，亲水性差，浊点低，所以在农药微乳剂中，为了达到制剂贮存要求，一般不应添加碳数大于4的助表面活性剂。而且助表面活性剂比表面活性剂价格便宜得多，为了降低微乳剂的成本，适当增加助表面活性剂比增加表面活性剂更为合理。

选用碳链长度在甲醇与正丙醇之间的乙醇作为助表面活性剂来配制微乳剂,其浊点和 ^{17}O NMR 半峰宽明显高于其他醇,其机制有待于进一步探讨。但在配方筛选上可以利用该特性,采用乙醇作为助表面活性剂可配制出高浊点、稳定的微乳剂。乙醇用量对微乳剂浊点的影响很大,仅次于亲水性强的表面活性剂,利用助表面活性剂用量存在突升点的这一规律,在配方筛选上,可选择突变点上限的助表面活性剂用量,而不用增加太多,即可大幅度提高微乳剂浊点,以节约生产成本。

(3) 以去离子水配制微乳剂可以提高微乳剂浊点。但考虑到生产成本及便于生产,及去离子水提高浊点的效力,建议以自来水配制微乳剂较为经济。

二、微乳剂低温稳定性

农药微乳剂以水为连续相,含有大量水分,在低温下容易出现冻结、析出结晶、分层、浑浊等问题。微乳剂在低温下短时间的浑浊有可能是可逆的,在常温下可恢复制剂透明;而原药析出结晶或制剂分层则往往是不可逆的,使微乳剂理化性能恶化,或液相中有效成分降低,影响药效,或增大药害的危险。故微乳剂的低温稳定性要求比乳油严格。

微乳剂一般采用非离子型表面活性剂制备,因而对温度比较敏感,即微乳剂的外观和温度密切相关。微乳剂制剂当加热或冷却到一定温度时,体系由透明转为浑浊,这两个相转折点之间的温度区域称为透明温度范围,该范围越宽,微乳剂越稳定。该范围宽度及上、下限取决于微乳剂的组分。

总之,一个质量优良的微乳剂配方,应综合考虑各种影响因素,使之有较宽的适应性,在一定范围内,无论在高温下,还是在低温下,微乳剂的理化性能均应保持稳定。

1. 微乳剂组分对低温稳定性的影响

(1) 有机溶剂 有机溶剂主要影响那些难溶或微溶于常规有机溶剂的固体原药,这些有效成分常见的剂型为可湿性粉剂或可溶粉剂,少数为乳油或可溶液剂剂型,如烯唑醇、吡虫啉、氟铃脲、阿维菌素等。它们制备成微乳剂具有较大的难度,必须筛选合适的有机溶剂,而有机溶剂的用量则对低温稳定性影响甚大。

图 1-9 为有机溶剂用量对几种在室温下稳定的微乳剂低温稳定性的影响。由于受条件所限,只能在冰箱中进行低温稳定性测定,而冰箱冷藏室温度仅能达到 5℃ 左右,故以延长低温贮存时间来弥补达不到 0℃ 的缺陷。析出结晶或分层的时间按天计,达到 30d 者即至少 30d 不析出结晶或分层为合格。

微乳剂试样中有效成分析出结晶的时间随着有机溶剂用量的增加而延长,影响非常显著,但一般不呈直线相关,而是会出现跳跃式上升。即有机溶剂达到一定用量后,再增加很少的有机溶剂用量(如 1%)则可以显著延长析出有效成分结晶或制剂分层的时间。此时的有机溶剂用量,称为"稳定溶解突升点"。从图 1-9 中可见,稳定溶解突升点 5% 烯唑醇微乳剂为 19% 和 22%,2.5% 吡虫啉微乳剂为

21%，10%哒螨灵微乳剂为22%和24%，10%抗蚜威微乳剂为20%和22%，表明一种有效成分在一种有机溶剂之中有时存在多个稳定溶解突升点。据此可以确定配方中有机溶剂的最佳用量。

哒螨灵原药在二甲苯中的溶解度为39%，则10%的哒螨灵需要25.6%的二甲苯才能完全溶解，而10%哒螨灵微乳剂中只要用22%~24%的有机溶剂即可制备成稳定的制剂；抗蚜威原药在二甲苯中的溶解度略大于20%，则10%抗蚜威需要约50%的二甲苯才能完全溶解，而10%抗蚜威微乳剂中只要用22%的有机溶剂即可制备成稳定的制剂，表明微乳剂在表面活性剂的作用下，对原药具有较大的增溶作用。

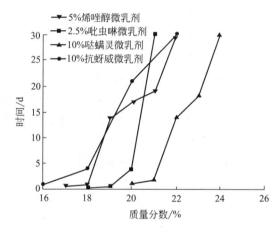

图1-9　有机溶剂用量与低温稳定性的关系（5℃）

（2）表面活性剂　微乳剂对温度比较敏感，故表面活性剂的种类和用量搭配不当会影响微乳剂制剂的低温稳定性。

在5%烯唑醇微乳剂中，单用非离子表面活性剂NP-10或NP-15在低温下均不稳定，很快出现分层；NP-15与混合型表面活性剂0203B搭配使用在低温下稳定，但用量不足也易于出现分层；而NP-10与0203B混配则低温不稳定。表明微乳剂需要的表面活性剂的种类和用量均有严格要求。

在5%高效氯氰菊酯微乳剂和10%哒螨灵微乳剂中，表面活性剂农乳0203B与NP-10混配可以在低温下达到稳定，但比例必须搭配合适。研究发现，高温稳定需要亲水性强的表面活性剂，而低温稳定需要亲油性强的表面活性剂，所以在微乳体系中需要平衡亲水和亲油两类表面活性剂，才能配制出合格的微乳剂。由于高效氯氰菊酯和哒螨灵极性较弱，根据亲水亲油平衡原理，微乳剂中表面活性剂体系应偏向于亲油，制备的制剂才能稳定。根据HLB值大小，NP-10比0203B亲水性强，因而在表面活性剂的配伍上，增加亲油性表面活性剂0203B的用量，减少亲水性表面活性剂NP-10的用量，制备的微乳剂在低温下才能稳定。

对于11%甲维盐·高氯微乳剂,甲氨基阿维菌素 B_{1a} 苯甲酸盐虽然极性较强,但在配方中所占比例较低,仅占1.0%,故整个有效成分体系偏向亲油。表面活性剂为14% 2201和8.0%OP-10的配方在低温下,不产生浑浊,而析出结晶,表明表面活性剂体系比例搭配合适,只是有机溶剂用量不足,仅需增加有机溶剂用量,即可达到制剂稳定。由于低温下微乳剂外观变化反应快,可以利用此性质来筛选合适的表面活性剂。一般在低温下析出结晶的配方,为有机溶剂用量不足所致,而在低温下浑浊的配方,则是表面活性剂搭配不当或用量不足所致的。

(3)助表面活性剂 在20%阿维·杀单微乳剂和16%高氯·杀单微乳剂中,助表面活性剂为甲醇,制备的微乳剂在低温下稳定,若采用乙醇作为助表面活性剂,在低温下析出结晶;在2.5%吡虫啉微乳剂中,助表面活性剂为乙醇,制备的微乳剂在低温下稳定,若采用甲醇,在低温下很快析出结晶;而在5%烯唑醇微乳剂中,二者皆可用。由此可见,助表面活性剂的选择,应根据具体的有效成分而定,不能一概而论。一般来说,甲醇和乙醇性质相似,常规农药均可使用(由于甲醇毒性大,尽量使用乙醇为助表面活性剂)。在室温下,乙醇大部分溶于水相中,水相即相当于乙醇水溶液,而杀虫单仅溶于无水热乙醇和95%热乙醇中,在低温下杀虫单易于从乙醇水相中析出结晶,但杀虫单能溶于甲醇,故在低温下可保持稳定。

(4)水质 一般认为,制备微乳剂以蒸馏水配制更稳定。但在5%烯唑醇微乳剂中,蒸馏水配制的微乳剂低温下析出少许结晶,在低温下的稳定性比自来水差,表明一定硬度的自来水反而比蒸馏水低温稳定性好。水的硬度高时要求选择亲水性较强的表面活性剂,而在5%烯唑醇微乳剂体系中,表面活性剂的亲水性较强,在一定的有机溶剂用量下,一定硬度的自来水制备反而比蒸馏水制备稳定,这也符合亲水亲油平衡原理。

2. 提高微乳剂低温稳定性的措施

(1)提高有机溶剂用量 在室温下稳定及浊点合格的配方中,有机溶剂的用量取决于原药在其中稳定溶解的性能,关键在于测定其稳定溶解突升点,并据此确定有机溶剂的种类和保证制剂质量的最低用量。这样既可保证微乳剂的稳定性,又可节约有机溶剂,最大限度地减少有机溶剂对环境的压力。

(2)调节表面活性剂的亲水亲油平衡 高温稳定,需要亲水强的表面活性剂,而低温稳定,需要亲油性强的表面活性剂,需要调节表面活性剂体系的亲水和亲油达到平衡,才能保证微乳剂制剂质量的优良。这需要制剂工作者反复调配,直至筛选出合适的表面活性剂配比。为了提高微乳剂的稳定性,而且期望在田间应用中获得优良的防治效果,适当多加一点表面活性剂也是可以接受的。

(3)选择合适的助表面活性剂及水质 对于常规农药品种,低温稳定性对助表面活性剂一般没有特殊要求。而某些理化性能较特殊的有效成分,对助表面活性剂有一定的选择性,应该通过低温稳定性实验选择适宜的助表面活性剂。

水质对微乳剂低温稳定性有一定影响。考虑到不同地区的水质差异,应根据不同微乳剂体系的亲水亲油特性，调配微乳剂表面活性剂体系以适应不同地区的水质。

三、微乳剂乳液稳定性

乳液不稳定，即微乳油珠在稀释的微乳液中很快破乳，析出结晶或油层，乳液变浑浊或出现悬浮物。在田间使用中，乳液不稳定的微乳剂，稀释液产生的悬浮物或析出的结晶将严重影响药液在靶标上的沉积和黏着，甚至析出的结晶可堵塞喷头，进而影响药效或产生药害。

1. 微乳剂组分对乳液稳定性的影响

以正交实验法研究5%烯唑醇微乳剂中各组分对乳液稳定性的贡献大小为：混合型表面活性剂＞环己酮＞乙醇＞二甲苯≥非离子表面活性剂。混合型表面活性剂对乳液稳定性的贡献最大，而非离子表面活性剂贡献最小，表明对于5%烯唑醇微乳剂，亲油性表面活性剂对乳液稳定性影响最大，实验观察，增加亲水性强的表面活性剂，初始乳液呈透明无色，但很快析出结晶，乳液不稳定；增加亲油性强的表面活性剂，初始乳液呈透明浅蓝色，变化缓慢，乳液趋向稳定，正交实验结果与外观观察一致。环己酮对乳液稳定性的贡献仅次于混合型表面活性剂，而二甲苯对其影响小。

（1）表面活性剂　不同有效成分选择不同种类表面活性剂进行混配，方能达到乳液稳定性合格。极性较弱的烯唑醇和氟铃脲微乳剂选择亲油性较大的2201与强亲水性表面活性剂NP-20混配，而极性较大的三唑酮微乳剂选择亲油性较小的0201B与强亲水性表面活性剂NP-20混配（见表1-10）。但表面活性剂选择不当，显著影响粒径分布，烯唑醇微乳剂选择0201B与NP-20混配，三唑酮微乳剂选择0201B与NP-10混配（乳液稳定性合格，但浊点偏低，仅45℃），颗粒粒径分布较宽。

表 1-10　微乳剂组分对乳液稳定性的影响

微乳剂品种	试样	微乳剂组分及用量（质量分数）	流体力学粒径及分布			乳液稳定性（100倍液）
			粒径/nm	分布标准差/nm	主峰权重/%	
3%氟铃脲微乳剂	H1	30%环己酮	24.0	±0.45	95.0	5min变浑浊
	H2	20%环己酮+15%二甲苯	38.8	±0.41	97.9	合格
5%烯唑醇微乳剂	D1	28%环己酮	18.6	±0.66	99.2	8min出现悬浮物
	D2	14%环己酮+14%二甲苯	21.2	±0.54	98.6	合格
10%三唑酮微乳剂	T1	10%环己酮	33.4	±0.58	88.2	29min析出结晶
	T2	10%环己酮+10%二甲苯	28.6	±0.75	96.5	合格
	T3	5%环己酮+5%二甲苯				合格
	T4	20%二甲苯				合格
	T5	10%二甲苯				合格

续表

微乳剂品种	试样	微乳剂组分及用量（质量分数）	流体力学粒径及分布			乳液稳定性（100倍液）
			粒径/nm	分布标准差/nm	主峰权重/%	
3%氟铃脲微乳剂	H2	17%2201+3.0%NP-20	38.8	±0.41	97.9	合格
	H3	14%2201+3.0%NP-20	65.4	±0.48	97.6	44min变浑浊
	H4	20%0201B+3.0%NP-20	15.9	±0.80	96.8	60min变浑浊
5%烯唑醇微乳剂	D2	15%2201+9.0%NP-20	21.2	±0.54	98.6	合格
	D3	16%0201B+9.0%NP-20	18.5	±0.88	70.4	7min出现悬浮物
	D4	12%2201+8.0%NP-20	25.4	±0.69	95.6	18min出现悬浮物
10%三唑酮微乳剂	T2	20%0201B+6.0%NP-20	28.6	±0.75	96.5	合格
	T6	15%0201B+4.0%NP-4				21min析出结晶
	T7	12%0201B+13%NP-10	33.0	±0.62	93.4	合格

表面活性剂用量不足也会导致乳液不稳定。3%氟铃脲微乳剂和5%烯唑醇微乳剂选用表面活性剂2201与NP-20混配，10%三唑酮微乳剂选用表面活性剂0201B与NP-20混配，都必须达到一定用量方能使乳液稳定。5%烯唑醇微乳剂表面活性剂用量不足对粒径分布影响大，对粒径大小影响不大；3%氟铃脲微乳剂表面活性剂用量不足对粒径及分布均有影响（见表1-10）。表面活性剂用量不足，使油珠的界面膜变薄，易于使油珠聚集变大，粒径增大，分布不均匀，导致乳液不稳定。

一般认为，表面活性剂亲水性增大，油水界面张力降低，形成的油珠粒径变小，乳液趋于稳定。在以上乳液稳定的微乳体系中，亲油性表面活性剂2201或0201B用量较大，而亲水性表面活性剂NP-20用量少，表面活性剂体系呈亲油性。增加亲水性强的表面活性剂，乳液呈透明无色，但与文献报道不一致，乳液不稳定；增加亲油性强的表面活性剂，乳液呈透明浅蓝色，再多加入，则乳液呈不透明的乳白色，趋向成为乳状液。故需要平衡亲水和亲油两类表面活性剂，才能制备出乳液稳定的微乳剂。

（2）有机溶剂　有机溶剂对氟铃脲和烯唑醇原药溶解度较小，难溶于常规有机溶剂（芳烃苯类）中，烯唑醇原药在二甲苯中的溶解度仅为14g/kg（25℃），氟铃脲原药仅为5.2g/kg（20℃），单用二甲苯不能制备一定质量分数的微乳剂；有机溶剂对三唑酮原药溶解度较大，在环己酮或二甲苯中均可完全溶解。用环己酮可以溶解上述原药，但单用环己酮作为溶剂，乳液稳定性不合格；采用环己酮与二甲苯混合溶剂，溶解度可达到要求，且乳液稳定性合格；单用二甲苯作为溶剂溶解三唑酮原药，乳液稳定性也合格（见表1-10）。

采用激光粒度仪测定上述微乳剂的颗粒粒径。单用环己酮为有机溶剂的氟铃脲和烯唑醇微乳剂，颗粒粒径较小，但分布较宽；而混合溶剂，粒径稍微变大，但分布趋于变窄；单用环己酮为有机溶剂的三唑酮微乳剂，不但粒径大，而且分布较宽。与宏观实验观察结果对照，可以发现粒径分布较窄者，乳液稳定性好，这表明粒径分布范围与乳液稳定性呈正相关。

（3）有效成分　氟铃脲和烯唑醇受有机溶剂溶解性的限制，难于制备较高质量分数的微乳剂。提高氟铃脲微乳剂中有效成分的质量分数，在低温下很快析出结晶；而烯唑醇和三唑酮微乳剂可适当提高其质量分数，制备在室温下稳定的微乳剂，但乳液不稳定（见表1-11）。表明在同等条件下，某些有效成分质量分数较高者，乳液不稳定；适当降低有效成分质量分数，则乳液稳定。

表1-11　有效成分质量分数对微乳剂乳液稳定性的影响

有效成分	试样	规格/%	流体力学粒径及分布			乳液稳定性（100倍液）
			粒径/nm	分布标准差/nm	主峰权重/%	
烯唑醇	D2	5.0	21.2	±0.54	98.6	合格
	D5	8.0	27.2	±0.60	97.6	20min出现悬浮物
三唑酮	T2	10	28.6	±0.75	96.5	合格
	T8	15	45.0	±0.91	94.4	29min析出结晶

在同等条件下，提高有效成分质量分数，即相当于降低了表面活性剂的用量，使油珠的界面膜变薄，易于使油珠聚集变大，粒径分布趋于变宽，导致乳液不稳定。

2. 微乳剂粒径及分布与乳液稳定性

一般说来，稳定的微乳液，其流体力学粒径及分布应该基本为单峰且分布较窄，但如果不稳定的微乳液，则会出现双峰且分布变宽。粒径分布取决于主峰的权重及分布幅度标准差，主峰权重越高，分布幅度标准差越小，分布越窄；若主峰权重差异不大，则分布幅度标准差越小，分布越窄。从表1-10、表1-11和图1-10可见，供试微乳剂各试样平均流体力学粒径为15.9~65.4nm，均在微乳液的粒径范围内；各试样均出现了双峰，但多数试样主峰权重占95%以上，说明粒径分布较窄。试样H2、D2和T2分布较窄（由于仪器的测量误差，一些粒径峰值小于5%的峰，可以忽略不计，基本上可以看做单峰），而T1、D3分布显著变宽（出现明显的双峰），H4、T7、T8分布较宽。试样流体力学粒径大小及分布测定和乳液稳定性实验结果表明，乳液稳定性与流体力学粒径分布关系密切。分布较窄的试样，其乳液稳定性好；而分布较宽的试样，其乳液不稳定。

3. 提高乳液稳定性的措施

（1）采用混合溶剂　在一般微乳体系中，包裹油珠液滴的界面膜非常稳定，理论上微乳液滴不会破裂，这也是大多数农药微乳剂乳液非常稳定的原因。但对于一些理化性能较特殊的有效成分，如难溶于常规有机溶剂的三唑类杀菌剂，可选用环己酮为有机溶剂。在稀释的微乳液中，表面活性剂浓度降低，界面膜变薄，由于环己酮微溶于水，而使该微乳体系中存在着一定的油水互溶性，产生奥氏熟化（Ostwald ripening），其结果是使微乳液的粒径分布趋于变宽，使之颗粒聚结。而添加

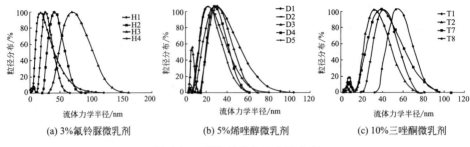

图 1-10 微乳剂粒径大小及分布

水溶性更低的有机溶剂,可以有效减缓奥氏熟化,这可能是混合有机溶剂使乳液稳定的机制。

采用混合溶剂是达到乳液稳定的有效途径,混合溶剂使微乳液的粒径分布趋于变窄,提高了乳液稳定性。

(2) 提高表面活性剂用量 增加表面活性剂用量,提高界面膜的稳定性,从而提高乳液稳定性。

(3) 降低有效成分质量分数 对于某些微乳剂品种,乳液稳定性是提高微乳剂有效成分质量分数的一个限制因素。可以通过降低微乳剂有效成分质量分数来改善乳液稳定性。

四、微乳剂的活化能与制剂稳定性

活化能研究是动力学研究中一个非常重要的方面,电导活化能 ΔE 反映了微乳颗粒界面膜的强度,同时也反映了微乳颗粒稳定性的大小。活化能作为表征微乳液稳定性的一个重要指标,反映了微乳剂稳定性的本质,活化能越高,微乳剂越稳定。

1. 活化能测定

分别测定试样在 20℃、25℃、30℃、35℃、40℃ 下的电导率。根据沈兴海等报道的电导率与温度和活化能 ΔE 的关系式为:

$$\lg \sigma = \lg K - \Delta E / (2.303 RT)$$

式中　σ——电导率;

　　ΔE——电导活化能;

　　T——热力学温度;

　　R——摩尔气体常数 [其值为 8.3145 J/(mol·K)];

　　$\lg K$——截距。

以 $\lg \sigma$ 对 $1/T$ 作图,可得一直线,直线的斜率为 $-\Delta E/2.303R$,由该式可求得不同微乳剂试样的电导活化能 ΔE。

2. 助表面活性剂对微乳剂活化能的影响

用不同的碳链醇制备微乳剂试样,测定不同助表面活性剂的微乳剂活化能(见表 1-12)。

表1-12 不同助表面活性剂的微乳剂活化能

微乳剂品种	助表面活性剂	相关系数	斜率	活化能 ΔE/(kJ/mol)
8%氟硅唑微乳剂	甲醇	0.9986	−0.3083	5.90
	乙醇	0.9924	−0.3922	7.51
	正丙醇	0.9916	−0.3163	6.06
	异丙醇	0.9960	−0.5232	10.0
5%啶虫脒微乳剂	甲醇	0.9667	−0.2896	5.55
	乙醇	0.9728	−0.3607	6.91
	正丙醇	0.9556	−0.2838	5.43
	异丙醇	0.9913	−0.3853	7.38

注：摩尔气体常数 $R=8.3145$ J/(mol·K)。

在不同种类助表面活性剂中，异丙醇的活化能最高，乙醇次之，而甲醇与正丙醇相当。从极性来看，甲醇＞乙醇＞正丙醇＝异丙醇，异丙醇由于空间阻隔效应，大部分吸附在界面膜的栅栏层中，使界面膜的强度增大，油相中的带电粒子跃迁需要的能量增大，导致活化能上升。而乙醇的极性比正丙醇大，大部分进入水相，醇分子中的—OH易于与表面活性剂分子的极性头缔合而使界面膜变得松散，导致界面膜的强度下降；油相中的带电粒子跃迁越容易，活化能越低，形成的微乳液稳定性降低。但实际测定中加入乙醇的微乳剂活化能比正丙醇高，配制的微乳剂也比正丙醇稳定。用异丙醇和乙醇配制的微乳剂稳定性更高。

测定不同助表面活性剂用量的8%氟硅唑微乳剂活化能见表1-13。随着助表面活性剂用量增加，活化能增大，微乳剂也越稳定。助表面活性剂的作用使油相中的带电粒子跃迁通过界面膜需要的能量增大，导致活化能上升。结合配方筛选，助表面活性剂用量为15%即可制备稳定的微乳剂。

表1-13 助表面活性剂不同用量的微乳剂活化能

微乳剂组分	用量/%	相关系数	斜率	活化能 ΔE/(kJ/mol)
助表面活性剂（8%氟硅唑微乳剂）	11	0.9929	−0.3426	6.56
	13	0.9924	−0.3922	7.51
	15	0.9947	−0.4412	8.45
	17	0.9961	−0.4815	9.22
有机溶剂（5%啶虫脒微乳剂）	11	0.9732	−0.3572	6.84
	13	0.9728	−0.3607	6.91
	15	0.9796	−0.3627	6.95
	17	0.9800	−0.3551	6.80

3. 有机溶剂用量对微乳剂活化能的影响

改变5%啶虫脒微乳剂中有机溶剂用量，制备不同微乳剂试样，其活化能测定结果见表1-13。随着有机溶剂用量的增加，微乳剂活化能变化不大。O/W型微乳剂为增溶的胶团溶液，对油相（有机溶剂）具有相当大的增溶量，故不大的改变量为胶团增溶，对整个体系的活化能影响不大。

活化能反映了界面膜的强度，膜强度越大，微乳剂越稳定。在不同种类的助表面活性剂中，异丙醇配制的微乳剂最稳定，乙醇其次，从动力学上证明了乙醇作为助表面活性剂配制的微乳剂是稳定的。提高乙醇用量，活化能上升，微乳剂更稳定。从而可以通过多加乙醇，获得稳定的农药微乳剂，比多加表面活性剂更经济有效（乙醇价格远低于表面活性剂价格）。有机溶剂在允许的范围内，改变有机溶剂用量对微乳剂的稳定性影响不大。利用该特性，尽量降低有机溶剂的用量，减低有机溶剂对环境的影响。增加有机溶剂用量可导致浊点下降，影响微乳剂的稳定性。

五、微乳剂的粒径及分布与制剂稳定性

1. 水质对微乳剂粒径及分布的影响

用不同的水质配制微乳剂试样，用纳米级激光粒度仪测定微乳剂粒径及分布。水质对微乳剂粒径及分布的影响见表 1-14。结果以自来水配制的微乳剂粒径最小，分布最窄。水质对 5% 高效氯氰菊酯微乳剂的影响更大，以自来水配制的微乳剂粒径比其他水质配制的粒径小得多，分布标准差也明显小于其他水质配制的微乳剂，主峰权重达到 99.3%，基本上可以看做单峰（由于粒径差异悬殊，在此不能以变异系数衡量粒径分布，而以分布范围来表示）。表明对于某些微乳剂，以蒸馏水配制微乳剂不一定合适，反而以自来水配制的微乳剂更稳定。啶虫脒极性较强，硬度较大的自来水亲水性较强，在相同表面活性剂系统中，自来水提高了制剂的稳定性。当然硬度太高的水也不适合作为微乳剂的连续相。

表 1-14 不同微乳剂组分的粒径及分布

微乳剂品种	微乳剂组分	流体力学粒径/nm	分布标准差/nm	变异系数(CV)/%	主峰权重/%
5%啶虫脒微乳剂	蒸馏水(0)	12.6	±0.29	2.30	99.0
	标准硬水(342mg/L)	12.8	±0.39	3.05	99.4
	自来水(425mg/L)	12.0	±0.25	2.08	100
	硬水(1026mg/L)	14.5	±0.37	2.55	99.3
5%高效氯氰菊酯微乳剂	蒸馏水(0)	133	±2.61	1.67~8763	41.0
	标准硬水(342mg/L)	94.5	±2.47	1.84~8755	75.7
	自来水(425mg/L)	28.0	±1.15	1.97~141	99.3
	硬水(1026mg/L)	69.5	±2.24	2.16~8965	81.2
5%啶虫脒微乳剂	甲醇	14.3	±0.33	2.31	99.5
	乙醇	12.6	±0.29	2.30	99.0
	正丙醇	14.6	±0.32	2.19	99.5
	异丙醇	12.0	±0.22	1.83	100

注：分布范围以峰值大于 5% 计，小于 5% 的粒径忽略不计。

2. 助表面活性剂对微乳剂粒径及分布的影响

不同助表面活性剂种类的5%啶虫脒微乳剂的粒径及分布见表1-14。其中乙醇和异丙醇粒径小,分布窄,配制的微乳剂稳定,这与活化能测定的结果完全一致。用异丙醇配制的微乳剂,由于异丙醇的空间阻隔效应,大多数吸附在界面膜中,可降低界面的刚性,增加界面膜的流动性,生成微乳液时,由大液滴分散成小液滴,减低微乳液形成时所需的弯曲能,形成的油珠颗粒小,微乳剂稳定。

用乙醇配制的微乳剂稳定,目前还没有理想的理论可以解释,但从宏观实验结果来看,浊点高,配制的微乳剂稳定;从动力学和流体力学研究结果来看,活化能高、粒径小,核磁共振研究[17]O NMR的半峰宽宽,均验证了宏观的实验结果。

几种醇的性质对比见表1-15。从性质来看,异丙醇与乙醇的性质更接近,在许多情况下,异丙醇可替代乙醇。故乙醇的表现与异丙醇类似。

表1-15　几种醇的性质对比

醇种类	相对密度	熔点/℃	沸点/℃	与水形成共沸物
甲醇	0.7915	−97.8	64.65	
乙醇	0.7893	−117.3	78.4	可以
正丙醇	0.8036	−127	97.19	
异丙醇	0.7851	−88	82.5	可以

乙醇用量对5%啶虫脒微乳剂的粒径及分布见表1-16、图1-11。随着用量增加,粒径减小,分布变窄,使微乳剂更加稳定。更多的助表面活性剂与表面活性剂吸附于界面协同形成混合膜而使其体积浓度降低,直至界面张力恢复至零或微小的正值,有助于界面面积的扩大,使分散质点分散度增加,最终形成更小的液滴。

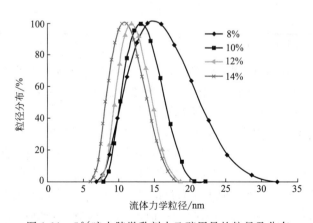

图1-11　5%啶虫脒微乳剂中乙醇用量的粒径及分布

3. 有机溶剂对微乳剂粒径及分布的影响

5%啶虫脒微乳剂中有机溶剂用量对粒径及分布的影响见表1-16。随着环己酮用量增加，粒径增大，粒径分布变窄。有机溶剂用量增加，即相当于增溶量加大，而增溶量与微乳质点粒径呈正比关系，导致粒径增大，但分布趋于变窄。

表 1-16 不同微乳剂组分用量的粒径及分布

微乳剂组分	用量/%	流体力学粒径/nm	分布标准差/nm	变异系数(CV)/%	主峰权重/%
乙醇 (5%啶虫脒微乳剂)	8	14.5	±0.37	2.55	99.4
	10	12.6	±0.29	2.30	99.0
	12	11.6	±0.22	1.90	99.5
	14	10.7	±0.20	1.87	100
环己酮 (5%啶虫脒微乳剂)	11	10.9	±0.56	5.14	98.6
	13	12.1	±0.53	4.38	98.6
	15	12.7	±0.56	4.41	98.5
	17	14.4	±0.23	1.60	100
环己酮 (8%氟硅唑微乳剂)	0	54.2	±1.34	9.15~394	50.7
	5	44.2	±1.00	10.7~155	59.6
	10	36.2	±0.71	7.95~94.7	79.9
OP-10 (5%啶虫脒微乳剂)	10	12.6	±0.29	2.30	99.0
	12	11.1	±0.41	3.69	98.9
	14	10.4	±0.29	2.79	100
	16	9.80	±0.30	3.06	100
农乳500# (5%啶虫脒微乳剂)	1	13.5	±0.48	3.56	98.8
	2	12.8	±0.24	1.88	100
	3	12.6	±0.29	2.30	99.0
	4	12.6	±0.32	2.54	99.3

注：分布范围以峰值大于5%计，小于5%忽略不计。

根据配方筛选实验，配制氟硅唑微乳剂可不用有机溶剂，直接用助表面活性剂溶解，即可制备稳定、合格的微乳剂。但光散射法测定结果表明，粒径分布非常宽，且出现明显的双峰（但实际上经时稳定性合格）。

氟硅唑微乳剂加入有机溶剂，粒径分布明显改善，随着有机溶剂用量的增加，粒径变小，分布趋窄，且主峰的权重上升（粒径分布与啶虫脒微乳剂粒径测定结果完全一致）。结果见表1-16、图1-12（无有机溶剂的试样粒径分布太宽，在图中难以显示）。

氟硅唑原药虽然熔点低，但不用有机溶剂溶解，表面活性剂包裹的颗粒大小不均，分布极宽（粒径394nm占10.4%），而加入有机溶剂溶解，表面活性剂包裹的油珠液滴大小相对均匀，分布明显变窄。

4. 表面活性剂对微乳剂粒径及分布的影响

随着表面活性剂用量的增加，微乳剂粒径变小。表面活性剂用量增加，为了达到体系平衡，微乳体系将自发扩张界面，使更多的表面活性剂和助表面活性剂吸附

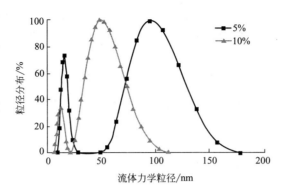

图 1-12　氟硅唑微乳剂中不同有机溶剂用量粒径及分布

于界面而使其体积浓度降低,直至界面张力恢复至零或微小的正值,使分散质点分散度增加,最终形成更小的液滴,导致粒径减小。表面活性剂(OP-10、农乳500#)对微乳剂粒径及分布影响结果见表 1-16。

微乳剂的粒径及分布是微乳剂的基本特征,可以直观、定量地衡量微乳剂的稳定性。一般来说,粒径越小,分布越窄,微乳剂越稳定。微乳剂粒径与活化能测定是利用物理化学的手段来研究农药微乳剂本身的稳定性(即制剂经时稳定性)的方法。同样的配方,两者的研究结果完全一致,表明农药微乳剂的经时稳定性可以利用光散射法和电导法的测定方法来表征。

第六节　微乳剂的配方组成及加工工艺

一、微乳剂的配方组成

微乳剂主要由有效成分、少量有机溶剂(仅起溶解固体原药的作用)、表面活性剂、助表面活性剂和水组成。根据需要,还可以加入适当助溶剂和增效剂等。

1. 有效成分

(1) 有效成分的种类　符合制备微乳剂的有效成分有以下几类。

① 在水中稳定的农药有效成分,如菊酯类、阿维菌素类、烟碱类,有机磷中的辛硫磷、毒死蜱、二嗪磷、三唑磷等,大多数氨基甲酸酯类、烟碱类杀虫剂、三唑类杀菌剂、酰胺类除草剂等。

② 制备微乳剂的固体有效成分必须在有机溶剂中具有一定溶解度,如烟碱类的吡虫啉、啶虫脒等。在有机溶剂中溶解度很低的有效成分一般不易制备微乳剂,如磺酰脲类除草剂、大多数苯甲酰脲类杀虫剂、虫酰肼、烯酰吗啉等有效成分。

③ 传统观念认为高熔点(>60℃)的固体有效成分易于加工成悬浮剂,而低熔点(<60℃)的固体有效成分易于加工成微乳剂,但实际上此界限已被打破。不但低熔点的菊酯类有效成分可加工成微乳剂,而且高熔点的阿维菌素(熔点150～

155℃）、啶虫脒（熔点 98~101℃）、吡虫啉（熔点 143.8℃）、哒螨灵（熔点111~112℃）、多数的三唑类杀菌剂（烯唑醇熔点 134℃，戊唑醇熔点 102.4℃，己唑醇110~112℃）等有效成分也均可加工成微乳剂。

（2）有效成分质量分数　微乳剂制剂中有效成分的质量分数，主要取决于制剂的药效、原药成本、稳定性和制备可行性等几方面。药效高、经济价值高的有效成分可以制备低质量分数的微乳剂，如阿维菌素、菊酯类一般制备成 10% 以下的微乳剂；而药效一般、价格低廉的有效成分则可以制备成较高浓度的微乳剂，如有机磷类毒死蜱可以制备 30%，甚至 40% 的微乳剂，乙草胺可以制备成 50% 的微乳剂。但一般微乳剂的质量分数较少超过 20%。

有些微乳剂制备受制剂稳定性的制约，如烯唑醇只能加工成 5% 微乳剂，而质量分数为 8% 则乳液不稳定，三唑酮加工成 10% 微乳剂是稳定的，但质量分数提高到 15% 则乳液稳定性不合格；某些有效成分受有机溶剂溶解度的制约，难于加工高浓度的微乳剂，氟铃脲微乳剂的质量分数难以超过 3%，阿维菌素难于制备质量分数超过 5% 的微乳剂。

（3）原药纯度　选取纯度高、液体或低熔点固体，不溶于水且在水中稳定的原药。由于原药生产工艺不尽相同，所含的杂质也不同，有时杂质是影响质量稳定的直接因素。同一种有效成分应选择固体原药而不用液体母液，采用质量好、纯度高的原药，而不宜选择纯度较低，含杂质多的原药，低纯度原药虽然价格可能比较低廉，易于采购，但在生产中可能存在着质量隐患。

2. 表面活性剂

无论是混合膜理论，还是加溶作用理论，微乳的形成均依赖于表面活性剂的作用。因此，在微乳剂中，表面活性剂是关键的组分，是制备微乳剂的先决条件。关于微乳剂中表面活性剂的选择，目前还没有完整成熟的理论来指导制备。配方工作者可以将混合膜理论和增溶理论作为配方选择的基础，并参考表面活性剂的 HLB 值和胶束浓度 cmc 理论进行综合考虑。

一般筛选原则为：极性较大的有效成分，选择较高 HLB 值的表面活性剂，而对于极性较弱的有效成分，可以选择较低 HLB 值的表面活性剂，如混合型表面活性剂；高 HLB 值的非离子表面活性剂与低 HLB 值的表面活性剂搭配使用，平衡亲水和亲油两类表面活性剂，可以制备透明温度范围宽广的微乳剂；选择作用效率高的表面活性剂，可以降低其用量。

3. 有机溶剂

固态原药及有些在低温条件下会析出结晶的液态农药，要将它们配成微乳剂，还需借助于溶剂的有效溶解，微乳剂为水基化制剂，其目的就是降低有机溶剂的用量，因此，需要筛选溶解度大的有机溶剂，以减少有机溶剂的用量。根据以下几点原则选择有机溶剂。

① 溶解性能好，尽量采用溶解度大的有机溶剂来制备微乳剂，以减少有机溶剂的用量，降低有机溶剂对环境的污染。

② 应选择颜色浅、挥发性低、气味小、毒性低、环保安全的有机溶剂。若有机溶剂易于挥发，在制备和贮存过程中易破坏体系平衡，制剂稳定性差。

③ 原药在溶剂中稳定，溶剂不与其他组分反应。选择的溶剂不会影响体系的物理化学稳定性，不会与体系中其他组分发生反应。

④ 不含烯烃、氯和重金属，理化性能稳定。

⑤ 来源丰富、价格便宜。

尽可能选沸点较高、挥发慢、溶解力强、对于大多数农药具有良好溶解梯度的溶剂；与农药乳化剂单体也有着极好的互溶性，所配制的油相具有闪点高，挥发速度慢，渗透性强等优点。在农药喷洒时，选择的有机溶剂应使液滴更长时间滞留在植物或昆虫体表上，延长并充分发挥农药的药效。高纯度的液体原药也需要添加少量溶剂，保证油相的均匀，以提高制剂稳定性。

根据微乳剂的定义，应该选择油溶性的有机溶剂，受溶解度的限制，目前还是以芳烃溶剂为主，如菊酯类、有机磷类等多数有效成分，对于在芳烃溶剂中溶解度较差的有效成分如吡虫啉、啶虫脒、烯唑醇、阿维菌素等有效成分可以选择环己酮（微溶于水）作为有机溶剂，但不能选择极性溶剂如 N-甲基吡咯烷酮、二甲基亚砜、N,N-二甲基甲酰胺等作为微乳剂的有机溶剂。

低熔点的固体有效成分氟硅唑（熔点53℃）和高熔点的甲氨基阿维菌素苯甲酸盐（熔点141~146℃）可不用有机溶剂溶解而制备稳定的微乳剂，这只是特例。

国家发展改革委员会2006年提出削减乳油的新政策分三阶段实施，其中第三阶段的目标是"在适当的时候除一些只适合制备农药乳油的农药产品外，停止以苯、二甲苯、甲苯等挥发性芳烃类为溶剂的乳油产品生产"。工信部由此提出限制有害溶剂的实施方案，提出了农药乳油中的有害溶剂限量标准（见表1-17）。该实施方案在2012年9月的全国标准化委员会农药专业委员会会议上获得通过。意味着所有的乳油产品（包括其他的液态剂型）都得执行该行业标准。目前所谓的绿色、环保溶剂还不具备完全替代芳烃类溶剂的能力，要么溶解度不够，不具备通用溶剂的性能，如生物源溶剂；要么价格偏高，如 HDBE（二价酸酯）；要么环境相容性较差，在环境中不易降解，如重芳烃等。

表1-17　工信部制定的农药乳油中有害溶剂限量标准

有害溶剂		限量值(质量分数)/%
苯	≤	1.0
甲苯	≤	1.0
二甲苯	≤	10.0
乙苯	≤	2.0
甲醇	≤	5.0
N,N-二甲基甲酰胺	≤	2.0
萘	≤	1.0

表1-18为几种绿色溶剂对苯醚甲环唑的溶解度实验。可见HDBE对苯醚甲环唑的溶解度明显高于ND-45、ND-60。

表1-18 苯醚甲环唑在几种绿色溶剂中的溶解度实验

绿色溶剂	闪点(闭口)/℃	溶解度/(g/100g)	室温下溶解情况	低温0℃±1℃下溶解情况
ND-45(松脂油)	45	50	不能溶解	
ND-60(松脂油)	60	40	溶解	合格
		50	溶解	析出少许结晶
		66.7	不能溶解	
HDBE(二价酸酯)	100	50	溶解	合格
		66.7	溶解	合格
		100	溶解	第二天析出结晶

4. 助表面活性剂

通常微乳液的组成中含有一些助表面活性剂如低级醇、中级醇或高级醇,助表面活性剂本身并没有任何乳化能力,它的加入却可以成倍或数十倍地提升表面活性剂的活性,有效地促进微乳液的形成。助表面活性剂也可以增加界面膜的流动性,生成微乳液时,由大液滴分散成小液滴,界面要重整、变形,这需要克服界面张力和界面压力做功,加入助表面活性剂后,可降低界面的刚性,提高界面膜的流动性,减少微乳液形成时所需的弯曲能,使微乳液滴易于自发形成。对于农药微乳剂,助表面活性剂还可加大对原药的溶解,降低微乳剂的黏度,提高制剂的流动性。

根据瞬间负界面张力理论,助表面活性剂在微乳液的形成中似乎是不可缺少的,但一些双链离子型表面活性剂如二(2-乙基己基)琥珀酸酯磺酸钠(AOT)和非离子表面活性剂无需加入助表面活性剂也能形成微乳液。

助表面活性剂在微乳液的形成中特别是使用离子型表面活性剂时起了重要的作用。助表面活性剂的作用为:降低界面膜的界面张力;增加界面的柔性,使界面易于弯曲;调节HLB值和界面的自发弯曲,导致微乳液的自发形成;降低体系的黏度,增加微乳剂的流动性。

一般微乳液,特别对于W/O型的微乳液添加的助表面活性剂为中级醇(4~6个碳链)。对于水包油的农药微乳剂而言,需要较宽的透明温度范围,而且农药的热贮稳定性实验国标规定一般农药制剂需在54℃±2℃下贮存14d稳定,故农药微乳剂要求较高的浊点。对碳数大于4的醇类,亲水性差、浊点低,所以在农药微乳剂中,为了达到制剂贮存要求,一般不应添加碳数大于4的醇类助表面活性剂。为了降低极性助表面活性剂对环境的不利影响,建议添加毒性低、浊点高的乙醇作为助表面活性剂,且助表面活性剂比表面活性剂价格便宜,为了降低微乳剂的成本,适当增加助表面活性剂比增加表面活性剂来提高微乳剂浊点更为经济、有效。

5. 水质

水是微乳剂的主要组分,水质对微乳剂的影响应给予充分重视。一般认为,制备微乳剂以蒸馏水为佳。但在5%烯唑醇微乳剂中,用自来水制备反而比蒸馏水低温稳定性好,在10%阿维·哒微乳剂中,用蒸馏水和1000mg/L硬水制备,其中阿维菌素热贮分解率较高。根据研究结果,用自来水制备的某些微乳剂反而粒径更小,分布更窄,微乳剂更稳定。

根据多数人的研究,用不同的水质制备微乳剂对其理化性能有一定的影响。我国各地水质不一样,若以蒸馏水或去离子水制备,不但企业增加成本,而且较为不便。所以制剂工作者为企业研制的微乳剂配方应适应不同的水质。

6. 稳定剂

为了提高微乳剂的化学和物理稳定性,在某些微乳剂中需添加稳定剂。其稳定措施有以下几条。

(1) 添加pH缓冲液,使体系的pH值控制在有效成分所适宜的范围内,抑制其分解。

(2) 添加稳定剂,减缓分解。常用的稳定剂有3-氯-1,2-环氧丙烷、丁基缩水甘油醚、苯基缩水甘油醚、甲苯基缩水甘油醚、聚乙烯基乙二醇二缩水甘油醚、山梨酸钠等。如阿维菌素微乳剂中,需添加抗氧化剂、紫外吸收剂,以提高阿维菌素的稳定性。

(3) 选择具有稳定作用的表面活性剂,或增加表面活性剂的用量,使完全被胶束保护的有效成分与水隔离而达到稳定。

7. 防冻剂

微乳剂为水基性制剂,需要加入防冻剂提高低温稳定性,一般加入量为5%左右。已知的防冻剂有乙二醇、丙二醇、丙三醇、己二醇、尿素、硫酸铵等。这些助剂不但具有防冻作用,而且具有可调节透明温度区域的作用,如果配方合适,低温贮存不发生冻结现象,也可以不加防冻剂。一般的助表面活性剂兼具有防冻作用,所以通常情况下无需另外添加防冻剂。

8. 水溶助长剂

提高在水中不溶或难溶物质的溶解性的助剂被称做水溶助长剂。水溶助长剂通常是易溶于水的有机分子,如中性有机酸、芳香胺、脯氨酸等。目前水溶助长剂已被广泛应用于液体洗涤剂配方中,它增加了表面活性剂等在水中的溶解度,提高了使用和贮存稳定性,也提高了洗涤去污能力。其作用机制目前还不很清楚,较一致的认为与水溶助长剂破坏表面活性剂形成的液晶结构有关。添加水溶助长剂可使CTAB-戊醇-水体系由液晶相转变成双连续相,形成一个连通的由W/O型经过双连续相转变成O/W型微乳液。尿素是一种优良的水溶助长剂,可以增加仲丁威微乳液区面积。

二、微乳剂配方实例

几种典型的微乳剂配方见表1-19。

表1-19 几种微乳剂品种的配方实例　　单位:%（质量分数）

品种	阿维菌素ME	甲维盐ME	高效氟氯氰菊酯ME	高效氯氰菊酯ME	抗蚜威ME	啶虫脒ME	氟铃脲ME	戊唑醇ME	苯醚甲环唑ME	丙环唑ME
质量分数	2	3	2.5	5	10	10	3	12.5	10	20
环己酮	10					22	20	7	13	
二甲苯			16	8	22			15	6	
乙醇		15	10	4	10	10	8	12	10	15
丁醇				2						
助表面活性剂	4									
表面活性剂	12	10	10	16	19	12	20	20	16	22
自来水	补足	补足	补足	补足	补足	补足	补足	补足	补足	补足

以上微乳剂制剂均为清澈透明液体，透明温度范围为-5~60℃以上，冷、热贮稳定性合格，乳液稳定性（100×）合格，经时稳定性大于2年。

三、微乳剂的加工工艺

1. 微乳剂的制备方法

微乳剂为热力学稳定体系，可自发形成，故在实验室的制备方法与乳油一样，只要配方合适，稍加搅拌即可自动形成。制备方法主要有以下几种。

（1）直接乳化法　这也是制备微乳剂最常用的、最简单的一种方法，先将原药、有机溶剂、表面活性剂、助表面活性剂等助剂搅拌、混合均匀，形成油相，然后再加入水相，稍加搅拌即成透明的微乳剂。

（2）间接乳化法　先将表面活性剂加入水相中，然后再在水相中滴加油相，稍加搅拌即成透明的微乳剂。

（3）二次乳化法　又称为交互添加法，即在搅拌下逐渐将油相和水相交互添加于乳化剂中，使两相混合的方法。

2. 生产工艺及设备

微乳剂的生产工艺与乳油类似，可以利用乳油的加工工艺生产，只不过补充剂从有机溶剂换成了自来水。

主要加工设备为调制釜、贮槽、真空泵、计量槽或计量表、灌装线等。由于溶剂为水，对设备的材质要求不高，一般的搪瓷材质即可。

（1）调制釜　加工微乳剂的主要设备，它是一种带夹套的搪玻璃或不锈钢混合釜，釜上装有低速搅拌器、电动机、变速器等，搅拌形式要求不高，一般桨式或锚式均可，搅拌速度一般为 60~80r/min。调制釜体积根据需要配备，一般有 1000L、2000L 或 3000L。

（2）计量槽　用来计量原材料的量具，可用碳钢制作。
（3）贮槽或贮罐　建议配备 2 个，交替使用，不锈钢或碳钢材质均可。
（4）真空泵　常用的是水冲泵或水环泵。
（5）灌装线　可以是全自动或半自动的，根据需要配备。

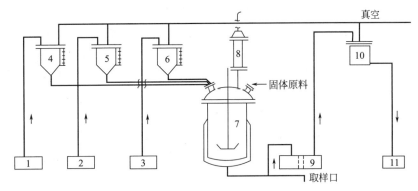

图 1-13　农药微乳剂生产工艺流程示意图
1—液体原药或有机溶剂；2—表面活性剂；3—助表面活性剂或自来水；
4~6—计量槽；7—调制釜；8—冷凝器；9—过滤器；10—贮槽；11—灌装机

图 1-13 是农药微乳剂生产工艺流程示意图。液态原药 1 抽取到计量槽 4，表面活性剂 2 抽取到计量槽 5，助表面活性剂 3 抽取到计量槽 6，分别计量后加入调制釜 7 中混合，以转速 60~80r/min 充分搅拌 30min。再将自来水 3 抽取到计量槽 6，计量后注入调制釜 7 中，以转速 60~80r/min 再搅拌 30min，即得到微乳剂产品。取样分析各项质量控制指标，若有不合格的指标，及时调整并继续搅拌 10~20min，再取样分析，直至全部指标合格。合格产品通过过滤器 9 打入贮槽 10 中，转入灌装工序。固体原药直接倒入调制釜 7 中，有机溶剂 1 抽取到计量槽 4，计量后注入调制釜 7 中，其他同液体原药的加工步骤。

经灌装机 11 装入聚酯瓶或铝箔袋中，罐装时必须注意检查药瓶或铝箔袋洁净，计量准确。然后封口、张贴标签、装箱打包，检验合格后入库。

为了保证产品质量，投料前需对所选用的原材料进行严格检验，操作时严格计量，加工合格的产品建议经过 24h 的静置再进行包装。

第七节　微乳剂的质量控制指标及检测方法

一、微乳剂质量控制指标测定方法

（1）外观　微乳剂外观应为透明或半透明的均相液体，无可见的悬浮物或沉淀，其色泽因有效成分、制剂含量而异。生产上采取目测法，条件具备的单位采用激光粒度仪测定其油珠颗粒粒径（微乳剂与乳油的区别：乳油制剂为真溶液，而微乳剂存在着油珠颗粒粒径，只不过其粒径可透过可见光，所以肉眼观察是透明的）。

(2) 透明温度范围　一般认为，单用离子型表面活性剂不能形成微乳剂，制备微乳剂需选择非离子型或混合型表面活性剂。所以微乳剂制剂具有非离子型表面活性剂对温度敏感的特性，存在透明温度范围，即外观透明的温度范围，该范围越宽，微乳剂越稳定。该范围的宽度及上、下限受表面活性剂、助表面活性剂的种类及用量的影响。范围下限一般低于低温稳定测定的温度，范围上限即浊点的测定。

测定方法：取 10mL 试样于 10mL 试管中，于冰浴上渐渐降温，至出现浑浊或冻结为止，此转折点的温度为透明温度下限 t_1，再将试管置于透明水浴中，以每分钟 2℃ 的速度缓慢加温，记录试样出现浑浊时的温度，即透明温度上限 t_2，则透明温度范围为 $t_1 \sim t_2$。建议透明温度范围定为 0~56℃，最佳为 -5~60℃。

(3) 低温稳定性　参考 GB/T 19137，试样置于 -5℃±1℃ 或 0℃±1℃ 的可控低温柜中贮藏 7d 后，观察微乳剂外观是否变浑浊，并记录有无结晶析出或分层现象。

测定步骤：取 10mL 试样放入具塞试管中，在可控低温柜中，冷却温度至 -5℃±1℃ 或 0℃±1℃，保持 7d，取出观察外观是否变浑浊，并记录有无结晶析出或分层现象。如外观透明、无沉淀或分层，流动性和乳化性能均无变化，则低温稳定性合格。

抗冻实验：微乳剂试样置于冰箱冷冻室（-18℃）中冷冻 7d 后，取出观察外观应呈乳白色胶冻状。室温下静置一段时间，如能完全恢复原状，外观透明、无沉淀或分层，流动性和乳化性能均无变化，则抗冻实验合格。

(4) 乳液稳定性　微乳剂制剂可以任何比例对水稀释，乳液稳定。但由于田间实际使用浓度一般在 1000 倍液左右，标准中没有必要规定浓度太高的稀释倍数。GB/T 1603 规定乳油乳液稳定性的稀释倍数为 200 倍。为更严格要求，建议微乳剂的乳液稳定性的稀释倍数为 100 倍液。

测定方法：取供试微乳剂试样，以标准硬水稀释 100 倍液于具塞量筒中，静置于 30℃ 智能玻璃恒温水浴（见图 1-14）中 1h，观察上无浮油，下无沉淀，澄清透明为合格。

(5) pH 值　参照 GB/T 1601 进行。

有效成分稳定贮存的 pH 值不同，微乳剂制剂要求的 pH 值也相应不同。应结合热贮稳定性实验，兼顾制剂稳定性及所含有效成分稳定性的要求确定微乳剂合适的 pH 值范围。

(6) 热贮稳定性　根据 GB/T 19136，试样置于温度 54℃±2℃ 下贮存 14d。外观保持均相，无明显变化，或者出现浑浊，但在室温下能自动恢复透明均相，均可判为合格。分析有效成分质量分数，热贮分解率一般低于 5.0% 为合格产品。

(7) 水质及用量　一个质量优良的微乳剂配方，应综合考虑不同水质对其的影

图 1-14　智能玻璃恒温水浴

响，使之有较宽的适应性，用不同水质的水制备的微乳剂理化性能均应保持稳定。一般应以自来水制备微乳剂。

农药微乳剂通常定义为水包油的微乳液，所以制剂中要达到一定的用水量才有意义。若用水量太少，则成为油包水型的微乳液，和乳油没有什么区别，对保护环境亦无意义。建议微乳剂用水量应在 30% 以上。

（8）经时稳定性　微乳剂的经时稳定性是衡量微乳剂长期稳定贮存的技术指标。经时稳定性愈长，微乳剂质量愈佳。

测定方法：试样装瓶密封，于室温下长期静置存放，在自然状态下观察制剂外观变化，保持单相透明不变为合格。

质量合格的微乳剂品种，其经时稳定性完全可以达到其他剂型农药制剂标准规定的允许贮存时间（一般保证期为 2 年）。对于一般有效成分，微乳剂经时稳定性达到 2 年为合格，但对于那些稳定性较好的有效成分，完全可以规定更长的经时稳定性，比如 3 年或 4 年。

二、微乳剂质量控制指标建议值

根据以上的论述，对微乳剂的质量控制指标建议如下。

① 透明温度范围　0~56℃，达到 -5~60℃ 为更佳。

② 低温稳定性　参考 GB/T 19137，置于 0℃±1℃ 下贮存 7d 稳定。

③ 乳液稳定性　参照 GB/T 1603 进行，稀释倍数为 100 倍。

④ pH 值　参照 GB/T 1601 进行，主要根据有效成分性质确定 pH 值范围。

⑤ 热贮稳定性　根据 GB/T 19136，置于 54℃±2℃ 下贮存 14d，有效成分热贮分解率≤5%，外观无变化。

⑥ 水质和用水量　一般以自来水制备，用水量在 30% 以上。

⑦ 经时稳定性　一般为 2 年，对于稳定的微乳剂品种可以延长到 3 年或 4 年。

第八节　商品化的农药微乳剂品种

农药微乳剂从 20 世纪 90 年代末开始在我国应用,从个别卫生用药品种登记,到今天的广泛应用,从用户不认可到今天的大受欢迎,只不过经历了短短的十年,说明农药微乳剂具有旺盛的生命力。

农药微乳剂在我国的登记情况,据不完全统计,2000 年以前登记的农药微乳剂仅 10 个品种:0.1% 三十烷醇微乳剂、4.5% 高效氯氰菊酯微乳剂、16% 高氯·杀单微乳剂、20% 阿维·杀单微乳剂、1% 阿维·高氯微乳剂、2.4% 阿维·氯氰微乳剂、10% 与 20% 氯氰·灭多威微乳剂、20% 灭多威·氰戊微乳剂、14.5% 吡虫·杀单微乳剂。至 2004 年年底,微乳剂品种达到 183 个品种;至 2005 年年底,有 263 个品种获得农药登记;截至 2008 年 4 月底,在我国登记的微乳剂品种达到 583 个品种;2009 年登记的品种为 272 个,2010 年登记的品种为 462 个(截至 2010 年 8 月 9 日,包括新登记和续展登记的品种)。可见农药微乳剂在我国具有较好的市场发展前景。表 1-20 为已经获得农药登记的微乳剂单剂品种。

表 1-20　我国登记的农药微乳剂单剂品种

所属类型	农药名称	登记规格[①]/%	最早登记时间
有机磷类杀虫剂	三唑磷	8.0、15、20	2001
	毒死蜱	16g/L、25g/L、30g/L、40g/L、480g/L	2003
	二嗪磷	40	2005
	辛硫磷	20	2006
	丙溴磷	20、30	2007
氨基甲酸酯类杀虫剂	丁硫克百威	10	2007
	抗蚜威	9.0	2007
	仲丁威	20	2008
	残杀威	10	2009
拟除虫菊酯类杀虫剂	高效氯氰菊酯	4.5、5.0、10	2000
	氯氰菊酯	5.0、10	2001
	顺式氯氰菊酯	2.5、4.5	2001
	甲氰菊酯	10	2002
	氰戊菊酯	5.0、10	2002
	氯菊酯	10	2002
	高效氯氟氰菊酯	2.5g/L、2.7g/L、5.0g/L、25g/L	2003
	高效氟氯氰菊酯	2.5、5.0、7.0	2005
	联苯菊酯	2.5、4.0、10	2006
	溴氰菊酯	2.5	2006

续表

所属类型	农药名称	登记规格①/%	最早登记时间
阿维菌素类杀虫剂	阿维菌素	0.5、0.9、1.8、2.0、2.8、3.0、3.2、4.0、5.0、6.0	2002
	甲氨基阿维菌素苯甲酸盐	0.2、0.5、1.0、1.5、1.8、2.0、2.2、2.5、3.0、5.0	2002
新烟碱类杀虫剂	啶虫脒	3.0、5.0、6.0、10	2002
	吡虫啉	5.0、10	2007
有机醚类杀虫剂	吡丙醚	5.0	2007
杂环类杀虫剂	虫螨腈	5.0	2007
苯甲酰脲类杀虫剂	丁醚脲	10、15	2008
植物源类杀虫剂	苦皮藤素	0.5	2007
	鱼藤酮	5.0	2009
	松脂酸钠	30	2003
杀螨剂	哒螨灵	10、15	2007
	炔螨特	40	2007
三唑类杀菌剂	烯唑醇	5.0	2002
	己唑醇	5.0、10	2003
	戊唑醇	6.0、12.5、18	2003
	氟硅唑	5.0、8.0、10、40	2004
	丙环唑	20、40、45、50、55	2005
	腈菌唑	5.0、9.0、12.5、20	2006
	三唑酮	9.0	2007
	苯醚甲环唑	10、20、25	2007
有机铜类杀菌剂	壬菌铜	30	2001
咪唑类杀菌剂	咪鲜胺	10、12、15、20、25、45、	2004
杂环类杀菌剂	稻瘟灵	18	2008
	嘧霉胺	20	2008
吗啉类杀菌剂	烯酰吗啉	10	2008
其他杀菌剂	溴菌腈	25	2009
酰胺类除草剂	乙草胺	50	2002
	丁草胺	50	2003
二苯醚类除草剂	氟磺胺草醚	12.8、20、30	2003
	乙羧氟草醚	20	2007
	氰氟草酯	10	2009
苯氧羧酸类除草剂	精喹禾灵	5.0g/L、8.0g/L、50g/L	2005
咪唑啉酮类除草剂	咪唑乙烟酸	5.0	2003

续表

所属类型	农药名称	登记规格①/%	最早登记时间
植物生长调节剂	三十烷醇	0.1	1994
	萘乙酸	2.5	2002

①指质量分数。

以下介绍几种比较典型的、已产业化的微乳剂品种。

一、甲氨基阿维菌素苯甲酸盐微乳剂

甲氨基阿维菌素苯甲酸盐（emamectin benzoate，简称甲维盐）是农用抗生素阿维菌素的结构修饰产物，是一种新型高效的抗生素杀虫、杀螨剂。具有胃毒、触杀及很强的渗透作用。具有超高效、低毒、低残留、持效期长、对人畜安全等特点。特别对鳞翅目害虫具有极高的杀虫活性。甲氨基阿维菌素苯甲酸盐微乳剂，从早期登记的0.2%，到目前的3%，其中还有0.5%、1%、2%等不同规格。

1. 甲维盐微乳剂质量技术指标及生物学评价

一般熔点高的有效成分，需要非水溶剂溶解，才能配制稳定的微乳剂。但对于甲氨基阿维菌素来说，是个特例，甲氨基阿维菌素苯甲酸盐熔点141～146℃，易溶于极性有机溶剂，配制甲维盐微乳剂无需非水溶剂，仅仅以助表面活性剂（助溶剂）溶解即可配制合格的微乳剂。

以乙醇为助溶剂，用量15%～20%，加入10%非离子表面活性剂即可配制稳定、合格的微乳剂，测定的3%甲维盐微乳剂各项质量技术指标见表1-21。

表1-21　3%甲维盐微乳剂各项质量技术指标

质量技术指标	测定值	检测标准
甲氨基阿维菌素B_{1a}苯甲酸盐(质量分数)/%	2.72①	高效液相色谱法
pH值	6.87	GB/T 1601
乳液稳定性(20倍,1h)	合格	GB/T 1603
透明温度范围/℃	−10～70	HG/T 2467.10
低温稳定性(−5℃±1℃,14d)	合格	GB/T 19137
热贮稳定性(54℃±2℃,14d,分解率,质量分数)/%	合格,1.47	GB/T 19136
常温经时稳定性(2年)	合格	

① 由于原药有效成分质量分数比标称的偏低，配制的甲维盐微乳剂试样质量分数低于3%。

采用浸叶饲虫法，以小菜蛾为试虫，对乳油和微乳剂的室内毒力进行比较测定，结果见表1-22。

表1-22　3%甲维盐微乳剂与1%乳油对小菜蛾的室内毒力测定 (48h)

供试药剂	毒力回归方程	LC_{50}(95%置信限)/(μg/mL)	LC_{90}/(μg/mL)	相关系数	毒力指数
1%乳油	$Y=6.751+1.974X$	0.130(0.105～0.160)	0.578	0.9697	1.0
3%微乳剂	$Y=7.163+2.053X$	0.088(0.072～0.109)	0.372	0.9787	1.48

从实验结果的LC_{50}值可以看出，两种剂型对小菜蛾均具有很高的毒力。以甲氨基阿维菌素苯甲酸盐乳油的毒力为1.0，则微乳剂的相对毒力指数可达1.48。微

乳剂比乳油增效32.3%，从LC_{90}值来看，微乳剂比乳油增效35.6%，说明在相同的应用条件下，微乳剂对小菜蛾的毒力高于乳油剂型。

2. 绿色环保表面活性剂在甲维盐微乳剂中的应用

刘迎等以绿色环保的表面活性剂烷基糖苷（APG）和单烷基磷酸酯钾盐（MAPK）替代传统表面活性剂辛基酚聚氧乙烯醚（OP-10）和壬基酚聚氧乙烯醚磷酸酯（NP-10P）配制3%甲维盐微乳剂进行研究。在确定最佳复配比例的基础上比较了两类复配表面活性剂体系对有效成分的增溶作用；在表面活性剂总质量分数为10%的条件下，分别采用两类表面活性剂复配体系制备了3%甲维盐微乳剂并对其生物活性进行了测定；比较了4种表面活性剂对斑马鱼及大型溞的急性毒性及生物降解性。

（1）两类表面活性剂组合对甲维盐的增溶能力　根据拟三元相图的研究结果，选择$m(MAPK):m(APG)=2:1$与$m(NP-10P):m(OP-10)=1:2$作为制备甲维盐微乳剂时表面活性剂组合体系的比例，用量为10%。两类表面活性剂组合对甲维盐的增溶能力见图1-15。甲维盐在两类表面活性剂-水-油相混合体系中的质量分数（w_i）随表面活性剂相中表面活性剂与水质量比的增加而增大，在质量比≤0.20内，增溶的幅度较大，w_i与两类复配表面活性剂相中表面活性剂与水的质量比均呈线性关系，但表现出不同的表面活性（斜率）及增溶能力（w_i/w_s，%；w_i、w_s分别为线性区间上限体系中农药有效成分和表面活性剂的质量分数）。回归方程斜率越大，w_i/w_s越大，表明复配体系对农药有效成分的增溶能力越强。而在质量比≥0.20后，增溶趋缓。

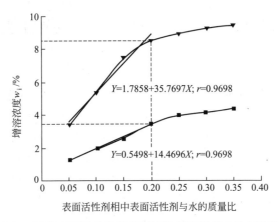

图1-15　两类表面活性剂最佳复配比例下甲维盐的相溶解度

研究发现，NP-10P/OP-10组合的直线斜率和w_i/w_s分别为35.77和2.12，明显优于MAPK/APG组合的14.47和0.45，表明MAPK/APG组合的表面活性剂和增溶能力均明显小于传统表面活性剂NP-10P/OP-10组合。

（2）两类表面活性剂组合制备的甲维盐微乳剂的质量技术指标及生物学评价　在表面活性剂复配体系质量分数为10%及最佳复配比例条件下，分别用MAPK/APG和

NP-10P/OP-10 制备了质量技术指标符合要求的 3%甲维盐微乳剂（表 1-23）。

表 1-23 两类表面活性剂组合制备微乳剂的质量技术指标

质量技术指标	MAPK/APG 组合	NP-10P/OP-10 组合
pH 值	6.43	6.56
乳液稳定性(20 倍,1h)	合格	合格
透明温度范围/℃	−6～56	−7～69
低温稳定性(−5℃±1℃,7d)	合格	合格
热储稳定性(54℃±2℃,14d,分解率,质量分数)/%	合格,1.33	1.67

评价两类表面活性剂组合制备的 3%甲维盐微乳剂对小菜蛾的室内毒力见表 1-24，其显著性分析见表 1-25。结果表明，24h 和 48h 内，两类表面活性剂复配体系制备微乳剂对小菜蛾的生物活性均无明显差异，且与对照药剂商品化 3%甲维盐微乳剂相当。

表 1-24 不同表面活性剂组合制备的 3%甲维盐微乳剂对小菜蛾的室内毒力

时间/h	供试药剂	毒力回归方程	LC_{50}/(μg/mL)	95%置信限/(μg/mL)	相关系数
24	MAPK/APG 组合	$Y=3.464+1.385X$	12.8	9.79～18.4	0.9981
	NP-10P/OP-10 组合	$Y=3.493+1.388X$	12.2	9.34～17.2	0.9863
	CK[①]	$Y=3.738+1.246X$	10.3	7.85～14.5	0.9641
48	MAPK/APG 组合	$Y=3.906+1.132X$	9.26	6.95～13.2	0.9680
	NP-10P/OP-10 组合	$Y=3.830+1.245X$	8.72	6.71～11.9	0.9893
	CK[①]	$Y=3.787+1.349X$	7.93	6.22～10.5	0.9624

① 对照药剂为浙江海正化工股份有限公司提供的 3%甲维盐微乳剂。

表 1-25 不同表面活性剂组合制备的 3%甲维盐微乳剂对小菜蛾毒力的显著性分析

比较组别	24h		48h	
	LC_{50} 比值	95%置信限/(μg/mL)	LC_{50} 比值	95%置信限/(μg/mL)
APG/MAPK 与 NP-10P/OP-10	1.05	0.72～1.54	1.06	0.71～1.59
APG/MAPK 与 CK	1.25	0.84～1.84	1.17	0.80～1.72
NP-10P/OP-10 与 CK	1.18	0.80～1.74	1.10	0.76～1.58

注：若 2 个比较组 LC_{50} 比值的 95%置信区间包含 1，则其 LC_{50} 间差异不显著。

（3）供试表面活性剂的环境安全性　考察 1 种化学品的环境安全性，通常包括以下 3 方面：生物降解性；对水生生物的毒性；在生物体内的富集。4 种供试表面活性剂对斑马鱼和大型溞的毒性分别见表 1-26，表现出相似的趋势，差异显著性分析见表 1-27。结果表明：APG 对斑马鱼和大型溞的毒性最小，MAPK、NP-10P 毒性相当，而 OP-10 毒性最大。即绿色表面活性剂对斑马鱼和大型溞的毒性低于传统表面活性剂，对水生生物表现出更高的安全性。

表 1-26 表面活性剂对水生生物的安全性

供试生物	表面活性剂	毒力回归方程	LC_{50}/(μg/mL)	95%置信限/(μg/mL)	相关系数(r)
斑马鱼 *Danio rerio*	APG	$Y=1.733+1.426X$	195	129～408	0.9770
	MAPK	$Y=2.242+1.428X$	85.4	58.1～163	0.9352
	NP-10P	$Y=1.989+1.565X$	83.9	58.6～151	0.9372
	OP-10	$Y=3.568+1.698X$	6.97	5.10～11.0	0.9979

续表

供试生物	表面活性剂	毒力回归方程	$LC_{50}/(\mu g/mL)$	95%置信限/$(\mu g/mL)$	相关系数(r)
大型溞 Daphnia magna	APG	$Y=1.763+1.780X$	65.8	45.9~115	0.9593
	MAPK	$Y=2.333+1.225X$	23.0	13.9~62.1	0.9838
	NP-10P	$Y=3.509+1.224X$	16.5	10.1~34.2	0.9898
	OP-10	$Y=3.907+1.616X$	4.75	3.21~7.54	0.9853

表1-27 供试表面活性剂对斑马鱼和大型溞安全性评价实验结果的差异显著性分析

比较组别	斑马鱼 LC_{50}		大型溞 EC_{50}	
	LC_{50}比值	95%置信限/$(\mu g/mL)$	EC_{50}比值	95%置信限/$(\mu g/mL)$
APG与MAPK	2.29	1.24~4.23	2.86	1.45~5.66
APG与NP-10P	2.33	1.30~4.19	4.00	2.12~7.49
APG与OP-10	28.1	16.1~48.9	13.9	8.09~23.8
MAPK与NP-10P	1.02	0.58~1.79	1.39	0.65~2.98
MAPK与OP-10	12.3	7.20~20.9	4.84	2.44~9.59
NP-10P与OP-10	12.0	7.28~19.1	3.48	1.84~6.56

注：若2个比较组LC_{50}或EC_{50}比值的95%置信区间包含1，则其LC_{50}或EC_{50}之间差异不显著。

环境安全性评价结果表明，MAPK和APG对斑马鱼和大型溞的毒性低于NP-10P和OP-10，且生物降解率高（见图1-16）。表明绿色表面活性剂在农药制剂加工中具有一定的应用潜力，且其对环境生物的安全性高，在环境中易降解，因此可用于生物农药及部分低毒、易环境降解的化学农药制剂配方中。

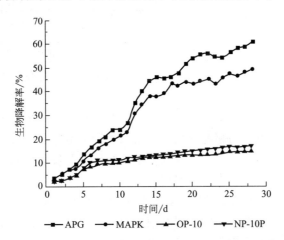

图1-16 供试的4种表面活性剂在28d内的降解趋势

在日益注重生态环境可持续发展的今天，传统表面活性剂的大量使用所产生的一系列问题已引起人们的重视。虽然绿色表面活性剂目前在成本方面不具优势，但越来越注重生活品质及生态环境的21世纪，将被越来越多的有社会责任心的农药制剂企业所接受，而随着绿色表面活性剂应用的不断增加，生产成本将不断降低，其价格与传统表面活性剂有可能持平。传统表面活性剂一般来源于不可再生的石油资源，随着石油资源的枯竭，其成本优势将不复存在，而绿色表面活性剂一般来源于可持续发展的可再生资源，不存在来源的问题，此消彼长，绿色表面活性剂的潜力将无可限量。

二、高效氯氟氰菊酯微乳剂

拟除虫菊酯类杀虫剂易溶于一般有机溶剂，且在水中稳定，是最适合加工成农药微乳剂的一类农药，在微乳剂品种研制的文献报道中，菊酯类农药占了大多数，几乎所有的主要菊酯类品种均已被制备成农药微乳剂。高效氯氟氰菊酯（lambda-cyhalothrin）是继高效氯氰菊酯之后推广应用最广的一种菊酯类杀虫剂，所以其微乳剂研制报道也很多，其规格多样，配方组成也多种多样。经过查询，公开披露的配方见表1-28。

表1-28 高效氯氟氰菊酯微乳剂配方　　单位：质量分数/%

规格	溶剂系统	乳化剂系统	助表面活性剂	报道作者	来源
2.5	二甲苯/2.0	6.0	乙醇/3.0	李普超等	农药科学与管理，2011,32(2)
5.0	二甲苯/4.0	11	乙醇/3.0		
3.0	乙酸丁酯/8.0	2201+600#+400#/17	正丁醇/1.0，丙三醇/5.0	张子勇等	农药,2012,51(5)
2.5	苯/2.5	500#+602#/18	甲醇/7.5	马超等	山东农业大学学报，2007,38(3)
3.8	二甲苯/5.7	500#+602#/10.5	甲醇/4.5	赵丰等	农药科学与管理，2009,30(11)
5.0	二甲苯/10	2201+OP-10/20	乙醇/10	陈福良等	应用化工,2009,9
5.0+Silwet 408	二甲苯/8.0	2201+OP-10/14	乙醇/10		

这些配方中，其中以深圳诺普信公司研制的配方助剂用量最少，2.5%高效氯氟氰菊酯微乳剂有机溶剂仅2.0%，乳化剂仅6.0%，乙醇仅3.0%，但不知该制剂经时稳定性是否稳定，据市场反映，某些企业以2.0%二甲苯为溶剂生产的2.5%高效氯氟氰菊酯微乳剂，在贮存期间析出结晶，且质量技术指标如透明温度范围不能符合质量要求。马超等使用毒性更大的苯为溶剂，且使用毒性大的极性溶剂甲醇为助表面活性剂，不符合环保的要求。张子勇等使用挥发性更大的乙酸丁酯为溶剂，也不符合农药使用常规溶剂的习惯。

笔者研制5%高效氯氟氰菊酯微乳剂是作为研制添加有机硅助剂的高效氯氟氰菊酯微乳剂的对照药剂而研制的，当时使用的有机溶剂及乳化剂用量均偏高，不符合节约成本之宗旨。但比较这两种制剂可以看出，添加了有机硅助剂的5%高效氯氟氰菊酯微乳剂的表面活性剂用量从20%降到14%，这表明添加有机硅助剂可以部分替代常规表面活性剂，有机溶剂降低了2%。添加5%有机硅助剂的5%高效氯氟氰菊酯微乳剂的质量技术指标见表1-29。

表1-29 5%高效氯氟氰菊酯（+Silwet 408）微乳剂的质量技术指标

乳液稳定性	低温稳定性	热贮稳定性(分解率)/%		透明温度范围/℃	pH
		高效氯氟氰菊酯	Silwet 408		
合格	合格	0.86	1.23	0~57	6.65

1. 制剂理化性能评价

3 种高效氯氟氰菊酯制剂（乳油、常规微乳剂、添加有机硅助剂的微乳剂）的理化性能实验结果见表 1-30。

表 1-30　高效氯氟氰菊酯制剂的理化性能评价

测定指标	2.5%高效氯氟氰菊酯乳油(1000×)	5.0%高效氯氟氰菊酯微乳剂(2000×)	5.0%高效氯氟氰菊酯+Silwet 微乳剂(2000×)
表面张力(20℃)/(mN/m)	31.7	29.6	25.0
60s 时的接触角(30℃)/(°)	49.5	44.9	31.4
60s 时的扩展面积(30℃)/mm²	18.54	21.06	26.77
润湿时间(稀释 500×)	30min 以上不润湿	30min 以上不润湿	94.5s

高效氯氟氰菊酯（+Silwet 408）微乳剂比一般微乳剂和乳油降低药液的表面张力为 4.6～6.7mN/m，减小液滴接触角达 13.5°～18.1°，药液的润湿时间从不润湿降低到 2min 以内，增大液滴的扩展面积 5mm² 以上。

图 1-17 为 3 种高效氯氟氰菊酯制剂的动态接触角及扩张面积测定结果。在 3 种制剂的稀释液液滴滴加到模拟培养皿的 5s 之前，其接触角快速降低；5s 之后，高效氯氟氰菊酯（+Silwet）微乳剂药液的接触角继续保持快速降低趋势，而常规微乳剂和乳油制剂药液的接触角变化则较为平缓；在 60s 时，常规微乳剂与乳油的接触角变化趋势相似，而添加有机硅助剂的微乳剂比前两者要低许多，其中与乳油的接触角差值达到 17.9°。液滴在靶标上的接触角 1min 内即可达到平衡，其值趋于稳定。

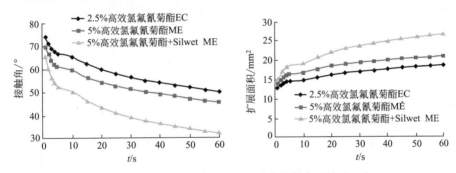

图 1-17　高效氯氟氰菊酯制剂的动态接触角及扩展面积

高效氯氟氰菊酯制剂药液的动态扩展面积是在测定接触角的基础上进行积分法计算的，故与接触角测定的变化趋势一致，这里不再赘述。

2. 制剂生物学实验评价

添加有机硅助剂的微乳剂田间药效实验结果见表 1-31。实验共设 6 个处理：5%高效氯氟氰菊酯（+Silwet 408）微乳剂 7.5g/hm²（A）、5.0g/hm²（B）、3.8g/hm²（C），对照药剂 2.5%三氟晶体乳油（山东淄博恒生农药有限公司生产）7.5g/hm²（D），以及空白对照，进行大容量喷雾，每公顷施药液量 600kg；另设 5%高效氯氟氰菊酯（+Silwet 408）微乳剂 3.8g/hm²（E）进行低容量喷雾。各处理间第 7 天的校正防效除了对照处理和低容量喷雾差异不明显外，其他的处理差异显著。同剂量的 5%高效氯氟氰菊酯（+Silwet 408）微乳剂（A）药效明显高于乳油（D）；每公顷 5.0g（B）处理也比乳油 7.5g（D）处理药效高，且差异显著。

表1-31 5%高效氯氟氰菊酯(+Silwet 408)微乳剂防治花椰菜菜蚜田间药效试验结果(湖南长沙县 2008.09)

处理编号	施药前虫口基数	施药后1d 残留虫量	施药后1d 校正防效/%	施药后3d 残留虫量	施药后3d 校正防效/%	施药后7d 残留虫量	施药后7d 校正防效/%	差异显著性 0.05	差异显著性 0.01
A	1186.7±213.1	105±15.3	91.5±0.5	64.7±6.2	95.3±0.4	36.7±10.1	97.6±0.3	a	A
B	1763.3±189.3	197±16.3	89.3±0.3	158.6±14.2	92.3±0.1	127.3±10.1	94.5±0.2	b	B
C	1388.3±231.8	192.7±23.7	86.7±0.5	166±22.5	89.7±0.3	139±27.6	92.3±0.3	d	C
D	1513.3±206.1	174±14.6	89.0±0.6	149.3±14.3	91.5±0.4	128.3±15.6	93.5±0.2	c	BC
E	1383.3±203.0	169.3±17.6	88.2±0.5	148.7±16.3	90.8±0.3	120.7±18.7	93.3±0.3	c	BC
CK	1505±168.0	1566.7±174.7		1753.3		1963.3			

注:a、b、c、d表示差异显著;A、B、C、D表示差异极显著。

低容量喷雾（E）对 5%高效氯氟氰菊酯（+Silwet 408）微乳剂增效更为明显，药效显著高于同剂量高容量喷雾（C）（药效虽然仅差 1%，但显著性测定为差异显著），与乳油 7.5g（D）处理相当，即比乳油增效达 1 倍。

花椰菜为十字花科植物甘蓝的一类，叶片表面有一层难于润湿的蜡质层，表面张力在 32~39mN/m 之间，与 2.5%高效氯氟氰菊酯乳油稀释 1000 倍的表面张力相当，而添加有机硅助剂的微乳剂表面张力为 25mN/m，明显低于其靶标表面的表面张力。一般药液的表面张力低于靶标表面的表面张力，才能在叶片表面润湿，有效沉积，这也是添加有机硅助剂微乳剂田间药效明显高于一般微乳剂和乳油的原因。

对于易于润湿的表面，乳油和微乳剂的大容量喷雾均可造成药液的流失；但对于难于润湿的表面，乳油添加的助剂为普通乳化剂，润湿性较差，大容量喷雾流失严重，而有机硅助剂 Silwet 408 具有卓越的润湿性，可以克服由于靶标表面难于润湿而易于流失的缺点，提高药液在叶面上的沉积量，另外，有机硅助剂可使药液经叶片气孔迅速被植物吸收，所以在植物叶片的沉积量应该明显高于乳油。据杨学茹报道，阿维菌素乳油对柑橘细潜蛾的药效实验，在阿维菌素稀释药液中添加 0.05% Silwet L-77 14d 防效比单用阿维菌素增效达 50.8%~97.8%。其增效机制为有机硅助剂能使药液扩散进入隐秘的害虫藏匿处，并促进植物叶面对有效成分的吸收并进入表皮，延长其持效期。

三、 啶虫脒微乳剂

啶虫脒（acetamipridid）是继吡虫啉之后又一种氯代烟碱类优良杀虫剂，不仅内吸性强、杀虫谱广、活性高而且作用速度快、持效期长。由于作用机制独特，防治对拟除虫菊酯类、有机磷类、氨基甲酸酯类产生抗性的害虫特别有效。啶虫脒不但对同翅目害虫如蚜虫、飞虱、粉虱、蚧、叶蝉等高效，也可用于防治鳞翅目害虫如小菜蛾、桃小食心虫等，双翅目害虫潜叶蝇等，鞘翅目害虫天牛等，缨翅目害虫蓟马等。

啶虫脒国内登记的制剂主要有 3%、5%乳油，3%、5%、10%、20%可湿性粉剂，20%可溶粉剂，20%可溶液剂，40%水分散粒剂，以及 3%、5%、10%微乳剂等。

1. 5%啶虫脒微乳剂与 10%啶虫脒微乳剂的配方比较

啶虫脒微乳剂登记的规格较多，有 3%、5%及 10%等不同规格。5%和 10%的啶虫脒微乳剂优化配方见表 1-32。从 2 种制剂的配方组成可以看出，10%微乳剂的生产成本具有优势，有效成分质量分数提高一倍，有机溶剂环己酮仅增加 69.2%，而其他的助剂基本与 5%微乳剂持平，加上节约的包装成本及运输成本，10%微乳剂的优势将更为突出。

表1-32　2种啶虫脒微乳剂优化配方组成　　单位:%(质量分数)

制剂规格	环己酮	乙醇	表面活性剂
5%啶虫脒微乳剂	13	10	13
10%啶虫脒微乳剂	22	10	12

2. 10%啶虫脒微乳剂质量技术指标及生物学评价

根据配方筛选,按照优选配方的啶虫脒微乳剂的质量技术指标测定结果见表1-33。

对麦长管蚜的毒力测定结果见表1-34。从实验结果的LC_{50}值可以看出,两种剂型对麦长管蚜均具有较高的毒力。以啶虫脒乳油的毒力为1.0,则微乳剂的相对毒力指数可达1.26,微乳剂比乳油增效44%(以LC_{90}计)。这说明在相同的应用条件下,微乳剂对麦长管蚜的毒力稍高于乳油剂型。

表1-33　10%啶虫脒微乳剂各项质量技术指标测定结果

质量技术指标	测定值	检测标准
啶虫脒(质量分数)/%	10.66	高效液相色谱法
pH值	4.72	GB/T 1601
乳液稳定性(20倍,1h)	合格	GB/T 1603
透明温度范围/℃	−10~75	HG/T 2467.10
低温稳定性(−5℃±1℃,14d)	合格	GB/T 19137
热贮稳定性(54℃±2℃,14d,分解率,质量分数)/%	合格,2.44	GB/T 19136
常温经时稳定性(2年)	合格	

表1-34　啶虫脒微乳剂对麦长管蚜的室内毒力测定(浸虫法)

供试药剂	毒力回归方程	LC_{50}(95%置信限)/(μg/mL)	LC_{90}/(μg/mL)	相关系数(r)	相对毒力指数
5%乳油	$Y=3.244+1.928X$	8.148(7.122~9.320)	37.654	0.9566	1.0
10%微乳剂	$Y=2.975+2.503X$	6.442(5.818~7.132)	20.944	0.9020	1.26

3. pH值对10%啶虫脒微乳剂热贮稳定性的影响

据文献报道,啶虫脒在pH4~7的缓冲溶液中稳定,在pH9和45℃下缓慢分解。而在10%啶虫脒微乳剂热贮稳定性实验中,用标准硬水配制的试样,在pH4热贮分解率达到10.67%,超过通常规定的小于5%分解率的标准;而用1026mg/L硬水配制,在pH9.5下,分解率仅为3.27%。结果与文献报道不一致。见表1-35。

实验结果表明,10%啶虫脒微乳剂在pH4左右时有效成分热贮分解率偏高,在pH值4.7~9.5之间均相对稳定。这与文献报道的啶虫脒稳定的pH值范围不太一致。由此可见,农药的微乳剂制剂不能仅仅根据有效成分纯品或原药的pH值稳定范围制定,必须经过热贮稳定性实验才能确定其确切的pH值稳定范围。该结果与谢光东报道 20％三唑磷微乳剂对 pH 值的要求完全一致。

表 1-35 10％啶虫脒微乳剂热贮稳定性

序号	水质/(mg/L)	pH 值	热贮分解率/％
1	自来水(320)	4.7	2.44±0.03
2	标准硬水(342)	4.0	10.67±0.54
3	硬水(1026)	9.5	3.27±0.21
4	硬水(1026)	6.2	0.00

四、烯唑醇微乳剂

烯唑醇（diniconazole）是一种三唑类杀菌剂，作用机制是抑制麦角固醇生物合成中的脱甲基化作用，具有保护、治疗和内吸作用。国内外的主要剂型有可湿性粉剂、乳油、拌种剂和悬浮剂。近几年国内登记了微乳剂剂型。

1. 烯唑醇微乳剂的质量技术指标

根据配方筛选，按照优选配方的试样进行了制剂质量技术指标的测定结果，见表 1-36。

表 1-36 烯唑醇微乳剂质量技术指标的测定结果

质量技术指标	测定值	检测标准
烯唑醇(质量分数)/％	5.17	气相色谱法
pH 值	4.4	GB/T 1601
乳液稳定性(100 倍,1h)	合格	GB/T 1603
透明温度范围/℃	−5～64	HG/T 2467.10
低温稳定性(0℃±1℃,14d)	合格	GB/T 19137
常温经时稳定性(2 年)	合格	
热贮稳定性(54℃±2℃,14d,分解率,质量分数)/％	合格,不分解	GB/T 19136
流体力学半径/nm	10.6	激光粒径测定仪

2. 烯唑醇微乳剂生物学评价

5％烯唑醇微乳剂与 12.5％可湿性粉剂花生褐斑病菌和梨黑星病菌的室内毒力测定结果见表 1-37。

表 1-37 5％烯唑醇微乳剂与 12.5％可湿性粉剂室内毒力测定结果

供试病菌	供试药剂	毒力回归方程	EC_{50}/(mg/L)	EC_{90}/(mg/L)	相关系数	相对毒力指数
花生褐斑病菌	12.5％烯唑醇 WP	$Y=5.957+0.957X$	0.100	2.196	0.9832	
	5％烯唑醇 ME	$Y=6.066+0.858X$	0.057	1.781	0.9949	1.75
梨黑星病菌	12.5％烯唑醇 WP	$Y=4.229+0.638X$	16.15		0.9791	
	5％烯唑醇 ME	$Y=4.498+0.500X$	10.12		0.9844	1.60

室内毒力测定结果表明，烯唑醇对花生褐斑病菌和梨黑星病菌具有较强的抑制

生长活性，微乳剂的活性明显高于可湿性粉剂的活性，增效达到43%和37%。这是由于微乳剂有效成分分散度高，有利于与病菌充分接触和渗透，故其活性较高。

田茂成报道以烯唑醇微乳剂和可湿性粉剂防治烟草蛙眼病（*Cercospora nicotianae*）的田间药效实验，12.5%烯唑醇可湿性粉剂和5%烯唑醇微乳剂稀释倍数均为500倍，其5%微乳剂的防效为65.2%，12.5%可湿性粉剂的防效为62.2%。两者药效相当，但剂量差了2.5倍，即微乳剂的田间防效比可湿性粉剂提高药效1倍以上。

五、氟硅唑微乳剂

氟硅唑（flusilazole）属三唑类高效、内吸杀菌剂，是固醇脱甲基化抑制剂。对子囊菌、担子菌和半知菌类真菌有效，对卵菌无效。氟硅唑国外现有制剂主要有10%、40%乳油，以及与多菌灵混配的悬浮剂。在我国登记的单剂制剂为40%乳油（4个厂家）和8%氟硅唑微乳剂，该微乳剂具有自主知识产权，获得国家发明专利（ZL 200410033766.6），取得了3个农业部农药品种登记证。

1. 氟硅唑微乳剂的质量技术指标

由于氟硅唑熔点较低，仅为53℃，常温下为无色晶体，无需有机溶剂，仅加入助表面活性剂就可以配制出合格的微乳剂。最简单配方为助表表面活性乙醇用量15%，16%表面活性剂组合即可以制备合格的微乳剂，8%氟硅唑微乳剂各项质量技术指标见表1-38。该制剂与氟硅唑原药制备方式关系密切，该配方仅适用于结晶法生产的氟硅唑原药（原药为结晶状），如果采用蒸馏法生产的原药（原药为粉末状），则制剂不稳定，经过冻融实验，制剂变浑浊，经时稳定性1年后制剂出现分层。

表1-38 氟硅唑微乳剂各项质量技术指标

质量技术指标	测定值	检测标准
氟硅唑(质量分数)/%	8.24	气相色谱法
pH值	7.3	GB/T 1601
乳液稳定性(100倍,1h)	合格	GB/T 1603
透明温度范围/℃	-5~65	HG/T 2467.10
低温稳定性(-5℃±1℃,14d)	合格	GB/T 19137
热贮稳定性(54℃±2℃,14d,分解率,质量分数)/%	0.57	GB/T 19136
常温经时稳定性(2年)	合格	

2. 氟硅唑微乳剂生物学评价

氟硅唑微乳剂对黄瓜白粉病的室内毒力测定结果见表1-39。

表1-39 氟硅唑微乳剂对黄瓜白粉病的室内毒力测定结果

供试药剂	毒力回归方程	EC_{50}(95%置信限)/(μg/mL)	EC_{90}/(μg/mL)	相关系数
40%氟硅唑乳油	$Y=1.51+2.0X$	55.43(66.74~48.47)	241.61	
8%氟硅唑微乳剂	$Y=0.31+2.63X$	60.49(69.61~54.31)	185.43	0.9294

氟硅唑不同剂型对黄瓜白粉病的室内毒力,从 EC_{50} 来看,微乳剂毒力比乳油低 9.1%(毒力比率为 0.92),但从 EC_{90} 来看,微乳剂毒力比乳油高 23.3%(毒力比率为 1.3)。两者综合毒力基本相当(见表 1-39)。

在大田药效中,EC_{90} 更有实际意义。在实验中乳油表现出对黄瓜叶片的轻微药害,而微乳剂对黄瓜安全。从毒力、药害综合考虑,氟硅唑微乳剂剂型优于乳油剂型。

六、三唑磷微乳剂

三唑磷属于有机磷杀虫剂,性质较特殊,其原药在 5℃ 左右会形成结晶,乳油制剂或原油贮存一定时间后,均会出现晶体挂壁现象,故研制微乳剂难度较大。

1. 醋酸酐对三唑磷微乳剂稳定性的影响

为了保证三唑磷贮存期间的稳定性,一般在原药中添加醋酸酐作为稳定剂,抑制其分解,用量为 0.5%~3.0%。但醋酸酐对微乳剂影响明显,结果见表 1-40。三唑磷原药中的醋酸酐用量超过 1.0% 后,对 20% 三唑磷微乳剂形成有明显的影响,当醋酸酐用量达到 1.5% 以上时,20% 三唑磷微乳剂透明温度范围变窄甚至无法形成微乳。

表 1-40 三唑磷原药中醋酸酐对 20% 三唑磷微乳剂的影响(谢东光,2010 年)

醋酸酐(质量分数)/%	微乳形成情况	透明温度范围/℃
0	自发形成微乳	−3~50
0.5	自发形成微乳	0~48
1.0	搅拌后可以形成微乳	1~46
1.5	强力搅拌后可以形成微乳	4~42
2.0	强力搅拌后可以形成微乳	10~40
2.5	强力搅拌后依然浑浊	

2. pH 值对三唑磷微乳剂的影响

各种文献均报道了三唑磷纯品、三唑磷原药、三唑磷乳油等在弱酸性和中性条件下稳定,在酸、碱性条件下易分解。为了考察不同 pH 值对 20% 三唑磷微乳剂的影响,用乙醇胺和乙酸调节体系的酸碱度,结果见表 1-41。

表 1-41 不同 pH 值对 20% 三唑磷微乳剂的影响(谢东光,2010 年)

热贮前			热贮后			热贮分解率/%
pH 值	三唑磷(质量分数)/%	外观	pH 值	三唑磷(质量分数)/%	外观	
3.5	20.78	透明液体	2.8	19.46	大量沉淀物	6.35
4.5	20.56	透明液体	3.4	19.44	大量沉淀物	5.45
5.5	20.25	透明液体	3.8	19.32	少量沉淀物	4.6
6.5	20.62	透明液体	4.5	19.79	微量沉淀物	4.02

续表

pH 值	热贮前			pH 值	热贮后			热贮分解率/%
	三唑磷(质量分数)/%		外观		三唑磷(质量分数)/%		外观	
7.5	20.74		透明液体	5.7	19.98		半透明液体	3.66
8.5	20.15		透明液体	6.6	19.75		透明液体	1.98
9.0	20.44		透明液体	7.1	20.13		透明液体	1.52
9.5	20.84		透明液体	7.3	20.46		透明液体	1.82

20%三唑磷微乳剂在弱碱性条件下，制剂外观质量比较稳定，有效成分相对分解率较小；相反，在弱酸性条件下，制剂容易出现沉淀物，有效成分相对分解率较大。实验结果表明产品贮存过程中保持弱碱性可提高微乳剂的稳定性。

3. 稳定剂对三唑磷微乳剂的影响

在配制合格的20%三唑磷微乳剂基础上，为了保证制剂贮存过程的稳定性，在制剂中添加具有代表性的pH缓冲剂或者具有pH缓冲作用的乳化剂，考察其对20%三唑磷微乳剂的影响，结果见表1-42。

表1-42 不同稳定剂对20%三唑磷微乳剂的影响（谢东光，2010年）

稳定剂	热贮前			热贮后			热贮分解率/%
	用量/%	pH	三唑磷(质量分数)/%	外观	pH值	三唑磷(质量分数)/%	
碳酸氢铵	0.5	8.2	20.45	合格	6.4	20.13	1.56
碳酸钠	0.3	9.5	20.76	合格	7.1	20.58	0.86
乙醇胺	0.3	10.2	20.48	合格	7.2	20.22	1.27
甘氨酸钠	0.5	9.5	20.16	合格	5.6	20.17	—
磷酸酯钠	7.0	8.5	20.63	合格	6.2	20.41	1.07
磷酸酯铵	7.0	9.3	20.50	合格	6.8	20.33	0.83

碳酸氢铵、碳酸钠、乙醇胺、甘氨酸钠等弱碱性化合物，均能提高制剂的pH值。其作用原理是碱性化合物能够与原油中的酸性物质中和，保持制剂弱碱性从而抑制农药有效成分的酸分解。磷酸酯类盐，既可以作为乳化剂的重要组分，同时也可以利用它的双钠盐与酸性物质作用形成单钠盐的机制，抑制体系酸度，保持制剂中性至弱碱性，提高微乳剂的稳定性。

七、银泰微乳剂

银泰为莱阳农学院研制的一种新型农用杀菌剂，化学名称为1-对羟基苯基丁酮，它是以银杏中具有生物活性化学物质的结构为先导化合物，采用人工模拟技术合成的，具有高效、低毒、低残留的优点。银泰含有两个同分异构体，常温下银泰Ⅰ（1-对羟基苯基丁酮）为油状液体，银泰Ⅱ（1-邻羟基苯基丁酮）为固体，现有剂型为20%乳油。

1. 银泰微乳剂的质量技术指标测定

按照选定的最佳配方进行了质量技术指标的测定,结果见表1-43。

表1-43 20%银泰微乳剂各项质量技术指标的测定结果

质量技术指标	测定值	检测标准
银泰(质量分数)/%	20.93	气相色谱法
pH值	5.3	GB/T 1601
乳液稳定性(50倍,1h)	合格	GB/T 1603
透明温度范围/℃	-5~65	HG/T 2467.10
低温稳定性(3℃,30d)	合格	GB/T 19137
热贮稳定性(54℃±2℃,14d,分解率,质量分数)/%	合格,1.04	GB/T 19136
常温经时稳定性(2年)	合格	

2. 银泰微乳剂配方筛选

根据乳液稳定性和浊点筛选乳化剂、有机溶剂、助表面活性剂。

(1)溶剂和助表面活性剂的筛选 溶剂和助表面活性剂的筛选见表1-44。

表1-44 溶剂系统筛选

序号	环己酮/%	乙醇/%	表面活性剂		乳液稳定性	浊点/℃
			名称	用量/%		
1	10	10	OP-21+2201	13+10		<40
2	10	10	OP-21+500#	18+4		<50
3		15	OP-21+500#	20+4		52
4		20	OP-21+500#	20+5	基本合格	>65

添加有机溶剂环己酮和助表面活性剂乙醇作为溶剂系统,配制的微乳剂浊点偏低,均低于50℃。由于银泰的主要有效成分为油状液体,单用乙醇作为助表面活性剂兼助溶剂,可以有效提升浊点,故选用乙醇作为助溶剂,添加量为20%,可以配制出高浊点的微乳剂。

(2)表面活性剂的筛选 确定溶剂系统后,再进行表面活性剂的筛选,结果见表1-45。

表1-45 表面活性剂筛选结果

序号	名称	用量/%	乳液稳定性	低温稳定性	浊点/℃
1	OP-21+2201	20+7	合格		<50
2	OP-21+R65	15+8	不合格		>60
3	OP-21+R65	21+4	不合格		>65
4	OP-21+500#	20+2	不合格		
5	OP-21+500#	20+5	基本合格		>65
6	OP-21+500#	22+4	合格	合格	>65

表面活性剂 OP-21 与混合乳化剂 2201 组合，浊点偏低，低于 50℃；OP-21 与乳化剂 R65 组合，浊点大于 65℃，但乳液稳定性不合格；只有 OP-21 与阴离子表面活性剂农乳 500# 组合，调整不同的用量和比例，可配制出各项技术指标均合格的微乳剂产品（见表 1-43）。

3. 银泰微乳剂生物学评价

（1）室内生物活性测定　室内采用生长速率法测定了银泰微乳剂对苹果腐烂病菌、苹果干腐病菌、葡萄黑痘病菌和玉米大斑病菌的生物活性。测定结果见表 1-46。

表 1-46　银泰微乳剂对几种病原菌的室内生物活性测定结果（孟昭礼，2007）

病原菌	供试药剂	毒力回归方程	EC_{50}/(μg/mL)	EC_{95}/(μg/mL)	相关系数(r)
苹果腐烂病菌	20%微乳剂	$Y=1.214+2.756X$	23.63	93.37	0.9878
	20%乳油	$Y=1.832+2.234X$	26.18	142.67	0.9978
	32%克菌乳油	$Y=-0.853+3.668X$	39.43	110.75	0.9991
苹果干腐病菌	20%微乳剂	$Y=2.932+1.227X$	48.43	575.62	0.9454
	20%乳油	$Y=2.214+1.594X$	56.36	608.89	0.9737
	32%克菌乳油	$Y=1.907+1.758X$	57.48	495.59	0.9771
葡萄黑痘病菌	20%微乳剂	$Y=2.732+1.449X$	32.28	502.66	0.9907
	50%多菌灵 WP	$Y=2.479+1.242X$	107.2	2263.3	0.8853
玉米大斑病菌	20%微乳剂	$Y=3.089+1.545X$	17.26	200.47	0.9920
	50%多菌灵 WP	$Y=2.796+1.404X$	37.14	551.25	0.9774

室内毒力测定结果表明，20%银泰微乳剂对苹果腐烂病菌、葡萄黑痘病菌、玉米大斑病菌抑制作用优于对照药剂克菌（2%三唑酮+30%乙蒜素）和多菌灵，对苹果干腐病菌抑制作用与克菌相当，且微乳剂的活性高于乳油。

（2）银泰微乳剂田间药效试验　20%银泰微乳剂对草莓白粉病、小麦纹枯病和玉米大斑病进行田间药效实验，结果见表 1-47～表 1-49。田间药效实验结果表明，20%银泰微乳剂对草莓白粉病、小麦纹枯病和玉米大斑病的防效均好于对照药剂的防效。

表 1-47　20%银泰微乳剂与对照药剂对草莓白粉病的防治效果（孟昭礼，2007）

供试药剂	浓度/(μL/L)	病情指数	防治效果/%
20%银泰微乳剂	333	7.5	88.2
	250	7.9	83.0
	200	11.3	75.7
25%三唑酮 WP	250	13.5	71.0
12.5%烯唑醇 WP	250	11.2	75.9
CK	清水	46.5	—

表 1-48 银泰微乳剂与对照药剂对小麦纹枯病的防治效果（孟昭礼，2007）

供试药剂	浓度/(μL/L)	药前株病率/%	药后株病率/%	株病率增加值/%	防效/%
20%银泰微乳剂	200	10.1	21.9	11.8	85.5
	400	11.8	20.2	8.4	89.6
	800	13.2	17.8	4.6	94.3
70%甲基托布津WP	400	12.6	35.3	22.7	72.0
CK	清水	11.2	92.3	81.1	—

表 1-49 银泰微乳剂与对照药剂对玉米大斑病的防治效果（孟昭礼，2007）

供试药剂	浓度/(μL/L)	药前病斑面积/mm²	药后病斑面积/mm²	病斑面积增加值/mm²	防效/%
20%银泰微乳剂	200	725.2	3144.1	2414.9	89.9
	400	876.9	2649.5	1772.6	92.6
	800	900.7	1834.7	934.0	96.1
50%多菌灵WP	400	852.3	6648.2	5795.9	75.8
CK	清水	728.6	24677.8	23949.2	—

参考文献

[1] 蔡党军，张一宾，顾保权等.10.8%高效氟吡甲禾灵微乳剂的开发.安徽化工，2008，34（6）：47-48.
[2] 陈锋，王宏光.0.5%溴敌隆微乳剂的研制.农药，2000，39（10）：13-14.
[3] 陈福良，王仪，郑斐能.农药微乳剂及其浊点问题的探讨和初步研究.农药，1999，38（3）：9-10.
[4] 陈福良，王仪，郑斐能等.5%烯唑醇微乳剂的研制.农药，2001，40（3）：12-13.
[5] 陈福良，王仪，郑斐能等.微乳剂低温稳定性的研究.物理化学学报，2002，18（7）：661-664.
[6] 陈福良，王仪，郑斐能.几种微乳剂制剂与相应其他剂型的药效对比研究.农药，2003，42（4）：26-28.
[7] 陈福良，王仪，郑斐能等.氟硅唑微乳剂的研制.农药，2004，43（12）：544-546.
[8] 陈福良，王仪，郑斐能.微乳剂质量技术指标的确定及测定方法研究.农药，2004，43（2）：67-69.
[9] 陈福良，田慧琴，王仪等.农药微乳剂乳液稳定性研究.农药学学报，2005，7（1）：63-68.
[10] 陈福良，王仪，郑斐能等.10%抗蚜威微乳剂的研制.农药，2006，45（9）：596-597，600.
[11] 陈福良，尹明明.农药微乳剂概念及其生产应用中存在问题辨析.农药学学报，2007，9（2）：110-116.
[12] 陈福良，尹明明，王仪等.酸碱度对微乳剂制剂热贮稳定性的影响.农药，2008，47（5）：344-345，387.
[13] 陈福良，尹明明，尹丽辉等.含有机硅助剂的阿维菌素微乳剂的研制.农药学学报，2009，11（4）：480-486.
[14] 陈立.10%甲氰菊酯微乳剂的研制.农药，2000，39（3）：17-20.
[15] 陈蔚林，吴秀华，王飞等.8%氰戊菊酯微乳剂的研究.安徽化工，1997，1：19-22.
[16] 崔正刚，殷福珊.微乳化技术及应用.北京：中国轻工业出版社，1999.
[17] 董广新，周良佳，杜微等.10%啶菌噁唑微乳剂的研制.农药，2006，45（5）：311-312，315.
[18] 段琼芬，王有琼，陈思多等.5%印楝素微乳剂的配方.农药，2009，48（4）：252-254.
[19] 顾中言，许小龙，韩丽娟.杀虫单微乳剂提高对小菜蛾和水稻纵卷叶螟防治效果的原理.江苏农业科

学，2002 (18)，4：218-222.

[20] 韩熹莱.中国农业百科全书：农药卷.北京：中国农业出版社，1993.

[21] 胡伟武，陈红艳，徐镇.5%腈菌唑微乳剂的研制.农药，2003，42（4）：21-22.

[22] 黄启良，袁会珠，杨代斌等.农药微乳剂热力学稳定性微观机制研究.中国农业科学，2002，35（12）：1483-1486.

[23] 黄荣茂，张华，陈家良.30%吡虫啉微乳剂对水稻褐飞虱田间药效实验.农药，2001（40），8：25-26.

[24] 家新发，郭瑞军，王俊昌等.4.5%高效氯氟氰菊酯微乳剂的研究.山西化工，2000，20（4）：10-11.

[25] 贾忠民，慕卫，刘峰等.5%己唑醇微乳剂的配方研究.农药学学报，2005，7（1）：92-96.

[26] 郭武棣.农药剂型加工丛书：液体制剂.第3版.北京：化学工业出版社，2003.

[27] 冷阳，仲苏林，吴建兰等.农药水基化制剂的开发近况和有关深层次问题的讨论.农药科学与管理，2005，26（4）：29-33.

[28] 黎金嘉.浅议农药微乳剂.中国农资网，http：//www.ampcn.com//news/detail/20491.asp，2006-4-14.

[29] 李春风，罗新民，李燕卿.乐果无水微乳剂的研究.农药研究与应用，2007，11（2）：23-26.

[30] 李光伟，李建明，高永等.0.3%阿维菌素微乳剂的研究.农药，1999，38（7）：7-8.

[31] 李培强.2%阿维菌素微乳剂的稳定性研究.安徽化工，2004，1：39-40.

[32] 李谱超，赵军，林雨佳等.农药水乳剂、微乳剂研发与生产中存在的问题及对策.农药科学与管理，2011，32（2）：26-30.

[33] 梁文平著.乳状液科学与技术基础.北京：科学出版社，2001.

[34] 林昌志.5%精喹禾灵微乳剂的研究和开发.安徽化工，2004，1：33-34.

[35] 刘程.表面活性剂应用手册.北京：化学工业出版社，1994.

[36] 刘迎，魏方林，王阳阳等.烷基糖苷和单烷基磷酸酯钾盐在3%甲氨基阿维菌素苯甲酸盐微乳剂中的应用及其环境安全性.农药学学报，2012，14（1）：74-82.

[37] 马超，朱炳煜，杜有辰等.应用比例法和对分法优选2.5%高效氯氟氰菊酯微乳剂配方.山东农业大学学报（自然科学版），2007，38（3）：411-414.

[38] 马洪艳，田学文，孙景文等.5%S-氰戊菊酯微乳剂加工及性状简介农药科学与管理，2004，25（3）：27-29.

[39] 孟昭礼，方向阳，罗兰等.仿生农用杀菌剂银泰的研制与应用.中国工程科学，2007，9（3）：28-34.

[40] 牟建海，李干佐，刘少杰等.聚醚型非离子表面活性剂的浊点及其影响因素.日用化学工业，1999，增刊：14-16.

[41] 聂思桥，吴志华，曹永松，梁骥，王霖.10%残杀威微乳剂的研制.农药，2006，45（9）：587-590.

[42] 齐崇广，任元宾，李艳芬等.3%啶虫脒微乳剂的稳定性研究.应用化工，2003，32（4）：59-60.

[43] 任智，陈志荣.表面活性剂结构与乳液稳定性之间关系研究.浙江大学学报（工学版），2003，37（1）：78-81.

[44] 任智，陈志荣，范军花.表面活性剂和乳液稳定性研究进展.日用化学工业，2001，3：31-34.

[45] 邵新玺，黄清臻，周广平等.2.5%溴氰菊酯缓释型微乳剂防治卫生害虫的研究.中国媒介生物学及控制杂志.2001，12（1）：53-55.

[46] 石伶俐，田慧琴，陈福良等.3%甲胺基阿维菌素B_{1a}苯甲酸盐微乳剂高效液相色谱分析.农药，2006，45（12）：821-822.

[47] 宋芳，王险，张宗军等.不同影响因素对二嗪磷微乳剂物理稳定性的影响.农药学学报，2004，6（2）：93-96.

[48] 田文学，孙景文，马洪艳等.6%戊唑醇微乳剂.农药科学与管理，2003，24（9）：35-36.

[49] 吴亚芹，赵丰.毒死蜱微乳剂的研制.农药，2010，49（2）：108-110.

[50] 吴秀华，陈蔚林，王飞.农药微乳液物理稳定性的探讨.化学通报，1999（3）：36-38.

[51] 吴秀华，陈蔚林，易秀成，刘中华.5%高效氯氰菊酯微乳剂的研究.农药，1999，38（1）：19-20.
[52] 夏茹，吴彬，张岭.三氟氯氰菊酯微乳剂的相图研究.农药，2005，44（2）：56-58.
[53] 谢光东.8%三唑磷微乳剂的研制及田间药效实验.农药，2002，41（12）：19-20.
[54] 谢光东.不同影响因子对20%三唑磷微乳剂的影响.农药，2010，49（8）：569-570，598.
[55] 徐妍，张政.15% R-瑞毒霉微乳剂的高效液相色谱分析.农药，2000，39（4）：15.
[56] 胥璋.溴菌腈25%微乳剂研制.农药科学与管理，2008，29（6）：29-31，26.
[57] 许中怀，董雪娟，丁秀丽等.15%壬菌铜微乳剂防治烟草花叶病毒病药效.农药，2003，42（6）：30-31.
[58] 杨许召，王军，李刚森.丁草胺微乳液的研究.安徽农业科学，2008，36（33）：14386-14388.
[59] 杨小明，夏磊，刘伟民等.1.5%银杏酸微乳剂的研制.农药，2008，47（5）：330-332.
[60] 叶锡纯，周长结，吴秀华等.溴虫腈微乳剂.CN1500388A.2004-6-2.
[61] 赵丰，贺纪陵，夏红英.农药微乳剂配方设计方法.农药科学与管理，2009，30（11）：26-30.
[62] 赵辉，路福绥，李培强等.三氟氯氰菊酯微乳剂配方筛选及其形成规律.农药，2005，44（12）：546-548.
[63] 张璐，李红玉.砂生槐总碱水乳剂及微乳剂农药的研制.农药，2007，46（11）：746-748，754.
[64] 张宇，陈华峰，朱俊洪等.10%除尽微乳剂的研制.安徽农业科学，2009，37（30）：14752-14754.
[65] 张晓光，董金凤，张高勇等.水溶助长剂在农药微乳剂中的应用研究.日用化学工业，2007，37（5）：283-286.
[66] 张子勇，翟溯航，王金慧.高效氯氟氰菊酯微乳剂的制备及其液径尺寸.农药，2007，51（5）：351-354，357.
[67] GB/T 19378—2003.
[68] Bourrrel M, Schechter R S. Surfactant Science Series. New York：Plenum Press, 1988.
[69] Danielsson I, Lindman B. The definition of microemulsion. Colloids and Surfaces, 1981, 3：391.
[70] Hoar T P, Schulman J H. Nature, 1943, 102：1152.
[71] Michell D J, Ninham B W. Preparation of some isoindolo [2,1-f] phenanthridine derivatives. J Chem Soc, 1981, 77：601.
[72] Robbins M L. Micellization Solubilization Microemulsion. New York：Plenum Press, 1977.
[73] Schulman J H, Stoeckenius W, Prince L M. Mechanism of Formation and Structure of Micro Emulsions by Electron Microscopy. J Phys Chem, 1959, 63：1677.
[74] Shinoda K, Friberg S. Microemulsions：Colloidal Aspects. Adv Colloid Interface Sci, 1975, 4：281.
[75] Tadros, Th F. Surfactants in Agrochemicals. New York：Marcel Dekker Inc, 1995.

第二章

水乳剂

第一节 概述

一、水乳剂的概念

农药水乳剂（oil-in-water emulsion，EW），是由非水溶性的农药原药或其溶于不溶于水的有机溶剂后形成的溶液，是在借助表面活性剂的作用及外部输入的能量下，均匀分散于水中后所形成的一种外观不透明的乳状液。

有必要指出的是水乳剂与浓乳剂（concentrated emulsion，CE）并不是等同概念。水乳剂是一种分散相为油状物，连续相为水，即水包油型（以 O/W 表示）乳状液；而 concentrated emulsion 不仅包括 O/W 型乳状液，还包括 W/O 型乳状液等。也就是说，水乳剂仅是浓乳剂中的一种。

二、水乳剂的特点

农药水乳剂是一种 O/W 乳状液，以水为连续相，不用或少用有机溶剂，与乳油相比，极大地减少了有机溶剂在制剂中的使用量，是国际公认的对环境安全的农药剂型之一，属于环保型剂型、绿色剂型。

水乳剂的外观通常呈乳白色不透明易流动液体，但也常受农药原药、助剂色泽影响而呈其他颜色。

水乳剂的粒径较细，分布均匀。水乳剂用水稀释一定倍数后可用激光粒度仪等仪器测量分散相（油相）的粒径，分散相的中位径（D_{50}）通常在 $0.5\sim5.0\mu m$，粒径分布范围在 $0.1\sim20\mu m$。粒径的大小主要受配方及加工工艺的影响，配方中的主要影响因素则为乳化剂。如 37.5% 毒死蜱水乳剂，加工工艺为油相加入水相、3000r/min（仪器：BME100L）剪切 30min，乳化剂为农乳 34$^\#$ ＋EL-60，当乳化剂用量为 7.5% 时 D_{50} 为 $0.74\mu m$，粒径分布范围 $0.1\sim2.76\mu m$；当乳化剂用量为

10%时 D_{50} 为 $0.56\mu m$，粒径分布范围 $0.1\sim1.62\mu m$。

水乳剂的药效与乳油相当，但因以水为主溶剂，故水乳剂的原料成本更低，且对生态环境、生产者与使用者的健康更安全；水乳剂闪点高，大幅提高了生产、包装、贮存、运输的安全性；喷雾使用后不易产生植物药害，在作物表面不易形成药液残迹，不会破坏葡萄等作物的商品性。

水乳剂是一种动力学稳定体系，而非微乳剂的热力学稳定体系，因此水乳剂的长期物理稳定性是有限的。解决体系的物理稳定性，使农药制剂达到2年或更长时间的货架寿命要求，是水乳剂配方研制需要解决的关键技术。正因为水乳剂为热力学不稳定体系，不能自发形成，故必须耗费足够高的额外能量，如采用高速剪切乳化或高压均质乳化等手段，才能形成均匀的、在一定时间内稳定的乳状液。将大量的油和水转变为乳状液或将液滴大小减小到能形成乳状液的过程被称为"均质化"。水乳剂在贮存过程中会出现不稳定现象，主要有絮凝、析水、析油、结晶、相分离等，这些不稳定现象会降低农药水乳剂制剂产品品质，甚至让产品丧失商品性。

三、水乳剂在国内外的发展概况

1. 国内发展概况

（1）国内农药剂型现状　我国的农药剂型正向着水性化、固体无尘化方向发展，以水乳剂（EW）、微乳剂（ME）、悬浮剂（SC）、水分散粒剂（WG）等剂型替换对环境污染较大的乳油（EC）、粉剂（DP）、可湿性粉剂（WP）。但目前我国农药剂型仍以乳油、可湿性粉剂、粉剂和颗粒剂（GR）为主。根据农业部的农药电子公告，截止2011年3月14日，乳油、可湿性粉剂、粉剂和颗粒剂4种剂型处于有效登记期内的产品个数共有15974个，占总产品个数的66.19%，其中乳油占总产品个数的39.81%。

根据中国农药工业协会的统计，在2010年，我国乳油制剂的生产和使用量约100万吨，在整个农药制剂产量中所占比重约为50%，其中90%以上乳油制剂所用的溶剂为二甲苯、甲苯等芳烃溶剂，每年消耗该类溶剂30万吨左右。另外，酮类、酰胺类、直链和支链的醇等极性有机溶剂，如环己酮、异佛尔酮、N-甲基-2-吡咯烷酮（NMP）、N,N-二甲基甲酰胺（DMF）、甲醇等极性溶剂用做助溶剂或增溶剂在乳油中也有一定的使用量。以甲苯、二甲苯为代表的轻芳烃溶剂和极性溶剂甲醇、DMF等以及常用溶剂中存在的乙苯和萘等对生产安全、人身健康和生态环境有较大隐患。其中有的有明确致癌、致畸作用，对农药生产者和使用者的健康有潜在的危害，如苯、甲苯、二甲苯、异佛尔酮有致癌作用，NMP、DMF有生殖毒性；有些属于低闪点溶剂，易燃易爆，生产贮运安全性差，如环己酮、甲醇等；同时轻芳烃溶剂和甲醇属于挥发性有机物质（volatile organic compounds，VOCs），在生产场所和农药喷洒后污染大气环境，而甲醇、DMF等极性溶剂与水互溶，使用后易污染水源。

为了降低大量高危害的有机溶剂对生态环境的污染,势必需要对现有乳油产品进行改造,途径如下:

① 政策引导,促进乳油产品绿色化。农业部等国家部委通过制定乳油产品登记新要求、农药乳油有害溶剂限量标准等措施来科学地疏导农药乳油的发展,促使企业应用绿色溶剂以替代乳油中常用的二甲苯等芳烃溶剂。目前应用较多的是植物源绿色溶剂,如油酸甲酯、脂肪酸甲酯、小桐籽油甲酯、大豆油、环氧大豆油、松脂基植物油、麻风树油、生物柴油等,用做农药溶剂能满足低挥发性、无药害和无毒性的要求,但对多数农药溶解度则较低。

② 将乳油产品转而开发成对环境影响较小的水性化、固体化制剂,如水乳剂、微乳剂、悬浮剂、水分散粒剂等。重点应将那些大吨位的乳油品种,特别是杀虫剂乳油品种转而研发成水乳剂等,同时对农药新品种,根据需要和可能,开发成水乳剂等绿色环保型剂型,以降低乳油产品在制剂总产量中的比重。

(2) 水乳剂在国内的发展概况 国内自1993年开始有水乳剂登记注册,自我国引进水乳剂后,此剂型已成为我国发展农药新剂型的一个方向。与乳油相比,水乳剂的配方要复杂得多,配方技术含量高,研制更为困难,加工设备特殊,需要高速剪切乳化机等乳化设备,且发展初期人们对水乳剂的认知度不够,生产者、经销商、农民均不太接受,因此,直到1998年登记的水乳剂品种也只有13个,在2000年前取得登记的水乳剂品种仅有30个。但随着环保要求的增加,人们环保意识的增强,水乳剂配制技术的不断进步,我国水乳剂的发展逐渐加快,水乳剂产品的数量和种类均在逐年增加。在2000~2005年间,登记并用于田间病虫、草害防治的水乳剂品种为78个;另外,有35种剂型为水乳剂的卫生杀虫剂在国内登记使用。至2007年4月20日,处于登记有效期的农药水乳剂品种共214个,约占总登记品种的1%;2008年登记的水乳剂品种已达到395个;2012年2月,处于登记有效期的农药水乳剂品种共405个,约占总登记品种的1.5%;至2013年9月4日,处于有登记有效期内的制剂总个数为25828个,处于登记有效期的农药水乳剂品种共693个(其中卫生杀虫剂53个),约占总登记品种数的2.68%,为乳油产品数量的7.3%,涉及302家生产企业,最少的生产1个水乳剂产品,最多的生产16个水乳剂产品。水乳剂与乳油生产情况对比表见表2-1。

表2-1 农药水乳剂与乳油生产情况对比

项目	水乳剂	乳油
生产厂家数量/家	302	1281
产品数量/个	693	9496
卫生杀虫剂/个	53	39
杀螨剂/个	8	419
除草剂/个	129	1811
杀菌剂/个	170	685
杀虫剂/个	333	6485
植物生长调节剂/个	—	30
杀虫剂、杀菌剂/个	—	27

自1993年国内开始有水乳剂登记注册以来,相继开发出拟除虫菊酯类、酰胺

类、有机磷类、氨基甲酸酯类及杂环类等多个系列的水乳剂新品种，如：5.7%氟氯氰菊酯水乳剂、5.7%氟胺氰菊酯水乳剂、20%氰戊菊酯水乳剂、5%高效氯氰菊酯水乳剂、20%甲氰菊酯水乳剂、20%甲草胺水乳剂、50%乙草胺水乳剂、40%三唑磷水乳剂、480g/L毒死蜱水乳剂、50%辛硫磷水乳剂、500g/L丙硫克百威水乳剂、10%乙氟羧草醚水乳剂、5%阿维菌素水乳剂、45%咪鲜胺水乳剂、5%精喹禾草灵水乳剂、250g/L戊唑醇水乳剂、8%多杀霉素水乳剂等。

在知识产权方面，高校、科研院所、企业、个人均有申请农药水乳剂发明专利。涉及农药水乳剂的最早的国内发明专利是原湖南化工研究所于1988年1月申请的《烷基酚聚乙氧基氨基甲酸酯类化合物的制备》，该专利中提及了用烷基酚聚乙氧基氨基甲酸酯作为乳化剂可配制出10%速灭威水乳剂、10%叶蝉散水乳剂、10%～30%杀螟丹水乳剂，但该发明专利是用来保护表面活性剂烷基酚聚乙氧基氨基甲酸酯的合成工艺，并非针对农药水乳剂进行申请的。国内第一个针对农药水乳剂而申请的发明专利是《有机磷农药水乳剂配方》，该专利由中国农业科研院植物保护研究所于1991年5月30日申请，并于1996年12月4日获得授权，涉及的农药品种包括杀螟硫磷、马拉硫磷、甲基对硫磷、甲基异柳磷、稻丰散。在2000年前，有关农药水乳剂方面的发明专利仅9个，涉及的农药类型包括杀虫剂、杀菌剂、除草剂，涉及化学农药及生物农药。到2013年9月，涉及农药水乳剂的发明专利近2000项，其中直接针对农药水乳剂配方、制备方法申请专利保护的发明专利有206个，并且62项已获得授权。

(3) 存在的问题　最近几年，我国的农药水乳剂产品的数量和种类均有了很大的增加，产品的质量也有了明显的提高，但是与国外同类产品相比，仍然存在着一定的差距。这种差距主要表现在市场上许多水乳剂产品存在析水、分层、分散性差、药效低于外资企业同类产品等问题，造成这种差距的原因有多方面，具体表现在以下几方面。

① 基础理论薄弱　水乳剂在国内经近20年的发展，已取得了长足的进展，从登记的水乳剂产品数及国内发表的众多学术论文中可见一斑，但我国对农药水乳剂体系稳定性的理论研究相对较少，发表的学术论文大多是关于水乳剂的配方研制、药效方面的，有关配方筛选的科学实验设计方法、影响水乳剂体系物理稳定性因素及影响机制方面的文章较少，也缺乏高质量的综述性文章。

② 专业人才缺乏　国内招收农药剂型加工研究方向研究生的高校、科研院所较少，所培养的从事剂型加工研究的研究生数量也远远满足不了企业的需求。许多企业的剂型技术人员并没有剂型加工方面的专业背景。

③ 配方研制粗放　众多企业的剂型技术人员在研制水乳剂配方时，多是凭经验筛选助剂，所采用的方法也多是单因素轮筛法，没有掌握正交试验设计、均匀设计等科学的试验设计方法，再加上缺少必要的理论基础和研究仪器，最终的生产配方并不是一个经过优化的配方，无论是成本上还是理化性能上均未达到理想水平，产品在贮存过程中会常常出现析水、析油、膏化等各种问题；另外，国内农药生产

企业众多，至2013年9月4日，拥有登记有效期内产品的国内农药生产企业达2258家（含港台），其中有许多农药企业自身没有研发实力，或研发实力很弱，需从高校、科研院所购买水乳剂配方或由助剂厂商提供配方，但遇到原辅料质量发生变化时没有能力对配方进行调整，无法保证产品的质量；当然，国内一些实力较强的农药生产企业通过成立研究所，招聘、培养一些研发能力较强的剂型技术人员，也开发出了一些质量上乘的农药水乳剂产品。

④ 专用助剂较少　乳化剂是影响水乳剂物理稳定性的主要因素。水乳剂要取得预期的货架寿命，必须选择合适的乳化剂、油相密度以及合适的油水质量比，提供足够的能量，形成具有液滴粒径小、分布均匀、粒谱窄、液滴膜强度大的高度分散体系。但目前水乳剂中所采用的乳化剂多是采用配制乳油时所用的乳化剂，类型少用量大（基本在10%左右），较难制得稳定的水乳剂；目前市场上的绝大多数水乳剂专用助剂也是采用原本用于配制乳油的单体乳化剂进行复配而成的，为多种非离子表面活性剂和阴离子表面活性剂的非/非复配体系，或者非/阴复配体系，其表面活性剂单体多从以下类型中筛选：十二烷基苯磺酸钙，苯乙基酚聚氧乙烯醚及其磷酸酯盐、磺酸盐，蓖麻油聚氧乙烯醚，烷基酚聚氧乙烯醚及其磷酸酯盐，脂肪醇聚氧乙烯醚及其硫酸盐、磷酸酯盐，烷基酚聚氧乙烯醚甲醛缩合物磺酸盐，双酚A聚氧乙烯醚及其磷酸酯盐，具有多环氧乙烷链段的丙烯酸聚合物，松香基聚氧乙烯醚及其磷酸酯盐等。而国外开发的专用乳化剂用量一般在3%～5%之间即可得到长期稳定的水乳剂产品。当然，近几年我国在水乳剂助剂的研发方面也有了很大的进展，一些助剂可以基本取代国外同类助剂产品，如分子量为2000～8000、HLB值在10～16之间的EO-PO嵌段共聚物，能通过氢键等形成多点紧密吸附在油珠表面，形成完整的表面覆盖层，亲水键团于水中伸展开相应厚度的聚氧乙烯水分层，其特有的空间位阻效应能稳定油珠的分散状态，同时又不引起颗粒间缠结（架桥絮凝），从而使水乳剂具有长期的稳定性和优良稀释性。

⑤ 忽视关键性能　剂型科技工作者如缺乏必要的植物学、植物保护方面的知识，在配方研究过程中往往只关注水乳剂外观、粒径、乳液稳定性、冷热贮稳定性等常规指标，而忽视影响药效的润湿、黏附、渗透等关键性能。要取得优异的防治效果，在开发水乳剂时就得考虑到靶标生物的危害特性、生活史、靶标作物的形态学特性，根据这些特性调整水乳剂的润湿、黏附、渗透性能至一定水平，以保证药剂与防治靶标能充分接触，以发挥药效。如水稻分蘖期及之前，三化螟在稻茎基部蛀入危害；水稻孕穗至抽穗初期，三化螟在稻穗处蛀食危害；转株危害时，先从蛀食处钻出，经稻秆爬至稻叶处悬丝飘至另一稻纵危害，或经水面转株危害。如采用水乳剂防治三化螟，这两个防治时期对水乳剂的润湿、黏附、渗透的性能要求是不完全一样的。由于三化螟是蛀食危害，这就要求水乳剂具有良好的渗透能力；在水稻分蘖期及之前使用时，要求制剂有良好的润湿能力，但黏附能力不能太强，以便药液能顺着稻秆流到稻茎基部并能一定程度渗入到稻秆中；水稻孕穗至抽穗初期防

治三化螟时，稻秆、稻叶的疏水性更强，要求水乳剂具有更好的润湿能力，同时还需具有良好的黏附能力，使药液能基本展布在水稻上部，充分发挥杀虫效果。在烟草上使用的病、虫防治药剂、抑芽剂，如不重点关注制剂的润湿性能，无论制剂的乳化性能等其他性能多么优异，药效均不会理想，原因在于烟草植物的茎、叶、芽表面均有一层树脂类黏稠物，一般药液极难润湿，如药剂无优异的润湿性能，则会发生大部分药液流失的现象，药效自然也得不到保证。

⑥ **质检指标缺失** 一些企业缺少品质管理部门，或尽管有品质管理部门，但因缺乏相应检测仪器，在生产过程中，未对水乳剂的粒径等性能进行检测，无法确认加工工艺是否到位、调配是否正确，从而无法有效地保证产品质量。

2. 国外发展概况

在20世纪80年代，国外已有水乳剂研制开发的资料和专利报道，但是很少工业化，到90年代左右，随着乳化技术进展和高能量设备的提供，以及专用表面活性剂的研究开发成功，水乳剂的制备突破了瓶颈——体系物理稳定性，开始进入商品化阶段，研究者申请一系列的发明专利进行保护，如德国赫斯特公司的骠马水乳剂（EP533057），德国先灵公司的嗪氨灵水乳剂（US4112873），法国罗纳-普朗克公司的咪鲜胺水乳剂（EP437062）、氯氰菊酯等拟除虫菊酯类水乳剂（EP500401），日本住友公司的杀螟松等有机磷类水乳剂（JK93-25011），美国山道士的胺丙畏水乳剂（EP253762），美国孟山都的甲草胺等酰胺类除草剂水乳剂（US4460406）和吡啶羧酸类除草剂水乳剂（PCI90-67272）等专利产品。

水乳剂在国外的发展相对较快，尤其在英国发展最为迅速，1993年水乳剂剂型占农药市场不到1%，而5年后即1998年其比例已增加到5%。国际农药大公司也在中国进行水乳剂的产品登记，至2013年9月4日，外国公司在我国登记并处于有效期的水乳剂产品有17个，如69g/L精噁唑禾草灵水乳剂、600g/L丁草胺水乳剂、4%四氟醚唑水乳剂等，涉及8家外资企业。

3. 水乳剂发展前景

农药水乳剂以水为连续相，与乳油中常用的有机溶剂相比，水显得极其廉价且对生态环境、人类健康无害，这使得水乳剂具有显著的经济效益与社会效益。农药水乳剂自问世以来就成为一种热门的剂型被研究开发，并已成为全球农药剂型发展的一个重要方向，是乳油的理想替代剂型之一，具有良好的发展前景。

目前诺普信公司开发了所谓的二代水乳剂，即按微乳剂的生产工艺生产水乳剂，无需高速剪切，制剂流动性媲美于微乳剂。其实质就是通过调配乳化剂和助表面活性剂的用量和种类，使之加工的水乳剂油珠粒径介乎于水乳剂和微乳剂之间，制剂外观乳白色或天蓝色，颗粒粒径小于水乳剂的粒径，更接近于微乳剂，也可以称为亚微乳剂，乳化剂用量高于水乳剂，低于微乳剂，稳定性高于常规的水乳剂（见图2-1）。

图 2-1　2.5%联苯菊酯二代水乳剂及常规水乳剂的制剂外观及稀释液

第二节　乳状液分散体系形成的理论基础

一、乳状液的形成理论

乳状液是一种非热力学稳定体系，不能自发形成，如要使一个油、水混合物形成一个乳状液分散体系，必须由外界提供能量。制备乳状液的主要方法有高剪切乳化法、高压均质法、超声波乳化法等，应用各种分散方法输入能量，使两种流体充分混合，最终使得一相分散在另一相中。

在乳状液的形成过程中，有机相和水相形成乳状液后有两个明显的变化，其一是有机相与水相界面面积大幅增加，因此体系的界面能 $\gamma \Delta A$（γ 为界面张力，A 为界面面积）变得很大。界面面积的增加不仅导致制备乳状液的过程中要消耗能量，而且导致体系物理不稳定，它是引起体系热力学不稳定的根本原因。另一个变化是界面由平界面变成弯曲界面，弯曲界面凹面的一侧压强比凸面的一侧高，两侧产生压强差 Δp，即 Laplace 压强，亦称 Laplace 压力梯度。Laplace 压强是对抗界面形变的，液滴的任何形变都会导致 Laplace 压强的变化。Laplace 压强与界面曲率半径的关系称 Laplace 公式：

$$\Delta p = \gamma(1/R_1 + 1/R_2)$$

式中　R_1，R_2——曲面的凹面曲率半径；

γ——界面张力。

对曲率半径为 R 的球形液滴，上式变为：

$$\Delta p = 2\gamma/R$$

从中看出，当在有机相和水相中加入表面活性剂时，由于表面活性剂在两相界面的吸附使得界面张力 γ 大大降低，相应的降低了 Laplace 压强，因此可使乳化所需的外部能量输入大大降低，有利于液滴形变和破裂，形成更小的分散液滴，并降低液滴自发聚结的程度，有利于稳定乳状液的形成。尽管表面活性剂可以降低界面张力，但对于水乳剂等乳状液，界面张力不可能像微乳剂一样在某一瞬间会降至零甚至负，因此 Laplace 压强会一直存在，这就需要有外界能量的输入来克服 Laplace 压强。为了使液滴破裂变得更小，应在 R 距离内加外力对抗 Laplace 压强，这意味着要有超过 $2\gamma/R$ 数量级压强梯度的机械能等能量输入，制备粒径越小的乳状液，输入的能量也越多。这也是制备水乳剂等乳状液时必须采取高速剪切均质乳化、高压均质、超声等手段进行制备的原因。

乳状液制备过程中，最终形成的乳状液究竟是属于哪一类型呢？解释形成 O/W 型或 W/O 型乳状液有以下一些理论。

1. 相体积理论

1910 年，Ostwald 从几何学观点出发提出了相体积理论（phase-volume theory）。该理论认为对于大小相同的球形分散相液滴，即单分散体系，分散相排列最紧密时液滴总体积分数（φ_B）最大为 0.74，此时连续相的体积分数（φ_A）至少要达 0.26；若 $\varphi_B > 0.74$，则会出现过密堆积，将出现相转变或破乳；若 φ_B 在 0.26～0.74 之间，则 O/W 型和 W/O 型两种乳状液都有可能形成，低于或高于此范围则只能形成一种乳状液。这一规则称为 Ostwald 相体积规则。

但许多试验证实，当分散相的体积分数超过 0.74 时，甚至高达 0.99 时还可以形成稳定的乳状液，主要原因在于体系的多分散性或分散相液滴的不规则形状。当分散相 $\varphi \geq 0.74$ 时，连续相形成薄膜隔分分散相液滴，常使分散相液滴呈多面体细胞状（见图 2-2、图 2-3）。对这类乳状液，人们称之为"highly concentrated emulsions"，同样存在 O/W 型和 W/O 型两种类型。如 Paruta-Tuarez E 配制出 O/W 型庚烷乳状液，分散相 φ 最高达 0.972；Masalova I 配制出分散相体积分数为 0.868 的 W/O 型乳状液。

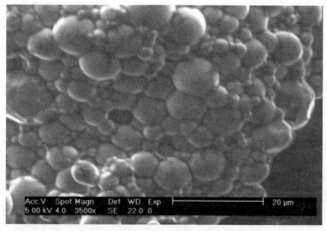

图 2-2　90%～96% W/O 型乳状液的典型显微图（$D_{50} = 7.5 \mu m$，Masalova I，2011）

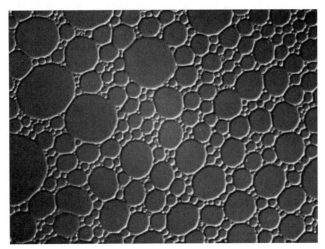

图 2-3　分散相体积分数为 0.868 的 W/O 型乳状液

(分散相含量 92%，分散相为 80% 硝酸钠水溶液，$D_{32}=15.3\mu m$，Masalova I，2011)

2. 双界面膜理论

双界面膜理论又称 Bancroft 规则，由 Bancroft 于 1913 年提出。该理论认为，乳状液的类型主要取决于表面活性剂的性质，表面活性剂溶解度较大或易润湿的一相将成为连续相。表面活性剂会在水相和油相之间界面上吸附，形成界面膜，界面膜分别与水相和油相接触，构成两个界面张力，即 $\sigma_{W/M}$（水/膜）、$\sigma_{O/M}$（油/膜），两界面张力大小不等，使界面膜向界面张力大的一侧弯曲，即界面张力小的一侧构成外相，从而利于界面能的降低。当 $\sigma_{W/M}<\sigma_{O/M}$ 时，形成 O/W 型乳液，而当 $\sigma_{W/M}>\sigma_{O/M}$ 时形成 W/O 型乳液。从本质上讲，上述两个界面张力的大小是由表面活性剂的亲水亲油平衡 (hydrophile-lipophile balance)，即 HLB 决定的。因此，可以说表面活性剂的 HLB 是决定乳状液类型的主要因素。表面活性剂 HLB 值较大（亲水性较强）时易形成 O/W 型乳状液，HLB 值较小（亲油性较强）时易形成 W/O 型乳状液。

3. 楔形理论

1917 年，Harkins 与 Davies、Clark 共同提出楔形理论 (oriented wedge theory)，该理论是在 Hardy 于 1913 年所提出的分子定向理论 (molecular orientation theory) 基础上发展起来的。他认为表面活性剂分子形状决定乳状液类型。表面活性剂吸附在油、水界面上，分子发生定向作用，在弯曲液滴上吸附的表面活性剂分子必定是楔形的，表面活性剂分子横截面积大的一端定向排列指向分散介质，即分子横截面积大的一端所结合的相必定是外相（连续相），而分子横截面积小的一端结合的必定为内相（分散相），这可使界面膜上表面活性剂的分布密度达到最大。如一价皂盐，如钠、钾、铯油酸酯，易形成 O/W 乳状液；多价皂盐，如镁、铝油酸酯，易形成 W/O 乳状液。但也有例外，如一价银皂形成的是 W/O 乳状液。

4. 聚结速度理论

Davies 于 1957 年提出聚结速度理论（kinetic of coalescence theory）。该理论认为，用振荡法制备乳状液时，其类型是由被分散的油滴和水滴的相对聚结速度决定的。将水、油、乳化剂一起振荡，开始产生多分散状态即油分散在水中，水分散在油中。

在水中的油滴的聚结速度用 V_1 表示：

$$V_1 = C_1 \times e^{W_1/RT}$$

式中　C_1——油滴的碰撞因子，直接正比于油相的相对体积 V_O/V_W，与连续相水的黏度呈反比；

　　　W_1——聚结必须克服的势垒，取决于分散相油滴之间斥力势能，发生聚结必须破坏表面活性剂极性头的水化层及表面活性剂所覆盖的油水界面的势垒。

在油中水的聚结速度用 V_2 表示：

$$V_2 = C_2 \times e^{W_2/RT}$$

式中　C_2——水滴的碰撞因子，与水的相对体积 V_W/V_O 呈正比，与油相的黏度呈反比；

　　　W_2——聚结必须克服的势垒，取决于乳化剂所覆盖的油水界面。

若 $V_1 > V_2$，则形成 W/O 乳状液；相反，$V_1 < V_2$，即油滴相对稳定，形成 O/W 乳状液；如 $V_1 \approx V_2$，则相体积较大的一相为连续相。

二、乳状液类型的鉴别

乳状液的类型有多种，如 O/W 型、W/O 型、W/O/W 型、O/W/O 型等，可通过观察乳状液外观或采用各种试验方法鉴别乳状液的类型。以下主要介绍如 O/W 型、W/O 型乳状液的鉴别。

（1）观察外观　如 O/W 型乳状液的外观跟牛奶外观相似，但 W/O 型乳状液的外观则跟油或油脂相似。

（2）稀释法　根据相似相溶原则，一种液体如能迅速与乳状液相混溶，那么这种液体一定能与乳状液的连续相混溶。因此，将乳状液与水相混合，如能较快分散均匀，表明乳状液的连续相为水，乳状液的类型为 O/W 型；如无法相混，甚至出现油珠悬浮，则乳状液的类型为 W/O 型。

（3）染色法　一种染料如能使乳状液染色，则这种染料一定能溶解于该乳状液的连续相中。如亚甲基蓝（水溶性）能使乳状液染上色，则该乳状液为 O/W 型；如苏丹蓝（油溶性）能使乳状液染上色，则该乳状液为 W/O 型。

（4）电导法　乳状液的电导主要取决于连续相。由于油与水的电导率相差较大，因此 O/W 型与 W/O 型乳状液的电导率有明显的差异。据此可用电导法来鉴别乳状液的类型。电导率较高的为 O/W 型乳状液，导电率较低的为 W/O 型乳状液。

(5) 滤纸法 将一滴乳状液滴于滤纸上，若液体迅速铺展，在中心留下油滴，则表明乳状液为 O/W 型；如不能铺展，则此乳状液为 W/O 型。

第三节　水乳剂的物理稳定性

农药水乳剂是一种分散度较高的多分散体系，在适当条件下能长期保持相对的动态稳定，但这种体系总界面能较高，油珠有自发聚结并降低界面能的倾向，体系中分散的油珠最终将完全聚结，造成破乳，使体系变成油、水两相。因此，乳状液的稳定性只是一个相对概念，就热力学角度而言，乳状液是不稳定体系。乳状液的稳定性是从动力学上考虑的，被认为是一个动力学稳定体系。在一定贮存条件下，如果在规定的时间内，水乳剂乳状液的性能基本未改变，则可认为水乳剂是稳定的，即可以认为水乳剂的稳定性就是乳状液的寿命。体系的物理稳定性是农药水乳剂制备的关键技术。

一、乳状液稳定理论

乳状液中分散相液滴间的作用能可表达如下：

$$\Delta G_T = \Delta G_E + \Delta G_V + \Delta G_S$$

式中　ΔG_T——乳状液分散相液滴间的总作用能；

ΔG_E——分散相液滴间的静电排斥能，它是界面带电荷乳状液体系稳定的重要原因；

ΔG_V——范德华力吸引能，它是乳状液不稳定的内因；

ΔG_S——空间位阻能，由非离子表面活性剂为乳化剂制备的乳液体系，一般认为空间位阻能对乳液稳定性的影响远远超过 ΔG_E 和 ΔG_V。

已有的研究认为，非离子表面活性剂引起界面空间位阻的界面结构通常有以下三类：①在界面形成复合物，这主要是针对长链的极性物（长链醇与阴离子表面活性剂之间，如十二醇和十二烷基硫酸钠）在界面上的结构；②液晶相吸附于界面的结构，如表面活性剂为卵磷脂和 TX 的体系；③表面活性剂在界面上单层或多层吸附，是单层还是多层吸附主要和表面活性剂的用量有关，当表面活性剂的浓度高出 cmc 时可能会形成多层吸附。

阴离子表面活性剂配制的乳状液的稳定性通常归因于静电斥力效应和界面膜的黏弹性，非离子表面活性剂配制的乳状液的稳定性则通常归因于界面的位阻效应和界面膜的黏弹性，如采用了阴离子及非离子表面活性剂的混合物作为乳化剂，则乳状液的稳定性则同时归因于静电斥力效应、空间位阻效应和界面的黏弹性。可以看到，无论是哪类表面活性剂配制乳状液，界面膜的黏弹性均是乳状液稳定性的关键因素。当乳状液分散相液滴相互碰撞时，发生接触的两液滴界面所形成的碰撞界面膜（由分属两液滴的界面和两界面间的水层组成），除了产生方向（垂直方向）的变形和应力外还存在两液珠的变形和界面膜切向（切线方向）上的形变，聚结过程的发生是因界面膜切向上的形变超过了界面膜弹性范围，界面膜无法自动修复，使得界面膜上出现了大于临界面积的无表面活性剂吸附的界面膜"空洞"。界面的黏弹性越大，形成界面膜临界"空洞"所需克服的能垒越大，因而乳状液分散相液滴的抗聚结稳定性越强。

非离子表面活性剂在油水界面上发生多层吸附时，空间位阻效应强，乳状液抗聚结能力强，但如果在非最佳HLB区时，乳状液的抗絮凝能力会较弱。分散相两液滴相互碰撞的过程中，液滴通常会发生形变，两液滴间形成凸形界面膜，界面膜中的水分子会随着两液滴的靠近而被排出界面膜，使界面膜变薄，这一过程称为界面膜沟流过程（drainage）。水分子被排出界面膜的流动会对液滴的界面膜产生很强的黏性剪切力作用，如果所选非离子表面活性剂组合在非最佳HLB区，那么沟流过程中界面膜就会出现表面活性剂层脱落的现象，脱落的位置在层间亲水基连接处，脱落掉的一部分表面活性剂会滞留在界面膜内，这增加了界面膜水层的黏度，有利于降低沟流的速率。由于表面活性剂吸附层数相对较多，如当界面沟流速率降为零时，仍有表面活性剂吸附层未剥落，那么界面膜就不会完全破裂，从而避免发生聚结，乳状液抗聚结稳定性也较好。由于沟流后期排水速率很慢，界面膜厚度变化也很慢，这使得剥落的表面活性剂分子有足够的时间在界面膜中重排而形成联结两液滴的中间界面层，从而发生絮凝。界面膜的逐层剥落使得界面膜在碰撞变形中释放所积累的变形弹性势能，因此反弹力变小，无法分离两碰撞液滴，这也是有利于絮凝体形成的因素，此时乳状液的稳定是以界面黏性效应为主的。如果非离子表面活性剂组合在最佳HLB区内，则界面膜上表面活性剂各吸附层间的渗透现象会较明显，这增强了界面膜各表面活性剂吸附层间的相互作用，界面膜在抵抗水层沟流的剪切力作用时以一个整体的形式出现，因此不会出现表面活性剂逐层剥落的现象，同时，在沟流末期，液滴界面变形最大时，界面膜积蓄了不小的弹性势能，可产生较强的反弹力迫使液滴分离，因而此时乳状液不易发生絮凝，同时因界面膜弹性也较大，液滴间不易发生聚结，使乳状液保持足够的稳定。

有趣的是，乳状液的形成与稳定并不一定需要表面活性剂，一些研究已表明，一些固体颗粒可以协同表面活性剂或单独使用制备得到稳定的乳状液。如应用纳米二氧化硅作为共乳化剂，配制出W/O型乳状液，其中水相高达84%；利用石墨粉配制稳定的W/O型乳状液，利用硫酸钡配制稳定的O/W型乳状液，这些固体颗粒在液珠表面形成了网状结构，正是这种网状结构的界面膜形成了阻止乳状液液滴间聚结的空间阻碍，提高了界面膜的强度，增强了乳状液的稳定性。这类极细且不溶于油相、水相的固体颗粒发挥了类似乳化剂的作用，被水相和油部分润湿的固体颗粒能够有效地稳定乳状液。当然，固体颗粒的大小必须是远远小于乳状液液滴的大小，这样固体颗粒才能适当地固定在液滴的表面，同时又因液体的毛细管作用，可使固体颗粒在液滴界面上聚集起来，稳定乳状液。易被水湿润的固体颗粒倾向于稳定O/W型乳状液，而易被油湿润的固体颗粒则倾向于稳定W/O型乳状液。应用固体颗粒来稳定乳状液的技术在原油、合成燃料、化妆品的加工中已得到较广泛的应用,但在农药水乳剂上还未见相关报道。

二、 水乳剂的不稳定现象

水乳剂的不稳定现象主要有以下几个方面:沉降或乳析、絮凝、聚结、破乳、奥化(Ostwald)熟化、转相。

1. 沉降或乳析

水乳剂的沉降或乳析(sedimentation or creaming)是因重力引起的,可以表述为重力分层。水乳剂中油珠的密度通常和水相的密度不同,或大于或小于,导致重力大于浮力或小于浮力,尽管存在布朗运动,但在重力的长期作用下油珠将下沉或上浮,当这一现象肉眼可见时则表现为体系上、下出现浓度差,程度轻时水乳剂外观呈下浓上清(即发生沉降),或下清上浓(即发生乳析),适当摇晃或搅动后即可恢复均匀状态;沉降严重时则出现沉淀或底部结膏,乳析严重时则上部出现乳膏。水乳剂贮存过程中出现的顶部析水原因也是因体系发生沉降引起的。

沉降或乳析的速度与水相的黏度呈负相关,即水相黏度增大,发生沉降或乳析的过程也会延缓。另外,沉降或乳析与油珠半径的平方(R^2)呈正相关,因此,水乳剂的粒径越小,发生沉降或乳析的过程也越慢。当粒径足够小时,布朗运动所带来的扩散作用将抵消沉降或乳析的作用,油珠在体系中的分布趋于均匀。

2. 絮凝

水乳剂发生絮凝(flocculation)是指油相各质点相互靠近而聚集,形成三维堆聚体,但每个质点间不发生聚结的过程,发生絮凝后每个质点间仍存在分界面。絮凝往往发生在油相质点间的吸引力大于近距离排斥力(如静电斥力、空间位阻)时,使得各质点间相互聚集,但各质点间的界面膜并没有破裂,没有发生小油珠间合并成大油珠的现象,适当搅动可使絮凝物分开,这种絮凝是一种可逆的过程,称之为可逆絮凝,或弱絮凝。

对于以离子型表面活性剂为乳化剂的水乳剂,电解质浓度的增加,特别是反离子价数的增加,使油珠表面双电子层的厚度被压缩,油珠间的静电斥力将下降,导致静电排斥势能最大值G_{max}显著下降,易发生不可逆絮凝。

水乳剂的宏观特性,例如外观、流变学特性受絮凝的影响很大。絮凝引起油珠长大,致使布朗运动减弱,从而加剧沉降或乳析,这会降低商品的货架寿命。所以研究影响絮凝发生及絮状物形成的因素有助于提高乳状液产品的质量。

3. 聚结

当两个油珠或多个油珠相遇接触时,油珠之间形成薄的液膜或滑动的夹层,膜的某些部位受外界条件影响,液膜厚度发生变动,某些区域变薄,然后液膜会破坏,合并成更大的油珠,这一过程称为聚结(coalescence)。聚结是一种不可逆的过程,会导致油珠变大,油珠数量减少,改变油珠大小和分布,最终极限的情况是完全破乳。

油珠间的自由碰撞很少引起聚结,聚结常发生在油珠间相互接触过长时间后(如上浮层、絮状物或高浓度乳液)。聚结引起水乳剂分散相液滴长大,从而加剧油珠的沉降或乳析,同时聚结的持续作用将导致析油现象的出现,最终将导致油、水彻底分层。

水乳剂中,当界面膜发生振动或波动时将导致膜局部变薄而易破裂,发生聚结。因界面膜上有表面活性剂的存在,界面膜变厚处的界面张力将下降,而变薄处的界面张力将上升,在界面膜上产生局部界面张力梯度,这一张力梯度将驱使相邻的吸附表面活性剂分子向高张力处扩散。因表面活性剂的亲水基是水化的,因此它将带着连续相液体一起移动,从而使得界面膜变薄之处得以修复,呈现出界面膜被压缩的地方自动向变薄的地方扩张,即界面膜具有自动修复的功能,也就是常说的界面膜具有弹性。这一效应称为 Gibbs-Marangoni 效应。需要指出的是,只有当表面活性剂溶于连续相水相时,才会产生此效应。如表面活性剂溶于分散相油相中,则当界面膨胀时,溶于油相中的表面活性剂分子将能很快补充到界面上,因而不能产生局部的界面张力梯度,也就不可能产生 Gibbs-Marangoni 效应。在水乳剂的配制过程中可充分运用该效应,适当提高混合乳化剂中亲水性强的乳化剂用量,阻止聚结的过早发生,提高水乳剂的物理稳定性。

4. 破乳

水乳剂是热力学不稳定分散体系,在贮存的过程中,各种外界因素将导致聚结的发生,破乳(deemulsification or breakdown)则是聚结的终极表现,当水乳剂中有可见油状物析出时表明已出现破乳,破乳随着聚结的持续而逐渐严重,可见油状物析出将随贮存时间延长而增多,直到乳状液中的油相分离出来,形成油水完全分离,此时达到热力学稳定状态。

5. 奥氏熟化

奥氏熟化(Ostwald ripening)是指大量分散相通过连续相进行的转移,大颗粒的长大是以小颗粒减少为代价的。它是因分散相质点大小与溶解度不同而引起的(即 Kelvin 效应),分散相质点直径越小,它们在连续相中的溶解度越大,所以在浓度梯度的作用下溶质分子从小颗粒转移到大颗粒,导致小颗粒减少,大颗粒长大。水乳剂中的农药原药和作为原药溶剂的有机溶剂,在水中或多或少有一定的溶解度,尤其是常用的有机溶剂,如二甲苯、溶剂油150#、油酸甲酯等,与水均有一定的互溶度,尽管这种互溶度很小。而农药水乳剂是一种多分散体系,分散相液滴粒径大小不一,呈一定宽度分布。原药和溶剂在水中均有一定的溶解度,分散的油珠大小不一,这就造成水乳剂中必定会产生奥氏熟化。当水乳剂的粒径分布范围越窄发生奥氏熟化的程度越轻。

6. 转相

转相(phase inversion)是指乳状液从 O/W 型转变为 W/O 型,或是相反的过程。引起转相的因素通常是乳状液成分或贮存环境发生变化,例如分散相体积分数、乳化剂种类及浓度、溶剂种类、添加剂、温度及搅拌方式。乳状液在转相发生前及转相发生后都能保持动力学上的稳定状态。在转相过程中需搅动乳状液，否则转相后会发生分层而不会形成另一种乳状液。对于配制好的农药水乳剂，如发生转相，则多是因外界温度发生变化引起的。对于以非离子表面活性剂配制的水乳剂，如表面活性剂品种选择不当，温度过高时，如热贮时，有可能因非离子表面活性剂油溶性增强程度过大而导致从 O/W 型转变为 W/O 型，而在相转变温度（phase inversion temperature，PIT）附近，水乳剂的稳定性将大大下降。

在水乳剂中，上述体系不稳定过程经常可以同时发生或依次出现。例如絮凝、聚结或奥氏熟化引起的平均粒径增大会导致沉降与乳析。相反，如果分散相液滴因为沉降或乳析或絮凝而长期相互靠近，则很有可能发生聚结。因此，引起最终可见的析水、沉淀、破乳的机制不一定是起始导致不稳定的诱因。例如分散相液滴快速上浮，但这种上浮可能是由液滴聚结引起的，所以，相应的应对策略是优先采取措施来抑制聚结，而不是抑制上浮。

三、影响水乳剂物理稳定性的因素

影响农药水乳剂物理稳定性的因素有内在因素与外界因素。内在因素包括界面张力、界面膜强度、Zeta 电位与空间位阻作用、粒径大小及分布、水相（连续相）黏度、油相含量、水油两相的密度差、有效成分的化学稳定性，外界因素主要是温度、加工工艺。

1. 界面张力与界面膜强度

水乳剂存在很大的相界面，体系的总界面能较高，这是水乳剂中分散相液滴发生聚结的推动力。界面张力的大小会影响乳状液的稳定性。液滴聚结可以减小乳状液的界面面积，降低界面能，使水乳剂趋于热力学稳定。不过聚结最终会导致乳状液的破坏，也就是说，聚结在增加水乳剂热力学稳定性的同时，却会加剧乳状液动力学的不稳定。表面活性剂可有效降低界面张力，并可有效抑制 Ostwald 熟化。选择合适的表面活性剂对于水乳剂的物理稳定性至关重要。

水乳剂的稳定性与油水界面膜的稳定性和性质密切相关，通过对油水界面膜与水乳剂物理稳定性相关性的研究，可为提高水乳剂物理稳定性提供理论依据。一般情况下，水乳剂中的液滴间存在着频繁的相互碰撞，如果在碰撞过程中界面膜破裂，液滴则发生聚结。由于液滴的聚结是以界面膜破裂为前提的，因此，界面膜强度或黏弹性是水乳剂物理稳定性的决定因素。若界面膜中表面活性剂分子排列紧密、有多层吸附、分子间有强烈的侧向作用力，不易脱附，液滴间发生碰撞时界面膜不易被压缩变形，不易产生"空洞"效应，或即使因碰撞而发生界面膜局部变薄时也能产生 Gibbs-Marangoni 效应，可自动修复，使界面膜稳定，从而有效地阻止液滴的聚结及 Ostwald 熟化，使水乳剂的物理稳定性大幅提高。

2. Zeta 电位与空间位阻作用

水乳剂所用乳化剂中如有离子型表面活性剂，则离子型表面活性剂在界面吸附时，亲油基插入油相，亲水基伸向水中，亲水基团电离后带电，与无机反离子形成双电层，使水乳剂分散相液滴表面带电，这样，在分散相液滴相互接近时会因静电斥力效应而相互分开，液滴间没有接触机会，界面膜也就不会破裂，从而有效减少了液滴的聚结，提高了水乳剂的物理稳定性。这种静电斥力效应大小可用 Zeta 电位绝对值来衡量。至于 Zeta 电位大小为多少时乳状液才能稳定，并没有确切的数字，有各种数据：±30mV、±40mV、±100mV。实际上，我们并不能孤立地看待 Zeta 电位大小，因为决定水乳剂的物理稳定性还有一个关键性的因素，那就是界面膜的黏弹性，静电斥力效应只不过是稳定机制中的一种而已。

水乳剂所用乳化剂中如有非离子表面活性剂，由于非离子表面活性剂在水溶液中不电离，不会产生静电斥力，但是其吸附在油/水界面定向排列形成具有一定机械强度或韧性的界面膜，长链的亲水基伸入水中产生空间位阻效应，如发生多层吸附，则这种空间位阻效应会更强，可阻止液滴间的相互碰撞，碰撞后也可产生一定的弹力使液滴分开，从而阻止液滴之间的絮凝和聚结，使水乳剂保持稳定。

3. 粒径大小及分布

由于沉降或乳析的速度与油珠半径的平方（R^2）呈正相关，因此，对于油相含量相同的水乳剂，平均粒径小的物理稳定性更好，液滴发生沉降、乳析、聚结的过程会更慢。另外，水乳剂的粒径分布范围越大则越易发生 Ostwald 熟化，水乳剂的平均粒径也越易增大，进而沉降或乳析也更易发生。因此，要使制备的水乳剂更稳定，应优化工艺参数，降低平均粒径，并尽量使得粒径分布范围变得更窄。

4. 连续相黏度与油相含量

当水乳剂水相的黏度增大时，液滴的扩散系数降低，碰撞概率也随之降低，这可降低液滴间发生聚结的可能性，并使乳状液整体聚结速度变慢，有利于水乳剂的稳定。这是浓乳状液常比稀乳状液更稳定的原因，这在水乳剂与其对水稀释后所得乳状液的稳定性对比中可非常明显地观察到，未稀释前的稳定性显著好于稀释后的稳定性。对于水乳剂，在配制过程中通过添加增稠剂可提高物理稳定性。但水乳剂的黏度不能过高，否则会影响分散性、倾倒性，表现为水乳剂倒入水中后成团成块下沉难于分散、包装内残留较多且不易倒出，造成药剂浪费，影响产品的实际使用。

水乳剂中油相含量与体系的黏度呈正相关，油相中有效成分含量越高，体系的黏度相应提高，有利于提高体系的物理稳定性，但也增加了油珠颗粒的碰撞概率，提高了乳液聚结的风险，且含量升高的同时，乳化剂、有机溶剂用量也会相应增多，制剂含量过高时不仅会增加生产成本、增加配方研制难度，同时也会因黏度问题使生产时产生易过热导致转相等问题。故总体来说，高含量的水乳剂研制难度高于低含量的水乳剂。

5. 油、水相之间的密度差

水乳剂水相、油相之间的密度差异也会影响水乳剂的物理稳定性。如油相与水相之间密度相差越大，沉降或乳析的速度也越快，不利于水乳剂的稳定。当油、水相密度差距过大时，可通过添加或更换密度更大或更小的溶剂来增加或减小油相的密度，以减小油相与水相的密度差。也可通过添加一些水溶性的物质来增加或减小水相的密度。一些防冻剂，如聚乙二醇400（密度为1.110～1.140g/mL）、甘油（密度为1.264g/mL）可增加水相密度，但因加入量较少，对水相密度的增加并不明显，尤其是水相体系分数较大时。

6. 有效成分的化学稳定性

农药水乳剂是一种特殊的商品，分散相中所含有效成分会随着时间的推移发生部分分解，主要为水解。分解会造成油相性质发生某种改变，如油相组成、密度、与表面活性剂间的配伍性等发生变化，影响体系的物理稳定性。如分解产物不能溶解于水或体系的有机溶剂中，则会以结晶或油状物析出，严重影响水乳剂的物理稳定性。

要防止水乳剂中有效成分过快分解，可采取两个措施，一是将制剂的pH值调节至有效成分水解最慢的区域；二是添加合适的化学稳定剂，抑制有效成分的分解。

7. 温度

温度的波动对水乳剂物理稳定性的影响是显而易见的。冻融试验就是为了测试水乳剂对温度波动的抵抗力而设计的。温度的变化会影响有效成分的形态。引起界面张力的变化，影响分散相液滴的布朗运动。在贮存过程中如发生温度降至农药有成分熔点以下时，有可能导致有效成分从液态或溶解状液变成固态，这会对水乳剂的物理稳定性造成致命性破坏。车间生产时，高能量的输入可能导致局部温度过高，导致非离子表面活性剂的亲油性增强，影响原有的HLB值，从而影响体系的物理稳定性，甚至可能发生转相。贮存过程中，温度的大幅波动也会对非离子表面活性剂的HLB产生较大影响，可能会破坏水乳剂原有的动态平衡；同时温度升高会导致分散相液滴之间碰撞概率的增加，使液滴间发生聚结的可能性增加。

8. 加工工艺

水乳剂的制备过程是一个体系能量输入的过程。对于同一水乳剂配方，采用不同设备制备时，体系的物理稳定性会不一样，这是因为不同的设备所能提供的能量大小不一样。

生产上常用的搅拌釜所提供的能量不足以形成水乳剂，只能将各组分初步混合形成粗乳液，无法制备出合格的水乳剂；要制备水乳剂还得依赖于高能设备，如高速剪切乳化机、高压均质机、超声波乳化机。实际生产中，搅拌釜所起的作用是分别将油相、水相搅拌成均一液体，再按一定的加料顺序将油相、水相在高速剪切乳化机或超声波乳化机中逐步混合制备成水乳剂，此方法得到的水乳剂较为稳定。一些生产厂家采用先搅拌得粗乳液，再用高能设备将粗乳液制备成水乳剂的方法，此方法得到的水乳剂的物理稳定性比前一种方法要差，原因在于搅拌制备得到的粗乳液存在分散不均一、很快分层、破乳的问题，用此粗乳液泵入高能设备中制备所得水乳剂粒径、粒径分布范围就会比前一种方法要大、要宽。

已有研究表明，通过高剪切均质乳化机、高压均质机所制备的水乳剂的D_{50}有明显差异，用高压均质机制备的水乳剂其 D_{50} 明显小于高剪切均质乳化机所制备的水乳剂，前者贮存稳定性及离心稳定性明显高于后者。但问题在于，采用高压均质法时必须先用高剪切乳化机将油相、水相混合制备得到初乳液，生产设备投资相对较大，生产周期也会长些。由于高压均质法能获得粒径很小（如亚微米级）且粒径分布极窄的乳状液，可被用来制备超稳定的水乳剂，使得水乳剂的货架寿命达到 2 年以上。超声波乳化机提供的能量可能是最高的，但是超声波使用强度过高可使配方组分特别是使表面活性剂产生化学降解而受到限制，使用强度不大时又可造成破乳。另外超声波乳化机价格较贵且产能有限，不适合大规模生产。

  油相、水相混合前乳化剂处于哪一相中以及相加入顺序对水乳剂的稳定性亦有很大影响，主要是对水乳剂的平均粒径大小及粒径分布范围有着较大的影响，进而影响到水乳剂的物理稳定性。制备水乳剂时相加入顺序有 3 种：油相加到水相中（正相法）；水相加到油相中（反相法或转相法）；将乳化剂单独作为一相，水相、油相轮流加入到乳化剂中（轮流加液法）。农药水乳剂的制备基本采用前两种制备工艺。根据乳化剂所在相的不同，每种工艺又可细分为 3 种：乳化剂在油中；乳化剂在水中；亲油性乳化剂在油中，亲水性乳化剂在水中。实际生产中，乳化剂在水中或油中的情况都有。对于同一配方的农药水乳剂，在采用相同的制备设备情况下，不同的制备工艺制备所得水乳剂的物理稳定性可能截然不同。以 30%噻嗪酮·毒死蜱水乳剂为例，加工设备为高速剪切混合乳化机（BME100LX），以 2800r/min 速度剪切 30min，采用以下 4 种加料方法进行制备：1# 油相加入水相，油相由乳化剂、原药、溶剂混合均匀而成；2# 油相加入水相，水相由乳化剂、水、防冻剂混合均匀而成；3# 水相加入油相，油相由乳化剂、原药、溶剂混合均匀而成；4# 水相加入油相，水相由乳化剂、水、防冻剂混合均匀而成。30%噻嗪酮·毒死蜱水乳剂采用 2 个配方，配方的不同之处在于溶剂二甲苯的用量，配方一含二甲苯 12%，配方二含二甲苯 27%，乳化剂品种及用量相同，乳化剂总用量为 10%。这样设计的目的是为了考察不同相体积比情况下加料顺序对水乳剂物理稳定性的影响。在不含乳化剂的情况下，配方一油相与水相的相体积比接近 2:1。4 种加料方法所得水乳剂的粒径测试结果见表 2-2。所得水乳剂样品室温贮存一段时间后制剂外观见图 2-4，样品瓶上的编号与上述加料方法顺序号相对应（如 1# 对应加料方法①）。

表 2-2 加料顺序对 30%噻嗪酮·毒死蜱水乳剂粒径的影响

溶剂用量/%	检测项目	加料顺序			
		1#	2#	3#	4#
12	$D_{50}/\mu m$	0.61	0.80	0.63	1.10
	$D_{90}/\mu m$	1.17	1.63	1.21	1.74
27	$D_{50}/\mu m$	0.55	0.69	44.71	53.10
	$D_{90}/\mu m$	1.11	1.33	77.03	121.05

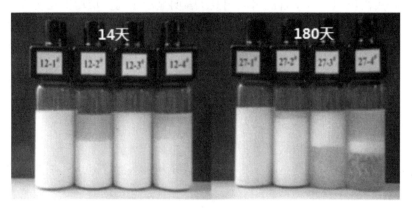

图 2-4　不同加料顺序对 30％噻嗪酮·毒死蜱 EW 室温贮存稳定性的影响
（12：配方中含二甲苯 12％；27：配方中含二甲苯 27％）

测试结果显示：①二甲苯用量为 12％的配方，加料顺序对水乳剂粒径的影响差异不大，相对来说，1#、3# 样品的平均粒径及粒径分布范围要小些及要窄些，2#、4# 样品的平均粒径及粒径分布范围则要大些及宽些；室温下存放 14d 后，1#、3# 样品贮存前后外观没有明显变化；2#、4# 样品上层分别出现 35.44％、35.00％稀乳状液层，表明水乳剂发生了明显沉降。这也表明制剂外观变化与粒径大小有着显著的关联性。②二甲苯用量为 27％的配方，加料顺序对水乳剂粒径的影响差异极显著，1#、2# 样品的平均粒径及粒径分布范围显著比 3#、4# 样品的要小及窄；室温下贮存 180d 后，1# 样品外观没有明显变化，2# 样品顶层出现 9.77％稀乳状液，3#、4# 样品下部出现油状物，样品发生破乳，各样品的外观变化与粒径之间有着极显著的相关性。上述测试结果说明：①对于分散相相体积分数 φ 较低情况下，如本例的 0.5 左右及以下时，采用油相加入水相中或水相加入油相中的工艺均是可取的，但乳化剂必须是在油相中，此外，两种加料顺序相比，以油相加入水相为佳；②对于分散相相体积分数 φ 较高情况下，如在 0.6 左右及以上时，须采用油相加入水相中的工艺，但乳化剂既可以在油相中，也可以在水相中，两者相比，以乳化剂在油相中为佳。

第四节　水乳剂的配方组成

农药水乳剂是由有效成分、表面活性剂、水三个主要成分组成的，根据需要还可添加有机溶剂、助表面活性剂、防冻剂、增稠剂、pH 调节剂、防腐剂、消泡剂、密度调节剂、化学稳定剂等助剂。应用科学的试验设计方法，借助必要的仪器手段进行检测，科学选择并优化各助剂间的配比与用量，解决药剂有效利用率的问题及货架寿命内水乳剂的物理、化学稳定性问题，是开发出水乳剂最佳配方的关键。

一、有效成分

有效成分（active integrate，a.i.）是农药水乳剂中起到杀虫、杀菌、除草的活性成分。一种农药原药能否加工成水乳剂是由其物理化学性能决定的，满足以下条件时适合配制成水乳剂：其一，有效成分在水中的溶解度较小，一般要求溶解度不大于200mg/L，过大易造成水乳剂产生奥氏熟化，破坏体系物理稳定性；其二，室温时，原药应为液体，或为固体但能溶解于不溶于水的有机溶剂中且要有足够的溶解度；其三，有效成分在水中应不易降解，或可通过添加化学稳定剂可解决水解过快以保证货架寿命。原药中的杂质有可能会促进有效成分水解，造成质量隐患，因此，生产时应尽量采购高纯度的原药进行配制。

水乳剂中有效成分含量的确定，既要结合田间药效，同时也要符合相关法规规定，如农业部、国家发展和改革委员会联合发布的《农药产品有效成分含量管理规定》第946号公告。目前已登记的农药水乳剂中，质量分数最低为0.12%高效氯氰菊酯水乳剂（WP20090160）；质量分数最高为69%精噁唑禾草灵水乳剂（PD201000705）。

二、表面活性剂

表面活性剂的选择是水乳剂配方研制中最为关键的一个环节。选择合适的表面活性剂可有效形成良好的水包油体系，降低界面张力，增强界面膜黏弹性，提高界面电势能，增强空间位阻效应，有效地延缓聚结过程的发生，保证水乳剂获得足够长的货架寿命。

水乳剂配制中所选择的表面活性剂通常为乳化剂，用量大多在2%~10%之间。常用的乳化剂有阴离子表面活性剂、非离子表面活性剂，一些两性表面活性剂在某些水乳剂中也得到应用。选择的乳化剂单体或复配物在水相中的溶解度应大于在油相中的溶解度。

乳化剂的亲水亲油平衡值（HLB值）对水乳剂的形成是非常重要的。通常情况下，两种或两种以上的乳化剂复配使用时比单一乳化剂配制所得水乳剂稳定，原因在于复配使用时能形成更致密的界面膜，提高界面膜的黏弹性强度。一般选择亲水性乳化剂和亲油性乳化剂复配使用。复配表面活性剂的HLB值可以通过以下公式估算得到：

$$HLB_{A,B} = (W_A \times HLB_A + W_B \times HLB_B) \div (W_A + W_B)。$$

式中 W_A，W_B——复配乳化剂中乳化剂A、乳化剂B的质量分数；

HLB_A，HLB_B——乳化剂A、乳化剂B的HLB值。

通常选择HLB值在8~18之间的乳化剂或复配乳化剂来配制水乳剂。所选乳化剂的品种及用量，不仅要视制备合格水乳剂需要而定，也应考虑田间喷雾使用时药液对靶标的润湿、黏附、渗透等能力，只有综合考虑，才能研制出一个不仅理化性能优良而且药效优异的水乳剂。

可作为水乳剂的乳化剂使用的表面活性剂品种繁多，主要属于阴离子和非离子表面活性剂两大类。阴离子乳化剂如十二烷基苯磺酸钙、十二烷基苯磺酸钠、脂肪醇聚氧乙烯醚硫酸盐、壬基酚聚氧乙烯醚硫酸三乙醇胺盐、烷基酚聚氧乙烯醚磷酸酯盐、烷基酚聚氧乙烯醚甲醛缩合物磺酸盐、双酚 A 聚氧乙烯醚磷酸酯盐、松香基聚氧乙烯醚磷酸酯盐、辛烯基琥珀酸淀粉钠等；非离子乳化剂如 Tween 系列、Span 系列、EL 系列（蓖麻油聚氧乙烯醚）、AEO 系列（脂肪醇聚氧乙烯醚）、农乳 600# 系列、农乳 700# 系列、宁乳 700#、OP-10［辛基酚聚氧乙烯（10）醚］、NP-10［壬基酚聚氧乙烯（10）醚］、宁乳 33#、宁乳 34#、农乳 1600#、Pluronic PE6400（PO-EO 嵌段聚醚，BASF）、SFR-7091（烷基酚类聚醚）、ZS-6110（EO-PO 嵌段聚醚）、烷基糖苷系列等。

三、 水

水质对水乳剂的物理化学稳定性有着较大的影响。一般推荐使用去离子水或蒸馏水来配制农药水乳剂，以免溶解于水中的钙、镁等金属离子对有效成分的化学稳定性及界面膜的双电子层产生不利影响，同时水质也比较稳定，无需因水质变化而频繁调整制剂配方。自来水因经管道长距离输送后，水质会发生变化，水中常会混有各种杂质，如铁锈、藻类、泥砂、各种金属离子、次氯酸盐等，微生物也较多，如配制前未经再次过滤、曝气等处理，就会影响水乳剂的物理化学稳定性，因此，通常不推荐使用自来水。对于地下水，因硬度较大，会影响体系物理稳定性，也不推荐使用。

四、 有机溶剂

对于作为油相的有效成分，若该原药本身为液态但在低温条件下易析出结晶，或常温下为固体，则需使用非极性有机溶剂进行溶解。

所选用的溶剂应满足以下两个条件：①对原药的溶解度要足够大；②与水之间互溶性小。另外，要求所用溶剂闪点高，挥发性小，低温时黏度小，对生态环境危害小，对人畜毒性低，对作物无药害。农药原药在有机溶剂中的溶解度会随温度的降低而降低，对于生产至使用过程中会经历低温天气的水乳剂产品，其有机溶剂对原药的溶解度试验应在低温下测试，如 0℃、−5℃下进行，以恰好能溶解并且贮存 7d 不会析出为准。按此条件下筛选得到的原药与有机溶剂的配比来确定水乳剂中有机溶剂的用量。

目前常用的有机溶剂主要为烃类溶剂，如二甲苯、三甲苯、四甲苯、α-甲基萘、溶剂油 100#、溶剂 150#、溶剂油 180#、溶剂油 200# 等；其他如甲基环己酮等酮类溶剂，油酸甲酯、油酸乙酯、农溶复合酯（动植物油脂经酯化、精馏复合而成）等酯类溶剂，松节油、松脂基植物油（ND-45、ND-60）等。随着环保要求的越来越高，对生态环境及人类健康危害较大的苯类及萘类有机溶剂将受到限用甚至禁用。

五、助表面活性剂

助表面活性剂，也称共乳化剂，但它并不是乳化剂，而是属于有机溶剂的，这些有机溶剂分子量较小，分子结构中具有极性基团，易被吸附在油水界面上，参与油水界面膜的形成，改善界面膜黏弹性的强度，从而提高水乳剂的物理稳定性。助表面活性剂不是稳定水乳剂乳液体系的主要因素，也非必加成分。

助表面活性剂品种有丙三醇、丙二醇、正丁醇、异丁醇、正戊醇、异戊醇、正己醇、十二烷醇、十四烷醇、十六烷醇等。

六、增稠剂

农药水乳剂中添加增稠剂是用于增加连续相水相的黏度，减缓分散相液滴的沉降或乳析的速度的，如增稠剂能在水相中形成三维网状结构，还能将液滴固定在网格之中，有效延缓沉降、乳析、聚结的发生。一些体系呈"弱絮凝"状态的水乳剂，其物理稳定性好、货架寿命长的原因也在于此。当然，这种"弱絮凝"状态是很容易被摇晃、搅拌所破坏的，体系的流动性会恢复如初，不影响产品的使用。"弱絮凝"农药水乳剂是一种典型的触变体系，属于流变学研究领域。

增稠剂并不是水乳剂中必加组分，但当两相密度差异较大时，则有必要考虑添加适量的增稠剂以增加体系的物理稳定性。增稠剂的用量以既不影响产品的生产和使用又能达到保证体系物理稳定性为准，通常用量都较低，如黄原胶用量在 $0.05\%\sim0.2\%$ 之间即可达到理想的增稠效果。增稠剂在使用前应预先配制成水溶液，这样才能充分发挥其增稠效果。

常用的增稠剂种类有无机高分子及其改性物、天然胶及其改性物、纤维素类、聚丙烯酸类、聚氨酯类等。具体品种如有硅酸铝镁、膨润土、黄原胶、明胶、海藻酸及其（铵、钙、钾）盐、改性淀粉、羧甲基纤维素钠、羟丙基纤维素、聚丙烯酸钠、聚丙烯酸铵、聚乙烯吡咯烷酮、聚乙烯醇124等。

七、防冻剂

水乳剂是以水做连续相的，而温度低于 0 ℃ 时水会结冰，体积会增加 8.3%，尽管水乳剂体系中有表面活性剂，具有一定的低温稳定性，但不足以抵抗长期的低温，易发生相变、冻结，甚至完全破坏制剂的稳定体系，造成无可挽回的损失。因此，在水乳剂生产、贮运及流通环节中若有气温低于 0 ℃ 的情况，则配方中需要考虑添加适量的防冻剂，以保证连续相不被冻结并具有良好的流动性，从而保证制剂的低温稳定性。制剂的抗冻能力可用低温（如 -5 ℃ 下贮存 7d）和冻融试验来测试。一些地区气温常降至 -10 ℃ 以下，则不建议进行水乳剂的冬贮，除非库房温度有保证。

常见防冻剂主要有无机盐类、有机化合物类。常用的品种有氯化钠、硫酸铵、尿素、乙醇、乙二醇、丙三醇、聚乙二醇 400 等。氯化钠等盐类（电解质）的添加需谨慎，尽管防冻效果较好，但很有可能造成盐析，因电解质的加入会降低液滴表面的电化学电势（静电排斥能也随之下降），使表面活性剂离子与反离子之间的相互作用增强，从而降低水乳剂的物理稳定性。也有研究认为，尽管加入的电解质减少了扩散双电子层的厚度，但它可以使吸附于界面膜上的表面活性间的相互排斥作用减弱，使界面膜变得更致密、更牢固，从而提高水乳剂的物理稳定性。因此，在添加量适宜的情况下，氯化钠等盐类在起到防冻剂作用的同时，也可能会增强水乳剂的物理稳定性，而不是破坏水乳剂的稳定性。对于只添加非离子表面活性剂做乳化剂的水乳剂，电解质对水乳剂物理稳定性的影响相对较小。

八、消泡剂

水乳剂在生产过程中经过搅拌、高速剪切或高压匀质、灌装等操作，易使液体中混入空气，产生大量气泡或泡沫，这会对各种工序带来不同程度的危害，严重时会使操作无法进行。在试验室小试时若发现配制中易产生气泡及制剂性能测试中持久起泡性测试值超过 25mL，除了更换乳化剂外，还可以通过加入消泡剂以消除这一弊端。

在农药水乳剂中，消泡剂主要起破泡与抑泡作用。消泡剂可以与物料预先混合，此时消泡剂主要起抑泡作用，防止在搅拌、剪切、泵送、灌装等工序中产生气泡，使操作能顺利进行；也可以在某道工序后加入，如高速剪切后加入，此时消泡剂起破泡作用，使已产生的泡沫快速消失，从而使得下一步操作能顺利进行，而在下一步操作中消泡剂则起到了抑泡作用。消泡剂的添加时间可以根据实际情况而定。

消泡剂种类较多，目前在农药制剂中应用较多的是第二代消泡剂聚醚类与第三代消泡剂有机硅类、聚醚改性聚硅氧烷类。聚醚类消泡剂最大的优点在于其抑泡能力强，但消泡能力较差、破泡速率低，产品如甘油 EO-PO 嵌段共聚醚、消泡剂 GP（聚氧丙烯甘油醚）、消泡剂 GPE（聚氧丙烯聚氧乙烯甘油醚）等。有机硅类消泡剂有较强的消泡性能、快速的破泡能力，但是抑泡性能较差，产品如乳化硅油、RS-30 消泡剂、L-101 有机硅消泡剂、JY-801 消泡剂、Wacker silfoam SRE CN 有机硅消泡液、Tanafoam® S、Tanafoam® MN、XPS-200 有机硅消泡剂等。聚醚改性聚硅氧烷消泡剂同时兼有聚醚类消泡剂和有机硅类消泡剂的优点，在水中很容易乳化，亦称做"自乳化型消泡剂"，产品如聚醚改性硅油、消泡剂 126B、LM-110 聚醚改性有机硅消泡剂、消泡剂 DSL-10、消泡剂 DSL-130 等。其他如 Tanafoam DNE® 01（矿物油酯）、Tanafoam® BA 2000（天然油）。

需要注意的是，消泡剂的抑泡、破泡能力并不与用量呈正相关，多加其抑泡、破泡能力并不一定得到明显提高。如聚醚消泡剂的抑泡性能有一最佳用量，达到这一用量后随着消泡剂用量的增加抑泡性能反而下降；聚醚消泡剂的破泡性能也会随着消泡剂用量的增加而提高，但达到一定用量后，随着消泡剂用量的增加，破泡性能不会再有显著提高。农药制剂中消泡剂的添加量通常在 0.05%～0.5% 之间，添加量过高不仅抑泡、破泡能力没有提高，反而会破坏体系的物理稳定性。可以根据情况添加一种或两种不同类型的消泡剂。

消泡剂的筛选可以采用泡沫定位法。在具有磨口塞的 250mL 量筒内，加入 200mL 30℃标准硬水或去离子水（加工过程中气泡多则采用去离子水，持久起泡性不过关则采用标准硬水），吸取 1mL 配制好的制剂，塞紧磨口塞，握住量筒来回上下颠倒 30 次，停止后立即记录泡沫高度，间隔 30s、60s 再记录泡沫高度；第 2 次来回颠倒 30 次，停止后立即加入 1mL 0.1% 消泡剂去离子水溶液，记录 0s、30s、60s 时的泡沫高度，比较各消泡剂的破泡能力，泡沫消失速度快说明破泡速度快，60s 时泡沫越少破泡能力越强；第 3 次来回颠倒 30 次，记录 0s、30s、60s 时的泡沫高度，比较各消泡剂的抑泡能力，60s 时泡沫最少的抑泡能力最强。以此来比较各种消泡剂破泡与抑泡能力。

也可采用鼓泡法。称取配制好的制剂 2.5g，用 30℃标准硬水或去离子水稀释至 500mL，用玻棒搅拌均匀，搅动要轻缓，避免产生气泡。将乳状液转移到罗氏发泡仪的夹套量筒（1500mL）中，转移过程中要避免产生气泡，接通 30℃恒温水槽，使乳状液温度保持在 30℃。在夹套量筒底部调节阀后再接入一个 N_2 控制阀及转子流量计，先打开 N_2 控制阀，然后打开液体容量调节阀，调节 N_2 流速约为 3L/min，对乳状液进行鼓泡；鼓泡 1min 后关闭调节阀，并加入 2.5mL 0.1% 消泡剂去离子水溶液，同时开始计时，记录泡沫全部消除的时间，时间越短说明消泡剂的破泡能力越好；或比较 1min 时的泡沫量，泡沫量越少说明破泡能力越好。紧接着再次打开调节阀，继续通 N_2 鼓泡 1min，记录停止鼓泡后 0s、30s、60s 时泡沫高度，泡沫越少的说明消泡剂的抑泡能力越好。

根据需要，在水乳剂配方中还可添加 pH 调节剂、化学稳定剂、防腐剂、密度调节剂、着色剂等。

第五节　水乳剂的加工工艺及设备

一、水乳剂的加工工艺

按加料顺序来划分，农药水乳剂的加工工艺可分为正相法、转相法与轮流加液法，其中轮流加液法未见应用；按加工设备来划分，可分为高剪切乳化法、高压均质乳化法与超声波乳化法，其中超声波乳化法未见应用，生产厂家应用最多的是高剪切乳化法。

水乳剂在生产时预先分别配制油相、水相，再将两相在高速剪切条件下混合配制成水乳剂。正相法是指在高速剪切条件下将配制好的油相逐步加入到水相中,油相加完后再经一定时间的高速剪切或经高压均质,最终形成水乳剂。转相法,又称反相法,是指在高速剪切条件下将配制好的水相逐步加入到油相中,在这过程中初期会形成W/O型乳状液,随着水相加入量增至某一程度,乳状液转相成O/W型,水相加完后再经一定时间的高速剪切或经高压均质,最终形成水乳剂。

研究已表明,无论是采用正相法,还是采用转相法生产农药水乳剂,乳化剂均以添加在油相中为佳。水乳剂各组分中,农药原药、溶剂、化学稳定剂、乳化剂、助表面活性剂混合成油相,防冻剂、增稠剂、水等其他组分混合成水相,pH调节剂、消泡剂可以在剪切结束后在搅拌条件下添加。

二、加工设备

1. 高剪切乳化机

高剪切乳化机工作时(图2-5),由转子高速旋转所产生的高切线速度和高频机械效应带来的强劲动能,使物料在定、转子狭窄的间隙中受到强烈的机械及液力剪切、离心挤压、液层摩擦、撞击撕裂和湍流等综合作用,形成悬浮液,乳状液(液体/液体)和泡沫(气体/液体),从而使不相溶的固相、液相、气相在相应成熟工艺和适量添加剂的共同作用下,瞬间均匀精细的分散乳化,经过高频的循环往复,最终得到稳定的高品质产品。

图 2-5 高剪切乳化机工作原理示意图

根据安装部位,高剪切乳化机可分为顶入式高剪切乳化剂与下装式高剪切乳化机(图2-6)。按高剪切乳化剂剪切液体时的流形(图2-7)主要有三类:①中心吸料径向喷射式高剪切乳化机,该类乳化机以湍流混合为主体,液体的翻动剧烈,分散、混合、乳化作用明显;②轴流式高剪切乳化机,该类乳化机主要考虑流体上下翻动,呈周期复合分散、乳化、均质、混合;③复合式高剪切乳化机,复合式高剪切乳化剂由框式搅拌器和高剪切乳化机组合,让乳化机和搅拌器在两种不同的速度下独立运行,可直接消除乳液黏稠所造成的附壁、凝聚、结团、沉淀等问题。

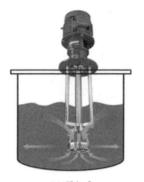  

(a) 顶入式　　　　　　(b) 下装式　　　　　　(c) 管线式

图 2-6　各类高剪切乳化机

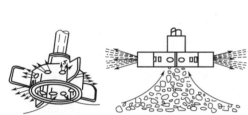 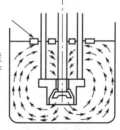 

(a) 中心吸料径向喷射式高剪切乳化机流形图　(b) 轴流式高剪切乳化机流形图　(c) 复合式高剪切乳化机流形图

图 2-7　高剪切乳化剂剪切液体时的流形示意图

　　根据是否连续生产可分为间隙式高剪切乳化机与管线式高剪切乳化机(图 2-6)。管线式高剪切乳化机的定、转子设计成多层对偶咬合,齿型密集排列布置,可达到最高的剪切概率;工作腔狭小,可杜绝死角现象,物料均一性更好,更细腻。常见的有单级、三级和多级管线式高剪切乳化机。三级管线式高剪切乳化机其工作腔内设有三组定、转子。高速旋转的转子产生离心力,将物料从轴向吸入定、转子工作区。每一份物料都经过定、转子多层、密集、均匀剪切作用后,从径向喷射出来,完成分散、乳化、均质等工艺过程。经过三组定、转子依次处理后,物料在最短时间内得到均匀的处理,从而达到在线生产高品质产品目的。与间隙式相比,管线式高剪切分散乳化机具有以下一些特点:①处理量大,适合工业化在线连续生产;②粒径分布范围窄,匀度高;③省时、高效、节约能耗;④噪声低,运转平稳;⑤可消除批次间生产的品质差异;⑥无死角,物料100%通过分散剪切;⑦具有短距离、低扬程输送功能;⑧使用简单,维修方便;⑨可实现自动化控制等特点。

　　管线式高剪切乳化机可与搅拌釜组合使用,也可与各类间隙式高剪切乳化剂组合使用,既可将物料循环剪切处理,也可以连续处理(图 2-8)。

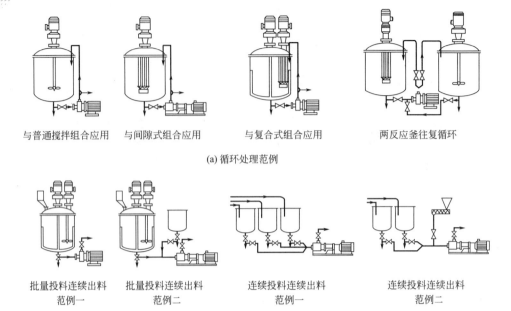

图 2-8 应用管线式高剪切乳化机生产水乳剂工艺示意图

2. 高压均质机

高压均质机主要由高压均质阀和增压机构构成。高压均质阀的内部具有特别设计的几何形状,在增压机构的作用下,高压液体快速地通过均质阀,物料会同时受到高速剪切、高频振荡、空穴现象和对流撞击等机械力作用和相应的热效应,由此引发的机械力及化学效应可诱导物料大分子的物理、化学及结构性质发生变化,从而使液态物料或以液体为载体的固体颗粒得到超微细化并均匀混合,最终达到均质的效果。所以高压均质阀是设备的核心部件,其内部特有的几何结构是决定均质效果的主要因素。而增压机构为流体物料高速通过均质阀提供了所需的压力,压力的高低和稳定性也会在一定程度上影响产品的质量。

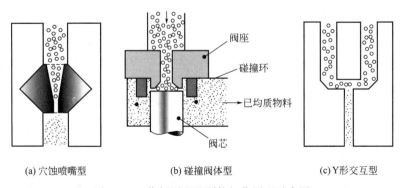

图 2-9 工作阀原理及颗粒细化原理示意图

高压均质阀主要有三类（图 2-9）：穴蚀喷嘴型、碰撞阀体型、Y 形交互型，其中以碰撞阀体型应用最广。穴蚀喷嘴型适用于高黏度乳状液和悬浊液的均质，Y 形交互型适用于低黏度乳状液和悬浊液的均质，介于上述两者之间黏度的乳状液和悬浊液适用碰撞阀体型进行均质。

碰撞阀体型的工作原理如图 2-10(a)所示，物料在尚未通过均质阀时，一级均质阀和二级均质阀的阀芯和阀座在推力 F_1 和 F_2 的作用下均紧密地贴合在一起。物料在通过均质阀时［见图 2-10(b)］，阀芯和阀座都被物料强制地挤开一条狭缝，同时分别产生压力 p_1 和 p_2 以平衡推力 F_1 和 F_2。物料在通过一级均质阀（序号 1、2、3）时，压力从 p_1 突降至 p_2，也就随着该压力能的突然释放，在阀芯、阀座和冲击环这三者组成的狭小区域内产生类似爆炸效应的强烈的空穴作用，同时伴随着物料通过阀芯和阀座间的狭缝产生的剪切作用以及与冲击环撞击产生的高速撞击作用，如此强烈地综合作用，从而使颗粒得到超微细化。一般来说，p_2 的压力调得很低，二级均质阀的作用主要是使已经细化的颗粒分布得更加均匀一些，到 p_3 时压力已降至 0。

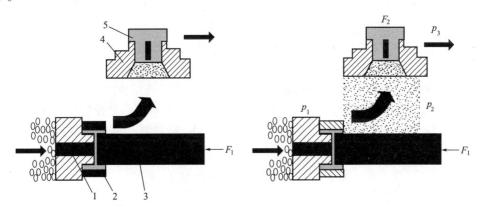

(a) 物料被输送至均质阀进口(尚未通过均质阀)　(b) 物料源源不断地通过一级和二级均质阀
1~5—均质阀序号

图 2-10　碰撞阀体型均质阀工作原理及颗粒细化原理示意图

高压均质机按压力区分可分为低压（25~40MPa）、中压（40~60MPa）、高压（60~100MPa）、超高压（>100MPa）四种类型；按流量可分为每小时加工几十公斤的试验型机、每小时加工数吨的生产型机、每小时加工几十吨的特大型机。

高压均质机各方面良好的性质特点使其成为目前最主要的乳状液制备设备，被广泛应用于食品、药品、化妆品、染料、石化等领域，但在国内农药制剂加工领域应用极少，多局限于试验室应用，在工业化生产上未见应用。

如应用于农药水乳剂的工业化生产，则最好与高剪切乳化机配合使用，先用高剪切乳化机在相对较低转速下制备得到初乳，再将初乳泵至高压均质机进行均质乳化。在实际应用中，均质压力与均质次数的合适比率对节约成本、减少机器工作时间、实现目标粒径水乳剂的制备有重要作用。如均质压力过高、均质次数过多，乳状液粒径减小趋缓,甚至重新聚集而使平均粒径增大,分布变宽。这主要是机械作用力过强,分散相液滴的比表面积急剧增加,而乳状液中乳化剂的量有限,使得液滴表面被吸附的乳化剂量大幅下降,界面膜黏弹性大幅下降,导致液滴相互聚结所致的。虽然通过提高乳化剂用量可以解决这一问题,但这会使成本升高,因此,在实际应用中不必追求粒径过细,将粒径控制在合适的范围内即可。

第六节 水乳剂的质量控制指标及检测方法

一、水乳剂的质量控制项目

根据生产、贮存、运输、应用等多方面的要求,水乳剂的主要性能指标有:有效成分质量分数、外观、流动性、黏度、倾倒性、粒径、pH值、乳液稳定性、持久起泡性、低温稳定性、热储稳定性、冻融稳定性,以及与药效密切相关的润湿性、黏附能力、渗透能力等。生产控制必检项目有:外观、有效成分质量分数、pH值、粒径等,其中检测粒径的目的是为了控制剪切时间,使粒径达到指标值,同时了解高剪切乳化机长期使用后性能的下降程度,及时调整工艺参数。企业标准中所列控制项目有外观、有效成分质量分数、pH值、倾倒性(倾倒后残余物、洗涤后残余物)、乳液稳定性、持久起泡性、冷储稳定性、热储稳定性。

以10%氯菊酯水乳剂为例,说明水乳剂企业标准中所列质量控制项目指标。

外观应为稳定乳状液,久置后允许有少量分层,轻微摇动或搅动后仍能呈均匀状态。10%氯菊酯水乳剂应符合表2-3的要求。

表2-3 10%氯菊酯水乳剂控制项目指标

项目		指标
氯菊酯(质量分数)/%		10.0±1.0
pH值范围		4.0~7.0
倾倒性/%	倾倒后残余物 ≤	5.0
	洗涤后残余物 ≤	1.0
乳液稳定性(200倍)		合格
持久起泡性(1min)/mL ≤		25.0
热贮稳定性		合格
低温稳定性		合格

注:热贮稳定性与低温稳定性,至少每3个月进行1次。

二、质量控制项目指标及检测方法

(1)外观 采用目测法。水乳剂外观应为均一易流动液体,色泽多为乳白色,有时也受原药、助剂的色泽影响而呈其他颜色。长期贮存后允许有少量分层，但不允许有析油及结晶现象（有效成分析出），轻微摇动或搅动后仍能呈均匀易流动液体。

（2）有效成分质量分数　水乳剂有效成分质量分数的检测方法可参照相应原药的检测方法，多采用高效液相色谱法、气相色谱法。在含量检测时需注意含量允许波动范围，根据农药登记审查技术规范的要求，不同规格的水乳剂，有效成分质量分数允许波动的范围是不一样的，具体要求见表2-4。

表2-4　农药水乳剂产品中有效成分质量分数范围要求

标明质量分数 $X(20℃±2℃)/\%$或$(g/100mL)$	允许波动范围
$X \leqslant 2.5$	$±15\%X$
$2.5 < X \leqslant 10$	$±10\%X$
$10 < X \leqslant 25$	$±6\%X$
$25 < X \leqslant 50$	$±5\%X$
$X > 50$	$±2.5\%$或$2.5g/100mL$

（3）pH值　pH值主要影响水乳剂有效成分的化学稳定性，这种不稳定性主要是因水解引起的。不同的有效成分在不同pH下的水解半衰期不一样，制订pH质量控制项目指标时一般以水解半衰期最长的pH或热贮试验最稳定的pH值为中心，上下浮动1个单位作为pH值指标。

水乳剂制剂pH值的测试按《农药pH值的测试方法》（GB/T 1601）进行。称取1g试样于100mL洁净烧杯中，加入100mL新煮沸并已冷至室温的蒸馏水（pH值为5.5~7），剧烈搅拌1min，静置1min。用已经校正的pH计测乳状液的pH值。至少平行测定三次，测定结果的绝对差值应小于0.1，取其算术平均值即为该试样的pH值。

（4）倾倒性　设置倾倒性指标是为了防止使用后药剂在包装内的残留过多，避免用户使用时的浪费和剂量的不足，尽量减少对环境的污染。倾倒性包括倾倒后残余物、洗涤后残余物两项控制项目，这两项控制项目受制剂的黏度影响，水乳剂的黏度越大，倾倒性越差，产品在实际使用中残留在包装内的量也越大，对环境产生污染也越大。一般情况下，倾倒后残余物、洗涤后残余物的指标分别定为≤5%、≤1%。

① 方法提要　将置于容器中的水浮剂试样放置一定时间后，按照规定程序进行倾倒，测定滞留在容器内试样的量；将容器用水洗涤后，再测定容器内的试样量。

② 仪器　具磨口塞量筒：500mL±2mL；量筒高度39cm，上下刻度间距离25cm（或相当的适用于测定倾倒性的其他容器）。

③ 试验步骤　混合好足量试样，及时将其中的一部分置于已称量（m_1）的量筒中（包括塞子），装到量筒体积的8/10处，塞紧磨口塞，称量（m_2），放置24h。

打开塞子,将量筒由直立位置旋转135°,倾倒60s,再倒置60s,重新称量筒和塞子(m_3)。

将相当于80%量筒体积的水(20℃)倒入量筒中,塞紧磨口塞,将量筒颠倒10次后,按上述操作倾倒内容物,第三次称量筒和塞子(m_4)。

④ 计算　倾倒后的残余物 X_1(%)和洗涤后的残余物 X_2(%),分别按以下公式计算:

$$X_1 = \frac{m_3 - m_1}{m_2 - m_1} \times 100$$

$$X_2 = \frac{m_4 - m_1}{m_2 - m_1} \times 100$$

式中　m_1——量筒、磨口塞恒重后的质量,g;

m_2——量筒、磨口塞和试样的质量,g;

m_3——倾倒后量筒、磨口塞和残余物的质量,g;

m_4——洗涤后量筒、磨口塞和残余物的质量,g。

(5)乳液稳定性　水乳剂需对水稀释后使用,稀释后所得乳状液能否在一定时间内稳定关系到药液在田间喷雾使用时的均一性、药剂的药效及作物安全性等。该控制项目要求水乳剂按一定倍数对水稀释后所得乳状液能在一定温度、一定时间内保持稳定,以无浮油(膏)、沉油、沉淀析出为合格。测试用水一般为标准硬水,温度通常要求为30℃,稀释倍数一般为200倍,时间为1h。由于我国不同地区水质差异较大,尤其是在水温、硬度,如北方灌溉用水用的是地下水,硬度较大且需经增温后使用,温度一般在10~15℃,南方用的是地表水,硬度较小,水温与气温接近,因此,在水乳剂产品研制阶段,为测试产品的水质适应性,可以用不同硬度、不同温度的水进行乳液稳定性测试,以获得水质适应较佳的配方。

作为质量控制项目,水乳剂的乳液稳定性测试应按照《农药乳液稳定性测试方法》(GB/T 1603—2001)进行。在250mL烧杯中,加入100mL 30℃±2℃标准硬水,用移液管吸取适量水乳剂试样,在不断搅拌的情况下慢慢加入硬水中(按产品规定的稀释浓度),使其配成100mL乳状液。加完水乳剂后,继续用2~3r/s的速度搅拌30s,立即将乳状液移至清洁、干燥的100mL量筒中,并将量筒置于恒温水浴内,在30℃±2℃范围内,静置1h,取出,观察乳状液分离情况,如在量筒中无浮油(膏)、沉油、沉淀析出,则判定乳液稳定性合格。

(6)持久起泡性　农药水乳剂对水稀释后如起泡性过强且不易消泡,则会因喷雾器容器内泡沫过多无法加入足量水,造成药液配制浓度过高,影响作物安全性,尤其是除草剂;同时过多的泡沫会严重影响喷雾质量。

水乳剂的持久起泡性指标一般定为≤25mL。测试时将规定量的试样与标准硬水混合,静置一定时间后记录泡沫体积。通常采用的检测方法:往250mL量筒(分度值2mL,0~250mL刻度间距离20~21.5cm,250mL刻度线到塞子底部4~6cm)中加30℃标准硬水至180mL刻度线处,置量筒于天平上,称入水乳剂试样1.0g(精确至0.1g),加标准硬水至距量筒塞底部9cm的刻度线处,盖上塞,以量筒底部为中心，上下颠倒 30 次（每次 2s）。放在试验台上静置 1min，记录泡沫体积。

（7）热贮稳定性　热贮试验是一种加速破坏试验，用来衡量农药制剂 2 年相对物理化学稳定性。水乳剂热贮稳定性可分解成多个控制项目：外观、分解率、乳液稳定性、杂质含量、pH 值、粒径等，作为质控项目时一般只检测前 3 项，有些药剂也会对热贮后相关杂质（主要分解产物）的含量做出规定。要求热贮结束后，水乳剂析水率不大于 10%，无油状物析出，摇动后仍能呈均一易流动液体；分解率上，根据《农药登记审查技术规范》，通常要求有效成分分解率不大于 5%，有机磷农药水乳剂与卫生用水乳剂有效成分的分解率可放宽至 10%，如在农药产品国家标准或行业标准中另有规定的，则按规定执行；乳液稳定性测试结果仍应合格。

检测按照《农药热贮稳定性测定方法》（GB/T 19136—2003）进行。用注射器将约 30mL 试样，注入到洁净的无色透明安瓿瓶中（避免试样接触瓶颈），置此安瓿瓶于冰盐浴中制冷，用高温火焰封口（避免溶剂挥发），冷却至室温称重。将封好的安瓿瓶置于金属容器内，再将金属容器置于 54℃±2℃ 的恒温箱或恒温槽中 14d。到期后取出，将安瓿瓶外面拭净后称量，质量未发生变化的试样，于 24h 内完成对有效成分质量分数等规定项目的检验。

（8）冷贮稳定性　冷贮稳定性亦称低温稳定性。该质量控制项目是为了保证水乳剂能安全过冬而设立的。通常情况下只考察外观的变化。

低温稳定性的测定方法应执行国家标准（GB/T 19137—2003），按《2.1 乳剂与均相液体制剂》给定方法测试，并给出低温稳定性合格的判断依据。如在农药产品国家标准或行业标准中另有规定的，服从其规定。国标规定方法如下：移取 100mL 的样品置于离心管中，在制冷器中冷却至 0℃±2℃，让离心管及内容物在 0℃±2℃ 保持 1h，并每间隔 15min 搅拌一次，每次 15s，检查并记录有无固体物或油状物析出。将离心管放回制冷器，在 0℃±2℃ 继续放置 7d。到期后，将离心管取出，观察外观有无变化：若发生冻结或有油状物析出则不合格；允许少量析水，但要求摇后能呈均一状态。

产品研制阶段，为节省样品量，减轻工作量，可将上述测试方法简化。用注射器将约 10mL 试样，注入到洁净的无色透明安瓿瓶中（避免试样接触瓶颈），置此安瓿瓶于冰盐浴中制冷，用高温火焰封口（避免溶剂挥发）。将封好的安瓿瓶置于金属铝架上，再将金属铝架置于低温恒温槽的恒温液中，安瓿瓶保持垂直状态。为提高制剂抗冻性能，配方研制阶段测试温度可设为 －5℃。7d 到期后，将安瓿瓶取出，观察外观有无变化：若发生冻结或有油状物析出或结晶析出则不合格；允许少量析水，但要求摇后能呈均一状态。

（9）粒径及分布　粒径与水乳剂的物理稳定性有密切关系。在配方研制、生产过程中应列为必检指标。检测粒径是为了保证产品质量：①初次工业化生产时，通过与粒径指标值进行对比，确定生产工艺参数；②了解高剪切乳化机等乳化设备长期使用后性能的下降程度，以便及时调整工艺参数。

水乳剂的粒径可用激光粒度分析仪进行检测，检测前需将水乳剂用蒸馏水或去离子水稀释一定程度后进行检测。记录 D_{50}、D_{90} 及粒径分布范围。

粒径分布一般以跨度表示，其计算公式为：

$$跨度 = (D_{90} - D_{10})/D_{50}$$

式中　D_{10}、D_{50}、D_{90}——粒度分布达到 10%、50%、90% 时的粒径大小。

跨度越小，表明粒径分布越窄。

(10) 冻融稳定性　农药水乳剂生产后至使用前会遭遇温度不断上下波动，温度的大幅波动有可能会引起有效成分结晶、析油、体系分层等，造成水乳剂物理稳定体系遭遇破坏甚至无法使用。因此，对于有可能暴露在冰点以下的水乳剂，是否具抵御反复的结冻和融化过程的能力，是应该考虑的一项重要的性质。结冻和融化稳定性试验应在室温、20℃±2℃和-10℃±2℃之间做4个循环，每个循环为结冻18h，融化6h。以水乳剂融化后无膏化、结晶、析油等体系被破坏现象，外观仍能恢复均一易流动，或虽有少量析水但摇后仍能呈均一易流动态，为冻融稳定性合格。

(11) 黏度　黏度关系到水乳剂的物理稳定性、生产时的能耗、灌装及田间使用时的方便性、环境污染等问题，因此，黏度也是水乳剂一个重要性能指标。企业标准中对黏度要求体现在倾倒性上。配方研制阶段需关注体系黏度的高低，但非生产过程中必检项目。制剂可通过添加增稠剂提高其黏度，从而增强体系的物理稳定性，但黏度不能太高，以免影响倾倒性。通常推荐制剂的黏度在 600mPa·s 以下。

(12) 分散性　分散性指水乳剂加入水中时自动分散乳化形成乳状液的能力，是水乳剂配方研制阶段必须考察的性能之一，但在企业标准中无须列出。该指标通常应用 30℃ 的标准硬水（硬度 342mg/L）进行测试，有时也可根据水乳剂的应用地区应用季节的气温、水温、水硬度扩大测试温度及硬度范围。

对水乳剂的分散性可按以下进行分级：

优——滴入水中后呈云雾状分散形成乳状液，分散过程中无可见颗粒；

良——自动分散，有颗粒下沉，但至底部前能基本分散，或沉至底部后能较快上扩分散；

可——部分自动分散，有颗粒下沉，需摇晃或倒置后才能分散；

差——不能自动分散，呈颗粒状或絮状下沉，经强烈摇动后才能分散。

水乳剂的分散性越好，使用时越方便，农民的接受程度越高。

(13) 离心稳定性　离心稳定性是指水乳剂在一定离心速度或离心力下，经离心一定时间后制剂外观所发生的变化程度，用于衡量体系抗重力沉降或乳析的能力。

离心稳定性采用离心机进行测试，测试条件可为 4000r/min、离心 15min，测试结束后根据制剂的外观变化分为四级：

优——无分层或沉淀现象，外观保持均一；

良——分层率或沉淀析出量（体积比）≤5%；

可——分层率或沉淀析出量（体积比）>5%但≤10%；
差——分层率或沉淀析出量（体积比）>10%，或有油状物析出。
水乳剂的离心稳定性越好，制剂的物理稳定性越好。
此外，以下性能与田间药效密切相关，可用来衡量药效的指标。

（14）润湿性　润湿性关系到药液能否在作物及靶标表面展布开来，是影响药效的关键因素之一，是水乳剂配方研制阶段需重点关注的性能之一。当水乳剂以对水喷雾使用来防治病、虫、草害时，就有必要结合登记作物或杂草叶面的表面张力来开发具有合适润湿性能的制剂。田间喷雾使用过程中，只有当药液的表面张力不大于作物叶面或杂草叶面的临界表面张力时，药液才能在作物或杂草表面润湿展布，否则会以水珠的形式从叶面滚落下来。

润湿性能是否能满足实际使用时的要求，最简单的办法是配制田间最高及最低推荐剂量相对应的药液，将药液滴在水平铺展的靶标作物或杂草叶面上，观察液滴能否在叶面展布开来。根据液滴在叶面的展布程度调整制剂的润湿性能。

利用表面张力仪测试水乳剂田间最高及最低推荐剂量相对应药液的表面张力，再与作物或杂草的叶面临界表面张力对比，若大于临界表面张力，则需调整水乳剂的润湿性能，使药液的表面张力能略低于叶面的临界表面张力。一些作物与杂草的临界表面张力值见表2-5。

表2-5　植物的临界表面张力值　　　　　　　　　　　　单位：mN/m

粮食和经济植物	临界表面张力	杂草植物	临界表面张力
水稻	36.26～39.00	雀麦	31.90
小麦	36.26～39.00	狗尾草	34.20
玉米	47.40～58.00	牛筋草	36.00
黄瓜	58.70～63.30	日本看麦娘	36.10
丝瓜	45.27～58.70	无芒稗	37.10
豇豆	39.00～43.38	马齿苋	39.00～43.38
茄子	43.38～45.27	刺苋	39.00～43.38
辣椒	43.38～45.27	小飞蓬	43.38～45.27
甘蓝	36.26～39.00	裂叶牵牛	46.49～57.91
棉花	63.30～71.81	水花生	36.26～39.00

要比较不同制剂之间润湿能力的相对强弱可采用"帆布沉降法"来测试。帆布采用鞋用纯棉帆布（$21^S/3 \times 21^S/4 \times 70 \times 26$，面密度为$262g/m^2$），剪成直径为35mm的圆片，为了不使棉布表面沾污脂肪和汗渍影响测定，应避免手指皮肤直接接触棉布。帆布片在用之前应在玻璃干燥器中放置24h，干燥器隔板下盛放亚硝酸钠饱和溶液作为恒湿器，温度20℃。测试时先用经预热的标准硬水（30℃）199mL将待测制剂以200倍稀释于250mL洁净烧杯中，并置于30℃恒温水浴锅中，搅拌均匀。待稀释液表面基本无气泡且液体静止后，用铜丝环将帆布圆片轻轻

平放于液面,用秒表即刻计时,并取出铜丝环(注意不要碰到帆布圆片及搅动液面)。待帆布圆片表面均被湿润时,记录时间,即为润湿时间,用来衡量农药制剂的润湿能力。重复测定3~5次,取平均值。

(15) 黏附能力　黏附能力是指喷雾后叶面上药液的最大稳定持留量与单位面积上药液沉积量的比值。黏附能力影响药剂的有效利用率,是影响水乳剂药效的关键因子之一,是水乳剂配方研制阶段需重点关注的性能之一。黏附能力与润湿能力有较大的关系,药液的表面张力低于靶标植物叶面临界表面张力较多时润湿能力较强,喷雾后易发生药液流失现象,药剂的黏附能力下降,但此时可通过改进喷雾技术来改善黏附能力,通过降低用水量及细喷雾技术,提高药液在靶标植物叶面的滞留量;当药液的表面张力高于靶标植物叶面临界表面张力时,药剂的润湿能力较弱,喷雾后也易发生药液流失现象,此时则需提高药剂的润湿能力来解决黏附能力低的问题。

水乳剂黏附能力的测试可通过自动喷雾装置模拟田间进行定量喷雾(顶部喷雾),求得单位面积(水平面)上药液沉积量、与纵向呈一定夹角靶标植物叶片上单位面积(水平面投影)药液滞留量,后者与前者的比值越大,则药剂的黏附能力越强。

(16) 渗透能力　渗透能力对于药剂发挥触杀作用及有效防治作物表皮以下部位危害的病虫具有重要作用。

与测试湿润能力一样,渗透能力的相对强弱也可采用"帆布沉降法"来测试。从帆布圆片接触液面开始至完全离开液面所需时间,即为渗透时间,用来衡量农药制剂的渗透能力。重复测定3~5次,取平均值。一般渗透时间≥润湿时间。

第七节　水乳剂配方开发实例

如前所述,可组成农药水乳剂配方的成分很多,但其主要成分只有三个:有效成分、表面活性剂、水。对于有效成分为固体的,则组成中需增加有机溶剂,如考虑到产品在贮存过程中会经历低温,则配方组分中需增加防冻剂,这样,由原药、有机溶剂、表面活性剂、防冻剂、水五个组分即可配制出一个农药水乳剂,实例一即为如此,实例二则增加了增稠剂。

一、 5%联苯菊酯水乳剂

配方组成如下:98%原药5.2%、溶剂油200#8.0%、乳化剂STE-400(杭州新源工贸易有限公司)2.5%、丙三醇3.0%、去离子水补至100%。

制剂在-5℃贮存7d,54℃下贮存14d,室温下贮存15个月后外观均保持均一易流动。

水乳剂的配方较为简单时,可重点对乳化剂进行优化,方法可采用比例法等。

二、30%毒死蜱水乳剂

选定乳化剂为 XY-100、STE-200（杭州新源工贸易有限公司），总用量为 4%，在溶剂、增稠剂、防冻剂、水用量不变的情况下，采用比例法对 XY-100、STE-200 间的配比进行筛选，以 0.4% 为步长，各自用量在 0.4%～3.8% 之间变化，则 XY-100 与 STE-200 间共有 8 个配比，综合比较 8 个制剂的外观、粒径、离心稳定性、乳液稳定性，要求制剂外观均一易流动，乳液稳定性合格，离心稳定性良及以上，D_{50} 最小粒谱最窄者为优选配方，对于同一工艺制备的水乳剂，配方中仅乳化剂之间配比发生变化时，则 D_{50} 最小时，粒径分布范围也往往是最窄的。经比较，XY-100、STE-200 用量分别为 1.6%、2.4% 时制剂性能最好。以此配比配制的 30%毒死蜱水乳剂，制剂外观呈均一乳白易流动液体，D_{50}、D_{90} 分别为 1.40μm、2.08μm，粒径分布范围为 0.62～2.76μm，冷储（-5℃，7d）、热贮（54℃，14d）后外观均保持均一易流动状态。

当需同时优化配方中多个成分时，可以考虑采用正交试验设计、三角相图法、三角坐标法、均匀设计等多因素试验设计方法。

三、10%联苯菊酯水乳剂

配方中包括了原药、溶剂、3 种乳化剂、防冻剂、有机硅消泡剂及水。需对溶剂及 3 种乳化剂的用量进行优化，采用正交实验设计进行试验，因素及水平见表 2-6，方案按 $L_{16}(4^5)$ 进行。

表 2-6　10%联苯菊酯水乳剂正交设计试验因素及水平（刘振邦等，2012）

单位：%

代号	因素	水平			
		1	2	3	4
A	农乳 602#	3.5	4.0	4.5	5.0
B	吐温 20	2.5	2.0	1.5	1.0
C	农乳 500#	2.0	1.5	1.0	0.5
D	二甲苯	22.5	20.0	17.5	15

以制剂热贮（54℃±2℃，14d）后的析水率（分层率）为试验指标，得到正交实验最优方案为 $A_1B_1C_1D_2$，即乳化剂和溶剂的最优组合为：3.5%农乳 602#，2.5%吐温 20，2%农乳 500#，20%二甲苯。

第八节　商品化的水乳剂品种及其应用

至 2013 年 9 月 4 日，处于登记有效期的农药水乳剂品种共 693 个，涉及 302

家生产企业。表 2-7～表 2-9 中列出了部分商品化的水乳剂品种及其防治对象。

表 2-7 我国目前登记的部分杀虫剂水乳剂品种

序号	有效成分	水乳剂规格/%	主要防治对象
1	S-氰戊菊酯	5g/L、50g/L	菜青虫,桃小食心虫,烟青虫,烟蚜
2	阿维菌素	3g/L、1.8g/L、5g/L、18g/L	稻纵卷叶螟,梨木虱,二化螟,小菜蛾,斑潜蝇,潜叶蛾,红蜘蛛
3	丙溴磷	50	稻纵卷叶螟
4	除虫菊酯	1.5	蚜虫
5	哒螨灵	15	红蜘蛛
6	毒死蜱	20、25、30、40	稻纵卷叶螟,稻飞虱,棉蚜,二化螟,飞虱,介壳虫,菜青虫
7	多杀霉素	2.5、8	甜菜夜蛾,蓟马
8	二嗪磷	50	二化螟
9	氟氯氰菊酯	5.7	蚜虫,菜青虫
10	高效氯氟氰菊酯	2.5g/L、5g/L、10g/L、20g/L、25g/L	木虱,菜青虫,蚜虫,茶尺蠖,小菜蛾,甜菜夜蛾,烟青虫,桃小食心虫,茶小绿叶蝉,潜叶蛾,棉铃虫,菜蚜,美国白蛾
11	高效氟氯氰菊酯	2.5	木虱,菜青虫
12	高效氯氰菊酯	3、4.5、5、10	棉铃虫,菜青虫,蚜虫,小菜蛾
13	甲维盐	0.5、1、2、2.5、3	小菜蛾,稻纵卷叶螟,二化螟,甜菜夜蛾
14	甲氰菊酯	10、20	桃小食心虫,潜叶蛾,红蜘蛛
15	苦参碱	1.3	菜青虫
16	狼毒素	1.6	菜青虫
17	联苯菊酯	2.5g/L、4.5g/L、10g/L、100g/L	白粉虱,茶小绿叶蝉,潜叶蛾,木虱,茶尺蠖
18	氯氰菊酯	10、25	棉铃虫,潜叶蛾
19	醚菊酯	10	菜青虫
20	氰戊菊酯	20、30	桃小食心虫,菜青虫
21	炔螨特	30、50	红蜘蛛
22	噻螨酮	5	红蜘蛛
23	三氯杀螨醇	20	红蜘蛛
24	三唑磷	15、20	二化螟
25	顺式氯氰菊酯	5、10	菜青虫
26	松脂酸钠	30	介壳虫
27	溴氰菊酯	2.5g/L、15g/L	菜青虫
28	仲丁威	20	飞虱,稻纵卷叶螟
29	阿维·丙溴磷	0.5+39.5	稻纵卷叶螟

续表

序号	有效成分	水乳剂规格/%	主要防治对象
30	阿维·哒螨灵	0.2+9.8	红蜘蛛
31	阿维·丁硫	0.5+24.5	根结线虫
32	阿维·毒死蜱	0.2+14.8、0.2+19.8、0.3+24.7、1+24	二化螟,稻纵卷叶螟
33	阿维·高氯	0.3+1.5	小菜蛾
34	阿维·高氯氟	0.4+1.6、0.6+2.4、1+4	菜青虫,小菜蛾,棉铃虫
35	阿维·联苯菊酯	0.6+5	桃小食心虫
36	阿维·氯氰	1+6	小菜蛾
37	阿维·炔螨特	0.3+29.7、0.3+39.7	红蜘蛛
38	阿维·三唑磷	0.5+29.5	二化螟
39	啶虫·毒死蜱	1+29	蚜虫
40	氟啶·毒死蜱	1+9	小菜蛾
41	高氯·杀虫单	1+15	美洲斑潜蝇
42	甲维·丁醚脲	1+20	小菜蛾
43	甲维·毒死蜱	0.2+24.8、0.4+39.6、0.5+39.5、1+24、1+25、1+29、1+30、1+32	二化螟,稻纵卷叶螟
44	甲维·高氯氟	0.5+2.5、0.5+4.5、1+4、1+9	小菜蛾,菜青虫
45	氯氟·毒死蜱	2+20、4+40	棉铃虫
46	螺螨酯·三唑磷	3+37	红蜘蛛
47	杀虫双·毒死蜱	14+10	二化螟,稻纵卷叶螟
48	三唑磷·毒死蜱	16+16	三化螟

表2-8 我国目前登记的部分杀菌剂水乳剂品种

序号	有效成分	水乳剂规格/%	主要防治对象
1	苯醚甲环唑	5、10、20、25、40	柑橘炭疽病,黄瓜白粉病,苹果斑点落叶病,梨黑星病,葡萄黑痘病
2	丙环唑	25、40、45	稻曲病,纹枯病,稻瘟病,香蕉叶斑病,苹果褐斑病
3	氟硅唑	10、25	番茄叶霉病,梨黑星病,菜豆白粉病,柑橘炭疽病,柑橘树脂病(砂皮病),黄瓜黑星病,黄瓜白粉病
4	混合脂肪酸	10	烟草花叶病毒病
5	腈菌唑	12.5	黄瓜白粉病
6	苦参碱	3	烟草病毒病
7	氯啶菌酯	15	稻瘟病

续表

序号	有效成分	水乳剂规格/%	主要防治对象
8	咪鲜胺	10g/L、25g/L、40g/L、45g/L、250g/L、450g/L	香蕉炭疽病,香蕉冠腐病,水稻恶苗病,稻瘟病,柑橘青霉病,柑橘绿霉病,柑橘蒂腐病,柑橘炭疽病,苹果炭疽病,芒果炭疽病
9	醚菌酯	10	苹果斑点落叶病
10	噻霉酮	1.5	黄瓜霜霉病
11	噻唑磷	20	黄瓜根结线虫病
12	蛇床子素	1	黄瓜白粉病
13	四氟醚唑	12.5	草莓白粉病,黄瓜白粉病,甜瓜白粉病
14	松脂酸酮	20	葡萄霜霉病
15	戊唑醇	12.5g/L、25g/L、250g/L	香蕉叶斑病,苹果斑点落叶病,黄瓜白粉病,葡萄白腐病,梨树黑星病,花生叶斑病
16	烯酰吗啉	10	黄瓜霜霉病,葡萄霜霉病,辣椒疫病
17	抑霉唑	10、20、22	苹果炭疽病,葡萄炭疽病,柑橘青霉病,柑橘绿霉病
18	异稻瘟净	50	稻瘟病
19	苯醚·丙环唑	15+15、25+25	苹果褐斑病,水稻纹枯病
20	苯醚·咪鲜胺	5+15、10+25、15+15	苹果炭疽病,苹果褐斑病,黄瓜靶斑病
21	苯醚·抑霉唑	5+5	苹果炭疽病
22	丙环·咪鲜胺	8+20、10+20	稻瘟病,水稻纹枯病,稻曲病
23	丙环·戊唑醇	25+25	香蕉叶斑病
24	硅唑·咪鲜胺	4+16、5+15、6+24	苹果炭疽病,黄瓜炭疽病,葡萄炭疽病
25	硫酸铜·混脂	0.4+7.6、1.2+22.8	番茄病毒病,辣椒病毒病,西瓜病毒病,烟草花叶病毒病
26	几丁糖·咪鲜	1+45	柑橘炭疽病
27	抑霉唑·咪鲜	5+15	苹果炭疽病
28	硫酸铜·烷醇	0.1+0.4	番茄蕨叶病,花叶病毒病
29	戊唑·咪鲜胺	(15+30)g/L、(133+269)g/L	水稻稻瘟病,香蕉黑星病,小麦赤霉病

表 2-9 我国目前登记的部分除草剂水乳剂品种

序号	有效成分	水乳剂规格/%	主要防治对象
1	乙草胺	40、48、50	大豆、玉米、花生、油菜田一年生杂草
2	丙草胺	50	水稻田一年生杂草
3	丁草胺	600g/L	水稻田一年生杂草
4	高效氟吡甲禾灵	108g/L	大豆一年生禾本科杂草
5	精噁唑禾草灵	6.5g/L、6.9g/L、7.5g/L、69g/L	小麦一年生禾本科杂草野燕麦、看麦娘等,油菜、大豆、花生、花椰菜、大麦、棉花一年生杂草

续表

序号	有效成分	水乳剂规格/%	主要防治对象
6	精喹禾灵	5、10.8	大豆一年生禾本科杂草
7	氯氟吡氧乙酸异辛酯	140g/L	小麦一年生阔叶杂草
8	氰氟草酯	10g/L、15g/L、20g/L、25g/L、100g/L	水稻一年生杂草稗草、千金子等
9	炔草酯	8、15、30	小麦一年生禾本科杂草
10	辛酰碘苯腈	30	玉米一年生阔叶杂草

参考文献

[1] 崔正刚，殷福珊. 微乳化技术及应用. 北京：中国轻工业出版社，1999.

[2] 顾中言. 植物的亲水疏水特性与农药药液行为的分析. 江苏农业学报，2009，25（2）：276-281.

[3] 顾中言，许小龙，韩丽娟. 几种植物临界表面张力值的估测. 现代农药，2002，1（2）：18-20.

[4] 刘振邦，董立峰，王智等. 联苯菊酯10%水乳剂的配方研究. 农药科学与管理，2012，33（3）：19-22.

[5] 刘迎，魏方林，王阳阳等. 不同乳化方法对30%毒死蜱·噻嗪酮水乳剂稳定性的影响. 农药，2011，50（10）：726-729.

[6] 任智，陈志荣. 表面活性剂结构与乳液稳定性之间关系研究. 浙江大学学报（工学版），2003，37（1）：78-81.

[7] 任智，陈志荣，吕德伟等. 界面结构和HLB乳化规则（Ⅰ）界面模型与稳定机理. 日用化学工业，2000，30（1）：5-10.

[8] 魏方林，张小琴，魏晓林等. 比例法和对分法在农药水乳剂配方研制中的应用. 现代农药，2005，4（1）：28-30.

[9] Grubenmann A. Formulierungstechnik. Formulation technology：Emulsions, suspensions, solid forms/ Hans Mollet, Arnold Grubenmann；translated by HR Payne. 2001.

[10] Harkins W D, Beeman N. The Oriented Wedge Theory of Emulsions. Proceedings of the National Academy of Sciences of the United States of America，1925，11（10）：631-637

[11] Masalova I, Kharatyan E. Effect of silica particles on stability of highly concentrated water-in-oil emulsions with non-ionic surfactant. Colloid Journal，2013，75（1）：95-102.

[12] Masalova I, Foudazi R, Malkin A Y. The rheology of highly concentrated emulsions stabilized with different surfactants. Colloids and Surfaces A：Physicochemical and Engineering Aspects，2011，375（1）：76-86.

[13] Paruta-Tuarez E, Fersadou H, Sadtler V E R, et al. Highly concentrated emulsions：1. Average drop size determination by analysis of incoherent polarized steady light transport. Journal of Colloid and Interface Science，2010，346（1）：136-142.

[14] Rosen M J, Kunjappu J T. Surfactants and interfacial phenomena. John Wiley & Sons，2012，349-350.

[15] Xia L X, Cao G Y, Lu S W, et al. Demulsification of Solids-Stabilized Emulsions Under Microwave Radiation. Journal of Macromolecular Science, Part A：Pure and Applied Chemistry，2006，43（1）：71-81.

第三章

悬浮剂

第一节 概述

悬浮剂是一种以水为分散介质，不溶或者微溶于水的固体原药经研磨粉碎，并借助表面活性剂及其他助剂的作用，使之均匀分散，形成的一种颗粒细小的高悬浮、能流动的比较稳定的固-液分散体系。悬浮剂是水基性制剂中发展最快、可加工的农药活性成分最多、加工工艺最为成熟、相对成本较低和市场前景非常好的一种环保剂型，给许多既不亲水又不亲油农药的制剂生产和应用提供了新的发展契机。悬浮剂具有高效、与环境相容、使用安全、施药方便等优点，逐渐成为替代粉状制剂的优良剂型，它的发展呈迅速上涨的趋势。

一、悬浮剂的定义

悬浮剂（aqueous suspension concentrate，SC），又称为水悬浮剂、浓悬浮剂、胶悬剂，它是指非水溶性的固体有效成分与相关助剂，在水中形成高度分散的黏稠悬浮液制剂，用水稀释后使用。农药悬浮剂的基本原理是将不溶或难溶于水的固体原药，借助表面活性剂和其他助剂的作用，分散到水中形成均匀稳定的粗悬浮体系。

悬浮剂是固体微粒在水相介质中悬浮的固液多相分散体系，是水基性农药制剂中重要的、性能优良的制剂之一。制备悬浮剂的有效活性成分即原药应具备以下特点：

① 活性成分在水中的溶解度最好小于 100mg/L，不溶解为最佳状态；

② 活性成分的熔点最好不低于 60℃，在制剂贮存温度变化大的情况下，原药的熔点会被降至更低，以防引起粒子聚集，破坏制剂的稳定性；

③ 在水中的化学稳定性要高，对于有些不稳定的原药可以通过加入稳定剂解决。

二、 悬浮剂的特点

悬浮剂是国内外公认的被称为划时代的新剂型，为难溶于水和有机溶剂的固体农药的生产和应用，提供了可能性，开创了新的发展空间，是代表农药制剂发展方向的一种重要剂型，具有众多优点。

① 悬浮剂可与水任意比例均匀混合分散，基本不受水质和水温影响；
② 悬浮剂可直接或稀释后喷雾使用，易于取量，使用便利；
③ 悬浮剂以水为基质，无粉尘，可较快分散于水中，使用安全、环保，配方成本较低；
④ 悬浮剂无闪点问题，贮存运输安全，对植物药害低，生物利用度高；
⑤ 悬浮剂以细小微粒悬浮于水中（国内一般可控制在 $1\sim5\mu m$），且在适当表面活性剂的作用下，可得到较高的药效。

除上述优点以外，悬浮剂自身也存在部分缺点。

① 悬浮剂作为一种热力学不稳定体系，其稳定性问题，尤其是经时稳定性是影响悬浮剂质量的关键。由于悬浮颗粒的密度比分散介质的密度大，易沉降使悬浮剂分层。沉积的颗粒形成黏土层后，很难再次分散。这是目前悬浮剂发展中亟待解决的重要问题。
② 制备高性能悬浮剂技术含量高。
③ 悬浮剂对原药质量的要求较高。

三、 悬浮剂在国内外的发展情况

悬浮剂的研制和开发是从 20 世纪 40 年代开始的，1944 年，A Johe H 用凝聚法制得 10% DDT 悬浮剂，用于杀灭幼蚊，效果较好。1947 年，G. S. K Ido 用分散法制得 40% DDT 悬浮剂，对蝇、叶蝉的防效与同剂量乳油相近。1948 年，英国帝国化学工业集团（ICI）首先使用砂磨机研制成功悬浮剂。1966 年，美国施多福集团（Dover）开始销售悬浮剂商品，随后英、德、日等国积极地研制悬浮剂并投入工业化生产。农药悬浮剂的商品化在英国发展最为迅速，英国在 1992 年销售的悬浮剂占全部制剂销售量的 23%，1993 年悬浮剂已占英国整个农药剂型市场销售的 26%，超过乳油（24%）和可湿性粉剂（17%），位居第一，1998 年由于迅速发展的水分散粒剂的原因，悬浮剂所占比例有所下降，但仍占 21%。美国 20 世纪80 年代初上市的悬浮剂品种就达 29 种，悬浮剂在 1993 年和 1998 年所占比例分别为 10% 和 13%。

从 1994 年和 2007 年英国植保协会（BCPC）出版的农药手册上列出的剂型可见，乳油所占比例已从 43% 下降到 28%，可湿粉仍保持在 19% 的份额上，水分散粒剂从 4% 上升至 12%，而悬浮剂却从 8% 增长到 16%。

我国于 1977 年开始悬浮剂的研制，沈阳化工研究院先后研制了多菌灵、莠去津、灭幼脲等悬浮剂,并投入工业化生产。与此同时,吉林市农药化工研究所研制了三氮苯类悬浮剂,上海、安徽等科研单位相继研制了多种农药悬浮剂并投入生产。

2000 年之后,我国农药悬浮剂(SC)、水乳剂(EW)、微乳剂(ME)、水分散粒剂(WG)等环保剂型发展很快。悬浮剂无论在配方研究、加工工艺和制剂品种、数量上都获得了较大的发展。特别是近 10 年,随着大量国外助剂公司进入中国市场开展业务和我国一些助剂公司的迅速发展,许多性能优异的悬浮剂用助剂如润湿剂、分散剂等的生产和应用为悬浮剂的快速发展提供了有力的支持。我国悬浮剂已登记农药有效成分近 250 个,国外农化公司在我国登记的农药活性成分也有 70 多个,并呈现不断增长的发展趋势。

四、 悬浮剂目前存在问题及开发前景

悬浮剂是现代农药中十分重要的农药剂型,也是 FAO 推荐的环保剂型之一,很多油水不溶的新型固体原药都被开发成悬浮剂,这也提升了悬浮剂在农药制剂中的地位。悬浮剂的物理稳定性、药效、高浓度是目前制约其进一步发展的瓶颈问题。需要通过助剂、配方、加工工艺及设备、用药技术等多方面的系统研究,来解决困扰国内农药悬浮剂技术发展的系列关键问题,以全面提升农药悬浮剂的质量。

1. 悬浮剂目前存在问题

(1) 悬浮剂产品性能及质量　悬浮剂的制剂技术涉及多学科交叉,研究和制造技术相对较复杂,悬浮剂的研究尚未形成系统的理论体系。配方的开发受研磨设备以及表面活性剂等技术发展的影响,悬浮剂的产品质量尚存在一定问题,特别是制剂的物理稳定性方面问题最为突出,主要表现为沉降、絮凝和晶体长大,在实际生产和使用中易出现分层、絮凝、结晶,甚至膏化或固化。

(2) 悬浮剂配方研制方法　目前国内悬浮剂的配方研制仍然比较粗放。虽然众多农药生产厂家在开发和生产悬浮剂,但其配方的开发多为经验式的随机筛选,缺乏必要的理论指导和科学选择助剂的方法,配方比较粗放,优秀配方的成功率相对较低。在悬浮剂的产品研发过程中,对其稳定机制的研究较少,尤其是长期物理稳定性的短期考察尚无真实有效的验证方法,而这一点直接关系到产品的性能和应用效果。因此,悬浮剂的发展仍需在配方的研制和关键性能的控制方面进行更加全面深入的研究。

(3) 悬浮剂生产设备及生产管理　在悬浮剂的生产中较优的工艺流程应采用多次混合、多级砂磨,砂磨通常包括一级砂磨、二级砂磨和精磨。在我国众多的悬浮剂生产厂家中,能符合该工艺流程的并不多。有相当一部分厂家由于设备更新费用等问题,仍采用 20 世纪 80 年代的设备——立式胶体磨,耗时、耗力、耗能,而且得到悬浮剂产品的粒度分布范围较宽。有些厂家采用 2 台或 3 台卧式砂磨机串联,但基本上缺少精磨程序。因此,由于生产厂家采用设备的不同,造成产品质量的良莠不齐也是悬浮剂目前亟须改进解决的问题。

在悬浮剂生产管理中，尚还存在交叉污染的问题，例如，杀虫剂、杀菌剂与除草剂并未分开贮存；设备、砂磨介质等清洗不彻底；清洁能力达不到要求；生产装置自身的构型、隔离不彻底等。

(4) 悬浮剂配方对生物效能的影响　悬浮剂的生物效能是其最重要的评价指标。在悬浮剂研制过程中，采用不同类型助剂、不同厂家助剂或加入同种助剂不同配比的情况下，研制配方的生物效能有明显的优劣之分。因此，在配方筛选过程中，与生物效能测定试验相结合是必要且至关重要的，制剂性能再优良的悬浮剂若生物效能一般，也无法成为一个较好的悬浮剂产品，无法满足农户施用的基本要求。

(5) 悬浮剂使用的助剂种类、规格、来源及稳定性　目前，适合于悬浮剂配方筛选的助剂种类、品种和规格相对较少。一些农药助剂厂商生产的助剂产品，执行的技术标准不一致，同一产品性能差异较大。部分厂家由于助剂原料的变化、工艺的不稳定造成助剂产品的不同批次质量存在差异。一旦采用这类助剂，会给制剂研发和产业化带来较大困扰和麻烦。此外，许多现有助剂生产工艺不合理，设备选型落后，助剂质量落后于国外同类产品。助剂新产品的开发速度较慢，新产品应用技术的进展也不能和产品的发展相适应。另外，我国在助剂生产和销售、制剂产品登记和市场监管等环节的管理不到位，助剂的管理部门尚不明确，助剂的安全性或环保性分类也基本未开展。这些问题制约着我国助剂和制剂的发展水平。

2. 悬浮剂的开发前景

农药研究与开发是一项涉及多学科的系统工程。随着人们对环境影响的关注，各国均建立了严格的农药准入、农药登记制度，这些都加大了农药研究开发的难度和竞争性。此外，新农药创制的成本不断提高，新专利化合物上市的数量逐年减少，世界各国把一部分研究开发新农药的人力、物力，转移到省人、省力又省钱，可以事半功倍的新剂型、新制剂研究开发方面。

化学品造成环境污染是当代人们最关心的问题之一，农药化学家们正密切关注着环境污染问题，农药悬浮剂的开发就是其中成功的一例。它以环保、安全、价廉、来源丰富的水为分散介质，而不采用污染环境、危险、价格高、资源有限的有机溶剂为分散介质，加工过程采用湿法粉碎研磨，在生产过程中基本无"三废"问题，这些优势促使悬浮剂成为一种重要的、与环境相容性高的主要农药剂型。

此外，悬浮剂具有较优的生物活性，也使其作为一种具有巨大研究开发前景的环保新剂型而存在、发展。

目前，在我国农药乳油、可湿性粉剂等传统剂型仍占绝对优势。随着农药的广泛使用，大量的有机溶剂和粉尘污染空气、水源、土壤，造成整个环境全方位的恶化，威胁着人类的健康和社会的发展，同时也造成大量的有机溶剂的浪费。在能源日渐枯竭和人们环保意识逐渐增强的今天，降低这种污染和浪费的呼声愈来愈强烈。随着人们对于安全、环境、生态可持续发展意识的不断增强，美国、英国等发达国家对农药安全性和环境保护制定了更加严格的法规，这使农药的生产和使用面临越来越多的困难。在有效控制有害生物的同时，如何减轻农药对环境的压力，已经成为摆在植保工作者面前一个亟待解决的难题。

高效、低毒、低残留的新农药创新可以解决目前存在的问题，但由于新农药创制存在着高投入、高风险、周期长等不足之处，因此，农药剂型加工领域的研究日益受到国内外多数农药企业的重视。通过对原有农药品种新剂型的开发，不仅可以提高药效，减少用量，同时在很大程度上可以降低有害溶剂、助剂的使用量，减轻对环境的压力。农药悬浮剂作为环境相容性友好的水基制剂，具有无粉尘污染、易混合、悬浮率高、生物活性高、生产成本低和对人畜安全等优点，是最重要的农药环保剂型品种之一。

悬浮剂的制剂研究和制造技术较为复杂，它涉及农药化学、农药制剂学、物理化学、化工机械等多个学科，涉及许多基础理论、基本原理等方面的问题。尽管早在20世纪40年代，悬浮剂就已经出现，但由于受到研磨机械、表面活性剂等技术发展的限制，悬浮剂生产存在着颗粒大、悬浮率低、药效差、易分层结固、难于倒出等缺陷，在21世纪之前其推广规模仍难与乳油、可湿性粉剂等传统剂型相匹敌。随着胶体化学和表面化学的发展，悬浮液物理稳定性的研究取得突破性的进展。通过对原药颗粒表面的Zeta电位、表面活性剂在原药颗粒表面的吸附、触变性的微观解释以及不同影响因素（如电解质、pH等）对稳定性的作用规律方面的研究，将会对提高农药悬浮剂的抗聚结稳定性和悬浮稳定性提供一定的理论指导，可使农药悬浮剂在长期的贮存过程中获得良好的物理稳定性。因此，利用吸附理论指导润湿分散剂的选择以及确定润湿分散剂的最佳用量，同时研究盐离子、pH值等外部因素对润湿分散剂在原药颗粒表面吸附的影响规律，是指导悬浮剂工业化生产和获得稳定产品的途径。利用流变学的相关知识以及分散助剂、聚合物、盐离子以及pH值等因素对悬浮体系触变性的影响规律来解释悬浮体系触变结构形成的原因，从而使农药水悬浮体系获得良好的悬浮稳定性，是目前农药悬浮剂研制中亟待解决的问题。随着纳米技术、陶瓷悬浮液物理稳定性研究手段和方法在农药悬浮剂中的应用，必将推动农药悬浮剂的开发，使我国农药悬浮剂的生产提升到一个新的高度。此外，悬浮剂具有较优的生物活性，也使这种环保新剂型具有巨大研究开发前景。

作为农药悬浮剂自身，它的发展新趋势有以下几个方面：

首先，悬浮剂含量尽可能朝着高浓度方向发展，其主要优势是可以减少库存量，降低生产费用以及包装和贮运成本，但制备高浓度悬浮剂不但需要一套完整的加工技术，而且与其相匹配的生产设备以及高质量农药助剂的技术发展也是关键因素；其次，悬浮剂是新原药品种开发剂型时最主要的选择之一，原药创制开发的新品种大多为油水不溶的固体原药，且在水中稳定，特别适合开发制备为悬浮剂；再有，随着加工工艺的突破、加工设备的进步和应用技术的提高，悬浮剂可以研磨得越来越细，且研磨时间越来越短，结合新型助剂的加入，可以制备具有经时稳定的悬浮剂，且悬浮剂的药效已与乳油等传统制剂相当；最后，技术进步使制备悬浮剂的原药理化性质范围得以放宽，传统概念上许多不能加工成悬浮剂的活性成分如水溶性较大的、熔点较低的原药当今都可以加工成悬浮剂，如吡虫啉、高效氯氰菊酯、苯醚甲环唑、二甲戊灵、毒死蜱等，扩大了悬浮剂的生产应用范围。

以水基性制剂代替易燃、有毒的油基制剂，以粒状制剂代替粉状制剂，正成为国际上农药剂型的发展方向。悬浮剂比可湿性粉剂有更多优点，如无粉尘，容易混合，改善在稀释时的悬浮率，改善润湿性，对操作者和使用者以及对环境安全，有相对低的成本，可增强生物效率，可加工成高浓度的剂型，悬浮剂比可湿性粉剂更环保、高效，发展迅速，具有更好的发展前景。

第二节　悬浮分散体系形成的理论基础

悬浮剂属于非均相液态剂型，是一种流动的固-液分散悬浮体系，属于假塑性流体。在农药剂型中它是介于液态和固态之间的一种新剂型。因此，悬浮剂涉及的学科领域和基础理论较多。

悬浮剂属于悬浮体系范畴，具有胶体的部分性质，即动力学不稳定性、热力学不稳定性和不均匀态。悬浮剂属于假塑性流体，与牛顿流体并不相同，同时具有塑流体的性质。所以，悬浮剂不仅涉及许多胶体化学的理论，而且也涉及流变学的一些理论，如Stokes定律、双电层的排斥效应、溶剂化作用、表观黏度、微观黏度和流点等。

悬浮体系中包含有各种不同类型和不同作用的助剂，因此又涉及固体的表面活性和表面吸附等理论。农药悬浮剂在加工时需经超微粉碎过程，因此又涉及粉碎的一些理论。在制剂分析和性能测定中也要有相应的理论指导。当制剂应用时，还需要喷雾、沉积、附着、气候和生物活性测定（如药效、残留、毒性等）等一系列理论的指导。本节主要从固-液分散体系的稳定性、静电稳定理论、空间稳定理论、空缺稳定理论以及流变性能五个部分介绍悬浮剂的主要理论基础。

一、固-液分散体系的稳定性

1. 固-液分散体系的分类

一种或几种固体微粒均匀地分散在一种液体中，它们共同组成的体系叫做固-液分散体系。其中分散为许多微小粒子的物质叫做分散体或分散相，而各分散微粒周围的液体叫做分散介质或连续相。分散体微粒的大小称为体系的分散度。粒度越小，分散度越高。

根据分散体的粒度大小将固-液分散体系分为以下三类：

① 分子-离子分散体系，粒度$<0.001\mu m$，通常叫做真溶液，属于单相体系；

② 胶体分散体系，粒度在$0.001\sim0.1\mu m$，通常叫做胶休溶液，属于多相高分散体系；

③ 粗分散体系，粒度在 0.1~1000μm，通常叫做悬浊液或悬浮液，属于多相分散体系。

2. 固-液分散体系的粒子沉降

农药原药不论是固态还是液态，都必须分散成为一定细度的微小粉粒或油珠，才能被均匀地喷洒到作物和靶标生物上发挥其药效，这一过程即为农药原药的分散过程。悬浮剂作为一种固-液分散体系，它的分散体系间的粒子沉降作用基本符合 Stokes 定律。

在粗分散体系中，即农药悬浮液中，粒子的分散、悬浮程度越高越好，即粒子能较长时间的悬浮在分散液中，则沉降速率必然较小。悬浮剂的悬浮液分散体系中粒子的沉降速率基本符合 Stokes 公式，见下式。

$$V = \frac{d^2(\rho_s - \rho)g}{18\eta}$$

式中　V——粒子的沉降速率，cm/s；

　　　ρ_s——粒子的密度，g/cm³；

　　　ρ——悬浮液的密度，g/cm³；

　　　d——粒子的直径，cm；

　　　η——悬浮液的黏度，pa·s；

　　　g——重力加速度，cm/s²。

从 Stokes 公式中可以看出，粒子的沉降速率与粒子直径的平方、粒子的密度与悬浮液的密度差呈正比，与悬浮液的黏度呈反比。如果悬浮液和粒子之间没有密度差，沉淀问题就不可能发生，但是这种情况仅是一种理想状态，基本不会出现。提高黏度有利于减小沉降，然而黏度不可能被无限制的增加，需要使界面内剪切力变小的流体改性物，如黄原胶等来实现黏度的增加。沉降速率与粒径的平方正相关，十倍的粒径大小差异将导致一百倍的沉降速率差别，粒径越小沉降越慢。但也不是粒径越小越好，粒度分布对于固-液分散体系稳定性的提高也起到至关重要的作用。

综上，影响粒子沉降速率的三个因素中，主要因素是粒子粒径。若要得到稳定的悬浮体系，需要调整好固-液密度差、黏度和粒径三者之间的平衡关系，同时控制好粒径分布。

3. 固-液分散体系的凝聚

农药悬浮剂的悬浮液是一种不稳定的粗分散体系。虽然有部分粒子达到了布朗运动的细度，但多数粒子直径大于胶体粒子直径。粒子表面积大，表面自由能大，运动速度较快。如果不加润湿分散剂，则粒子在范德华力的作用下，很容易互相"合并"发生凝聚而加速下沉。随着时间的推移，悬浮分散体系中下沉的凝聚物也会越来越多，严重时会破坏整个分散体系，导致"结块"。加入润湿分散剂可以阻止粒子间的互相凝集以维持悬浮分散体系的稳定。

二、 静电稳定理论

1. Zeta 电位理论

Zeta 电位是表征胶体分散体系稳定性的重要指标，是粒子紧密层与扩散层界面处与溶液体系内部电势为零处的电势差。当固体与液体接触时，可以是固体从溶液中选择吸附某种离子，也可以是由于固体分子本身电离作用使得离子进入溶液，以致固-液两相分别带有不同符号的电荷，在界面形成双电层的结构。在双电层结构中，一层为紧靠粒子表面的紧密层即 Stern 层，另一层为扩散层。

由于固体表面总有一定数量的溶剂分子与其紧密结合，这部分溶剂分子与粒子一起整体运动，在固液相之间发生相对移动时也有滑动面存在。尽管滑动面的确切位置不知道，但可以合理的认为它在紧密层之外，并深入到扩散层之中。相对运动边界与溶液体系内部的电势差为动电电势或称为 Zeta 电位。固体表面与溶液体系内部的电势差为表面电位。

Zeta 电位可以通过电位仪测定。当颗粒间的 Zeta 电位最大时，颗粒的双电层表现为最大斥力，这样即可防止颗粒间的团聚，使颗粒保持分散状态；当颗粒间的 Zeta 电位等于零时，颗粒间的吸引力大于双电层之间的排斥力时，颗粒将会团聚而沉降。

2. DLVO 理论

DLVO 理论是通过粒子的双电层理论来解释分散体系稳定性的机制及影响稳定性的因素的。20 世纪 40 年代，苏联学者 Deryagin 和 Landau 与荷兰学者 Verwey 和 Overbeek 分别提出了关于各种形状粒子之间在不同情况下相互吸引能与双电层排斥能的计算方法。在胶粒之间存在着使其相互聚结的吸引能量，又存在着相互阻碍其聚结的相互排斥的能量，胶体的稳定性就取决于胶粒之间这两种能量的相对大小，而这两个作用能量都与质点的距离有关。

在适当条件下，质点接近时，排斥能大于吸引能，从而在总作用能与距离关系的曲线上出现势垒。当势垒足够大时，就能阻止质点的聚集和聚沉作用，并使胶体系统趋于稳定。外加电解质的性质与浓度可影响系统的稳定性。胶体质点表面溶剂化层有利于阻止聚沉，提高系统稳定性。

DLVO 理论给出了计算胶体质点间排斥能和吸引能的方法。一个胶体的稳定性都取决于体系相互作用能量曲线的有效形式，即吸引能和排斥能两项之和与粒子分离距离的函数。

三、 空间稳定理论

Hesselink、Vrij 和 Overbeek 等发现，在微粒分散体系中加入一定量的高分子聚合物或缔合胶体时，可显著提高体系的稳定性，该体系稳定性的提高由高分子保护作用所致，故称之为空间稳定理论或 HVO 理论。

高分子化合物对微粒分散体系的稳定性作用主要体现在以下几个方面：高分子吸附层存在，产生一种新的斥力势能即空间斥力势能、范德华力引力势能和静电斥力势能；总的势能为引力势能、静电斥力势能和空间斥力势能之和；同时，空间稳定性因素又受到吸附高分子的结构、分子量、吸附层厚度、分散介质与高分子的溶解性等因素的影响。

四、空缺稳定理论

有些高分子化合物并不吸附于固体表面，甚至是负吸附。由于颗粒对聚合物产生的这种负吸附，在颗粒表面层，聚合物浓度低于溶液的体系浓度，在表面上形成一种空缺的表面层。当体系的高分子浓度达到一定程度后，可以起到稳定胶体的作用，即使浓度不高，同样也有絮凝作用。

这种负吸附现象导致颗粒表面形成的"空缺层"，发生重叠时就会产生斥力能或吸引能，使物系的位能曲线发生变化。在低浓度溶液中，吸引能占优势，胶体稳定性下降。在高浓度溶液中，斥力能占优势，使胶体稳定。由于这种稳定靠空缺层的形成，故称为空缺稳定理论。吸引效能由于形成空缺层，使粒子间的空间与体系溶液产生浓度差，由此而产生渗透压，迫使粒子进一步靠拢而发生聚沉。斥力效应是由于形成空缺层的过程是溶剂与高分子分离的过程，是非自发过程，产生斥力势能，使体系稳定。

在胶体稳定性的研究中，分散剂由于能显著改变悬浮颗粒的表面状态和相互作用而成为研究的焦点。分散剂在悬浮液中可以吸附在颗粒表面，提高颗粒的排斥势能而阻止微粒的团聚。但分散剂在粉体表面的吸附有一最佳值，只有在分散剂达到饱和吸附量时，悬浮液的黏度最小，体系才稳定。

五、悬浮体系的流变性能

1. 悬浮体系的流变学

农药悬浮剂属于非均相粗分散体系。研究表明，农药悬浮剂的长期物理稳定性问题与其流变特性有关，在流变学上表现为非牛顿流体的性质。理想的农药悬浮剂具有剪切变稀的假塑性特性，并具有适宜的触变性。

（1）触变性　触变性是悬浮液流变学研究的重要内容之一，是指一些体系在搅拌或其他机械作用下，体系的黏度或剪切应力随时间变化的一种流变现象。它包括剪切触变性和温度触变性。多数悬浮液均存在触变性，可分为正触变性、负触变性和复合触变性。所谓正触变性是指在外切力的作用下体系的黏度随时间下降，静置后又恢复，即具有时间因素的剪切变稀现象。负触变性正好与正触变性相反，是一种具有时间因素的剪切变稠现象，即在外加剪切力下，体系的黏度上升，静置后又恢复的现象。复合触变性是指一个特定体系可先后呈现出正触变性和负触变性的特性。

(2) 流动类型　悬浮体系中主要的流动类型有牛顿流动、假塑性流动、塑性流动及胀流型流动。其中牛顿流动为剪切速率与施加的剪切应力呈正比；假塑性流动为剪切速率不直接与剪切应力呈正比，较高的剪切速率的效应可以看成是剪切变稀；塑性流动则必须超过起始流动前的应力，若黏度的微分变化是定值，曲线便是一条直线，此介质称为宾汉体；胀流型流动为剪切速率增加，黏度随之增加。

(3) 黏度与流变性　悬浮体系的黏度随剪切速率曲线在低剪切速率时，表现出牛顿流体性质；中等剪切速率时，呈现幂律特征，为非牛顿流体；继续增大剪切速率时，呈现幂律特征，为非牛顿流体；再继续增大剪切速率通常会出现第二牛顿区，又呈现牛顿流体性质。对于固体颗粒悬浮液也可能在第二牛顿区出现黏度升高的增稠效应。这些变化规律是由于悬浮液中粒子间存在不同的作用力，在不同的运动条件下它们互相平衡，形成一定的微观结构所致的。当运动情况改变后，暂时的平衡又被破坏。在新的运动情况下经过一段时间后达到新的平衡。

2. 助剂对悬浮体系流变性能的影响

农药悬浮剂的流变性主要取决于农药颗粒与助剂的性质，其中最主要的影响因子就是分散剂。不同的农药颗粒与不同结构和用量的分散剂相互作用，使农药悬浮剂产生不同的流变学特性。而流变性会直接影响悬浮剂的物理稳定性。在悬浮剂的配方研究中发现，不同类型的表面活性剂可以改变悬浮体系的流动类型。所有阴离子表面活性剂配方的流变图都呈假塑性流动到塑性流动的行为，并伴有相当的触变性；非离子表面活性剂则形成宾汉体或塑性体；增稠剂仅能增加黏度和触变程度，本身并不伴有触变现象。

根据流变性能的影响，在调试悬浮剂配方时，单用表面活性剂在原则上是可行的，但用量较大则不经济。单用增稠剂并不能制成高浓度的悬浮剂，当加入少量增稠剂时，就可以使黏度提高很多。在筛选配方组分时，将非离子或阴离子表面活性剂与不同增稠剂结合起来比较其流变效应，便可以为如何选择较优的助剂体系，提供一定的指导作用。但截至目前，还未找到适合悬浮剂配方系统模式的流变模型，尚待对悬浮体系的流变性进行更加深入系统的研究。

第三节　悬浮剂的物理稳定性

悬浮剂中固体颗粒很小，一般为 $0.5 \sim 5\mu m$，具有很大的表面能，它是热力学不稳定体系；分散在水中的颗粒会在重力作用下逐渐下沉，它又是动力学不稳定体系。由于悬浮剂中的颗粒最终会聚集下沉，所以降低体系自由能，使体系趋于稳定是控制悬浮剂物理稳定性的核心思路。保持悬浮剂在贮存期间的物理稳定性，是悬浮剂制备中，也是悬浮剂质量好坏的最重要指标。悬浮剂的物理稳定性问题更是作为一个难点与重点呈现在农药制剂学中。

一、悬浮剂稳定机理的研究

近年来农药制剂研究人员对悬浮剂稳定机理进行了大量的研究。目前可以用两种稳定机理形式来表述悬浮剂的物理稳定性问题,第一种基于在固-液界面形成双电层,通过离子型表面活性剂或聚合电介质的吸附来完成。第二种基于非离子表面活性剂或高分子表面活性剂的吸附来实现。

1. 静电稳定性

离子型表面活性剂可用于悬浮剂稳定性方面,最常用的是烷基苯磺酸盐、芳基酚硫酸酯钠、杂环类阳离子表面活性剂等。

在连续相中加入离子型表面活性剂时,会吸附于颗粒的表面,并且溶液中的反离子会发生伸缩,从而产生伸缩层。颗粒表面会紧密接触一部分反离子,余下的部分产生一个扩散层,可延伸到颗粒表面较远的距离。因此,表面活性剂离子和反离子的双层排布形成双电层。紧临表面活性剂离子第一层的反离子称为 Stern 平面,而与颗粒表面较远的一层被称为扩散层。反离子第一层上形成的电位通常被称做 Stern 电位,它常与测得的 Zeta 电位相同。而吸附于颗粒表面的表面活性剂离子所形成的电位被称做表面电位。

DLVO 理论可以用来解释离子型表面活性剂对悬浮剂的稳定作用。在颗粒表面吸附的表面活性剂离子通常会产生较高的 Zeta 电势。当电解质的浓度一直处于较低值时,高能量壁垒就会产生,这时可防止任何颗粒的聚集。由此看来,离子型表面活性剂所产生的凝聚体系对整个体系的稳定性起着至关重要的作用,它能使电解质浓度保持最小值。然而,在农药悬浮剂的加工实际生产过程中,由于使用的水会含有一定浓度的电解质,特别是含有 Ca^{2+}、Mg^{2+} 时,便会导致双电层的压缩。如果遇到此类情况,能量的最大值会明显降低或者被全部削减掉,从而使得颗粒的凝聚产生。

因此,在悬浮剂实际生产过程中,最好采用去离子水,这样便可避免应用离子型表面活性剂的限制。另外,使用聚合电解质,比如萘磺酸盐甲醛聚合物和木质素磺酸盐类的分散剂,这类分散剂的聚合电解质特性可使它们不易受缓冲电解质浓度的影响。而且这类分散剂即便在电解质存在的条件下,对于双电层的压缩情况,可以由空间稳定性进行补偿,这是由于这类分散剂是在静电位阻和空间稳定机理联合作用下发挥作用的。

2. 空间稳定性

在悬浮剂的制备中,非离子型表面活性剂和高分子化合物类助剂也被广泛使用,但其中应用最多的非离子型表面活性剂是烷基化合物和烷基乙氧基化合物。这类表面活性剂是双亲性质,既含有亲油基团,又含有亲水基团。一端亲油基团吸附于颗粒表面,另一端聚乙氧基插入溶液中。一般来说,烷基链作为亲油部分,其链长要大于 12,才会产生强烈吸附。在某些情况下,可以引入一个苯基或者聚丙烯氧化物链,尤其是聚丙烯氧化物链经常被选用,因为其有足够的长度,具有空间阻碍作用，从而可提供足够的斥力。在悬浮剂的制备中，对于非离子型表面活性剂的选择，亲水亲油平衡值（HLB值）可以作为一个非常重要的经验指数参考，它是表面活性剂分子中亲水基团和亲油基团所具有的综合效应。一般来说，选择HLB值为8～18的表面活性剂，这主要取决于待开发悬浮剂中活性成分的特性。选择具有最佳HLB值的高分子量表面活性剂非常有效。

对于非离子聚合物来说，应用最普遍的是以环氧乙烷和环氧丙烷为基础的嵌段共聚物。通常使用包含有一个中央环氧丙烷并且每边都带有两个环氧乙烷长链的聚合物链。这种接合聚合物对于农药颗粒具有强力的吸附性。聚乙烯支链的多样性可产生有效的空间阻碍作用。

二、悬浮剂的沉淀与黏度问题

1. 悬浮剂的沉淀作用

在悬浮剂这样的固-液分散体系中，颗粒的密度比介质的密度大，由此产生的颗粒沉降会使悬浮剂的悬浮体系分层。同时，悬浮体系中的粒子在自由下降过程中，其沉降速率基本符合Stokes定律，即粒子的沉降速率与粒子的直径的平方、粒子的密度及悬浮液的密度差呈正比，与悬浮液的黏度呈反比。在影响粒子沉降速率的三个因素中，主要因素是粒子直径。

（1）颗粒粒径　农药颗粒在介质中沉降与农药颗粒的粒径密切相关，通过降低悬浮剂中分散颗粒的粒径，可有效地减小分散颗粒的沉降速率，显著提高产品的悬浮稳定性。所以，在农药悬浮剂的加工中，保持农药颗粒在适当大小的范围内，并保证贮存过程中粒径不变至关重要。但是，悬浮剂中分散颗粒的粒径受研磨设备的影响，颗粒的粒径不可能太小，而且分散颗粒的粒径太小时，会使分散剂的用量大大增加，颗粒间聚结的机会增大。

（2）分散相与分散介质间的密度差　降低分散相与分散介质间的密度差，也可以减小其沉降速率，但这种方法对分散相与分散介质间的密度差较小的情况比较有效。当原药本身密度较大时，通过降低分散相与分散介质间的密度差来改变沉降速率的意义不大。例如某悬浮剂：$\rho_s=1100\text{kg/m}^3$，$\rho=1000\text{kg/m}^3$，通过在介质中溶入氯化钠使介质密度提高到$\rho=1050\text{kg/m}^3$，则其密度差从100kg/m^3减小到50kg/m^3，其沉降速率将为原来的一半；若$\rho_s=1500\text{kg/m}^3$，$\rho=1000\text{kg/m}^3$，通过在介质中溶入氯化钠使介质密度提高到$\rho=1050\text{kg/m}^3$，则其密度差从500kg/m^3减小到450kg/m^3，其沉降速率只比原来减小了10%。从Stokes公式中可以看出，如果能够提高介质对颗粒的密度，那么在理论上就可能消除沉淀作用。然而，由于介质密度的提高是有限的，因此，只有当颗粒密度稍大于水的密度时才有可能。同时只有相同温度下匹配密度才是有可能的，因为密度随温度的改变对于固体和液体是不同的。

（3）体系黏度　分散颗粒的沉降速率与体系的黏度呈反比，通过增大体系黏度,也可降低分散颗粒的沉降速率,提高其悬浮稳定性。许多企业为了提高其产品的悬浮稳定性,向悬浮剂中加入一定量的增稠剂来改善悬浮剂的悬浮稳定性。这种方法的弊端是若增稠剂选择不当,会导致产品贮存过程中出现稠化,难以倒出,甚至出现膏化现象。因此,不能为获得良好的稳定性而无限制地增大悬浮体系的黏度。

2. 防止悬浮剂黏土层形成

通过对 Sotcks 公式的估算,提出的上述三种措施,虽能一定程度地改善悬浮剂的悬浮稳定性,仍难以做到完全解决农药悬浮剂在贮存过程中遇到的沉降问题(不分层)。如何防止悬浮剂黏土层的形成可从以下两个方面控制,一方面,要使农药悬浮剂在贮存过程中不沉降(不分层),可通过加入结构调节剂使农药悬浮剂形成一定稳定结构。在静止时,这种结构能承托药物颗粒阻碍其沉降,使农药悬浮剂在贮存过程中不沉降,不分层,保持其悬浮稳定性;在一定外力(如摇动)作用下,其结构被破坏,可恢复其流动性而易于倒出。另一方面,在农药悬浮剂加工时,研磨过程中机械能转化为分散固体颗粒的界面能,这些具有高能量的分散固体颗粒间存在着强烈地自发合并聚结的趋势。因此,可通过加入合适的润湿分散剂,使其在固体颗粒界面吸附,阻碍分散的固体颗粒间发生聚结合并,保持其分散稳定性。

(1) 加入结构调节剂　结构调节剂的作用是通过使悬浮剂形成一定的触变结构发挥的,这种触变结构静止时能承托分散的药物颗粒,使其在贮存过程中不沉降,不分层,保持其良好的悬浮稳定性;使用时,轻轻摇动便可破坏其结构,使产品恢复其流动性而易于从包装物中倒出。

悬浮剂的黏度在较低的剪切速率下应该高一些,从而减少沉淀作用防止悬浮剂黏土层的形成,为了减少沉淀作用而添加的材料应具有所要求的流变学特性。要求其具有的流动效果是剪切变稀性,即在低剪切速率时黏度非常高,但随着剪切速率的升高而快速降低,表现为假塑性流体行为。农药悬浮剂的触变结构强度可通过其流变特性的测定来表征。具有触变结构的农药悬浮剂在流变学上一般表现为塑性流体。

常用的结构调节剂有水合性强的无机物,如膨润土、硅酸镁铝等。某些亲水性好的高分子聚合物如聚乙烯醇、羧甲基纤维素钠、黄原胶、聚丙烯酸钠也可以作为结构调节剂。这两类结构调节剂均可在介质水中形成一定结构,可有效地阻碍药物颗粒的沉降,使其保持较好的悬浮稳定性。

第一类,有效钝化颗粒的应用。在以水为介质的悬浮体系中,会由于黏土层间相互作用而生成一种黏弹性的凝胶。这种凝胶在所有 pH 值时表面都带负电。黏土层表面的负电是通过像 Si^{4+} 这样的高化合价离子被 Al^{3+} 这样的低化合价离子同形替代生成的。在黏土层晶格中的这种取代导致正电的缺失,相当于在黏土颗粒表面层上获得了正电。因此,在黏土颗粒周围生成了双电层。在较低电解质浓度时,双电层会扩大,黏土颗粒间产生了强斥力。这样导致形成了黏弹性系统(即凝胶),

这种凝胶可被用来减少悬浮剂中的沉淀作用。低电解质浓度能使黏土层充分膨胀并且双层膨胀到颗粒间相互作用的最大值。

第二类，水溶性聚合物的加入。高分子量的水溶性材料，常用于农药悬浮剂中减少沉淀作用并防止形成黏土层。这些聚合物在某个浓度下发生非牛顿溶解，该浓度取决于聚合物的分子。在此浓度之上，溶液的黏度与浓度呈正相关，聚合物溶液表现出了黏性和弹性特征。由于聚合物溶液的黏弹性使得在此溶液中悬浮的颗粒在沉淀作用方面表现出了明显的降低，就像凝胶一样。这些聚合物在相当低的浓度（>0.05%）时表现出明显的非牛顿流体特性，这是由它们的高分子量决定的。多数情况下，0.1%~0.2%的浓度已足够预防悬浮剂黏土层的形成，但有时需要较高的浓度来防止悬浮剂的分层。在高剪切的情况下，升高的黏度会阻止悬浮剂在稀溶液中自发分散，由此就需要喷雾器具有较强的搅动性。

(2) 加入润湿分散剂　润湿分散剂的稳定作用机制主要有以下几个方面。

① 阴离子分散剂　吸附在分散固体颗粒界面上的阴离子分散剂分子电离成离子，从而使分散的固体颗粒界面带电，并在固-液界面间形成双电层。当带电的固体颗粒相互靠近时，双电层间的重叠会在固体颗粒间形成强烈的静电排斥，迫使固体颗粒相互分开，保持其分散稳定性。润湿分散剂的这种稳定机制又称为静电位阻效应，静电位阻是分散剂的重要稳定机制之一。

② 非离子分散剂　非离子分散剂在分散的固体颗粒界面吸附，可降低分散固体颗粒的界面能，减弱固体颗粒间发生聚结合并的趋势，提高分散固体颗粒的分散稳定性。

③ 高分子分散剂　高分子分散剂在分散固体颗粒界面上形成饱和吸附时，可在固体颗粒界面形成一定厚度的吸附层。当吸附高分子分散剂的固体颗粒相互靠近时，会形成强烈的空间位阻，这种空间位阻阻碍固体颗粒进一步靠近，并保持其分散稳定性。

筛选润湿分散剂时，通过阴离子与非离子的搭配或者高分子与非离子的搭配，促使静电位阻及空间稳定效应两方面协同作用，从而提高悬浮体系的物理稳定性，降低黏度，减少悬浮剂放置中出现析水。这样有利于解决由于悬浮体系的不稳定和颗粒的不断沉降，在容器底部结块无法恢复流动进而影响使用的问题。

三、悬浮剂贮存稳定性

由于农药悬浮剂是通过外在的机械手段（球磨、砂磨、高速剪切等）将不溶于水的农药活性组分强行分散在介质水中形成的多相分散体系，这一过程在热力学上为不可逆过程。在研磨过程中，机械能转化为分散药物颗粒的界面能，使农药悬浮剂成为高能量的多相分散体系。根据热力学能量降低原理，这种高能量的系统会自动发生分散，颗粒间聚结合并变大，分散稳定性变差，最终导致分散系统被破坏。

在悬浮剂这种多相粗分散体系中，由于分散相与介质间的密度差，分散的药物颗粒的布朗运动不足以抵抗重力沉降作用，在产品贮存过程中，分散的药物颗粒在重力作用下沉降，导致产品轻则分层，重则沉淀结块，失去悬浮稳定性，其有效成分难以从包装物倾倒出。这种贮存中出现的分散稳定性已成为制约悬浮剂研究开发的瓶颈，也是亟待解决的重要问题。

悬浮剂在贮存过程中不稳定现象包括分层、沉淀、结块以及颗粒变大等。引起这些不稳定现象的主要原因可以归结为：聚结、絮凝以及奥氏熟化问题。

1. 聚结

农药悬浮剂作为热力学不稳定多相分散体系，如果在贮存过程中发生润湿分散剂在原药颗粒界面脱附，将造成部分分散药物颗粒界面裸露。未被包覆的原药颗粒界面间亲和力很强，吸引能很高，原药颗粒间易聚结变大，当聚结严重时出现结块。

2. 絮凝及解决措施

若脱附下来的分散剂分子在分散的药物颗粒间缠结，分散的药物颗粒布朗运动会受影响变差，这样造成分散的药物颗粒团聚下沉，从而发生絮凝。

对于聚结和絮凝问题的解决办法可以从以下三个方面考虑。

（1）控制分散介质水的质量　最好使用去离子水，以减少或避免水中电解质对体系的影响。

（2）控制所用原药的质量　原药中含盐量太高或含有吸附大分子时，会引起聚结或絮凝。可通过用定量水洗涤原药，测定洗涤水的电导率来检测原药中含盐量。

（3）高分子分散剂的使用量要合适　用量太少会因为不能起到足够的分散稳定作用而发生聚结；用量太多，会因为高分子分散剂在分散相颗粒间缠结而发生絮凝。因此，在使用高分子分散剂时要注意筛选最佳加入量。

3. 奥氏熟化及解决措施

在农药悬浮剂的多相分散体系中分散的原药颗粒的大小不一。当这些颗粒共存于水中时，小颗粒溶解度相对较大，分散介质水作为不饱和溶液，小颗粒会不断地溶解消失；大颗粒的溶解度相对较小，分散介质水作为过饱和溶液，溶液中的分子在大颗粒上结晶，致使大颗粒越来越大。这种小颗粒变小消失而大颗粒变大的现象就是悬浮剂在贮存过程中常会出现的奥氏熟化现象。

奥氏熟化现象的发生与农药原药在水中的溶解度有密切关系。农药原药在水中的溶解度越大，越容易发生奥氏熟化。如吡虫啉（510mg/L，20℃）、莠灭净（200mg/L，25℃）等农药有效成分制备成悬浮剂时，极易发生奥氏熟化现象。一般农药原药在水中的溶解度小于100mg/L时，则很少发生奥氏熟化，如多菌灵（8mg/L，20℃）、甲基硫菌灵（26.6mg/L，20℃）等原药制备悬浮剂时，一般不易发生奥氏熟化现象。

制备悬浮剂时，若发生奥氏熟化现象，可以从以下两个方面着手进行解决。

（1）润湿分散剂的筛选　在悬浮剂的配方研究阶段，加入不同的润湿分散剂，通过观察试验现象来筛选适合的润湿分散剂，可以有效地避免奥氏熟化现象的发生。例如选择乳化能力强的非离子嵌段共聚物类润湿分散剂或者复配高分子阴离子型梳状聚合物来减轻奥氏熟化。

从理论上来说，临界胶束浓度低的阴离子分散剂（如萘磺酸盐和木质素类分散剂）对抑制结晶长大有较好的效果。另外还需加入非离子高分子的润湿分散剂来提高体系的稳定性。但一般的非离子润湿分散剂的临界胶束浓度较高，会加剧结晶长大。因此，嵌段共聚物和高分子梳状聚合物的润湿分散剂是最佳的选择。

（2）结晶抑制剂的加入　若润湿分散剂的加入未能避免奥氏熟化的发生，那么需要借助专门的结晶抑制剂来控制。结晶抑制剂的加入量需在试验中反复摸索，通过现象的观察来确定其适用性。

四、悬浮剂的长期物理稳定性的判断

悬浮剂的固-液分散体系是热力学和动力学不稳定体系，悬浮剂中的颗粒会通过聚集下沉，降低体系自由能，使体系趋于稳定。通常意义所说的悬浮剂不稳定，是指悬浮剂在贮存期间（一般为 2 年时间），出现了制剂黏度变大、流动困难、悬浮体系分层、沉积和结块，最后难以摇匀和使用的现象。在实践中，可以通过对悬浮剂颗粒大小及分布、凝聚作用、晶体增长和流变性能的测定来进行估计和预判悬浮剂的长期物理稳定性。

1. 悬浮颗粒大小及分布情况

悬浮剂颗粒大小的测定通常采用的方法有两种，第一种是目测法，第二种是较精准的方法。第一种方法通过借助显微镜观察统计，根据统计数据计算出悬浮剂粒径的算术平均值，具有相对的准确性；第二种方法主要通过先进的仪器设备进行测定，如采用激光粒度仪测定颗粒粒径，这种方法非常精准，可以检测到通过小孔的成千上万的颗粒，它可以在适当测量时间中，对不同粒度范围颗粒的大小及分布情况进行测定。

悬浮体系的物理稳定性能直接受悬浮剂悬浮颗粒的大小及分布情况的影响。悬浮剂悬浮颗粒的粒度越小且分布越均匀，悬浮剂的稳定性越优良。

2. 悬浮剂凝聚作用的测定

对于较稀的悬浮剂可以采用一种简单的方法测定悬浮剂凝聚作用，即在不同时间间隔下，对于颗粒数量直接进行显微计算，但这个方法操作起来相对较为烦琐。

某些悬浮剂在配方开发过程中，加入的表面活性剂诸如非离子型表面活性剂和带有 PEO 的亲水基团或带有聚乙烯醇的非离子型聚合物相对稳定，悬浮剂的凝聚常常在临界温度以上才会发生，这个温度被称为临界凝聚温度（即 CFT 点）。在这种情况下，可以通过简单的浊度计来确定。制备的悬浮剂样品，常常被置于一个具有一定比率的可加热样品装置的分光光度测定仪中，通过测定浊度系数作为温度的参数，就可以确定 CFT 点，这是由于临界凝聚温度就是浊度快速升高的温度。

临界凝聚温度也可在没有稀释的悬浮剂中应用,主要通过应用流变学测量方法测定,它是流变学参数中快速升高的点。

3. 悬浮剂晶体增长的测定

悬浮体系中晶体的大小直接关系着贮存稳定性的优劣。通过测定晶体大小的变化情况,可以用来判断悬浮体系的稳定情况。晶体大小的变化情况即晶体的生长率的测定,需要将颗粒大小分布作为时间的参数。通过以时间作为参数的平均颗粒大小分布情况,得出晶体的生长率。通过光学显微镜的使用,可以检测到任何晶体特性的改变,这一方法可以在悬浮剂的贮存期间,进行随时的动态监测。温度循环也可以作为晶体生长研究的加速试验来进行。悬浮剂晶体的生长率会随着温度的改变而升高,尤其是温度循环在宽间隔进行时,晶体生长率升高的情况更明显。

4. 悬浮体系流变性能的测定

使用流变仪可以测定剪切力随剪切速率的变化情况以及悬浮体系的表观黏度随时间的变化情况等。

悬浮体系的长期物理稳定性的估计,诸如悬浮剂的沉淀作用、悬浮剂黏土层的形成、在稀溶液中的分散以及不同的流变学测定均可以同步进行。

第四节 悬浮剂技术开发难点

悬浮剂配方开发中的技术难点主要有低熔点、水中溶解度高等特殊原药、高质量分数制剂的开发以及在加工过程中制剂膏化、悬浮率控制、气泡的消除等问题。

一、低熔点原药悬浮剂开发

原药熔点如果低于60℃,悬浮剂生产上将面临较大的困难:熔点低,研磨过程中升温使原药溶解,物料变稠,砂磨困难。随着近年表面活性剂和悬浮剂加工技术的发展,很多低熔点原药如高效氯氟氰菊酯原药熔点49.2℃、醚菊酯熔点38℃、二甲戊灵熔点54~58℃,也能够被加工成悬浮剂。

低熔点原药在悬浮剂生产加工过程中,会出现物料越磨越稠,难以流动的现象。主要原因是在研磨过程中,物料温度升高,使原本熔点低的原药,变软变稠,导致研磨失效,润湿分散剂无法很好地吸附在原药颗粒界面,原药颗粒间容易相互搭桥,将分散介质水束缚其中,造成越磨流动性越差。其解决措施可以采取以下方法:

① 尽可能选择高含量原药,减少低熔点杂质的含量;

② 注意不同厂家不同批次原药性能的影响,确定配方后尽量不要更换原药生产厂家,即使同一厂家的原药,对每一批次都需要先进行小样验证试验,以避免不

同杂质带入，导致熔点更低，研磨过程中物料变稠；

③ 在研磨过程中可通过加大物料流量、加大循环冷却水流量、降低循环冷却水温度等措施降低砂磨升温对体系的影响；

④ 选择分子量较大的高分子分散剂，高分子分散剂溶解过程相对较慢，可提前配成母液或高速搅拌使其完全溶解在水中再使用。

针对低熔点原药在研磨过程中的变化，所用润湿分散剂只有在完全溶解的情况下，才能在研磨过程中以分子状态吸附于原药颗粒界面，起到分散稳定作用。

二、高水中溶解度原药悬浮剂开发

悬浮剂开发中，通常要求原药在水中的溶解度不要超过 100mg/L。但随着助剂技术的进步和质量的提高，许多在水中溶解度较大的原药品种如吡虫啉（510mg/L）、噻虫嗪（4.1g/L）和灭蝇胺（11g/L）等均可开发为稳定的悬浮剂。

水中溶解度大的原药制备悬浮剂最主要的问题就在于容易发生奥氏熟化而出现晶体长大、析晶现象。对此，可选用润湿能力较强、分子量较大的非离子表面活性剂如嵌段聚醚作为结晶抑制剂，常见品种如禾大公司的 Atlas G-5000、阿克苏诺贝尔公司的 Ethylan NS-500LQ 等。

三、高质量分数悬浮剂开发

开发高质量分数悬浮剂是悬浮剂发展的一个重要方向。高质量分数制剂可以减少包装成本和仓贮成本，降低生产费用和运输费用。但是悬浮剂含量越高，研发难度越大，遇到的难题主要有：生产配制均匀浆料难，砂磨困难，贮存时易结晶长大、絮凝固化等。

高质量分数悬浮剂难以砂磨，主要原因是高质量分数悬浮体系中原药含量高，润湿分散剂不能很好地在原药颗粒界面吸附、均匀分散，故使体系有很高的黏度。选用合适种类及用量的分散剂，才能使物料越磨越稀，最终得到均匀的稳定产品。

高质量分数悬浮剂的开发容易出现絮凝和固化等问题，主要原因是在较高浓度下，粒子运动中碰撞的概率比中低浓度大得多；分子间距离要小的多，因此相互间的作用力更大，有利于粒子间聚集合并，并逐步沉淀结块而造成产品的流动性降低。解决该问题主要靠选择合适的高质量、高性能的润湿分散剂。

四、制剂膏化

1. 悬浮剂膏化、稠化原因

在悬浮剂配方的开发中，经常遇到膏化、稠化问题，主要从两类助剂上分析原因解决，即润湿分散剂和增稠剂。

润湿分散剂在颗粒界面脱附造成颗粒间搭桥絮凝，将自由水束缚其中，使产品流动性变差，严重则出现膏化、稠化。对于这种情况，最好更换润湿分散剂，一般采用高分子聚合物类润湿分散剂，其吸附位点多，吸附稳定性好，可使悬浮剂在贮存中保持较好的分散稳定性。

增稠剂的选择不当，用量不适，也会造成贮存过程的膏化、稠化，一些大分子增稠剂或无机矿物材料在产品中相互搭桥形成结构，将自由水束缚其中，也会导致产品在贮存中出现膏化、稠化。

2. 易膏化的有效成分种类及解决措施

易膏化的原药主要有以下几大类：水中溶解度大、低熔点、高沸点、杂质含量高、三唑类或脲类、易水合类、有机金属类的原药，高质量分数制剂也容易膏化。不同原药类别所引起的膏化状态有所不同。

（1）在水中溶解度大的原药　水溶性大的原药易形成结晶状膏化状态，常见的品种如噻虫嗪（4.1g/L）、吡虫啉（510mg/L）。这类原药防止膏化的办法主要是采用嵌段共聚物类润湿分散剂，也可加入结晶抑制剂。

（2）三唑类或脲类原药　该类原药易形成块状膏化状态，常见的品种如三唑酮。这类原药防止膏化的办法主要通过采用带阴离子基团的润湿分散剂，增加吸附层厚度和强度，增强空间位阻，降低水簇团的形成。

（3）低熔点、高沸点、杂质含量高的原药　此类原药易出现黏弹性假塑性膏化，常见品种如二甲戊灵。这类原药防止膏化的办法主要通过改进原药提纯工艺，降低低熔点、高沸点杂质含量。添加少量高分子量嵌段型润湿分散剂或乳化剂也能减轻膏化现象。

（4）有机金属类原药或高质量分数制剂　易出现无法砂磨或块状膏化状态，常见品种如百菌清。高质量分数悬浮剂制备中主要由两方面因素引起膏化，一方面，由于原药疏水性强、表面积大，难以润湿而引发膏化；另一方面，由于助剂吸附厚度、强度不够，空间位阻太小，易形成膏化。这类原药防止膏化的办法主要通过采用具螯合作用的润湿分散剂，增强吸附力，提高吸附层厚度和强度，减小颗粒裸露面积，增加空间位阻。

（5）易水合类原药　易出现假塑性膏化状态，常见品种如吡蚜酮。

3. 有效阻止膏化的表面活性剂

防止悬浮剂的膏化可以选择具有一定润湿功能、阴离子与非离子搭配能有效吸附原药粒子的高效润湿分散剂，如选择一些具有较强亲水基和较大亲油基的润湿分散剂，这样在砂磨过程中可以保证原药与液体较快、较完全地润湿，在原药表面产生水化膜，提高砂磨效率。北京广源益农科技有限责任公司的改性阴离子高分子分散剂 GY-DS 1287，针对高含量、黏度大、易膏化的制剂，有明显的降黏作用，将其与聚羧酸盐类润湿剂复配使用，可以起到协同作用，更有效地降黏，提高研磨效率。

五、悬浮率控制

悬浮率可用颗粒的沉降速率来表征。悬浮剂中颗粒沉降速率越慢，悬浮率越高，反之悬浮率越低。影响悬浮率的因素有以下几方面。

1. 悬浮剂颗粒大小及粒度分布的影响

根据 Stokes 公式，悬浮率与粒径关系密切，即制剂粒度越细，悬浮率越高。反之，悬浮率越低。制剂的稳定性和高悬浮率不仅需要足够的细度，而且必须具有良好的粒度分布。当制剂粒度分布较窄时具有很高的悬浮率和较好的稳定性。

2. 黏度的影响

黏度是悬浮剂稳定机制的三个重要因素之一。适宜的黏度将使制剂具有良好的稳定性和较高的悬浮率。黏度过低制剂稳定性下降，黏度过高制剂流动性较差，从而导致分散性不佳，甚至不能自行分散，悬浮率大大降低。

3. 配方组成的影响

从制剂的组成来看，配方中助剂用量、有效成分质量分数及原药理化性能都对制剂的悬浮率有明显影响。

（1）助剂用量对制剂悬浮率的影响　悬浮剂中的助剂有多种，主要有润湿分散剂、增稠剂、防冻剂和消泡剂等，其中影响最大的是润湿分散剂。当原药粒子经多级粉碎，粒子逐渐变小，表面积迅速增大，表面自由能也迅速增大。这些微细粒子在范德华力作用下，粒子之间互相碰撞、吸引产生凝聚，粒子变大，沉降速率加快，导致悬浮率降低。润湿分散剂的加入阻止了粒子的凝集，使原药粒子稳定悬浮在制剂中。

对于悬浮剂中使用的其他助剂，如增稠剂、防冻剂、消泡剂等对悬浮率都有或多或少的影响，必须使用得当。反之，会产生副作用，降低悬浮率。

（2）有效成分质量分数对制剂悬浮率的影响　一般情况下，在其他条件完全相同，只是有效成分质量分数不同时，有效成分质量分数越高的，悬浮率越低。不同的原药，最佳的有效成分质量分数是不同的。在确保获得较高的悬浮率和稳定性的前提下，应选择合适的有效成分质量分数。

（3）原药理化性能的影响　农药悬浮剂对原药的理化性能虽没有统一的规定标准，但也有一些经验性的要求，如原药在水中的溶解度一般不大于 100mg/L，有的不大于 70mg/L，熔点不低于 60℃，最好不低于 100℃，并在水中有良好的化学稳定性。

4. 贮存对制剂悬浮率的影响

对农药悬浮剂来说，随着贮存时间的延长，温度差的变化，悬浮率或多或少会有变化。一个优良的农药悬浮剂制剂能够经受得住时间（如 2 年）和条件变化考验的，其悬浮率应无明显的降低。而一个差的农药悬浮剂则悬浮率降低十分明显，影响使用效果，甚至不能使用。

一个农药悬浮剂的好坏，必须经过贮存试验（加速试验和常温贮存）的严格检测。特别是配方中某个组分发生变化时（如规格、质量的变化等），需要把好质量关。

六、 加工过程中气泡的消除

有些产品在悬浮剂开发的配方研究阶段，用有机硅类消泡剂，效果不错，可以有效地消除已产生的气泡。但是在实际生产中，产品泡沫还是很多，加入消泡剂后效果不明显，需要放置3~4d后才能包装，这个现象对于悬浮剂来说也是很常见的问题。

影响悬浮剂起泡的因素有很多，消泡一般考虑以下几个方面。

1. 消泡剂的质量

不同消泡剂种类和有效消泡物质的含量都会对最终消泡效果产生影响。因此，尽量选择适用于所开发配方体系的质量好的消泡剂。一般来说，价格较为便宜的往往有效物含量很低，对难以消除类气泡的消除效果不佳，需在配方开发中不断更换其他品种。

2. 消泡剂的用量

消泡剂的加入量需根据产生气泡的多少决定。

3. 制剂本身的黏度

如果制剂本身的黏度很大，如开发较高浓度的制剂品种，很细的泡沫很难从体系中消泡。由于固含量较高，产生气泡夹杂在体系中，不容易消除。若产品黏度不合适，即便制剂放置几个月，部分气泡还是会出现难以上浮消泡。所以，调节悬浮剂特别是高质量分数悬浮剂合理的黏度范围非常重要。

4. 助剂品种的选用

有些润湿分散剂本身容易起泡，在砂磨的时候容易引发更多的气泡，对于这种现象需要注意助剂的选择，可通过增加消泡剂用量来解决。

此外一些特殊的原药品种因为合成工艺和杂质的影响，也容易起泡，需要通过调节消泡剂来避免。生产过程中可以通过加工工艺的优化来减少泡沫的产生，例如调整加料顺序等。

第五节 悬浮剂的配方组成

农药悬浮剂是由有效成分、分散剂、润湿剂、增稠剂、稳定剂、抗冻剂、pH调节剂、消泡剂、防腐剂及增效剂等组成的。一个悬浮剂制剂品种开发是否成功，其配方筛选起着至关重要的作用。当前国内悬浮剂配方的研究多为宏观的、经验式的随机筛选，配方相对比较粗放，成功率低，缺乏必要的理论指导筛选，如稳定机制研究和流变学行为研究等，而且微观、量化、精准的表征应用较少。因此，在悬浮剂生产和使用中易出现分层、絮凝、结块现象，导致药效较差，影响悬浮剂的推广应用。农药制剂配方的筛选应尽可能深化、细化、量化地进行,这也是提高农药悬浮剂研究及生产水平的关键。

一、有效成分

农药有效成分是悬浮剂配方中的主体,它对最终配成的悬浮剂稳定性有很大影响。因此,在配制前,要全面了解原药本身的各种理化性质、生物活性及毒性等。

一种农药原药适合加工成何种剂型,一方面要考虑原药的化学结构、理化性质、生物活性及对环境的影响,另一方面还要考虑使用目的、防治靶标、使用方式、使用条件等综合因素,使之最大限度地发挥药效,真正做到安全、方便、合理、经济地使用农药。

适合开发成悬浮剂的农药有效成分需要符合以下几点要求。

① 一般情况下要求有效成分在水中的溶解度不大于 100mg/L,最好不溶于水,否则易在制剂贮存时产生奥氏熟化现象。对于在水中溶解度大于 100mg/L 的农药,通过助剂尤其是润湿分散剂的调整,也可制备稳定的悬浮剂。

② 有效成分在水中的化学稳定性高,对于某些不太稳定的农药原药可通过稳定剂来改善其化学稳定性。

③ 有效成分的熔点不低于 60℃,最好不低于 100℃。若熔点过低,制剂贮存的温度变化大,且加入表面活性剂和助剂会降低有效成分的熔点,一经熔化,会引起粒子凝聚,破坏制剂稳定性。随着现代仪器设备和助剂的发展,一些熔点低于 60℃的农药原药也可制备稳定的悬浮剂。

二、分散剂

分散剂是指能够阻止固-液分散体系中固体粒子相互凝聚,使固体微粒在液相中较长时间保持均匀分散的一类物质。某些分散剂对有效成分同时具有润湿作用,也称为润湿分散剂。悬浮剂是不稳定的多相分散体系,分散剂的加入,可保持原药颗粒已磨细的分散程度,防止粒子重新聚集,保证使用条件下的悬浮性能。分散剂能在农药粒子表面形成强有力的吸附层和保护屏障,既可使用具静电斥力的离子型分散剂,又可使用具空间位阻作用的非离子型分散剂。

1. 分散剂的作用

① 降低表面张力及接触角,提高其润湿性质和降低体系的界面能,同时可以提高液体向固体粒子孔隙中的渗透速率,以利于表面活性剂在固体界面的吸附,起到分散作用;

② 离子型表面活性剂在某些固体粒子上的吸附可增加粒子表面电势,提高粒子间的静电排斥作用,利于分散体系的稳定;

③ 在固体粒子表面上亲水基团朝向液相的表面活性剂定向吸附层的形成有利

于提高疏水基团的亲水；

④ 长链表面活性剂和聚合物大分子在粒子表面吸附形成厚吸附层起到空间稳定作用；

⑤ 表面活性剂在固体表面结构缺陷上的吸附不仅可降低界面能，而且能在表面上形成机械壁障，有利于固体研磨分散。

2. 分散剂稳定作用机制

固体物质在液体介质中分散成具有一定相对稳定性的分散体系，需要借助于助剂（主要是表面活性剂）来降低分散体系的热力学不稳定性和聚结不稳定性。分散剂加到固-液悬浮体系或液-液悬浮体系时，能降低分散体系中固体或液体粒子的聚集，达到分离悬浮微粒的目的。分散剂被吸附在农药原药表面上，使粒子间产生离子电荷、物理屏蔽、氢键、偶极作用，从而防止悬浮粒子间产生聚集和絮凝。

（1）双电层作用　分散剂多为离子化电解质，其阴离子部分优先吸附在颗粒表面，在固体颗粒-液体界面间形成一个负电层。在液相中，此负电位又吸引一带正电的离子云，从而形成双电层。这个双电层有效地使固体粒子相互排斥，在很大程度上支撑了胶体体系的稳定性。

（2）物理屏蔽　物理屏蔽是通过分散剂分子本身的大小发挥作用的。本身较大的分子，被吸附在农药粒子上，使农药粒子间产生物理屏障或缓冲层，形成空间位阻而阻止粒子的相互接触。

（3）氢键　阴离子型分散剂分子具有带正电和带负电的电端，它可以使邻近的水分子产生特殊的定向排列，从而形成氢键，在农药原药粒子附近建立一个附加缓冲层，使体系黏度上升，有助于分散体系的稳定。

（4）偶极作用　在电场作用下，非离子表面活性剂分子内部的正负电中心发生偏移，成为偶极分子。偶极分子的一端沿着颗粒面定向排列，另一端朝向液相，从而阻止颗粒间的接触，起到稳定作用。

3. 分散剂的分类

分散剂主要分为五大类，即阴离子型表面活性剂、非离子型表面活性剂、水溶性高分子物质、工业副产物和无机分散剂，其中前两类分散剂最为常用。

（1）阴离子型表面活性剂　阴离子型分散剂是一类吸附在分散固体颗粒界面上的分散剂，分子电离成离子，从而使分散的固体颗粒界面带电，并在固-液界面间形成双电层。当带电的固体颗粒相互靠近时，双电层间的重叠会在固体颗粒间形成强烈的静电排斥，迫使固体颗粒相互分开，保持其分散稳定性。分散剂的这种稳定机制又称为静电位阻效应，静电位阻是分散剂的重要稳定机制之一。

阴离子型表面活性剂主要包括以下四类分散剂：磺酸盐类、聚羧酸盐类、磷酸盐类、硫酸盐类。

① 磺酸盐类分散剂　磺酸盐类分散剂是较常用的阴离子型分散剂，主要有萘

甲醛缩合物磺酸盐或烷基萘甲醛缩合物磺酸盐、脂肪醇环氧乙烷加成物磺酸盐、烷基酚聚氧乙烯醚磺酸盐、木质素磺酸盐及其衍生物磺酸盐、聚合烷基芳基磺酸盐等。其中萘甲醛缩合物磺酸盐或烷基萘甲醛缩合物磺酸盐和木质素磺酸盐及其衍生物磺酸盐为最常用的两大类磺酸盐类分散剂。

木质素磺酸盐类分散剂加入悬浮体系后溶解电离，其亲油基端趋向原药，亲水基端趋向水，在原药颗粒表面形成定向排列的电子层。木质素磺酸盐呈阴性，使颗粒间相互排斥，有效防止颗粒的凝聚。有的颗粒并未完全粉碎，只是产生了裂缝或在外力作用下产生的塑性变形，一旦外力消失，又将重新凝聚。木质素类分散剂来源丰富且价格较低，既有双电层排斥力，也有"立体"效应。木质素磺酸盐主要有钠盐、钙盐、铵盐，属于水溶性高分子物质，具有抗沉降保护胶体的作用，是适合农药悬浮剂使用的优良分散剂。另外，木质素磺酸盐还是金属离子的螯合剂，可使悬浮剂具有抗硬水的能力。

萘甲醛缩合物磺酸盐或烷基萘甲醛缩合物磺酸盐类分散剂的分散性能好，常温下为固体，起泡性小，有一定的润湿、增溶和乳化作用，在硬水以及酸碱性介质中稳定。它是以分散性为主、润湿性为辅的双重作用助剂，是木质素磺酸盐及其衍生物磺酸盐以外的第二种被大量应用于农药悬浮剂的分散剂。

② 聚羧酸盐类分散剂　聚羧酸盐类分散剂是近年来发展迅速的一类分散剂，是由含羧基的不饱和单体（丙烯酸、马来酸酐等）与其他不饱和单体通过自由基共聚而成的具有梳状结构的高分子表面活性剂。

③ 硫酸盐类分散剂　该类分散剂主要有烷基酚聚氧乙烯醚甲醛缩合物硫酸盐、脂肪醇聚氧乙烯醚硫酸盐。

④ 磷酸盐类分散剂　该类分散剂主要有脂肪酸乙烷加成物磷酸盐、脂肪醇聚氧乙烯醚磷酸酯、烷基酚聚氧乙烯基磷酸盐、烷基（芳基）酚聚氧乙烯醚磷酸酯等。

(2) 非离子型表面活性剂　非离子型表面活性剂在悬浮体系中吸附于固液界面，其在水中不解离，不带电荷，和固体表面的静电作用可以忽略，主要通过空间位阻发挥分散作用。非离子表面活性剂如聚氧乙烯聚氧丙烯醚嵌段共聚物、烷基酚聚氧乙烯磷酸酯等，其中聚氧乙烯聚氧丙烯醚嵌段共聚物是具有润湿和分散双重作用的助剂。非离子表面活性剂分子量小时，作为润湿剂使用；分子量大时，作为分散剂使用。这类化合物除了具有较好的分散性和可调节性外，还具有起泡性低的特性，可做泡沫降低剂使用。烷基酚聚氧乙烯磷酸酯近年来开发的新产品，除具有分散性外，还具有润湿性和乳化性。

(3) 水溶性高分子物质　这类物质常作为胶体保护剂使用，又称胶体保护剂。水溶性高分子物质和表面活性剂的润湿分散剂一起复配使用效果更好。其用量要适宜，否则起到相反的效果。水溶性高分子物质主要为以下几类：羧甲基纤维素（CMC）、聚乙烯醇（PVA）、聚乙烯吡咯烷酮（PVP）、聚丙烯酸钠、乙烯吡咯烷酮/醋酸乙烯酯共聚物、聚乙二醇（PEG）以及淀粉、明胶、阿拉伯胶、卵磷脂等。

4. 分散剂的应用

分散剂的筛选，首先要熟悉不同分散剂的特点，比如具有对粒子吸附作用力强的基团某些嵌段聚合物分散剂、分子链上有较多分支的亲油基和亲水基并带足够电荷的高分子分散剂、HLB值为9～18具有乳化分散作用的分散剂等。其次要根据农药原药的性质选择合适的分散剂，比如根据吸附作用原理，对于非极性原药，宜选择亲油性较强的分散剂；若农药固体粒子表面具有明显极性，宜选用吸附型阴离子，尤其是高分子阴离子分散剂；根据化学结构相似原理，宜选择与原药有相似结构的亲油基的分散剂。最后，需要根据剂型实际情况选择分散剂，比如对于高质量分数悬浮剂，选择能够降低黏度的高分子分散剂。

选择分散剂，首先要搞清楚分散机制、影响分散的因素，以及分散剂用量对制剂性能的影响；还要考虑分散剂的种类、性能、来源和价格，从中筛选出适合的分散剂。分散剂的选择需要注意两个前提：一是充分润湿；二是相应的细度和分布。一般情况分散剂的用量在0.5%～3%之间。下面举例介绍不同分散剂的特点及其在悬浮剂配方的应用实例。

(1) 木质素类分散剂　在悬浮剂中，建议使用低磺化度的木质素分散剂，在研磨时，能够降低体系黏度，提高磨效。目前市场上低磺化度的木质素分散剂有多种，如鲍利葛公司的 Ultrazine NA、Ufoxane 3A。Ultrazine NA 是一种高端高纯改性木质素钠盐，相对分子量小于50000，磺化度低，其对一些高质量分数、黏度大或者易膏化、固化的悬浮剂能起到降低黏度、防止膏化，提高热贮稳定性的作用，一般添加量为1%～3%。Ufoxane 3A 是一种高端高纯改性木质素钠盐，相对分子质量大于50000，磺化度更低，分散性好，悬浮率高，稳定性好，对一些疏水性较强的产品可以有效提高其悬浮率，添加量一般为1%～3%。

【例3-1】　40%噻虫嗪悬浮剂

原药（折百）	40%	乙二醇	5%
Ultrazine NA	3%	黄原胶	0.1%
Ethylan NS-500LQ	2%	水	补足

【例3-2】　500g/L多菌灵悬浮剂

原药（折百）	500g/L	黄原胶	1.2g/L
Ufoxane 3A	25g/L	水	补足
丙二醇	40g/L		

(2) 萘磺酸盐类分散剂　萘磺酸盐及萘磺酸盐缩聚物分散剂对各种农药有效成分的悬浮体具有良好的通用性和较好的配方稳定性，典型如阿克苏诺贝尔公司的 Morwet 系列产品。Morwet D425 是一种通用型分散剂，为萘磺酸盐类分散剂的

典型代表，兼有润湿功能，加入悬浮剂中研磨能提高磨效，可避免泡沫大量产生；对于固相浓度在480~500g/L的悬浮液，添加量2%~2.5%，对于浓度更高的配方，添加量增到3%~5%。Morwet D500是由Morwet D425加嵌段共聚物组成的，适用于Morwet D425不能分散或者悬浮能力不够的体系、多元复配体系或硬水体系，再悬浮性能良好。

【例3-3】 400g/L莠去津悬浮剂

原药（折百）　　　430g/L　　乙二醇　　40g/L
Morwet D425　　　 25g/L　　 黄原胶　　1.2g/L
Ethylan NS-500LQ　10g/L　　 水　　　　补足

【例3-4】 350g/L吡虫啉悬浮剂

原药（折百）　　　350g/L　　丙二醇　　30g/L
Morwet D500　　　 30g/L　　 黄原胶　　1.2g/L
Morwet IP　　　　 10g/L　　 水　　　　补足

（3）聚羧酸盐类分散剂　GY-D05/GY-D09是北京广源益农化学责任有限公司生产的一种阴离子型高分子聚羧酸盐类分散剂，在水中自身电离，在原药粒子表面形成双电层，借助静电斥力和高分子本身形成的空间位阻使体系稳定，一般添加量为2%~4%。

【例3-5】 500g/L莠灭净悬浮剂

原药（折百）　　　500g/L　　丙二醇　　30g/L
GY-D09　　　　　　40g/L　　 黄原胶　　0.9g/L
GY-WS03　　　　　 10g/L　　 水　　　　补足

【例3-6】 50g/L氟虫腈悬浮剂

原药（折百）　　　50g/L　　 乙二醇　　50g/L
GY-D05　　　　　　30g/L　　 黄原胶　　1.5g/L
GY-WS03　　　　　 10g/L　　 水　　　　补足

（4）磷酸酯类分散剂　Tersperse 2208是亨斯迈公司生产的一种有机磷酸酯类的分散剂，能够牢固的吸附于颗粒表面，产生双电层排斥和空间位阻，从而提高悬浮剂的稳定性，一般添加量为3%~5%。

【例3-7】 500g/L多菌灵悬浮剂

原药（折百）　　　500g/L　　黄原胶　　0.4g/L

| Tersperse 2208 | 40g/L | 水 | 补足 |
| 乙二醇 | 30g/L | | |

（5）非离子型分散剂　Tersperse 2500是亨斯迈公司生产的一种非离子专用分散剂，由疏水骨架长链与亲水性的低分子化合物支链共聚形成，是一种具有梳形特征的分子结构，其中疏水骨架长链能对有效成分颗粒形成不可逆的充分包覆，低分子支链可形成有效的空间位阻效应，一般添加量为2%～3%。

【例3-8】　500g/L莠灭净悬浮剂

原药（折百）	500g/L	丙二醇	70g/L
Tersperse 4894	25g/L	黄原胶	0.5g/L
Tersperse 2500	15g/L	水	补足

（6）阴、非离子复配型分散剂　SP-SC3是由江苏擎宇化工科技有限公司生产的一种具有类似双子型结构的高分子阴、非离子复配的分散剂，由于具有类似双子型结构，增大了电荷密度，在胶体磨或高速剪切力等外力作用下，增大了粒子表面的双电层厚度；它的立体高分子结构，有效地阻止了相邻粒子的碰撞，提高了农药粒子或液滴在水相的分散乳化稳定性；特别适合于使用常规磷酸酯分散剂易膏化的唑类、脲类原药的悬浮体系。

【例3-9】　500g/L三唑酮悬浮剂

原药（折百）	500g/L	乙二醇	50g/L
SP-SC3	50g/L	黄原胶	0.1g/L
SP-2728	30g/L	水	补足

三、润湿剂

润湿剂是指一种能够降低固-液表面张力，增加液体在固体表面的润湿性、扩展性和渗透性的表面活性剂，是使固体被润湿或加速被润湿的物质。优良的润湿剂对于确保农药有效而均匀地进行田间喷洒至关重要。除了可以降低表面张力以外，润湿剂能够使水分渗入原药颗粒中，使颗粒能更快地润湿、崩解。

1. 润湿剂的作用机制

润湿是指固体表面被液体（水）覆盖的过程。润湿作用就是指在润湿剂的作用下，溶液以固-液界面替换原来的固-气界面的过程。润湿剂在悬浮剂制备和使用过程中均发挥重要作用。在悬浮剂的制备过程中，常常遇到粉末不容易被润湿，漂浮在液体表层或者沉落在液体下方的现象，这是由于固体粉末表面被一层气膜包围，或者表面的疏水性阻止了液体对固体的润湿，从而造成制剂的不稳定或给悬浮剂的制备带来困难。当加入合适的润湿剂后,由于分子能够定向吸附在固-液界面,排除了固体表面吸附的气体,降低了固-液界面的界面张力和接触角,使固体易被润湿而制得分散均匀或易于再分散的液体制剂。在悬浮剂的使用过程中,大多数植物茎叶表面、害虫体表常有一层疏水性很强的蜡质层,水很难润湿,并且大多数化学农药本身难溶于或不溶于水,需要润湿剂帮助药效的发挥。当加入合适的润湿剂后,可减少植物与药液间的界面张力,加强农药液滴的润湿铺展作用,使药粒能被水润湿,以便更好地发挥药效。以水作为基质的固-液分散体系中一般都需要加入合适的润湿剂。

2. 润湿剂的分类

润湿剂一般可分为阴离子型润湿剂、非离子型润湿剂。阳离子型和两性表面活性剂由于成本高等原因,通常不作为润湿剂使用。

(1) 阴离子型润湿剂　主要有硫酸盐类、烷基酚聚氧乙烯醚甲醛缩合物硫酸盐类、磺酸盐类等。

硫酸盐类阴离子润湿剂的主要品种为月桂醇硫酸钠。这类润湿剂的特点是润湿性较好,适用的 pH 值范围较宽。但是,此类润湿剂也有缺点,即容易起泡,在酸性介质中易分解。

烷基酚聚氧乙烯醚甲醛缩合物硫酸盐类的主要品种以 SOPA 为代表,它不但具有润湿性,又具有分散性,且以分散性为主。

磺酸盐类润湿剂,由于磺酸基在硬水中高度稳定,并能使疏水性的有机物溶于水中,有较强的润湿能力,特别适于做润湿剂。它是常用润湿剂中最主要的一类。主要代表品种有以下几种。

① 十二烷基苯磺酸钠　十二烷基苯磺酸钠是典型的润湿剂。常温下是固体,具有来源丰富、价廉、性能好等特点。但是它泡沫量大,为了降低泡沫,可将它和非离子表面活性剂复配,不但可降低泡沫,润湿效果更佳,对水质水温的适应性也较广。

② 烷基萘磺酸盐　典型产品有拉开粉 BX (二异丁基萘磺酸钠)。拉开粉有较好的润湿性,并且在低温下亦有较好的效果。拉开粉易溶于水,在强酸、强碱介质及硬水中都稳定。它不但润湿渗透性能好,且具有良好的增溶、分散等性能。此外,它还具有不易起泡、泡沫不稳定的优点,且在常温下为固体,来源较方便,特别适合用做润湿剂。

③ 烷基丁二酸磺酸盐　代表品种为润湿剂 T,即二异辛基丁二酸磺酸钠,又名琥珀酸二异辛酯磺酸钠。

(2) 非离子型润湿剂　非离子型润湿剂不易起泡,抗硬水性能好,并具有润湿、渗透、增溶、乳化、分散等性能,还可通过调节环氧乙烷的聚合度来调节产品的润湿性,以适应不同的要求和目的。主要有脂肪醇聚氧乙烯醚类和烷基酚聚氧乙烯醚类。

① 脂肪醇聚氧乙烯醚类　代表品种为润湿渗透剂 JFC,化学名称为月桂醇聚

氧乙烯醚。它的润湿性能较好,临界胶束浓度小,它与木质素磺酸钠、分散剂 NNO 等配合使用,可获得良好的效果。

② 烷基酚聚氧乙烯醚　代表品种有 OP、NP 系列等,这类润湿剂用量小,综合性能较好,可满足多种润湿体系需求。在常温下是黏稠液体或半固态蜡状体。

3. 润湿剂的应用

润湿剂能够降低固-液表面张力,增加液体在固体表面的润湿性、扩展性和渗透性,使固体被润湿或加速被润湿。润湿性是农药制剂产品质量的重要指标,而润湿性的好坏取决于润湿剂的选择。在选择润湿剂时应从以下两方面入手:第一是该种润湿剂是否能够改善固体的性能,如通过单层吸附使带相反电荷高能表面拒水、抗黏,通过多层吸附使高能表面更加亲水;第二是该种润湿剂能否改善液体性能,即在润湿剂与固体表面带同种电荷时,可以增大润湿性。

总体说来,所选润湿剂的分子结构中既要有亲水较强的基团,又要有与原药亲和力较强的亲油基团。润湿剂的加入量一般在 0.5%~2% 之间。一般情况下,分子较小的,润湿和渗透性能好;若表面活性剂种类相同,分子大小相同,则亲油基中带支链的一般比直链的润湿、渗透性能好;亲水基团在分子中间比在分子末端的润湿性能强。另外,润湿剂的亲水基种类在不同条件下润湿性能也有差异。润湿剂 HLB 值为 7~9 时,润湿作用最佳。

在悬浮剂配方开发中,润湿剂和分散剂之间具有协同效应是至关重要的。不同润湿剂具有特定的降低表面张力特性和润湿特性。

常用的性能较好的润湿剂,如阿克苏诺贝尔公司的 Morwet 系列润湿剂产品。Morwet EFW 是一种通用型润湿剂,是烷基萘磺酸盐和阴离子润湿剂的混合物,适合疏水性原药;添加量 0.5%~2%。Morwet IP 也是一种通用型润湿剂,是异丙基萘磺酸钠,低泡,润湿性略低于 Morwet EFW,对某些品种具有抗絮凝功能,适合于亲水性原药;添加量 0.5%~2%。

【例 3-10】　50%异丙隆悬浮剂

原药(折百)	50%	丙二醇	40%
Morwet D425	3%	增稠剂	0.5%
Ethylan NS-500LQ	1%	水	补足
Morwet EFW	1.5%		

【例 3-11】　20%吡虫啉悬浮剂

原药(折百)	20%	乙二醇	5%
Morwet D425	2.5%	增稠剂	0.15%
Morwet IP	1%	水	补足

四、增稠剂

增稠剂是指能溶解于水中,并在一定条件下充分水化形成黏稠、滑腻溶液的大分子物质。

1. 增稠剂的作用及作用机制

增稠剂是一种流变助剂,加入农药悬浮体系后可以调节体系黏度,使悬浮体系具有触变性,并兼有乳化、稳定、使体系呈悬浮状态的作用。悬浮体系中适宜的黏度是保证悬浮剂质量和使用效果的重要因素。增稠剂能提高分散介质黏率,降低粒子沉降速率,从而提高制剂的稳定性。

增稠剂的品种很多,其增稠机制各不相同,主要可以归纳为以下几个方面。

(1) 水合增稠机制 纤维分子是由一个脱水葡萄糖组成的聚合链,通过分子内或者分子间形成氢键,也可以通过水合作用和分子链的缠绕实现黏度的提高。纤维素增稠剂溶液呈现假塑性流体特性,静态时纤维素分子的支链和部分缠绕处于理想无序状态,使体系呈现高黏性。随着外力的增加,剪切速率梯度的增大,分子平行于流动方向做有序的排列,易于互相滑动,表现为体系黏度下降。与低分子量相比,高分子量纤维的缠绕程度大,在贮存时表现出更大的增稠能力。当剪切速率增大时,缠绕状态受到破坏,剪切速率越大,分子量对黏度的影响越小。这种增稠机制与悬浮体系所用的物料和助剂无关,只需选择合适分子量的纤维和调整增稠浓度即可得到合适的黏度,因而得到广泛的应用。

(2) 静电排斥增稠机制 丙烯酸类增稠剂,包括水溶性聚丙烯酸盐、碱增稠的丙烯酸酯共聚物两种类型。这类高分子增稠剂高分子链上带有相当多数量的羧基,当加入氨水或碱时,不易电离的羧酸基转化为离子化的羧酸钠盐。沿着聚合物大分子链阴离子中心产生的静电排斥作用,使大分子链迅速扩张与伸展,提供了较长的链段和触毛。同时分子链段间又可吸收大量水分子,大大减少了溶液中自由状态的水。由于大分子链的伸展与扩张及自由状态水的减少,分子间相互运动阻力加大,从而使体系变稠。

(3) 缔合增稠机制 缔合增稠是在亲水的聚合物链段中,引入疏水性单体聚合物链段,从而使这种分子呈现出一定的表面活性剂的性质。当它在水溶液浓度超过一定特定浓度时,形成胶束。同一个缔合型增稠剂分子可以连接几个不同的胶束,这种结构降低了水分子的迁移性,因而提高了水相黏度。另外,每个增稠剂分子的亲水端与水分子以氢键缔合,亲油端可以与分散粒子缔合形成网状结构,导致体系黏度增加。增稠剂与分散相粒子间的缔合可提高分子间势能,在高剪切速率下表现出较高的表观黏度。

2. 增稠剂的分类

常用的增稠剂种类有天然的和合成的,又可分为有机和无机两大类。有机增稠剂常用的多为水溶性高分子化合物和水溶性树脂,如阿拉伯胶、黄原胶、甲基纤维素、羧甲基纤维素钠、羟丙基纤维素、丙烯酸钠、聚乙烯醇、聚乙烯吡咯烷酮、聚丙烯酸钠、聚乙烯醋酸酯等。无机增稠剂有分散性硅酸、气态二氧化硅、膨润土和硅酸镁铝等。

增稠剂的选用，一般通过悬浮剂的黏度来衡量，通常黏度在 100～1000mPa·s 之间为宜，且要求增稠剂和有效成分必须有良好的相容性，并长期稳定。

（1）黄原胶　黄原胶具有突出的高黏性和水溶性，增稠效果显著。它有独特的假塑性流变学特征，在温度不变的情况下，可随机械外力的改变而出现溶胶和凝胶的可逆变化，也是一种高效的乳化稳定剂。黄原胶在较宽的温度（-18～120℃）和 pH 值（2～12）范围内基本可保持其原有的黏度和性能，因而具有可靠的增稠效果和冻融稳定性，且有良好的兼容性。

（2）硅酸镁铝　硅酸镁铝具有胶体性能，分散在水中能水化膨胀成半透明-透明的触变性凝胶，且成胶不受温度限定，在冷水和热水中都能分散水化。硅酸镁铝耐酸碱，对电解质有较大的相容性，胶体稳定性、悬浮性良好，且兼容性较佳。

五、消泡剂

消泡剂是指能显著降低泡沫持久性的物质。农药悬浮剂的生产工艺多采用湿法多级砂磨超微粉碎。高速旋转的分散盘把大量空气带入并分散成极其微小的气泡，使悬浮液体积迅速膨胀。这些气泡使得制剂黏度增大，计量和包装困难，会显著降低生产效率。如果不能消泡，还可能使塑性流体变成胀流型流体。所以需要在制剂中加入适量的消泡剂，并要求消泡剂同制剂的各组分有很好的相容性。

常见的消泡剂为有机硅酮类、C_8～C_{10} 脂肪醇、C_{19}～C_{20} 饱和脂肪族羧酸及其酯类、酯-醚型化合物等。

六、稳定剂

稳定剂是指能阻止或延缓农药及其制剂在贮存过程中，有效成分分解或物理性能劣化的助剂。

稳定剂可分为物理稳定剂和化学稳定剂。物理稳定剂可保持悬浮剂在长期贮存中悬浮性能的稳定，减少分层、结块等，如膨润土、白炭黑等。化学稳定剂可保持悬浮剂中有效成分，在长期贮存中不分解或者降低分解，用于保证在施用时的药效，如环氧大豆油等。

七、抗冻剂

抗冻剂是指一种能在低温下防止悬浮剂中水分结冻的物质。一般以水为介质的悬浮剂若在低温地区生产和使用，要考虑加入抗冻剂，否则制剂会因冻结无法恢复原有物性而影响防效。

抗冻剂多为吸水性和水合性强的物质，用于降低体系的冰点。最常见的抗冻剂为非离子多元醇类化合物，如乙二醇、丙三醇、聚乙二醇、山梨醇、尿素等。

八、pH 调节剂

pH 调节剂也称酸度调节剂，是用于调节体系中所需酸碱条件的一类助剂。

pH 调节剂有两种，一种是调酸，如醋酸、盐酸等；另一种是调碱，如氢氧化钠、氢氧化钾、氨水、铵盐及三乙醇胺等。

九、防腐剂

水基性制剂在贮存过程中容易滋生细菌、霉变、腐败等，需加入少量的防腐剂，如苯甲酸钠等具有防腐性能的助剂。

十、增效剂

水基性制剂自身的附着能力和铺展能力较差，为提高药效，需加入一些能起到增加药效作用的助剂。一般水基性制剂的药效不如乳油等油基制剂，一方面分散介质水自身与靶标的亲和力不如有机溶剂或油类，另一方面悬浮颗粒分布不如油珠颗粒分布均匀。

针对这些问题，一方面配方中可加入增效成分（如润湿、渗透剂等），如迈图公司的有机硅增效剂喜威等系列产品，这类增效剂具有较强的扩展性和附着能力，可以使药液更好地覆盖于靶标表面，渗透性较强，可以促进药液快速吸收，从而提高药效；另一方面，制剂使用时桶混加入喷雾助剂（有机硅或植物油类），如北京广源益农化学有限责任公司的除草剂增效剂 GY-Tmax，它对烯草酮、烟嘧磺隆、硝磺草酮等茎叶处理除草剂均有较明显的增效作用，此外，还有杀虫增效剂 GY-Tmso、植物源增效剂 GY-2000 等。

第六节 悬浮剂的制备方法、加工工艺和设备

一、悬浮剂的制备方法

1. 超微粉碎法

超微粉碎法又称湿磨法，就是将原药、助剂、水混合后，经预分散再进入砂磨机砂磨分散，过滤后进行调配的方法。

超微粉碎法是农药悬浮剂加工的基本方法。这种方法的主要加工设备有三种。一是预粉碎设备：球磨机、胶体磨、高剪切分散机。选择使用何种设备，要因物料性质而定，较硬的脆性物料用球磨机较好，粉状的细物料选用胶体磨为宜，而高剪切分散机适用范围比较宽，逐渐成为主要的预粉碎设备。二是超微粉碎设备：砂磨机。常用的砂磨机有两种，一种是立式的，另一种是卧式的。三是高速混合机

（10000~15000r/min）和均质器（>8000r/min），主要起均匀均化作用。

超微粉碎操作过程介绍如下。

首先，粗分散液的制备（以球磨机为例）。将原药、润湿分散剂等助剂按设计投料量装入球磨机中，开动球磨机粉碎，取样检测颗粒直径达到 $75\mu m$（200目）时，停止粉碎。使用球磨机的优点是一机多能，即同时具有配料、混合、粉碎三种功能。

其次，超微粉碎（即砂磨）。超微粉碎是在砂磨机中进行的。砂磨机是加工悬浮剂的关键设备。砂磨机对物料的粉碎是通过剪切力完成的，而剪切力的大小与砂磨机分散盘的线速度及砂磨介质的粒径有关。一般来说，线速度越大，剪切力越大，粉碎效率越高。砂磨介质通常使用玻璃珠或锆珠，直径以 1.0~2.0mm 为宜，装填量为砂磨机筒体积的 70%。砂磨时注意开通冷却水防止砂磨时物料温度上升。

最后，均质混合调配。砂磨虽然可以进行超微粉碎，但因设备本身的欠缺，导致被粉碎的物料粒径不均匀。均质器可使粒子均匀化，提高制剂稳定性。

2. 凝聚热熔法

凝聚热熔法是由凝聚法制备胶体演变而来的。它是将热熔状态的溶液，在高速搅拌的冷液体中，以晶体微粒形态分散形成悬浮液的方法。

采用热熔凝聚法制备的悬浮剂粒径小于 $1\mu m$ 的粒子可占 50% 左右，有的高达 90%。由于粒径小，所以药效得以充分发挥。该法由于受农药理化性质的限制而应用较少。

凝聚热熔法的试验室制备方法有三种：

① 把农药有效成分热熔物、助剂在高速搅拌并防止空气进入的条件下加入水中；

② 在高速搅拌和防止空气进入的条件下，将农药有效成分热熔物、阴离子分散剂母体-酸和选用的其他助剂，加至含有适合当量碱（按分散剂母体-酸计算）的水相中，再将上述方法制备的分散液均化后形成悬浮剂；

③ 在高效搅拌和防止空气进入的条件下，将农药有效成分、润湿分散剂和其他助剂一起加热形成熔融混合物加到高于熔融物熔点的水相中，加完后慢慢降低整个正在高效搅拌的分散液的温度，直至形成稳定的悬浮液为止。

二、悬浮剂的加工工艺

农药悬浮剂品种繁多，国内外悬浮剂的加工工艺不尽相同，各有千秋，但以水为分散介质的农药悬浮剂都有一个共同点，即主要均采用湿法粉碎。

国内外的悬浮剂加工工艺比较理想的是多次混合、多级砂磨，砂磨包括一级砂磨、二级砂磨及精磨。悬浮剂的加工工艺流程，见图3-1。

三、悬浮剂的加工设备

农药悬浮剂的制备过程中所用的加工设备主要是指研磨设备，它是保证悬浮剂

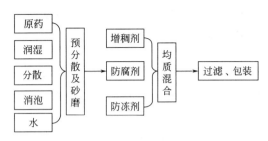

图 3-1 悬浮剂的加工工艺流程

产品物理稳定性尤其是细度指标的关键所在。

研磨设备主要分为砂磨、球磨、胶体磨和均质混合器。其中最常用的研磨设备是各种结构的砂磨机。

1. 砂磨

砂磨机是在球磨机的基础上改进而来的,砂磨机主要用来进行细粉碎和超微粉碎。砂磨机的粉碎过程可以认为是悬浮液与研磨介质之间各种力相互作用的结果。农药悬浮液、研磨介质可以看成是一个研磨体系。砂磨机分散盘高速旋转产生很大的离心力,离心力造成介质通过三种方式运动。第一种,研磨介质与悬浮体同方向流动。介质间可能产生速度差,对农药颗粒产生剪切力。第二种,研磨介质克服悬浮液的黏滞阻力,向砂磨机内壁冲击,产生冲击力。第三种,研磨介质本身产生自转。如果相邻两介质的相对自转方向或速度不同,会对颗粒产生摩擦作用。由于上述三种运动和三种粉碎力的存在,颗粒被粉碎时最少要受到两个力的同时作用。

早期使用的砂磨机为立式开放式和密闭式两种,现在逐渐被能克服因介质偏析、研磨不匀、不易启动等缺点的卧式砂磨机所替代。卧式砂磨机较适合分散研磨黏度高而粒度要求细的产品。砂磨机材质一般分为碳钢和不锈钢。卧式砂磨机研磨后的物料细而均匀,研磨介质为玻璃珠、氧化锆珠等,直径有 0.5~5mm 等规格。靠它产生的剪切力将料液中的物料磨细,较粗的物料应先在预分散机等其他设备中预磨至 200 目左右,再进入砂磨机砂磨。

砂磨机在规定容量的筒状容器内,有一旋转主轴,轴上装有若干个形状不同的分散盘。容器内预先装有占容积 50%~60% 的研磨介质,由送料泵将粗分散液送入砂磨机内。由主动轴带动分散盘旋转,使研磨介质与物料克服黏性阻力,向容器内壁冲击。由于研磨介质与物料流动速度的不同,固体颗粒与研磨介质之间产生强剪切力、摩擦力、冲击力而使物料逐级粉碎。砂磨分散后的物料经过动态分离器分离研磨介质,从出料管流出,而研磨介质仍留在容器内。容器外有夹套,通过冷却水控制温度,一般控制在 30~40℃ 之间。

砂磨机的砂磨粉碎效率与分散盘形状、数量、组合方式及砂磨介质有关。研磨介质一般与浆料 1∶1 混合,靠它产生的剪切作用将浆料磨细。研磨介质的使用规格说法不一,其粒径的选择取决于物料所需的细度、物料的初粒度及砂磨机类型等因素。

砂磨机的优点有：生产效率高，产品分散性好，细度均匀，便于连续化生产，生产成本低，无粉尘污染，利于安全化生产。

2. 球磨

我国生产球磨机的厂家很多，20世纪70年代末球磨机开始用于农药悬浮剂加工。球磨机的材质为碳钢，衬里为花岗岩石，它作为农药悬浮剂加工的第一道工序——配料、混合、预粉碎使用。

球磨的优点有，一次装料多，且可多可少，有一定的伸缩量；操作简便，易于掌握、维修；间歇式操作，能充分发挥人的作用；一机多用，既可配料、混合，也可进行预粉碎；对固体物料适应性强；终点粉碎细度可以根据粉碎要求，自由选定；湿式密封粉碎，基本无污染问题。但球磨也存在一定缺点，如设备笨重、体积大、耗能大；间歇式操作，效率相对较低；球磨机的衬里为花岗岩石和粉碎介质为硬质海卵石，长时间研磨不可避免会有碎石和石末混入浆料中，需进行处理，以防其进入下道工序的砂磨机中。

3. 胶体磨

胶体磨主要起预粉碎作用，为砂磨机制备细粉料浆。我国生产胶体磨的厂家较多，其规格型号各异。共同点是体积小、生产能力大、产品粒度细。

4. 均质混合器

均质混合主要起到预分散和预粉碎作用，通常用于制备粗分散液。均质混合器是通过高速冲击、剪切、摩擦等作用来达到对介质破碎和匀化的设备。物料在高速流动时的剪切效应、高速喷射时的撞击作用、瞬间强大压力降时的空穴效应三重作用下，达到超细粉碎，从而使互不相容的固液混悬液均质成固-液分散体系。

四、研磨介质

1. 研磨介质的选择

研磨介质按材料的不同可分为玻璃珠、陶瓷珠（包括硅酸锆珠、二氧化锆珠、二氧化铝珠）、钢珠等。实际工作中，可以根据砂磨珠的化学组成、物理性能及悬浮剂加工工艺和设备来选择合适的砂磨介质。

（1）化学组成 研磨珠的化学组成及制造工艺的差异决定了其晶体结构，致密的晶体结构保证研磨珠的高强度、高耐磨和低吸油等特性。各种成分的含量不同决定了研磨珠的密度，密度高时研磨效率较高。研磨珠在研磨过程中的自然磨损对浆料的性能会有一定的影响。所以，选择研磨介质时除了考虑低磨损率外，其化学组成也是要考虑的因素，研磨珠的化学组成决定了研磨珠的硬度、密度和耐磨性。同时，研磨农药时要注意避免含重金属如 Pb 等的研磨介质。这些因素在选择研磨介质时均要考虑到。

（2）物理性能

① 研磨珠的密度 研磨珠中各种氧化物的分子量和组成决定了研磨珠的密度。通常情况下，密度越大的研磨珠，冲量越大，研磨效率越高，对砂磨机的接触件

（内缸、分散盘等）磨损也相对比较大。低密度研磨珠适合低黏度的浆料，高密度的研磨珠适合高黏度的浆料，可以根据浆料的黏度来选择合适密度的研磨珠。

② 研磨珠的硬度　莫氏（Mohs）硬度为研磨珠的常用指标。硬度越大的研磨珠，理论上研磨珠的磨损率越低。因此，需要考虑研磨珠和砂磨机的匹配性。同时，从研磨珠对砂磨机的接触件（分散碟、棒销和内缸等）磨损情况来看，硬度大的研磨珠对接触件的磨耗性虽大些，但可通过调节珠的填充量，浆料的黏度、流量等参数以达到最佳优化点。

③ 研磨珠的粒径　研磨珠的大小决定了研磨珠和物料的接触点的多少。粒径越小的珠子在相同的容积下接触点越多，理论上研磨效率也越高。但在研磨初始颗粒比较大的物料时，例如对于 $100\mu m$ 的浆料，直径为 1mm 的小珠子未必合适，原因是小珠子的冲量达不到充分研磨分散的能量，此时应改用粒径较大的珠子。

首次使用研磨介质应注意事项：

第一，依物料的黏度高低选择锆珠或玻璃珠；

第二，依原料颗粒大小和产品所要求的细度选择合适尺寸的珠子；

第三，检查研磨机的分离器或筛网孔径是否设定选择合适，间隙应为最小珠子直径的 1/3，例如，使用 1.2~1.4mm 的珠子，间隙应为 0.4mm；

第四，尽量避免在干态下开启研磨机，以防造成珠子和配件的不必要损耗；

第五，不同品牌珠子不可混合使用。

研磨介质粒径的确定方法如下。

第一，研磨设备的要求

筛网分离：珠子的最小直径＝筛网的缝隙×1.5；

环式分离：珠子的最小直径＝环的缝隙×3。

第二，工艺要求

物料的初始直径：珠子的最小直径＝物料初始直径×(30~50)；

物料的最终直径＝珠子的直径。

第三，珠子直径 1.5mm 是较佳的选择。

2. 碎珠

研磨珠使用一段时间后体积变小，可能会被磨成各种形状如盘状、椭圆形，或者是变小的球形，珠子表面圆滑而不带棱角，这是正常珠子的磨耗，只是磨损的程度不同。但若珠子当中出现带棱角、片状等异形珠时，这就是产生了碎珠。

（1）碎珠产生的原因及解决办法

① 砂磨珠的质量可导致碎珠的产生。市场上常用的玻璃珠、硅酸锆珠和氧化锆珠的生产工艺基本为电熔法和烧结法两种。研磨在热空气、冷空气或电解液中成型，如果某一关键技术参数没控制好，就会产生如气泡珠、雪人珠、尾巴珠、扁平（椭圆）珠等易碎珠。在选择砂磨珠时需要选择质量稳定的产品。

② 砂磨机接触件磨损或安装不正确可导致碎珠产生。砂磨机分散盘松动、装

反或裂损，分散盘边缘有尖角等会导致砂磨珠破碎。如果动态筛圈、筛网破损或装反，阀门内部松动等，可能导致研磨介质通过了分离器而进入送料泵内，泵在被堵死或停机之前便会将珠子压碎。这些情况都可能造成研磨珠破碎，因此需要定期对砂磨机进行维修检查，确保内部接触件使用状态良好。

③ 背压造成碎珠。当送料泵关掉时，砂磨机内的残余压力将珠子压入泵内。这样当送料泵再次启动时，它便会压碎这些珠子。可以通过加装单向阀尽量避免，单向阀不一定可靠且有时允许珠子在阀门关闭之前通过。另外，应定期清洗进料泵。

④ 研磨珠积压造成碎珠。如果研磨珠堆积在砂磨机底部或工作泵过快的转速导致研磨珠都被集中到卧式砂磨机的出口处，易造成碎珠。在启动砂磨机时以开-关-开-关的点动方式先把积压的研磨珠弄松来避免。

⑤ 不同大小研磨珠混合使用造成碎珠。大小研磨珠混用刚开始有提高研磨效率的迹象，但随着研磨时间的加长，产生了大珠磨小珠的情形，最后加快小珠的变形以致破碎。因此尽量使用粒径均一的研磨珠。

⑥ 不同品牌或不同厂家的研磨珠混合使用造成碎珠。因不同品牌或不同厂家研磨珠的硬度、密度等不一致，容易产生硬珠子吃软珠子的情形，故应杜绝此种形式。

⑦ 浆料的黏度过稀或过稠造成碎珠。相对一定密度的研磨珠而言，浆料黏度过大或者过小容易造成研磨珠的堆积和直接接触砂磨机的磨损件而加快研磨珠的磨损和破碎。因此，需要根据浆料的黏度选择合适密度的研磨珠。

⑧ 物料的流量过快造成碎珠。物料流量过快会造成研磨珠积压在物料出口处，进而加快此处的研磨珠与砂磨机配件的磨损。解决方法是先采用间歇开机的方法将积压研磨珠弄松，并重新分布均匀，再调节物料的流量。

⑨ 清洗不当造成碎珠。用低黏度液体清洗机器如用溶剂或水清洗砂磨机时，物料的推力不够大，而研磨珠有可能接触到砂磨机的接触部件如分散盘而产生破珠。因此，清洗砂磨机可依配方选择水、溶液或树脂清洗，清洗时应保持低速，应按研磨机"启动-关闭"键做间歇式清洗，尽量缩短清洗时间。使用树脂清洗砂磨机并在生产过程中维持足够的物料黏度，可使研磨珠、砂磨机获得更长的使用寿命。

(2) 添补研磨介质　如果发现研磨机的研磨效率降低，则有可能是产生碎珠的信号，需要添加研磨珠。可依据加工工艺条件，掌握研磨珠的实际损耗率，进行定期的筛珠和添加。将过细的研磨珠用筛子筛出，筛网大小为研磨珠直径的2/3（例如：使用1.2~1.4mm的研磨珠，则筛网应为0.8mm），再添加差额研磨珠。由于研磨珠的自然损耗，其粒径会越来越小。为了保持统一的填充量和避免细研磨珠堵塞或进入分离装置，应依研磨介质的寿命和加工工艺的条件来筛珠和补充一定量的研磨介质。建议工作100~200h后进行筛珠并添加适量的新研磨珠。

3. 研磨介质发展趋势

(1) 研磨珠的粒径越来越小　从全球第一台使用粒径较大研磨球的搅拌式球磨机诞生，研磨设备逐渐发展到使用粒径较小的研磨珠的立式砂磨机、卧式砂磨机以及各种带改良功能的超细研磨的新一代砂磨机，使用的研磨介质的粒径愈来愈小。

一方面是物料研磨最终细度微米化。由于研磨机内的物料是通过运动中的研磨介质的接触进行分散和研磨的，研磨介质粒径越小则接触点越多，最后达到的研磨效果越高及研磨细度越小。如某品牌硅酸锆珠粒径为 2mm 时每升约为 20000 颗，而粒径为 1mm 时每升达到约 80000 颗，是前者的 4 倍。当使用较大粒径锆珠对某一产品进行研磨时，当达到一定粒径时，即使再增加砂磨时间或砂磨次数，物料的粒径始终不能再减小到要求的细度；而当改用粒径较小的研磨珠时，砂磨效果可得到明显的提高。

另一方面是砂磨机分离装置的改进使使用超细研磨珠成为可能，允许使用的最小研磨珠粒径已成为评价衡量砂磨机质量档次的一个重要指标。分离装置设计和制作材料的每一次革命，都带来了使用研磨珠颗粒变小的一次飞跃。分离装置从静止传统的扁平 Nickel 网到带三角横梁的 Johnson 网以及到动态的环式分离器和套筒式 Cartridge 网，除使寿命延长之外，能使研磨介质的粒径越来越小，而同时又不明显影响物料的流量。套筒式 Cartridge 网的代表（如美国 Premier 的速宝磨）所用的最小珠子可达到 0.2mm；环式分离器的代表（如瑞士的 Dyno-mill 试验室型）可用珠子粒径也可达到 0.2mm。而瑞士 Buhler 公司开始研制的离心式分离装置，使分离原理从区分珠子粒径大小转为区分珠子密度大小，而使研磨珠的最小粒径推向新的极限。

(2) 研磨珠的密度越来越大　常见各种研磨珠的密度、硬度和强度进行比较，结果见表 3-1。

表 3-1　研磨珠物性比较

种类	玻璃珠	石珠	硅酸锆珠	氧化锆珠	铬钢珠
密度/(g/cm^3)	2.5	2.9	4.5	6.1	7.8
莫氏硬度	6	6.5	7.7	9	7
抗压强度/kN	0.45	0.50	0.75	2.0	0.6

由表 3-1 可以看出，通用的研磨珠如玻璃珠、石珠、硅酸锆珠、氧化锆珠和铬钢珠的密度依次递增，而它们的硬度和抗压强度除铬钢珠外也依次增大。从动力学公式 $P=mv$ 可知，珠子的冲量 P 与珠子的质量 m 呈正比，密度越大的珠子运动能量就越大，研磨效率也相对越高。砂磨机技术的进步使高密度研磨珠的使用成为可能。

(3) 研磨珠的粒径偏差越来越小　对于砂磨机，均匀粒径的研磨珠具有良好的优越性，一方面是可使物料细度的分布狭窄，另一方面是可大大减小碎珠的产生而减少砂磨机接触件的磨损和避免对产品的污染。市场上优质研磨珠的粒径偏差保持在0.2mm。均匀的研磨珠因制作工艺较复杂，市场价格也相对较高。

4. 锆珠的种类

目前市场所采用的锆珠主要有两种。一种是氧化锆珠，其氧化锆含量94.6%，又称95锆珠、TZP锆珠、纯锆珠或高纯锆珠，氧化锆珠密度为 6.1g/cm^3，磨耗极低，多用于电子行业、食品及药品级研磨。另一种是硅酸锆珠，氧化锆含量在65%，又称65锆珠，硅酸锆珠密度 4.5g/cm^3，磨耗相对于氧化锆珠来说要大一些，价格比较实惠，多用于农药、油漆和涂料等的研磨。氧化锆珠比硅酸锆珠更亮一些，手感更光滑。

五、高输入能量密度砂磨机

现代砂磨机的发展趋势之一是研磨缸的体积变小，而配置的马达功率变大，所输入能量密度就急剧增大。以美国 Premier 砂磨机和瑞士 Buhler 砂磨机为例，可以看出现代砂磨机和传统砂磨机在输入能量密度上的变化。相关对照参数如表 3-2 所示。

表 3-2 砂磨机相关参数对照

项目	传统砂磨机代表	现代砂磨机代表
品牌	美国 Premier	瑞士 Buhler
型号	HM-15	K60
研磨缸体积/L	15	4.8
马达功率/kW	15	20
能量密度/(kW/L)	1.0	4.2

现代砂磨机的能量密度为传统砂磨机的 4 倍甚至更多。这就使得有效带动高密度的研磨珠（如氧化锆珠）成为可能。同时因研磨区域的高能量分布，只有高抗压强度和耐磨的研磨介质（如氧化锆珠）才能胜任。

砂磨机的接触件（如内缸、分散碟、棒销和分离装置等）采用了坚硬耐磨的硬质合金（如碳化钨）及陶瓷（如碳化硅、氧化锆等）等高性能的材料，可抵挡因如氧化锆珠本身高能量和高硬度的冲击和摩擦所带来的磨损。

第七节 悬浮剂的质量控制指标及检测方法

一、悬浮剂的质量控制指标

在悬浮剂配方开发过程中，针对悬浮剂制剂本身的特性以及应用过程中对其性能的要求，对悬浮剂的性能有系列标准规定。根据国家及行业标准，需要控制的质量技术指标包括：有效成分质量分数、酸碱度（pH 值）、悬浮率、倾倒性、湿筛试验、持久起泡性、低温稳定性、热贮稳定性等。另外，在实际生产加工和应用过程中，为了提高产品的质量和药效，还需要观察或控制粒度、分散性、流动性、黏度、冻融稳定性等指标。

1. 有效成分质量分数

任何制剂的有效成分质量分数是其最主要的性能控制指标。根据 FAO 规定，制剂的有效成分质量分数可以在一个合适的范围内波动。这个合适的范围取决于制剂有效成分质量分数的大小，见第二章的表 2-4。

2. 粒度

粒度是指悬浮剂中通过机械粉碎达到的悬浮粒子的大小。任何悬浮剂无论用何种规格型号的粉碎设备，进行何种形式和时间的粉碎，都不可能得到均一粒径、形状相同的粒子。

对粒度的评价，一般采用粒径大小和分布的方法，能比较客观地反映出悬浮剂中粒子状况。粒径的测定方法多种多样，归纳起来分为两种。一种是目测法，借助显微镜观察统计，计算出该悬浮剂粒径的算术平均值，具有相对准确性。另一种是精确的测定方法，是采用先进的仪器测定，如激光粒度分布测定仪。

悬浮剂的粒度（粒径大小和分布）直接与悬浮率及悬浮剂的物理稳定性有关，一般来说细度越细，分布越均匀，悬浮率越高，悬浮剂越稳定。在悬浮剂的加工生产过程中应严格控制其粒度。我国一般控制在 $1\sim 5\mu m$。

现有悬浮剂的相关国家及行业标准中与制剂粒度相关的一个控制指标是湿筛试验，即通过 $75\mu m$ 或者 $45\mu m$ 湿筛的制剂百分比，一般要求不低于 98%。这个指标一方面反映了制剂的粒度和稳定性的基本要求，另一方面是为了避免使用时造成喷雾设备喷头堵塞影响制剂喷洒。但随着制剂研究和加工水平的提高，制剂的粒度指标更能准确反应粒度对制剂物理稳定性和施药时的影响。

3. 悬浮率

悬浮率是评价悬浮性能优劣的指标。悬浮性是指分散的原药粒子在悬浮液中保持悬浮时间长短的能力。悬浮率的测定我国采用化工行业标准《农药悬浮剂产品标准编写规范》(HG/T 2467.5—2003) 中关于悬浮率测定的方法进行。一般悬浮剂悬浮率应控制在 90% 以上。

4. 分散性

分散性是指原药粒子悬浮于水中保持分散成微细个体粒子的能力。分散性与悬浮性有密切关系。一般分散性越好，悬浮性越好，反之，悬浮性越差。为了保持良好的分散性，需要悬浮剂的粒子细度控制在一个合适的范围。悬浮剂原药粒子越大，越容易沉降，破坏分散性；反之，原药粒子过小，粒子表面自由能就越大，越易受范德华力作用，相互吸引发生团聚而加速沉降，因而也降低了分散性。选择适宜的分散剂，不仅可以阻止原药粒子的团聚，还可以获得较好的分散性。

目前分散性没有统一的标准测定方法。一般以制备悬浮剂滴入水中的状态，评价分散性的优劣，常以呈云雾状分散为优。

5. 流动性

流动性是悬浮剂的重要表征指标。它不仅直接影响加工过程的难易，也直接影响计量、包装和应用等。流动性好，加工过程容易，应用也方便。流动性差，不仅难以加工而且给应用带来困难和麻烦。影响悬浮剂流动性的主要因素是原药的质量分数和制剂的黏度。流动性的测定一般通过观察或黏度数值的测定来评价。

6. 黏度

黏度是悬浮剂的重要指标之一。黏度高，体系稳定性好，反之，稳定性差。然而黏度过高，容易造成流动性差，甚至不能流动，给加工、计量、倾倒等过程带来一系列困难。因此，悬浮剂要有一个合适的黏度。

悬浮剂的黏度一般采用旋转黏度计进行测定。由于制剂品种不同，黏度差别较大，悬浮剂的黏度一般在 $100\sim1000\text{mPa}\cdot\text{s}$ 之间。

7. pH 值

农药有效成分一般在中性介质中比较稳定，在较强的酸性或者碱性条件下易于分解，通常 pH 值在 $6\sim8$ 为宜。但有的农药悬浮剂在酸性或碱性介质中稳定，因而需要对其 pH 值加以调整。

pH 值的测定按照国家标准《农药 pH 值的测定方法》（GB/T 1601—1993）进行。

8. 起泡性

起泡性是指悬浮剂在生产和对水稀释时产生泡沫的能力。泡沫越多说明起泡性越强。泡沫不仅给加工带来困难，如冲料、降低砂磨效率、不易计量包装，而且也会影响喷雾效果。起泡性的测定采用我国化工行业标准《农药悬浮剂产品标准编写规范》（HG/T 2467.5—2003）中关于起泡性测定的方法进行。一般起泡性要求静置 1min 后，不大于 25mL，个别制剂放宽至 45mL。

9. 贮存稳定性

贮存稳定性是悬浮剂一项重要的性能指标，它直接关系产品的性能和应用效果。它是指制剂在贮存一定时间后，理化性能变化情况的指标。变化越小，说明贮存稳定性越好；反之则差。

贮存稳定性通常包括贮存物理稳定性和贮存化学稳定性。贮存稳定性的测定通常通过热贮稳定性和低温稳定性试验来进行。

热贮稳定性的测定根据国家标准《农药热贮稳定性测试方法》（GB/T 19136—2003）进行。热贮试验又称为加速贮存试验，其条件一般规定为 $54℃\pm2℃$ 贮存 14d。物理稳定性一般考察制剂的物理性状如分层、析水和沉淀情况，测试其悬浮率的变化。化学稳定性主要测定有效成分质量分数贮后的分解率，一般不超过 5%，具有特殊规定的个别品种除外。FAO 规定了其他等同的加速试验条件，如 45℃贮存 42d 或 35℃贮存 6 个月。

低温稳定性的测定根据国家标准《农药低温稳定性测试方法》（GB/T 19137—2003）进行。冷贮的条件一般规定为 $0℃\pm2℃$，贮存 7d。贮存后待恢复至室温，观察样品的物理性状，测试样品的筛析、悬浮率或其他必要物化指标。

10. 冻融性试验

悬浮剂在生产后和运输中，无法保证买方或卖方不把产品暴露在结冻的温度条件下。水基制剂的结冻，可能导致无法预料的、不可逆的反应，包括无法控制的有效成分结晶，导致体系稳定性破坏。因此，悬浮剂，特别是在寒冷地方冬季运输贮存使用的悬浮剂，是否具有能够抵御反复结冻和融化的能力，是需要关注的一个重要指标。

悬浮剂的冻融稳定性试验条件一般为：20℃±2℃和−10℃±2℃之间做4个循环，每个循环为结冻18h，融化6h。

二、 悬浮剂的质量控制指标检测方法

1. 质量控制指标

需要检测的悬浮剂的质量控制指标主要有：有效成分质量分数、悬浮率、pH值、湿筛试验、倾倒性、起泡性、热贮及冷贮稳定性等。

2. 检测方法

（1）抽样 抽样按照国家标准《商品农药采样方法》（GB/T 1605）中"5.3.2液体制剂采样"方法进行。用随机数表法确定抽样的包装件，最终抽样量不少于200mL。

（2）鉴别试验 鉴别试验按照行业标准《农药乳油产品标准编写规范》（HG/T 2467.2—2003）中"4.2鉴别试验"进行。

（3）有效成分质量分数及相关杂质测定 悬浮剂中各有效成分及相关杂质的质量分数的测定均根据所采用的具体方法来检测。

（4）悬浮率的测定 测定按照国家标准《农药悬浮率测定方法》（GB/T 14825—2006）中"4.2方法2"进行。按照规定方法测定配制悬浮液时所称取试样中有效成分质量和留在量筒底部的25mL悬浮液中有效成分质量，按该标准中4.1.5方法计算悬浮率。

（5）pH值的测定 测定按照国家标准《农药pH值的测定方法》（GB/T 1601—1993）进行。

（6）倾倒性试验 该试验按照行业标准《农药悬浮剂产品标准编写规范》（HG/T 2467.5—2003）进行。

① 方法提要 将置于容器中的悬浮剂试样放置一定时间后，按照规定程序进行倾倒，测定滞留在容器内试样的量；将容器用水洗涤后，再测定容器内的残余量。

② 仪器 具磨口塞量筒：500mL±2mL；量筒高度39cm，上、下刻度间距25cm（或相当的适用于测定倾倒性的其他容器）。

③ 试验步骤 混合好足量试样，及时将其中一部分置于已称量的量筒中（包括塞子），装到量筒体积的8/10处，塞紧磨口塞，称量，放置24h。打开塞子，将

直立的量筒旋转135°,倾倒60s,再倒置60s,重新称量量筒和塞子。

将相当于80%量筒体积的水(20℃)倒入量筒中,塞紧磨口塞,将量筒颠倒10次后,按上述操作倾倒内容物,第三次称量量筒和塞子。

④ 计算　试样倾倒后的残余物和洗涤后的残余物分别按下式计算:

$$w_1 = \frac{m_2 - m_0}{m_1 - m_0} \times 100$$

$$w_2 = \frac{m_3 - m_0}{m_1 - m_0} \times 100$$

式中　w_1——试样倾倒后的残余物,%;

w_2——洗涤后的残余物,%;

m_2——倾倒后,量筒、磨口塞和残余物的质量,g;

m_0——量筒、磨口塞恒重后的质量,g;

m_1——量筒、磨口塞和试样的质量,g;

m_3——洗涤后,量筒、磨口塞和残余物的质量,g。

(7) 湿筛试验　该试验按照国家标准《农药粉剂、可湿性粉剂细度测定方法》(GB/T 16150)中"2.2湿筛法"进行。

(8) 持久起泡性试验　该试验按照行业标准《农药悬浮剂产品标准编写规范》(HG/T 2467.5—2003)进行。

① 方法提要　将规定量的试样与标准硬水混合,静置后记录泡沫体积。

② 试剂　标准硬水:$\rho(Ca^{2+} + Mg^{2+}) = 342 mg/L$,pH=6.0~7.0。按照国家标准《农药悬浮率测定方法》(GB/T 14825—2006)中"4.1.2试剂与溶液"配制。

③ 仪器　具塞量筒:250mL(分度值2mL,0~250mL刻度线间距20~21.5cm,250mL刻度线到塞子底部4~6cm)。

工业天平:感量0.1g,载量500g。

④ 测定步骤　将量筒加标准硬水至180mL刻度线处,置量筒于天平上,加入试样1.0g(精确至0.1g),加硬水至距量筒塞底部9cm的刻度线上,盖上塞后,以量筒底部为中心,上下颠倒30次(每次2s)。于试验台上静置1min,记录泡沫体积。

(9) 低温稳定性试验　该试验按照国家标准《农药低温稳定性测定方法》(GB/T 19137—2003)中"2.2悬浮制剂"进行。置于常温下能恢复至原状,悬浮率和湿筛试验仍应符合标准要求。

(10) 热贮稳定性试验　该试验按照国家标准《农药热贮稳定性测试方法》(GB/T 19136—2003)中"2.1液体制剂"进行。一般情况下,热贮后有效成分的分解率低于5%,悬浮率应达到标准要求。

三、悬浮剂制剂的参照标准

① 我国化工行业标准《农药悬浮剂产品标准编写规范》（HG/T 2467.5—2003）；

②《Manual on development and use of FAO and WHO specifications for pesticides》中"7.31 Aqueous suspension concentrates（SC）"；

③《农药理化性质测定试验导则系列标准》（NY/T 1860—2010）；

④《农药常温贮存稳定性试验通则》（NY/T 1427—2007）；

⑤ 不同悬浮剂制剂产品的国家标准、行业标准及企业标准等。

第八节　悬浮剂的配方开发实例

以具有代表性的三唑类杀菌剂农药为例，通过对430g/L戊唑醇悬浮剂配方开发研究，系统介绍悬浮剂的配方开发全过程。

一、悬浮剂配方的确定

1. 润湿分散剂流点的测定方法

在50mL小烧杯中加入5.0g（精确至0.01g）粉碎好的戊唑醇原药（平均粒径约为20μm），用滴管慢慢滴加配制好的5%的润湿分散剂水溶液。一边滴加，一边用玻璃棒仔细研磨，直至混合后的糊状物可以从玻璃棒上自由滴下为止，记录滴加水溶液的质量（精确至0.01g），重复5次。用滴加水溶液的质量除以所称取的戊唑醇原药的质量即得到该润湿分散剂对戊唑醇原药的流点。

试验中，分别测定了Tersperse 4894、Tersperse 2500、Morwet EFW对戊唑醇原药的流点，结果见表3-3。

表3-3　戊唑醇悬浮剂中筛选分散剂流点的测定结果

序号	Tersperse 4894	Tersperse 2500	Morwet EFW
流点1	0.98	1.05	1.08
流点2	0.96	1.03	1.10
流点3	0.96	1.04	1.09
流点4	0.94	1.03	1.11
流点5	0.97	1.05	1.10
平均值	0.96	1.04	1.09

由表3-3可以看出，三个润湿分散剂对戊唑醇原药的流点均较低，说明这三种分散剂对戊唑醇原药的分散活性均较高。

2. 润湿分散剂用量的确定

最佳润湿分散剂的用量，通常以制备的悬浮剂表现出的各方面性能做依据，主要根据制剂的流动性及析水情况进行确定，试验结果见表3-4。

表 3-4　润湿分散剂用量的确定　　　　单位：%（质量分数）

序号	Tersperse 4894	Tersperse 2500	Morwet EFW	流动性①	析水率
1	3	—	—	可流动	11
2	—	3	—	轻晃可流动	30
3	—	—	3	无法流动	25
4	2	1	—	可流动	19
5	2	—	1	可流动	10
6	—	2	1	可流动	18
7	1	2	—	可流动	25
8	1	—	2	轻晃可流动	27
9	—	2	2	无法流动	20
CK	—	—	—	可流动	80

① 流动性通过倾斜目测来观察。

由表3-4可以看出，润湿分散剂 Tersperse 4894 与 Morwet EFW 复配，加入量分别为2%和1%时，析水较少，制剂相对稳定，流动性较好。

3. 增稠剂加入量的确定

在 Tersperse 4894 与 Morwet EFW 加入量分别为2%和1%的基础上，黄原胶加入量的确定，主要从制剂的析水体积以及黏度的测定来确定。

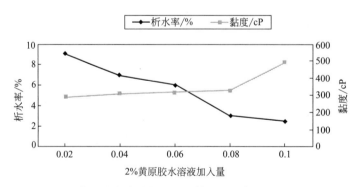

图 3-2　黄原胶水溶液加入量对体系析水率和黏度的影响

由图3-2可以看出，当2%黄原胶水溶液的加入量为0.08%时，制剂的析水率为3%，黏度为325mPa·s (cP)；当2%黄原胶水溶液的加入量增至0.1%时，虽稳定性有略微提升，但制剂黏度明显增大。因此，综合考虑，确定2%黄原胶水溶液的加入量为0.08%。

4. 抗冻剂加入量的确定

在制剂配方中,加入抗冻剂乙二醇。当乙二醇的加入量为 6% 时,制剂经 $-20℃$ 冷冻 18h,室温放置 6h,循环 4 次,可恢复。因此,确定乙二醇的加入量为 6%。

二、 悬浮剂试样的制备

根据以上试验设计的配方,将称量好的戊唑醇原药、分散剂、润湿剂、增稠剂、抗冻剂和去离子水加入到砂磨缸中,用湿法研磨法砂磨 2h,测得悬浮剂的平均粒径约为 $2\mu m$。

三、 有效成分质量分数及热贮分解率的测定

试样用乙腈溶解,以乙腈和水为流动相,使用以 C_{18} 为填料的不锈钢柱分离,紫外检测器检测,外标法定量。色谱条件如下。

流动相:乙腈-水(70∶30);

流速:1.0mL/min;

柱温:室温(温差变化应不大于 2℃);

检测波长:225nm;

进样体积:$5\mu L$;

保留时间:约 3.3min。

称取 0.017g 戊唑醇标样(精确至 0.0001g)置于 50mL 容量瓶中,加入 40mL 乙腈,超声波振荡 5min 使试样溶解,冷却至室温,用乙腈稀释至刻度,摇匀,为标样溶液。将试样混匀后,准确称取 0.042g(精确至 0.0001g)的试样置于 50mL 容量瓶中,加入 40mL 乙腈,超声波振荡 5min 使试样溶解,冷却至室温,用乙腈稀释至刻度,摇匀,为试样溶液。

在上述操作条件下,待仪器稳定后,连续注入数针标样溶液,直至相邻两针戊唑醇峰面积相对变化小于 1.5% 后,按照标样溶液、试样溶液、试样溶液、标样溶液的顺序进行测定。将测得的两针试样溶液以及试样前后两针标样溶液的峰面积,分别进行平均。

试样中戊唑醇的质量分数 X_1(%),按下式计算:

$$X_1 = \frac{A_2 m_1 P}{A_1 m_2}$$

式中 A_1——标样溶液中戊唑醇峰面积的平均值;

A_2——试样溶液中戊唑醇峰面积的平均值;

m_1——标样的质量,g;

m_2——试样的质量,g;

P——标样中戊唑醇的纯度,%。

两次平行测定结果的差值,应不大于 0.5%,取算术平均值作为测定结果。

四、配方确定及性能检测

根据上述试验结果,可以得到430g/L戊唑醇悬浮剂的配方,并对制剂性能进行检测,结果见表3-5。

表3-5　430g/L戊唑醇悬浮剂配方确定及性能检测结果

	配方及性能检测项目	结　果	备注
1	戊唑醇/%	42.9	折百加入
2	Tersperse 4894/%	2	—
3	Morwet EFW/%	1	—
4	2%黄原胶水溶液/%	0.08	—
5	乙二醇/%	6	—
6	水	补足	—
密度/(g/mL)		1.002	—
黏度/cP		260	—
粒度/μm		$D_{50}=1.80, D_{98}=3.84$	—
分散性		云雾状分散	—
析水率/%		3	—

根据悬浮剂相关标准,对获得的430g/L戊唑醇悬浮剂的各项质量控制指标进行检测,结果见表3-6。

表3-6　430g/L戊唑醇悬浮剂各项质量控制指标检测结果

质量控制指标			控制指标	检测结果
戊唑醇有效成分质量分数/%			42.9±2.1	43.1
pH值范围			5~8	6.90
悬浮率/%		≥	90	96
倾倒性/%	倾倒后残余物	≤	5	0.5
	洗涤后残余物	≤	0.5	0.2
湿筛试验(通过75μm标准筛)/%		≥	98	99
持久起泡性(1min后)/mL		≤	40	1
低温稳定性[①]			合格	合格
热贮稳定性[①]			合格	合格

① 正常生产时,低温稳定性和热贮稳定性试验,每3个月至少进行一次。

第九节　悬浮剂的安全化生产

一、原药及助剂的选购使用

在农药悬浮剂的生产过程中，必须首先要清楚原料的性能，即原药及其助剂的来源、价格、性能等。

1. 原药的选购使用

通常来说，原药不能直接使用，需要被加工成一定的剂型才能使用。制剂加工时原药的来源及规格应尽可能固定。如果原药的含量或来源发生了改变，那么就意味着原药中所含杂质及其含量有可能变化，这种改变有可能影响制剂的物理化学性能，甚至会影响到制剂的生物效能。对于原药组成，尤其杂质组成的控制，就要求所购原药的含量不能超出可能对使用和安全有不利影响的范围。对于原药中大于0.1%的杂质，需要加以限制并提供杂质检测的分析方法。

2. 助剂的选购使用

助剂可以帮助原药有效成分充分发挥其生物效能。在农药悬浮剂的开发生产中，常常使用的助剂包括润湿剂、分散剂、增稠剂、防冻剂等。对于这些助剂来源及其质量稳定性的控制，可以有效保证悬浮剂的质量和生产的批次稳定性，保证所开发的悬浮剂产品药效的充分发挥。

二、悬浮剂的生产装置

悬浮剂的生产装置是指在任意时间可用于生产加工某种悬浮剂产品的所有设备的总和。这类生产装置也可以进行多个产品的依次生产。一个生产基地可能拥有多个生产装置。因此，安全化生产的关键因素就是生产装置之间的隔离。所谓隔离是指装置之间无共用设备，可以防止产品意外地从一个生产装置被送到另一生产装置。通常来说，常采用的隔离方法如下：

第一，不同生产装置分开设计，安置在不同建筑中；

第二，如果不同生产装置必须安置在同一个建筑内，那么不同生产流水线之间需要建立隔离墙；

第三，将关键产品转移到其他装置。

在生产基地进行风险评估时，所有生产装置的设计、构型均应包括在内。

三、污染风险的评估

在悬浮剂的加工生产过程中所涉及的污染问题，通常情况是指生产不同产品之间的交叉污染，即农药生产厂家的相同生产设备被用于生产不同的农药品种。用于生产除草剂、杀菌剂和杀虫剂等不同类别的原药时，必须有效地预防这种污染的产生，特别是防止除草剂和其他原药的交叉污染。除草剂的生产装置必须和其他原药品种的生产装置实现完全的物理有效隔离。对于上述污染预防的前提就是进行污染风险的评估，这一类评估包括生产装置和在装置内所生产的产品，主要包括产品的混合、生产装置的构型、隔离和生产操作；不同产品是否能在同一生产装置生产；清洁水平和清洁能力的要求；尤其是不同产品彼此都有非常敏感的农药品种，就需要更彻底的隔离。

四、生产装置的清洁水平

对农药悬浮剂的生产装置进行彻底的清洗，是一个费时而且成本高昂的工作。因此，在悬浮剂的生产中，可以通过选择合适的生产顺序，建立一种花费少、效果显著的清洁程序。

五、悬浮剂生产的操作规程

农药悬浮剂的加工生产过程中，首先需要建立规范的操作规程，明确生产过程中的注意事项，而且严格执行所制订的操作规程和注意事项。此外，在确认生产现场的原料时，需要明确了解原药及助剂的理化性质及毒性等，对其进行分类管理与使用。再有，需要注意核查原料的名称、批号、数量等，并对易污染的原料进行分区贮存。最后，建立使用公共设备的书面程序，临时贮罐应贴上适当标签，内容包括产品名称、产品鉴定、清洁情况，也要特别注意设备的日常维护和保养等。

农药悬浮剂的生产管理中特别需要注意以下几点：
① 应根据农药原药的性质及生产工艺选择合适的设备；
② 固体物料应缓慢加入，以防静电而产生火灾；
③ 助剂和原药应通过不同的管道加入；
④ 生产设备须接地，以防静电潜在危险；
⑤ 通风设备要良好；
⑥ 泵和管道连接处要经常检查，防止泄漏；
⑦ 操作者要配备必要的防护措施；
⑧ 易产生火花的装置要远离该生产区域，严禁明火和吸烟，火灾报警器必须置于合适的位置和高度，最大限度地避免危害的发生。

六、悬浮剂的产品包装

产品包装是农药产品生产的最后一个环节。农药悬浮剂产品的包装需采用自动包装生产线，包括灌装、封口、加盖、贴签、喷码等操作。农药悬浮剂的外包装材料应选用坚固耐用的，使包装内装物不受破坏。

最终生产产品的稳定性源于农药悬浮剂开发过程中自身有效成分的化学稳定

性、制剂固-液分散体系的物理稳定性和包装材料对制剂的保护性能。因此,一方面要安全地进行农药制剂产品的生产;另一方面要跟踪产品在运输过程、贮运过程和环境变化时的质量情况,以保证制剂产品在到达用户手中使用时质量完好,药效不受影响。

此外,为了社会和产业的可持续发展,还需要关注农药制剂包装物的无污染、可降解、可回收利用等。对于农药制剂包装的发展是一个可持续发展和不断创新的过程。它们可以帮助农药生产企业持续提高形象,并且可显示农药生产企业对推广高安全性、高质量产品的高度关注。

第十节　悬浮剂的商品化品种及其应用

悬浮剂研究开发的最终目的就是将该品种商品化。无论一个品种的研究多么深入,性能如何优良,必须要保证商品化后的剂型产品具有同样优异的物化性能和生物活性。此外,任何农药有效成分(例如除草剂、杀虫剂、杀菌剂、杀螨剂和植物生长调节剂等)在农业上能否获得成功应用,在于它是否加工为正确和适用的剂型。例如:5%氟虫腈悬浮剂(锐劲特)、500g/L甲基硫菌灵悬浮剂、25%嘧菌酯悬浮剂(阿米西达)、25%氯虫苯甲酰胺悬浮剂(康宽)、6.9%精噁唑禾草灵水乳剂(骠马)和41%草甘膦异丙胺盐水剂(农达)等制剂开发和应用,都是剂型应用成功的实例。

目前可以加工悬浮剂的农药有效成分多达275个。悬浮剂加工规格范围宽广,其范围主要在1%～60%之间。例如,高质量分数的悬浮剂品种有:800g/L硫黄悬浮剂、600g/L的吡虫啉悬浮剂、60%丙环唑•三环唑悬浮剂等。低质量分数悬浮剂产品,例如美国陶氏益农公司2.5%多杀菌素悬浮剂(菜喜)、德国拜耳公司2.5%溴氰菊酯悬浮剂(敌杀死)、德国拜耳公司2.5%灭菌唑悬浮剂(扑力猛)、1.1%阿维菌素•印楝素悬浮剂和最低含量的生物农药1%申嗪霉素悬浮剂等。

2004年国内外公司在我国登记的悬浮剂品种就已超过200个(其中国外农化公司登记的品种有64个);2005年国内悬浮剂登记品种(包括卫生制剂在内)约占制剂品种的5.8%;2008年国内登记悬浮剂品种达395个(包括国外登记的76个),约占制剂品种的7.18%;2011年国内登记悬浮剂品种达到520个,发展趋势在不断增长。

悬浮剂在国内外农药剂型中已成为基本的剂型,同时也逐步成为替代粉状制剂和部分乳油的优良剂型之一。

近年来,悬浮剂剂型品种的商品化主要有以下几个方面。

一、有特点农药新品种的商品化

近几年国外农化公司开发的一些非常有特点的农药活性成分,其剂型多以悬浮剂为主。例如：2.5%多杀菌素悬浮剂（菜喜）、480g/L多杀菌素悬浮剂（美国陶氏益农），5%氟虫腈悬浮剂（锐劲特）（巴斯夫），5%唑螨酯悬浮剂（霸螨灵）（日本农药），10%溴虫腈悬浮剂（除尽）（巴斯夫），12.5%高效氯氰菊酯悬浮剂（保富）（拜耳），20%虫酰肼悬浮剂（米满）（罗门哈斯），200g/L氯虫苯甲酰胺悬浮剂（杜邦），240g/L螺虫乙酯悬浮剂（德国拜耳），240g/L螺螨酯悬浮剂（拜耳），250g/L嘧菌酯悬浮剂（先正达）和687.5g/L氟菌·霜霉悬浮剂（德国拜耳）等。有些产品早已进入中国市场，并得到用户广泛使用和认可。

二、国外专利到期（或将到期）品种的商品化

2009～2013年国外专利到期（或将到期）的农药品种多加工成悬浮剂产品。例如杀菌剂有：250g/L、500g/L肟菌酯（trifloxystrobin）悬浮剂，25%啶氧菌酯（picoxystrobin）悬浮剂，30%醚菌酯（kresoxim-methyl）悬浮剂，50%环酰菌胺（fenhexamid）悬浮剂，50%咪唑菌酮（fenamidone）悬浮剂；除草剂有：2%吡草醚（pyraflufen-ethyl）悬浮剂，4%异噁草酮（isoxaflutole）悬浮剂，10%甲基磺草酮（mesotrione）悬浮剂，50%氟噻草胺（flufenacet）悬浮剂，60%氨唑草酮（amicarbazone）悬浮剂；杀虫剂有：24%、48%噻虫啉（thiacloprid）悬浮剂等。

三、高浓度悬浮剂品种的商品化

目前，国内外开发高浓度悬浮剂产品正成为发展动向，其主要目的是为了减少库存占用量，降低生产费用，节省包装和贮运费用。国外农化公司早在2004年，在我国登记的悬浮剂品种中有1/3是高浓度悬浮剂品种，如430g/L戊唑醇悬浮剂，50%草除灵悬浮剂，500g/L异丙隆悬浮剂，500g/L异菌脲悬浮剂，500g/L甲基硫菌灵悬浮剂，55%吡氟酰·异丙隆悬浮剂和600g/L吡虫啉悬浮剂等产品。国内厂家研发、登记和生产的高浓度悬浮剂产品，单剂有500g/L异菌脲悬浮剂，500g/L四螨嗪悬浮剂，500g/L甲基硫菌灵悬浮剂，600g/L（48%）吡虫啉悬浮剂，50%硫黄悬浮剂，50%丁醚脲悬浮剂，50%噻嗪酮悬浮剂，500g/L丁噻隆悬浮剂，550g/L三环锡悬浮剂等产品；混剂有45%硫黄·三环唑悬浮剂，45%硫黄·三唑酮悬浮剂，45.5%阿维菌素·丁醚脲悬浮剂，49.5%多菌灵·硫黄悬浮剂，50%达螨灵·丁醚脲悬浮剂，500g/L四螨嗪·丁醚脲悬浮剂等产品。这些高浓度悬浮剂产品基本已在市场销售并深受用户欢迎。

参考文献

[1] 卜小莉，黄啟良，王国平等. 触变性及其在农药悬浮体系中的应用前景. 农药，2006，45（4）：231-235.

[2] 卜小莉. 吡虫啉触变性悬浮体系构建及其性能研究. 长沙：湖南农业大学，2006.

[3] 陈蔚林. 农药新剂型和助剂的研究开发概况. 安徽化工，2002，115（1）：4-6.

[4] 戴权. 环保型农药制剂的发展思路. 安徽化工，2006，141（3）：45-46.

[5] 冯建国,张小军,于迟等.我国农药剂型加工的应用研究概况.中国农业大学学报,2013,18（2）：220-226.
[6] 傅献彩,沈文霞,姚天扬等.物理化学.北京：高等教育出版社,2005.
[7] 高德霖.农药悬浮剂的物理稳定性问题.中国化工学会农药专业委员会第八届年会论文集.1996：406-410.
[8] 郭武棣.液体制剂.北京：化学工业出版社,2003.
[9] 何林,慕立义.农药悬浮剂物理稳定性的预测和评价.农药科学与管理,2001,22：10-12.
[10] 胡冬松,沈德隆,裴琛.农药剂型发展概况.浙江化工,2009,40（3）：14-16.
[11] 华乃震,华纯.农药悬浮剂发展优势和应用前景.世界农药,2013,35（1）：29-33.
[12] 华乃震.农药剂型的进展和动向：上.农药,2008,47（2）：79-81.
[13] 华乃震.农药剂型的进展和动向：中.农药,2008,47（3）：157-160.
[14] 华乃震.农药剂型的进展和动向：下.农药,2008,47（4）：235-239.
[15] 华乃震.农药悬浮剂的进展、前景和加工技术.现代农药,2007,6（1）：1-7.
[16] 今井正芳.农药新剂型.农药译丛,1991,13（5）：34-44.
[17] 孔宪滨,徐妍.热熔凝聚法加工农药悬浮剂.农药,2004,43（12）：539-541.
[18] 李丽芳,王开运.悬乳剂及其稳定性.农药,2000,39（5）：14-16.
[19] 李伟雄.农药剂型悬浮剂及其应用前景.广东农业科学,2007,6：63-65.
[20] 凌世海.我国农药加工工业现状和发展建议.农药,1999,38（10）：19-24.
[21] 刘广文等.现代农药剂型加工技术.北京：化学工业出版社,2012.
[22] 刘红梅.水基性农药剂型研究进展.广东化工,2009,36（4）：80-82.
[23] 路福绥.农药悬浮剂的研究开发.农药论坛.中国农药,2006,（6）：9-11.
[24] 潘立刚,陶岭梅,张兴.农药悬浮剂研究进展.植物保护,2005,31（2）：17-20.
[25] 沈娟,黄啟良,夏建波等.分散剂及黄原胶对多菌灵悬浮剂流变性质的影响.农药学学报,2008,10（3）：354-360.
[26] 屠予钦.农药剂型和制剂与农药剂量转移.农药学学报,1999,1（1）：1-6.
[27] 屠豫钦,王以燕.农药的剂型问题与我国农药工业的发展.农药,2005,44（3）：97-102.
[28] 徐年凤,闻柳.有关悬浮剂稳定性的几个问题.世界农药,2000,22（3）：42-43.
[29] 徐妍,马超,胡奕俊等.烯草酮-β-环糊精包合物悬浮剂的制备及流变学行为.农药,2011,50（2）：109-112.
[30] 徐妍,马超,刘世禄等.浅谈农药悬浮剂的质量提升.现代农药,2010,9（2）：18-23.
[31] 徐妍,孙宝利,战瑞等.浅谈农药剂型的新进展.现代农药,2008,7（3）：10-13.
[32] 徐妍,张政,吴学民.高性能表面活性剂在农药悬浮剂中的应用.农药,2007,46（6）：374-378.
[33] 徐妍.悬浮剂的研究与发展.中国农药,2013,9（6）：19-24.
[34] 张一宾.2007年世界农药市场概述.农药,2009,48（1）：1-6.
[35] 朱炳煜.四种有机改性膨润土在农药悬浮剂中的应用初探.泰安：山东农业大学,2009.
[36] Bernard P B, Anals R. Stabilisation of liquid-air surfaces by particles of low surface energy. Physical Chemistry Chemical Physics, 2010, 12: 9169-9171.
[37] Leslie Y Y, Omar K M, E Susana P, et al. A simple predictive tool for modelling phase inversion in liquid-liquid dispersions, Chemical Engineering Science, 2002, 57: 1069-1072.
[38] Manual on development and use of FAO and WHO specifications for pesticides. Rome: FAO/WHO Joint Meeting on Pesticide Specifications, 2010: 146-149.
[39] Parmar K P S, Méheust Y, Børge S, et al. Electrorheological suspensions of laponite in oil: rheometry studies. Langmuir, 2008, 24: 1814-1822.

第四章

水分散粒剂

第一节 概述

一、水分散粒剂的概念

水分散粒剂（water dispersible granules，WG）是20世纪80年代初在欧美发展起来的一种农药新剂型，国际农药工业协会联合会（GIFAP）将其定义为：在水中崩解和分散后使用的颗粒剂，《农药剂型名称及代码国家标准》（GB/T 19378—2003）定义为"加水后能迅速崩解并分散成悬浮液的粒状制剂"。水分散粒剂主要由农药有效成分、分散剂、润湿剂、黏结剂、崩解剂和填料组成，粒径200~5000μm，入水后能迅速崩解、分散形成高悬浮分散体系。

随着农药加工技术的发展，环保意识在农业生产中认识日益深入，乳油、可湿性粉剂、粉剂、颗粒剂等传统剂型自身存在的缺点，逐渐被农药开发者和农药生产商所认识。乳油是一种加工方法简单，制剂性能优良，使用方便的剂型，但是乳油配方中大量使用甲苯、二甲苯等挥发性芳烃溶剂，据报道每年使用30万~40万吨，不仅对环境造成了较严重的污染，而且对石化资源造成了浪费。可湿性粉剂配方中不用有机溶剂，但是由于在生产和使用过程中，容易产生粉尘飞扬，不仅危害人的健康，还会造成环境污染，尤其是一些高活性的除草剂，少量粉尘飘移也容易使临近敏感作物产生药害。粉剂的主要问题是粉尘飘移，体积大，不易计量，现在仅用于干旱地区和一些特定场所。颗粒剂特点是高毒农药低毒化，延长持效期，但使用范围窄，多为根部施药，主要防治地下害虫。水分散粒剂有效地克服了这些传统剂型的不足之处，突出其优点，发展极为迅速，目前在国内已经成为市场上主要农药剂型品种之一。

1. 水分散粒剂与干悬浮剂的区别

在美国等一些国家水分散粒剂又被命名为干悬浮剂，简称干悬剂。干悬浮剂也属于水分散粒剂，两者外观相同，均为粒状制剂，使用时都是加入水中后颗粒崩解形成悬浮液进行喷雾，但与常规的水分散粒剂稍有不同，二者之间有一定的区别。在工艺上，常规水分散粒剂物料经过混合、气流粉碎、捏合、造粒、干燥、计量、包装等几道工序，而干悬剂物料经混合、湿法砂磨等工序后，造粒及干燥工序同步完成，最后进行计量及包装。在配方上，二者组成也不相同，常规水分散粒剂中除加入干悬浮剂加入的助剂外，还要加入一些助崩解剂、填料、黏结剂等加工过程助剂。在造粒方式上，干悬剂的造粒，只有喷雾造粒一种造粒方式，而水分散粒剂的造粒方式式有多种。在颗粒外形上，水分散粒剂的颗粒形态有球状及柱状两种，而干悬剂只有球状。在生产设备上，物料粉碎设备、造粒设备等都有较大差异。两种剂型的区别见表4-1。

表 4-1 水分散粒剂和干悬浮剂的区别

项 目	水分散粒剂	干悬浮剂
前期处理	WP 的生产延伸	SC 的生产延伸
前期状态	固、气、液三相混合	固、液混合
产品状态	颗粒	微粒或细粉
造粒工艺	干法造粒	喷雾干燥（造粒）
标准代号	WG（或 WDG）	DF
基本粒子直径/μm	5～15	1～5
粉碎方式	干法粉碎	湿法砂磨

2. 水分散粒剂与可湿性粉剂的区别

首先，可湿性粉剂最大的缺点是产生粉尘，在加工时会有粉尘处理问题。其次，可湿性粉剂具有较低的堆积密度，当加水稀释时不能迅速地润湿，可能会有过长的混合时间或者在水中会形成团块，这些团块难于在水中均匀分布和分散，影响了它们的使用，在某种极端情况下，不分散的团块还可能堵塞喷雾器的喷嘴。

水分散粒剂是在可湿性粉剂的基础上发展起来的，在某种程度上也可以认为是可湿性粉剂的二次深加工，然而可湿性粉剂与水分散粒剂在配方与加工过程方面既有相同之处又有一定差异。首先，在配方上，二者的配方中都有分散剂、润湿剂以及填料，而在水分散粒剂的配方中，还需加入造粒过程助剂及应用助剂，加工过程助剂如黏结剂、润滑剂等，应用助剂如崩解剂等。其次，在加工工艺方面，可湿性粉剂加工过程比较简单，一般有混合、干式粉碎、计量、包装等几道工序，而水分散粒剂需要混合、粉碎（干粉碎或湿粉碎）、捏合、造粒、干燥、筛分、计量、包装等工序。两种剂型的异同见表4-2。

表 4-2 可湿性粉剂与水分散粒剂的区别

项目	可湿性粉剂	水分散粒剂
配方	分散剂、润湿剂、填料	分散剂、润湿剂、崩解剂、黏结剂、填料
加工过程	混合、粉碎、计量、包装	混合、粉碎(干、湿)、捏合、造粒、干燥、筛分、计量、包装

二、水分散粒剂的特点

1. 水分散粒剂的优点

水分散粒剂为固体粒状制剂，在水中易于崩解、分散，由于独特的特点，目前已成为新剂型开发的热点。水分散粒剂产品具有以下优点。

① 不含有机溶剂，对作业者和环境安全。由于它不用有机溶剂，避免了易燃易爆和污染环境等问题。

② 产品在包装、贮运、使用过程中无粉尘，在运输、使用过程中可以降低粉尘对人体的危害。

③ 制剂流动性好，不粘连、不结块、不黏壁、易包装、易计量。加工的颗粒易于自由流动，易于称量和倒出，避免了水悬浮剂使用时黏壁、清洗和回收包装等问题。

④ 加工的颗粒具有一定的强度，且入水易崩解，分散后悬浮率高而不易堵塞喷雾器喷头。一般不用搅拌或只需稍加搅拌，即可形成均匀喷雾悬浮液，悬浮率可高达 90% 以上。

⑤ 可制成高含量活性成分制剂，一般含量可在 50% 以上，最高达 90%。

⑥ 贮存稳定性好，只要包装密封性良好，即使贮存在较恶劣的条件下，也能保证 1~2 年不变质。

⑦ 易于与常规剂型乳油、可湿性粉剂、悬浮剂及液体化肥和微量元素等混合使用。

由于上述优良特性，该剂型愈来愈受到人们的欢迎和重视。目前，从技术上说，大多数农药品种都可以加工成水分散粒剂。一些液态的原油，经过一定吸附等工艺处理后也可以加工成水分散粒剂。

2. 水分散粒剂的特性

从某种意义上说，水分散粒剂是在可湿性粉剂或水悬浮剂基础上的二次加工。配方工艺要求高，加工工序较为复杂。尽管如此，由于它与传统剂型相比有非常鲜明的特性，因此受到青睐。经过多年的实践总结出以下几个特性。

(1) 水分散粒剂具有广泛的适应性　首先，是对农药品种的适应，几乎所有的可湿性粉剂和水悬浮剂产品都可以转换成该种剂型，对于一些熔点低，粉碎较困难、不便于制成可湿性粉剂以及水中稳定性较差而无法制成水悬浮剂的农药品种，选择水分散粒剂剂型则有独特的使用价值；其次，是对制剂含量的适应，该剂型克服了传统剂型对制剂含量的制约因素，可以加工成许多高含量的水分散粒剂品种，如莠去津水分散粒剂的有效成分含量可达 90%。

(2) 水分散粒剂对超高效农药具有良好的匹配性　随着人们对活性化合物筛选技术的不断进步，涌现出一批具有超强活性的农药新品种，由于它们大多分子链较长、活性官能团较大，大多数有效成分油水不溶，难于制备成液体制剂，因此必须走固体剂型加工的新路。充分合理地发挥这些品种的药效，需要有与之相适应的剂型以及剂型加工技术，而水分散性粒剂正适应这种需要。目前的许多超高效农药，每亩（1 亩＝666.7m²）用量（有效成分）只有几克甚至不超过 1g。如此少的用量，若再把它们加工成低浓度可湿性粉剂或水悬浮剂产品很不经济。例如：苯磺隆是磺酰脲类小麦超高效除草剂，每亩有效成分用量 0.8～1.2g。按目前国内企业登记的 10％可湿性粉剂计算，每亩商品量需要 10g 以上，而 75％水分散粒剂商品用量只需 1g 左右，节省了大量的包装和运输费用。

（3）水分散粒剂生产工艺具有多样性　目前通常采用的有喷雾造粒干燥法、沸腾造粒干燥法、冷冻干燥造粒法、流化床造粒法、捏合挤出造粒法等。工艺选择完全根据所加工农药的物化性能，以确定最佳的加工工艺路线。

（4）水分散粒剂对环境友好　当今化学农药的环境污染已成为一个严重的社会问题，在生物农药还无法完全取代化学农药的今天，如何最大限度地减少化学农药对环境的污染，已变得刻不容缓，而水分散粒剂的粒状化可大大减少粉尘飘移对环境造成的危害，是一种对环境友好的剂型。

3. 水分散粒剂的不足之处

① 由于水分散粒剂可以看成是可湿性粉剂和悬浮剂的二次深加工，无形中增加了工艺的复杂性，需要较高的操作技术，增加了能耗，提高了生产成本。

② 干法挤压造粒由于受工艺条件的局限，一般采用开放式生产，在捏合、筛分等工序必然产生一些粉尘，对生产者造成一定的粉尘污染。

③ 如果配方研制不完善，颗粒的强度太大，不利于崩解，强度太小，颗粒强度不够，容易破碎；在崩解过程中有可能存在颗粒不能完全崩解到原始的粒度，分散悬浮性能达不到要求的问题。

以上这些因素都会对生产和应用等产生一定的影响。

三、 水分散粒剂国内外发展进程

1. 水分散粒剂在国内外发展概况

早在 1960 年英国就曾使用 Weedol 产品名称出现在讨论会和宴会上（当然不是农化产品）并有水分散粒剂产品出售。而世界上第一个商品化的水分散粒剂分别是在 20 世纪 80 年代初由瑞士汽巴-嘉基公司生产的阿特拉津水分散粒剂（商品名 AAtrexNine-O，900 WG）和美国杜邦公司生产的嗪草酮干悬浮剂（商品名 Lexone，750DF），此后，杜邦公司和英国 ICI 公司等相继开发生产出 75％氯磺隆、75％苯磺隆、60％甲磺隆、25％豆磺隆、20％醚磺隆、50％抗蚜威、80％异丙隆、85％甲萘威、60％利谷隆、90％敌草隆、90％西玛津、80％绿麦隆、20％扑草津、80％敌菌丹、80％灭菌丹等水分散粒剂产品。早期在商业上开发使用的水分散粒剂含量很低，一方面由于生产成本较高，另一方面受当时工艺和技术水平的限制，只能对少数的几个农药品种（如：阿特拉津）加工成水分散粒剂。由于水分散粒剂具有其独特的优势和环保特性，因此在 1990 年后引起了农药工作者更广泛的关注。此后，随着每年都有相当数量的有关水分散粒剂的专利和文献发表，应用于水分散粒剂的新助剂的不断开发，加工造粒工艺技术和设备的不断进步，促使农药企业纷纷投入到水分散粒剂的开发与生产中。现在商业上已有数百个品种的水分散粒剂在市场上销售，目前，美国、瑞士、日本、德国、法国、英国等著名的农药公司都在积极开发水分散粒剂产品。

水分散粒剂在国外农药市场份额正在迅速增加，在1993年和1998年，美国水分散粒剂所占份额分别为13%和19%，而英国则为5%和11%。美国在1998年水分散粒剂市场份额已超过可湿性粉剂（1993、1998年可湿性粉剂分别为16%和15%）。此外，水分散粒剂的增加，也可以从主要的国外农化公司发表的应用文献和资料中看出，例如，1980年平均水分散粒剂专利数量为10件/年，1990年上升到80件/年，现在为100件/年。今后，水分散粒剂增加的数量还难以预测，但它已成为国际上安全和环保型剂型发展的方向是毫无疑问的事实。

目前国外农化公司在我国登记的水分散粒剂品种，从1998年的4个增加到2012年的100个，增长幅度惊人。而国内在1998年水分散粒剂品种登记几乎是一片空白，说明我国在水分散粒剂研究方面大大滞后于国外。根据刘刚等人的统计，20世纪90年代以前，国内企业登记水分散粒剂产品数量寥寥无几，绝大多数为国外企业在我国登记的；截至1999年年底，在登记有效期内的23个水分散粒剂产品中，属于国外企业的有22个，国内企业只有1个，仅占4.3%。2000年后，我国加快了水分散粒剂的研究和开发速度，加强了对水分散粒剂的研发投入，包括应用于水分散粒剂的助剂、生产工艺、生产设备的研发投入，使国内水分散粒剂产品的开发和登记呈现逐年快速发展的趋势。如2001年国内企业新登记水分散粒剂产品8个，2005年登记数量达到40个，而2009年该剂型产品登记数量达到207个，相当于2006年前所有年份的登记数量。截至2012年年底，获得登记的1084个水分散粒剂产品中，国内企业占90.8%，国外企业只占9.2%（表4-3），其中许多产品都是国内企业自主研发并首家登记的。水分散粒剂产品在市场上所占的份额越来越重，成为目前市场上占据主流的农药新剂型之一。

表4-3 历年水分散粒剂产品登记数量　　　　单位：个

年份	国外产品	国内产品	合计
2000年前	22	1	23
2000	7	1	8
2001	5	4	9
2002	3	14	17
2003	0	19	19
2004	4	26	30
2005	6	60	66
2006	0	40	40
2007	4	89	93

续表

年份	国外产品	国内产品	合计
2008	10	89	99
2009	16	191	207
2010	4	55	59
2011	10	143	153
2012	9	252	261
总计	100	984	1084

注：1. 2009 年以前数据来源于文献（刘刚等，2010）。
2. 2009 年以后数据来源于中国农药信息网（www.chinapesticide.gov.cn）。

从登记农药的不同类别来看，在取得有效登记的总共 689 个水分散粒剂产品中，杀虫杀螨剂、杀菌剂、除草剂分别有 241 个、222 个和 164 个，分别占 35.0%、32.2%和 23.8%。植物生长调节剂仅有 1 个产品取得水分散粒剂剂型的登记。

2. 水分散粒剂助剂的发展概况

水分散粒剂中常用的表面活性剂主要是分散剂和润湿剂，常见的分散剂结构类型有：聚羧酸盐、萘磺酸盐甲醛缩合物、木质素磺酸盐、烷基萘磺酸盐、烷基酚聚氧乙烯醚甲醛缩合物硫酸盐、EO-PO 嵌段共聚物等；常见的润湿剂结构类型有：烷基酚聚氧乙烯醚、脂肪醇聚氧乙烯醚、脂肪酸酯硫酸盐、萘磺酸钠盐、烷基苯磺酸盐、木质素磺酸盐、二丁基萘磺酸盐 BX、十二烷基硫酸钠、十二烷基苯磺酸钠等。

近几年，分散剂的研究较为活跃，同时也带动了水分散粒剂、悬浮剂等环境友好型农药剂型的发展。聚合羧酸盐类表面活性剂分子量大，在原药固体颗粒界面形成多点吸附，不易从颗粒界面脱落，表现出与原药固体颗粒间很强的吸附力和良好的水稳定性，在水基化新剂型农药的开发中正逐渐受到重视，这类新型的聚合物表面活性剂一般具有"梳子"形结构，其相对分子质量一般为 20000～50000，具有很长的疏水主链和很多的亲水支链，亲水支链部分插入水相围绕在粒子周围起着屏障位阻作用，且这类聚合表面活性剂比常规的表面活性剂吸附能力大 10 倍，可牢固地吸附在固体颗粒界面上，极大地改善了农药制剂的稳定性。随着水基化新剂型农药对乳油的取代，这类梳子形聚合物表面活性剂将有很大的发展潜力。

萘磺酸盐甲醛缩合物也是农药剂型中常用的分散剂，我国使用的萘磺酸盐甲醛缩合物（NNO）是从染料助剂中引入的，分子量小，影响分散效果，一般来说，分散剂分子量愈大，分散作用愈强，国外用更多的萘核缩合和采取不同的磺化度，得到萘磺酸盐甲醛缩合物系列产品，有的平均相对分子质量达 2000 以上，不仅用做可湿性粉剂的分散剂，也用做悬浮剂、水分散粒剂的分散剂。农药分散剂木质素磺酸盐的性能取决于其分子量，木质素磺酸盐分子量大，磺化度高，才能表现出良好的分散性能，在木质素磺酸盐方面，我国木质素磺酸盐生产厂家较少，且品种单一，没有系列化，平均相对分子质量一般在 4000 左右，很少有相对分子质量超过 10000 的，且其分散性能与国外同类产品相比有很大差距。开发高分子量和高磺化度以及细分的系列产品，是萘磺酸盐甲醛缩合物和木质素磺酸盐当前和今后农药用分散剂的一个重要方向。

水分散粒剂等新剂型的研究及开发也促进了新的相应助剂的研发，研究者成功解决了新型助剂的稳定性较差、成本高等问题，国内外均已开发出许多分散剂并成功应用于水分散粒剂的配方中。国外近年来开发了一批高性能水分散粒剂专用助剂，如 Akzonobel 公司的 Morwet 系列萘磺酸产品，Hantsman 公司的 Tersperse 聚羧酸盐系列产品，Rhodia 公司的 Soprophor 系列磷酸酯类产品及羧酸盐分散剂，竹本油脂公司通用性强的缩合磺酸盐产品，BASF 公司的 Pluronic 系列 EO-PO 嵌段聚醚产品，Clariant 公司的 Dispers-ogen 系列磷酸酯类产品，Croda 公司的 Atlox 系列聚羧酸盐产品，Diamond shamrock 公司开发的 Sellogen 系列助剂，Borregaard 和 Meadwestvaco 公司的产品以木质素磺酸盐为主，迈图公司的产品主要为有机硅增效剂，以及油悬剂中使用的 Tensiofix 系列助剂和 Rhodia 系列助剂。国内企业在新助剂方面也投入了研究和开发，"十一五"和"十二五"期间，在国家科技支撑计划项目课题《农药专用助剂的开发及应用》和《农药专用助剂的创新开发》的资助下，通过"产、学、研"联合攻关，开发了高分子聚合羧酸盐、高分子量高磺化度萘磺酸盐、EO-PO 嵌段聚醚、琥珀酸接枝磺酸盐、松香磺酸盐、高磺化度木质素磺酸盐、有机硅等一批农药水基化环保剂型使用的表面活性剂和替代苯类溶剂的绿色溶剂系列产品，为改进和替代进口助剂产品，加速我国农药制剂产品向环保剂型转化起到了积极作用。如北京广源益农化学有限责任公司开发的聚羧酸盐 GY-D800、GY-D900 分散剂等在国内农药制剂企业已经得到广泛应用，再如南京擎宇公司的羧酸盐分散剂等。

近年来，复配助剂在水分散粒剂中的应用也成为一个发展方向，Roching 在制备除草剂和植物生长调节剂水分散粒剂时，将固体表面活性剂（如十二烷基苯磺酸钠）和铵盐（如硫酸铵）混合为润湿剂，在不降低防效的情况下，又提高分散效果。Morales 将昆虫病原菌、矿物油、甘油、氧化锌、硅酸镁铝、二氧化钛等制成水分散粒剂，克服了微生物制剂室温下贮存易失活、产品不均匀的缺点，在合成分散剂方面，Richard 等人开发了一种苯丙烯共聚物，用于挤出造粒中水分散粒剂的分散剂，用量一般为 3%～7%，能显著提高水分散粒剂颗粒的崩解性和悬浮性，而且发现可以延长制剂在高温下的贮存期，Kirby 合成了由马来酸酐低聚物和 α-甲基苯乙烷低聚物组成的交替共聚物，该共聚物用于西玛津水分散粒剂配方中的分散剂，表现出优良的分散效果。

助剂发展过程中分散剂的相对分子质量和水分散粒剂理化性质间的关系显得尤为引人注目，Joseph 等认为组成水分散粒剂配方的各组分即使微小的变化都会对水分散粒剂的理化性质产生影响，他们着重研究了分散剂对水分散粒剂悬浮率的影响，在配方中各组分含量一定的情况下，改用不同相对分子质量的分散剂，对有效成分分别为2.5%和5%的制剂研究结果表明：在一定范围内，随着分散剂相对分子质量的增大，悬浮率逐渐提高。Colli等在分散剂相对分子质量和水分散粒剂的包裹率之间构建了函数关系式，他们认为水分散粒剂的崩解速度和完全性取决于很多因素，但其中最重要的两个因素是水分散粒剂的空隙度和表面活性剂的包裹率，依据分散剂相对分子质量与这两个因素的函数关系可在配方设计过程中优选配方组成。

我国在水分散粒剂剂型的研发、生产方面大大滞后于国外，我国目前仅有少数单位开始掌握水分散粒剂技术，能供应市场销售质量过关的品种和数量还是偏少，在农药销售市场中所占的份额较低，远远落后于发达国家，需加大引导和研发力度。可喜的是，国内已经开始关注并投入人力、物力、财力研究开发水分散粒剂，并取得了一定的成绩，同时也带动了与此相关的学科及助剂、生产设备等的进一步发展。

第二节　水分散粒剂理论基础

水分散粒剂属于固体粒状剂型，于20世纪80年代才开始商品化，是一种农药新剂型。在制剂形成过程中，既有粉尘成粒过程，又存在着在水中崩解过程，崩解后的微粒需在水中稳定悬浮。有关水分散粒剂的形成、崩解、稳定理论鲜见报道，仅在医药行业有所报道，主要机制有颗粒团聚、崩解及悬浮稳定理论。

一、颗粒团聚机制理论

1. 颗粒的成长机制

粉状粒子在黏结剂的作用下聚结成颗粒时，其成长机制有下列不同方式。

(1) 粒子核的形成　一级粒子（粉末）在液体架桥剂的作用下，聚结在一起形成粒子核 [图4-1(a)]，此时液体以钟摆状存在。这一阶段的特征是粒子核的质量和数量随时间变化。

(2) 聚并　如果粒子核表面具有微量多余的湿分，粒子核在随意碰撞时，发生塑性变形并黏结在一起，形成较大颗粒 [图4-1(b)]。聚并作用发生时，粒子核的数量明显下降，而总量不变。

(3) 破碎　有些颗粒在磨损、破碎、振裂等作用下变成粉末或小碎块。这些粉末或碎块重新分布于残存颗粒表面，重新聚结在一起形成大颗粒 [图4-1(c)]。造粒过程中，经常伴随粉末和碎块的产生和再聚结。

(4) 磨蚀传递　由于摩擦和相互作用，某颗粒的一部分掉下后黏附于另一颗粒的表面上 [图4-1(d)]，这一过程的发生是随意的，没有选择性。虽然在此过程中，颗粒大小不断地发生变化，但颗粒的数量和质量不发生变化。

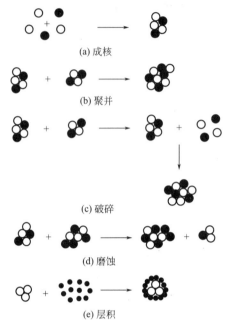

图 4-1 粒子的成长机制（Schafer 和 Mathiesen，1996）

(5) 层积 粉末层黏附于已形成的芯粒子表面，从而形成颗粒成长的过程 [图 4-1(e)]。加入的粉末干、湿均可，但粉末的粒径必须远小于芯粒子的大小，以使粉末有效地黏附于芯粒子表面。在此过程中，虽然颗粒的数量不变，但颗粒大小逐渐长大，因此造粒系统的总量发生变化。

就粉体的颗粒化过程而言，主要有以下 5 种可能的机制：固体架桥、液体架桥、结合剂架桥、固体粒子间吸引力、封闭型结合。

上述机制类型中最多的是原始粒子之间存在架桥物的固体架桥团聚颗粒化机制，还有粒子间吸引力导致的颗粒化。由于颗粒长大方式的机制不同，产品的物理性质也有所不同。

任何一种造粒过程都伴随着多种成长机制，但造粒方法不同时，主导的造粒机制有所不同，如流化造粒过程中，粒子的成长以粒子核产生、聚并、破碎为主；在离心造粒过程中，在先制备芯粒子的基础上，以层积、磨蚀传递为主进行造粒。

2. 架桥团聚颗粒化过程及途径

粉粒间的液体交连架桥多见于湿法制粒和沸腾制粒以及流化床喷雾制粒过程，其中粉体被液体包裹或因吸附液体架桥结合而成核并长大。Schafer 和 Mathiesen (1996) 就粉体的团聚颗粒化提出两种不同的形成机制，一是分布机制，黏合剂是分布在粉体粒子表面的，核的形成是通过黏合剂润湿的粒子间的合并而实现的液体架桥模型（见图 4-2 中 a-3）；另一个是包埋机制，当粉体颗粒被黏合剂微滴捕获或浸没的时候，形成粉体团聚的核，见图 4-2 中 a-2 的吸附层模型。

当黏合剂的颗粒大小大于粉体颗粒尺寸时,团聚机制主要倾向包埋机制。起始黏合颗粒小、黏合剂黏度低和/或较高的搅拌速率下的团聚机制将是分布机制,反之,则符合包埋机制。但是,如果团囊性太弱而无力抵抗混合器的冲击与剪切的话,随着合并颗粒的生长会同时出现团聚体的显著破裂。粉体团聚形成和增长的机制主要靠粉体颗粒大小和黏合剂之间的作用。

对小颗粒和黏性低的黏合剂来说,粉体团聚的主导机制是通过粒子之间的合并而实现核的形成的。当黏合剂黏性变得很强时,粉体颗粒将会包埋在黏合剂液滴中,此时包埋机制将占主导地位,粉体团聚的生长将会在粉体的表面继续进行。团聚体的强度因较小的粉体粒径、较高的黏合剂黏度以及团聚体的增浓作用而提高。

通常粉体团聚的两种机制是同时存在于同一制粒过程中的,并且,在药物制粒过程中,图 4-2 中 4 种结合机制也不是单一发挥作用的。在制粒过程中药物混料还可能因水分子的存在而使得其中无水物变成水合物,甚至改变药物的晶型,这些变化也会加强颗粒之间的扩散与渗透,从而提高颗粒之间的黏合。

造粒时,粉体物料加入黏结剂(必要时)混合后,在外力作用下使多个粒子黏结而形成颗粒。粉末之间的结合有黏附和内聚之分,前者指的是异种物料颗粒的结合,或将颗粒黏合到固体的表面。后者指的是同种物料颗粒的结合。湿法造粒时向固体粉末原料中加入液体黏结剂,通过黏结剂中的液体将物料粉末表面润湿,使粉粒之间产生黏着力,形成架桥,以制备均匀的塑性物料"软材"。然后在液体架桥与外加机械力的作用下形成一定形状和大小的颗粒。

湿颗粒形成的途径以及液体在粒子间的填充特性和结合力有以下几种不同的方式:通过自由可流动液体作为架桥剂进行造粒,不可流动液体产生的附着力与黏着力,粒子间形成固桥,从液体架桥到固体架桥的过渡。

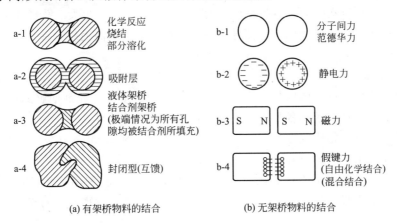

图 4-2 粉体结合机制示意图(Schafer 和 Mathiesen,1996)

二、崩解机制理论

在水分散粒剂中崩解剂是重要成分,但是它们的作用机制至今尚未被完全阐明。从水分散粒剂的定义中不难发现，崩解对于水分散粒剂在水中分散成原始颗粒为至关重要的过程，但是崩解剂在颗粒进入水体系中是怎么作用的，至今很少有关理论方面的报道。在20世纪70~80年代，医药固体制剂中相继出现了一些观点，如毛细管作用、膨胀作用、变形回复、排斥作用以及润湿热。尽管利用单一的机制很难解释崩解剂的复杂行为，然而，这些已有的机制却能在很多方面使我们更好地了解和引导研究崩解作用。

1. 毛细管作用

一种有效的崩解剂能够将水拉入水分散粒剂颗粒的空隙内。研究发现交联聚乙烯基吡咯烷酮膨胀程度较小，但吸水迅速。毛细管作用不像膨胀作用那样需要通过体积的增大产生崩解力。

系统吸水能力可以用Washbum方程式来概括：

$$V^2 = \frac{2d\gamma\cos\theta}{k_0\eta}t$$

式中　d——平均孔径；

　　　γ——液体表面张力；

　　　θ——固/液界面接触角；

　　　η——液体黏度；

　　　k_0——孔形常数。

Washbum方程过于简单，不能应用于动态的水分散粒剂崩解过程，但是它能够说明渗透量（V）和渗透时间（t）存在线性关系。例如，Kanig等认为，液体渗入多孔物的速度和程度依赖于毛细管现象和反向黏性阻力间的平衡。Rundnic等在评价不同粒径的交联聚乙烯基吡咯烷酮崩解效率时发现那些具有大粒径范围（50~300μm）的交联聚维酮崩解时间很短。大的粒径很可能会产生大的孔径并能改变孔的形状。事实上，由于大的粒径而导致的长纤维可能会提高毛细管摄水进入制剂基质的效率。

2. 膨胀作用

水分渗透后，进而膨胀是最为广泛易于被接受的水分散粒剂崩解的可能机制。然而该可能机制难以解释各种崩解剂之间膨胀性质上的差异。

最早用来测量膨胀程度的方法是测量沉降体积，Nogami等开发了一种用于测量膨胀率和吸水能力的可靠方法，Gissinger和Stalm改进了该装置并给出某些崩解剂膨胀率与崩解作用的相关性，后来，List和Muazzam利用该装置并运用力和传感器测量了膨胀率和膨胀力。通过测试发现能够产生较大膨胀力的崩解剂更容易崩解。

Mitrevej和Hollenbeck把单个的粒子置于载玻片上并暴露于高湿度条件下，通过显微镜观察其膨胀度，结果表明某些超级崩解剂具有显著的膨胀能力。

另外，当Caramella等评价不同崩解剂的膨胀能力时发现，最大崩解能力与粒子膨胀百分数之间没有关系，所以Swarbruck J.等认为崩解力的产生同速率是决定性的因素。膨胀力的产生如果慢的话，颗粒剂就有可能不发生断裂而会使应力得到缓解，因此产生快速膨胀力有利于崩解。

3. 变形恢复

所谓变形恢复，理论上是指崩解剂粒子在压缩时发生形变，当其遇湿后能够恢复到原来的形状，从而造成水分散粒剂瓦解的过程。

Hess 通过显微照片发现变形的淀粉粒子遇湿后恢复至原来的形状。Fassihi 认为，在较高的压力下，崩解依赖于片剂的力学活性，它来自于压缩过程贮存的机械能。他研究了处方含有 5% 崩解剂的片剂的崩解时间，发现不论用哪种崩解剂（羧甲基淀粉钠、微晶纤维素、交联羧甲基纤维素钠或淀粉），崩解时间均会随压缩力的增大而延长，而当压力超过 $120MN/m^2$ 时，崩解时间又会缩短。

对于形变及形变恢复这一崩解机制的研究还不完全。然而，对于那些很少能产生膨胀作用的诸如交联聚乙烯基吡咯烷酮和淀粉那样的崩解剂来说，形变及形变恢复会成为崩解剂作用的重要作用机制。这种崩解剂的崩解能力可能取决于崩解剂的相对屈服强度以及所压制辅料的相对屈服强度，因为崩解性能依赖于崩解剂颗粒承受多大的形变。同时崩解剂引起的形变会随着基质的松弛逐渐恢复。

4. 排斥理论

Guyot-Herman 和 Ringard 提出一种粒子间排斥理论，这种理论用于解释那些虽不具备膨胀能力但能够对水分散粒剂的崩解发挥作用的崩解剂，如淀粉。按照这个理论，水通过亲水孔道渗透进颗粒，且连续的淀粉网状物能将水分从一个粒子输送至下一个粒子，从而产生重要的流体静压力。

5. 润湿热

Matsumara 发现淀粉粒子遇湿后能够轻微地放热，导致水分散粒剂中残留的空气膨胀而产生局部压力。List 和 Muazzam 发现并不是所有的崩解剂都会产生润湿热，即便能够产生很大的润湿热，崩解时间也不一定缩短。Caramella 等发现在一些配方中，即便温度升高引起空气膨胀，内部也不会产生很大的应力。因此，他们认为，由润湿热导致孔中空气膨胀这一解释还不能得到数据证明。实际上，使用一种热力学方法去设计崩解机制模型会很有趣，但仅靠润湿热来解释崩解还是不够的。

6. 崩解力或压力的产生

在崩解机制中，崩解力产生的速率是各种因素相互作用的叠加。Peppas 把可溶性和不溶性体系之间崩解速率的差异归因于两种机制，即界面控制机制和扩散控制机制。实际上，崩解剂高度亲水但在水中不溶，因此可预料它们通过界面效应崩解水分散粒剂要比控制扩散更加有效。

总之，各种观点在解释固体制剂崩解时，常会出现一些矛盾。但是，毋庸置疑，在固体制剂崩解过程中，水分对颗粒的润湿与渗透是崩解的起始步骤，崩解的快慢在很大程度上受制于水分渗入颗粒的速度和程度。但是对于以水溶性高的基质制成的颗粒体系，快速的水分吸入反而使其崩解速率减慢，快速的液体吸入会导致水溶性基质溶解，孔隙率增大，从而容许膨胀或结构恢复。

由于许多复杂因素的存在，对崩解剂的作用机制还不能完全了解。但是毛细管作用、膨胀作用、变形恢复、粒子间的排斥作用以及润湿热等在崩解过程中具有重要作用。

三、分散稳定机制理论

农药水分散粒剂需对水稀释后再使用，稀释后的体系内包括的分散相（原药粒子、水不溶性填料粒子，粒径小于 $10\mu m$）与分散介质（水）之间存在相当大的相界面和界面能，是一种介于胶体和粗分散体系之间的热力学不稳定体系。粒子会自动聚集，从而使界面面积减小，界面能降低，以致整个体系不能达到稳定悬浮状态。因此，需要加入具有分散作用的表面活性剂来保持农药颗粒的悬浮稳定性。水分散粒剂常用的分散剂包括聚合羧酸盐、萘磺酸盐、木质素磺酸钠等阴离子分散剂。水基性制剂形成的悬浮体系中的原药颗粒很小，与分散介质间存在巨大的相界面，裸露的原药颗粒界面间亲和力很强，吸引能很高，易导致原药颗粒间聚结合并长大，甚至结块。而分散剂具有独特的分子结构和功能，可以显著提高其抗聚集稳定性，可以使固体粒子团簇破碎和分散，阻止已分散的粒子再聚集。分散剂对固体颗粒的分散、悬浮稳定作用可通过以下几种机制进行解释。

表面活性剂分子具有特殊的两亲分子结构，即由亲水基和亲油基（疏水基）两部分组成。水分散粒剂分散在水中后，配方中加入的表面活性剂分子的疏水基在原药颗粒界面上吸附，亲水基朝向分散介质水中，使分散的原药颗粒界面的界面自由能减少，农药颗粒间合并的趋势减弱，从而使农药水悬浮液的分散趋于稳定。

1. 表面活性剂在固液界面的吸附原理

表面活性剂对农药的分散稳定作用基于表面活性剂在农药活性成分界面的吸附。表面活性剂的两亲分子结构使其易于从溶液内部迁移并富集于固液界面上，从而发生界面吸附。表面活性剂通过在农药活性成分界面的吸附可显著地改变农药活性成分的界面特性，表面活性剂在界面上形成吸附层后，可通过降低界面能、产生静电位阻和空间位阻实现其分散稳定作用。表面活性剂在固液界面的吸附作用力通常有以下几种。

（1）离子交换吸附　离子型表面活性剂在离子型固体表面可通过离子交换作用产生吸附。在离子交换吸附中，遵循同种电荷交换和等电量交换的规律，即在阴离子型固体表面上，只能是阴离子表面活性剂在其表面发生离子交换吸附，而且交换 1mol 二价离子需要 1mol 二价离子或 2mol 一价离子。

（2）静电力吸附　若固体表面和表面活性剂离子带相反电荷，表面活性剂离子可通过静电引力吸附在固体表面上。

（3）氢键力吸附　当表面活性分子与固体表面能形成氢键时，表面活性剂可通过氢键作用力吸附在固体表面上。

（4）π 电子极化吸附　当表面活性剂分子中含有富电子的芳香核时，可与固体表面的强正电性位置通过相互吸引在固体表面上吸附。

(5) 范德华力吸附　范德华力是分子间普遍存在的一种引力,尤其是大分子表面活性剂与固体表面间的范德华引力较大,范德华引力可能是大分子表面活性剂在固体表面吸附的主要作用力。

(6) 疏水作用吸附　表面活性剂中的非极性基团与水不亲和,容易在疏水性固体表面聚集而发生吸附。在极性固体表面上,表面活性剂中的极性基团首先在固体表面发生吸附并形成非极性基团朝外的吸附层,溶液中的表面活性剂分子可通过疏水作用在已吸附于固体表面的表面活性剂分子上聚集而吸附。

上述几种表面活性剂在固体表面的吸附作用方式主要取决于表面活性剂的分子结构和固体表面的特性。有时可能几种作用方式兼而有之,或以某种作用方式为主,表面活性剂在固体表面吸附作用方式可通过光谱等手段来研究。

表面活性剂在固液界面的吸附性能直接影响其固液分散体系的分散稳定性,表面活性剂在固液界面的吸附性能可通过吸附量、吸附形态、吸附层厚度等研究来表征。

2. 多相分散体系的电学特性

离子型表面活性剂在多相分散体系的分散相界面吸附可使其分散相界面带有电荷,并表现出相应的电学特性。

(1) 双电层结构　在多相分散体系中,分散相界面带有一定数量的电荷,为了维持整个体系的电中性,在分散相界面周围必然分布着与分散相界面带相反电荷的离子,这种与分散相界面带相反电荷的离子称为反离子。反离子同时受到两方面的作用,一方面受到荷电分散相界面的静电引力和范德华引力作用,使反离子趋向于排列在分散相界面周围;另一方面反离子自身的热运动使反离子趋向于在介质中均匀分布。上述两种作用的结果使反离子趋向于在分散相界面周围由里到外呈扩散状分布,荷电分散相界面和呈扩散状分布的反离子构成扩散双电层结构,如图 4-3 所示。

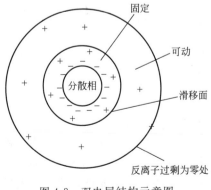

图 4-3　双电层结构示意图
—:负电荷;+:反离子

（2）电动电势　多相分散体系的电动电势（ξ电势）值主要取决于固体表面所带电荷数和介质中反离子的价数、浓度，固体表面所带电荷数愈多，其ξ电势绝对值愈大；介质中反离子的价数愈高、浓度愈大，其ξ电势绝对值愈小。对表面活性剂稳定的多相分散体系，固体表面所带电荷数主要取决于固体表面所吸附的离子表面活性剂的量，固体表面所吸附的离子表面活性剂的量愈大，固体表面所带电荷数愈多，其ξ电势绝对值愈大。若固体表面所吸附的离子表面活性剂为弱电解质型离子表面活性剂（如羧酸盐类表面活性剂），其固体表面所带电荷数还与其电离情况有关，在固体表面所吸附的离子表面活性剂的量相同的情况下，其电离度愈大，固体表面所带电荷数愈多，其ξ电势绝对值愈大。

解释粒子表面电荷现象的理论就是所谓的 Zeta 概念，如图 4-4 所示。由于 Zeta 电位值可用试验测定，这样 Zeta 电位就能作为分散粒子表面上离子负荷的量度。电位高低主要是由离子型分散剂在粒子表面上各种吸附方式所决定的。因此，凡能影响吸附作用的内外因素皆可反映到 Zeta 电位变化上。即是说，Zeta 电位高低和变化可以说明分散剂带电荷情况和吸附在颗粒上的分散剂吸附和解吸难易程度，从而可判别分散剂效果差异以及所形成的分散体系悬浮液的稳定程度等。

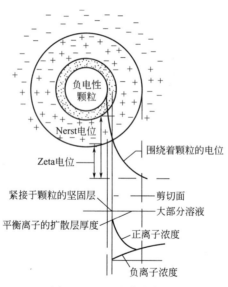

图 4-4　Zeta 电位的概念

3. 表面活性剂的分散稳定作用原理

多相分散体系为热力学不稳定体系，在贮存和使用过程中，分散相粒子会自发聚结并变大，降低分散稳定性，在多相分散体系中加入分散剂能显著提高其分散稳定性。关于多相分散体系的分散稳定性原理，研究者先后提出了静电稳定（electrostatic stabilization）理论、空间稳定（steric stabilization）理论和空位稳定（depletion stabilization）理论。

(1) 静电稳定理论——DLVO 理论　当离子型分散剂通过离子键、共价键、氢键及范德华力等相互作用在农药颗粒界面吸附时，磺酸基和羧酸基等使农药颗粒带上负电荷，增加药粒吸附表面的电荷，在分散粒子周围形成扩散双电层，产生电动电势即 Zeta 电位的双电层。当两个带有相同电荷的分散相离子相互靠近时，扩散双电层重叠而产生的静电排斥迫使带电的分散相离子相互分开，阻止了其合并，使农药等固体颗粒均匀地分散在水悬浮体系保持其分散稳定性。静电稳定作用如图 4-5 所示。

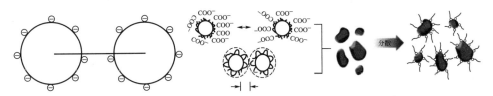

图 4-5　静电稳定作用示意图

DLVO 理论是 20 世纪 40 年代 Darjaguin、Landau、Verwey 和 Overbeek 四人提出的著名的胶体体系稳定理论。该理论建立了各种粒子之间在不同情况下相互吸引能与双电层排斥能的计算方法，双电层作用存在于具有扩散双电层的静电稳定的颗粒之间，范德华力是造成颗粒凝聚的主要原因，DLVO 理论成功地用粒子间的范德华引力和带电粒子双电层重叠而产生的电性排斥力说明了分散体系的稳定性，为了使得颗粒保持稳定，体系中需要加入离子型表面活性剂，以增加颗粒处于中等以上的排斥能，保持颗粒的悬浮稳定。但是当非离子表面活性剂和高分子化合物应用于体系时，利用电性排斥作用很难解释其分散稳定机制。

(2) 空间稳定理论　高分子分散剂具有较大的分子量，高分子链在介质中充分伸展形成几纳米到几十纳米厚的吸附层，从而产生空间位阻效应。分散剂分子骨架由主链和较多的支链组成，主链上含有较多的活性基团（甲基、酯基、苯基等），并且极性较强，依靠这些活性基团，主链可以"锚固"在农药颗粒上，侧链具有亲水性，可以伸展在水中，在颗粒表面形成庞大的立体吸附结构，分散剂被原药颗粒吸附后形成水化膜（吸附层），类似于胶体保护剂的功能，阻止药粒间的凝结，产生立体空间位阻效应，形成空间稳定作用，可以阻止原药粒子相互过分接近，避免了絮凝和团聚沉降，从而使农药颗粒分散并稳定，空间稳定作用如图 4-6 所示。能产生空间稳定作用的高分子聚合物表面活性剂其分子结构必须满足两个条件：①聚合物分子主链上含有能在分散相颗粒表面吸附的锚固基团；②聚合物分子链上或侧链未被吸附的基团在介质中能较好地溶剂化并在介质中充分伸展形成一定厚度的吸附位阻层。

空间位阻效应主要受到聚合物分子结构、相对分子量及吸附层厚度、聚合物溶解度等因素的影响。

(3) 空位稳定理论　高分子聚合物在分散相粒子表面不吸附或负吸附时，有时

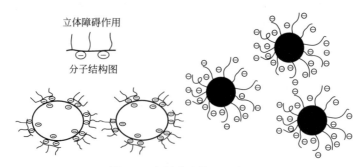

图 4-6　空间稳定作用示意图

也会对多相分散体系产生分散稳定作用,这显然无法用空间稳定理论来解释。1954年以来,Asakura 等相继提出了空位稳定理论。空位稳定理论认为:若高分子聚合物在分散相粒子表面产生负吸附,在分散相粒子表面层内的高分子聚合物低于介质内的浓度,当分散相粒子相互靠近时,分散相粒子间的溶液被挤出,在此过程中会产生两方面的作用,一方面分散相粒子由于范德华引力而絮凝,称为空位絮凝;另一方面,由于分散相粒子间的高分子聚合物低于介质内的浓度,高分子聚合物从稀溶液向浓溶液转移是体系自由能增加的非自发过程,导致分散相粒子相互分离而保持其分散稳定性,这种稳定作用称为空位稳定,作用如图 4-7 所示。

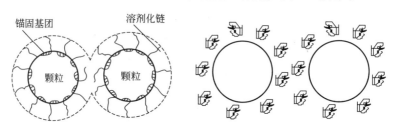

图 4-7　空位稳定作用示意图

分散相粒子间是发生空位絮凝还是形成空位稳定取决于高分子聚合物的浓度,当介质中高分子聚合物的浓度较小时,分散相粒子间高分子聚合物分子数很少甚至没有,分散相粒子相互靠近时,其间的聚合物分子被移出消耗能量不大,便可能发生空位絮凝;当介质中高分子聚合物的浓度较大时,分散相粒子间高分子聚合物分子数很大,分散相粒子相互靠近时,需将其间的很多聚合物分子移出,其能量消耗很大,此过程难以发生,分散相粒子只能相互分离而保持分散稳定,即表现为空位稳定。由此可见,高分子聚合物在分散相粒子表面不吸附或负吸附时,其在低浓度下表现为空位絮凝,高浓度下则表现为空位稳定。空位稳定理论较好地解释了不能在分散相粒子上有效吸附的分散剂的作用原理。

水分散粒剂在水中分散时,范德华力、静电作用力、溶剂化作用力通常是普遍存在的,而空间位阻作用只发生在颗粒表面吸附高分子时。所有作用力的综合结果决定分散悬浮体系的稳定状态。

第三节　水分散粒剂的配方组成

水分散粒剂的配方主要由有效成分、分散剂、润湿剂、崩解剂、填料、黏结剂、消泡剂等几部分组成。除有效成分外，其他成分又分为两类，一类是必需组分，如分散剂、润湿剂；另一类是可以选择性添加的，如黏结剂、崩解剂、消泡剂等。

下面将各种成分进行详细介绍。

一、分散剂

分散剂是水分散粒剂配方中最重要的成分之一，是影响悬浮率和分散性的重要因素，在水分散粒剂加工粉碎过程中有助于颗粒粉碎并阻止已碎颗粒凝聚而保持分散体系稳定，在对水使用过程中可使体系保持均匀分散，减少聚集沉淀的产生。

分散剂是一种在分子内同时具有亲油基和亲水基两种相反性质的界面活性剂，可促进难溶于水的固体颗粒等分散介质在水中均一分散，同时也能防止固体颗粒的沉降和凝聚。它的作用机制有以下两点：①吸附于固体颗粒的表面，通过空间位阻作用形成强有力的保护屏障，阻止农药颗粒的再度聚集，并使颗粒表面易于湿润；②高分子离子型的分散剂在固体颗粒的表面形成吸附层，使固体颗粒表面的电荷增加，形成双电层，提高形成立体阻碍的颗粒间的静电斥力作用（图4-8）。

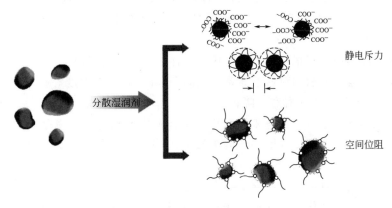

图 4-8　分散剂分散原理示意图

目前用于水分散粒剂中的分散剂主要有三大类：一为聚羧酸盐类分散剂，二为萘磺酸盐类分散剂，三为木质素类分散剂。

1. 聚羧酸盐类分散剂

聚羧酸盐类分散剂主要是含羧基的不饱和单体（丙烯酸、马来酸酐等）与其他不饱和单体通过自由基共聚而成的具有梳形结构的高分子表面活性剂。其代表产物繁多，但结构遵循一定规则，即在重复单元的末端或中间位置带有 EO、—COO—、—SO$_3$—等活性基团。

主要结构如图 4-9 所示。

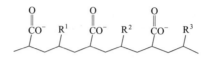

图 4-9 聚羧酸盐分散剂结构通式

R^1，R^2，R^3 分别为氢原子、烷基、苯基、磺酸基、酰胺基团或酯基中的一种

聚羧酸盐类分散剂近年来发展迅速，在建筑、涂料、农药等领域应用较多。在建筑行业作为混凝土减水剂被广泛应用，与传统的减水剂萘磺酸和磺化三聚氰胺缩合物相比，它们能在低掺量下赋予混凝土高分散性、流动性及高分散体系稳定性防止坍落损失。在洗涤添加剂中使用，可使洗涤剂具有优良的洗涤、渗透、分散、乳化、破乳等性能，特别是具有低温洗涤效果好、耐硬水、生物降解性能好、配位性能强等优点。在涂料中使用可获得高的颜料添加量、低黏度、良好的展色性和着色强度，还表现出极好的抗絮凝性，适用于多种树脂体系和较宽的 pH 值范围。另外聚羧酸盐类分散剂在油墨中作为颜料分散剂效果也很好。

聚羧酸盐类在农药中的使用历史比建筑涂料等行业都晚，但发展很快，尤其是近 10 年发展非常迅速。需要指出的是，在上述行业中使用的聚羧酸盐类分散剂与农药水分散粒剂中使用的在结构上有差别，价格差异也很大。农药中使用的聚羧酸盐分散剂是通过自由基均聚或共聚原理合成的具有梳形结构的高分子表面活性剂，具有长碳链、较多活性吸附点以及能起到空间排斥作用的支链。由于其特殊的结构，具有以下特点：

① 对悬浮体系具有很好的分散作用，使体系保持长时间稳定；

② 聚羧酸盐类分散剂对悬浮体系中的离子、pH 值以及温度等敏感程度小，分散稳定性高，不易出现絮凝和沉降；

③ 合成高分子主链的原料来源较广，单体通常有丙烯酸、甲基丙烯酸、马来酸、(甲基)丙烯酸乙酯、(甲基)丙烯酸羟乙酯、烯丙基磺酸钠、甲基丙烯酸甲酯等；

④ 分子结构上自由度大，分子结构与性能的可设计性强，易形成系列化产品；

⑤ 聚合途径多样化，如共聚、接枝、嵌段等，合成工艺比较简单，由于不使用甲醛、萘等有害物质，不会对环境造成污染；

⑥ 该类分散剂大都为白色固体粉末，用于制剂中不会对制剂外观造成颜色遮盖而受到制剂生产厂商的欢迎。

聚羧酸盐类分散剂合成中，在分子设计上要控制主要亲水基与疏水基的分子量，疏水基相对分子质量控制在 5000～7000，疏水链过长，无法完全吸附于颗粒表面而成环或与相邻颗粒表面结合，导致粒子间桥连絮凝；亲水基相对分子质量控制在3000~5000，亲水链过长，分散剂易从农药颗粒表面脱落，且亲水链间易发生缠结，导致絮凝。同时要注意分子链中亲水部分的比例，一般为20%~40%，如果比例过低，分散剂无法完全溶解，分散效果下降；比例过高，则分散剂溶剂化过强，分散剂与粒子间结合力相对削弱而脱落。

目前市场上大量供应的聚羧酸盐分散剂进口的主要有Rhodia公司的T36、Hantsman公司的Tersperse 2700；近几年为发展水分散粒剂等环保型农药剂型，国家加大对农药助剂开发的支持力度，北京广源益农化学有限责任公司在"十一五"国家科技支撑计划课题的支持下于2006年实现了聚羧酸盐助剂的国产化，产品主要有GY-D06、GY-D800、GY-D900等，质量都达到进口助剂水平。随后又相继出现了北京汉莫克化学技术有限公司、南京诺恩贸易有限公司、南京擎宇化工研究所等国产聚羧酸盐助剂公司。这些公司产品的推出，有效地为国内农药制剂生产厂商提供了物美价廉的分散剂品种，打破了国外农化公司在该领域的垄断现状。

聚羧酸盐分散剂在水分散粒剂中的应用举例见表4-4与表4-5。

表4-4　10%苯醚甲环唑水分散粒剂（挤压造粒）

原料名称	投料量/%
苯醚甲环唑原药	10.0
GY-D800（国产聚羧酸盐）	4.0
助分散剂	6.0
GY-W04	2.0
轻质碳酸钙	10.0
玉米淀粉	30.0
硫酸铵	补至100.0

表4-5　80%氟虫腈水分散粒剂（挤压造粒）

原料名称	投料量/%
氟虫腈原药	80.0
Geropon T36（进口聚羧酸盐）	6.0
Geropon L-WET/P	3.0
硫酸铵	补足至100.0

2. 萘磺酸盐类分散剂

萘磺酸盐甲醛缩合物和烷基萘磺酸盐甲醛缩合物也是农药剂型中常用的分散剂。代表品种主要有萘磺酸钠甲醛缩合物（NNO）、二丁基萘磺酸钠甲醛缩合物（NO）及扩散剂甲基萘磺酸钠甲醛缩合物（MF）。

水分散粒剂用此类表面活性剂的萘核数多为7~9个，既可增强疏水（亲油）基团吸附能力，又可保证不易从吸附粒子表面上脱落和转移。通常它与木质素磺酸盐联用更能起到分散悬浮的稳定作用。国外在农药专用萘磺酸盐分散剂的开发技术上比国内先进,他们用更多的萘核缩合和采取不同的磺化度,得到萘磺酸盐甲醛缩合物一系列产品,有的平均分子量高达 2000 以上,不仅用做可湿性粉剂的分散剂,也用做悬浮剂、水分散粒剂的分散剂。

萘磺酸盐类分散剂的优缺点:

① 分散性好,常温是固体,起泡性小,在硬水及酸碱性介质中稳定,还兼有一定的润湿性;

② 价格比聚羧酸盐低,性价比较高;

③ 热贮不稳定,受热后容易从农药表面脱落,降低分散性能;

④ 产品为黄色或深褐色,在白色或无色的有效成分中添加该助剂影响水分散粒剂产品的外观。

市场上用于农药的进口萘磺酸盐类分散剂代表品种有 AkzoNobel 公司生产的 D-425、D-500 以及 BASF 的 Tamol NN 8906,国产的代表品种有北京广源益农化学有限责任公司的 GY-D10。

萘磺酸盐在水分散粒剂中的应用举例见表 4-6 与表 4-7。

表 4-6　50%抗蚜威水分散粒剂

原料名称	投料量/%
抗蚜威原药	50.0
D-425(进口萘磺酸盐)	10.0
Morwet EFW	2.0
糖	3.0
玉米淀粉	补足至 100.0

表 4-7　70%吡虫啉水分散粒剂(挤压造粒)

原料名称	投料量/%
吡虫啉原药	70.0
GY-D10(国产萘磺酸盐)	3.0
GY-W04	3.0
NNO	5.0
玉米淀粉	补足至 100.0

3. 木质素类分散剂

木质素是一种天然的高分子聚合物,广泛存在于木材、竹、麦草、稻草、玉米秆等植物组织中。在针叶林中,木质素含量为 25%～35%,阔叶林中含量为 20%～25%,单子叶禾本科植物一般含 15%～25%。木质素是自然界中仅次于纤维素的第二大天然有机化合物,同时也是造纸废液的主要成分。

早在 1909 年,人们就发现木质素可以作为分散剂用于染料加工中。但当时所谓分散剂是从造纸废液中直接提取出来的,它的质量和化学性质较差。随着农药工业的发展和剂型加工技术的提高，对农药质量，特别是农药加工水平提出了更高的要求，木质素分散剂经过一系列化学处理使其质量有明显改善。目前，木质素分散剂是用来加工农药的主要助剂，主要是经过进一步处理的木质素分散剂可与多种农药有良好的相容性，价格低、易溶于水、泡沫少，无论在常温下还是高温下都可以有良好的分散效果和砂磨性能，在农药中被大量应用，但也因其颜色深（棕色至黑色，加入后使农药制剂颜色变深）使应用受到限制。

木质素是具有芳香结构的高分子聚合物，其基本结构单元有 3 种（图 4-10），分子结构如图 4-11 所示。

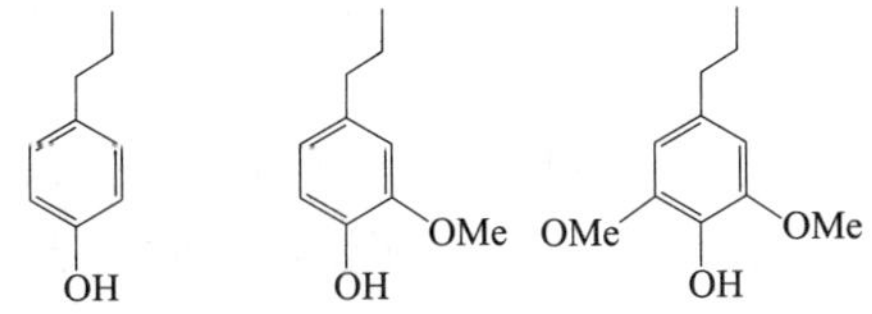

图 4-10　木质素结构单元

Ⅰ—对羟基苯基的苯丙烷（H）；Ⅱ—愈疮木基的苯丙烷（G）；
Ⅲ—紫丁香基的苯丙烷（S）

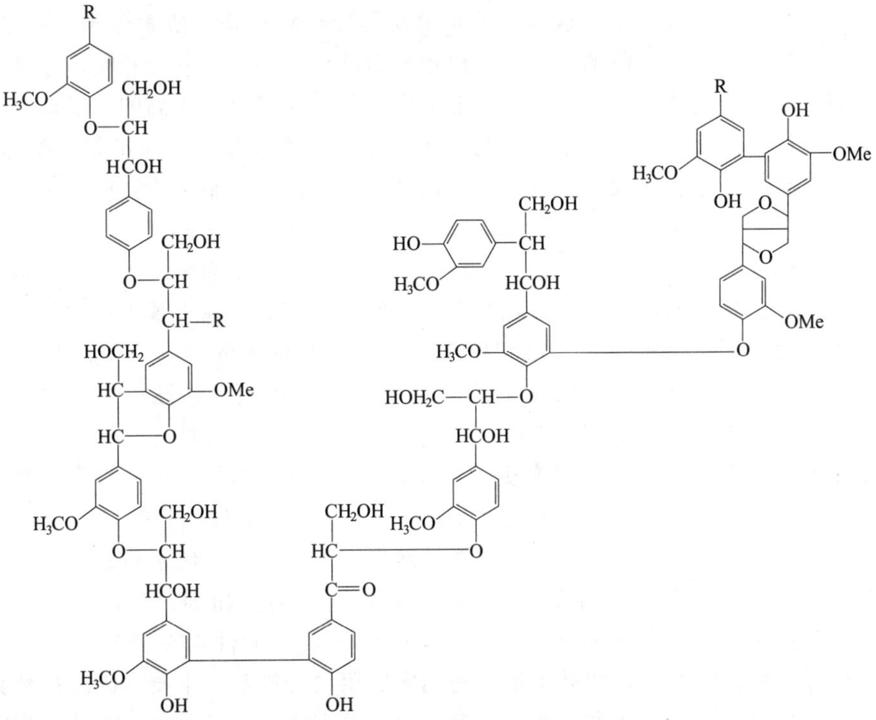

图 4-11　木质素分子结构示意图

工业上使用的木质素主要来自造纸业的副产物，价格低廉且产量大。造纸工业主要以化学制浆为主，分为碱法和酸法两种，两种方法得到的木质素结构和性能差别较大。碱法将强碱与木材、麦草等造纸原料一起蒸煮，木质素由于分子结构中的酚羟基而溶解，从而与纤维素分离，这种木质素被称为碱木质素，这种木质素不含磺酸基，在中性及酸性条件下不溶于水，只有在碱性条件下才溶于水。在酸法制浆过程中，通过酸解使亚硫酸盐在木质素苯环或侧链上磺化，引入磺基而使木质素溶解，以达到与纤维素分离的目的。酸法制浆得到的木质素叫做木质素磺酸盐，其相对分子量分布较宽，在 1000～20000 之间。木质素磺酸盐除了与木质素一样具有 C_9 疏水骨架外还具有磺酸根强亲水基团和羧酸、酚羟基等弱电离基团，具有较好的水溶性，是一种天然高分子阴离子表面活性剂，由于成盐形式不同，又分为木质素磺酸钠、木质素磺酸钙、木质素磺酸铵等。

木质素本身具有亲水性和憎水性基团，因而有一定的表面活性，但由于其活性有限，没有明显的 CMC 特征值，达不到表面活性剂的性能，故不能称为表面活性剂。木质素的表面活性受其分子内官能团 HLB 值（亲水、亲油基团平衡值）和分子质量大小的影响。由于工业木质素来源的多变性（不同原料、产地、立地条件、制浆方法及其工艺条件等），致使工业木质素的表面活性影响因素非常复杂，而且性能稳定性较差，这成为工业木质素利用的难点之一。国外有些企业为了克服这些难点，对纤维原料来源及其工艺控制制定了极其严格的规定。为了提高木质素的表面活性，研究中采用调整木质素的分子质量及其分布和调整木质素分子内的亲水、亲油基团的数量及其平衡值的方法。调整木质素的分子质量及其分布使之达到不同用途表面活性剂的性能要求。如作为分散剂则希望木质素具有较高的分子质量；作为混凝土添加剂则不需很高的木质素的分子质量，但希望分子质量的均一性较好。一般可用超滤法或缩合（聚合）的方法或适当降解的方法调整木质素的分子质量及其分布。而调整木质素分子内的亲水、亲油基团的数量及其平衡值（HLB 值）是因为木质素的亲油基团多由碳氢链或苯环构成；亲水基团则为酚羟基、醇羟基、羧基和磺酸基等。其表面活性的差异除与碳氢链的长短有关，亲水基团的种类、数量及其分布对表面活性影响更大。可利用木质素分子结构中的羟基（酚羟基或醇羟基），将其羟甲基化、苯甲基化、乙酰化、烷氧化等以提高其活性；也可利用其羧基或羰基进行胺化，制成阳离子表面活性剂，以及咪唑啉型两性表面活性剂。

现在关于木质素分散剂的研究更加细化，专门用于农药领域的木质素类分散剂，多为磺化的木质素磺酸盐（钙盐或钠盐）。通过工艺条件的选择，对木质素磺酸盐的分子量和磺化度的改变，可以选择性地提高某些性能，使木质素磺酸盐产品和许多农药品种都有很好的相容性，广泛用做农药可湿性粉剂、悬浮剂、干悬浮剂、水分散性粒剂、水乳剂的分散剂。这类阴离子表面活性剂在自然界可自然降解、价格低，到目前为止，国外可湿性粉剂中所用的分散剂，木质素磺酸盐及其改性产品仍占据首位。美国年产木质素磺酸盐系列产品超过 20 万吨，用做农药助剂的木质素磺酸盐年产量在 9000t 以上。其产品一般经过提纯、脱色脱糖，甚至氧化、磺化、缩合等工艺进行改性，具有良好的分散性能，但价格较贵。国产的低端木质素磺酸盐产品一般仅经过简单的除糖工艺处理，其性能与国外产品相比有较大差距，品种单一，产量小，平均分子量一般在 4000 左右，但近几年我国在改性木质素磺酸盐农药助剂上的研究也有很大进步，且在农药水分散粒剂中应用效果很好，性能接近进口产品。

木质素分散剂在水分散粒剂中的应用举例见表 4-8～表 4-10。

表 4-8　70%吡虫啉水分散粒剂（挤压造粒）

原料名称	投料量/%
吡虫啉原药	70.0
GY-DM02(国产木质素分散剂)	7.0
NNO	5.0
GY-W04	3.0
玉米淀粉	补足至 100.0

表 4-9　80%烯酰吗啉水分散粒剂（挤压造粒）

原料名称	投料量/%
烯酰吗啉原药	80.0
GY-DM02(国产木质素分散剂)	7.0
十二烷基硫酸钠	3.0
NNO	3.0
玉米淀粉	补足至 100.0

表 4-10　80%敌草隆水分散粒剂（挤压造粒）

原料名称	投料量/%
敌草隆原药	80.0
Borresperse 3A(进口木质素分散剂)	12.0
非离子乙氧基化物	3.0
高岭土	补足至 100.0

二、润湿剂

润湿剂在水分散粒剂中的主要作用有两种，一是降低固体颗粒与水的界面张力，使颗粒入水后迅速润湿，提高其崩解性和在水中的自发分散性；二是降低药液的表面张力，一般作物茎叶或昆虫体表都有一层疏水性的蜡质层，水分散粒剂中加入润湿剂后可降低药液的表面张力和接触角，增加药液与靶标的接触面积，提高药物与防治对象的接触机会，对触杀型药物尤其适用。润湿剂在使用时其添加量要达到一定的浓度，否则难以达到预期效果。药液内表面活性剂的浓度应大于临界胶束浓度,才可能不因气-液界面的扩大而增加药液的表面张力,影响药液在植物表面的润湿展布。

常用的非离子型农药润湿剂有烷基酚聚氧乙烯醚、脂肪醇聚氧乙烯醚、烷醇酰胺聚氧乙烯醚、脂肪胺聚氧乙烯醚、多芳基酚聚氧乙烯醚(甲醛缩合物)、嵌段聚醚等。大多数性能优异的非离子润湿剂为液体,在农药水分散粒剂中虽可通过预先溶于黏结剂中来使用,但由于喷液不均可能会导致产品质量不稳定,因而在水分散粒剂中的使用受到一定限制。

阴离子型润湿剂是表面活性剂中发展历史最悠久、产量最大、品种最多的一类产品,常用的主要是磺酸盐类表面活性剂,按亲油基或磺化原料可分为:烷基苯磺酸盐、烷基磺酸盐和烯基磺酸盐、聚氧乙烯醚硫酸酯盐、多环芳烃磺酸盐缩合物、琥珀酸酯磺酸盐等。

阳离子表面活性剂性能特殊、成本较高,对某些作物容易引起药害,亦可引起农药分解,所以目前很少作为农药润湿剂使用。

两性表面活性剂结构复杂,可在农药中使用的不多,也未见作为润湿剂使用的报道。

下面重点介绍几类水分散粒剂中常用的润湿剂。

1. 脂肪醇聚氧乙烯醚

脂肪醇聚氧乙烯醚是非离子表面活性剂中发展最快、用量最大的品种,是以脂肪醇与环氧乙烷通过加成反应而制得的,用以下通式表示:R—O—$(CH_2CH_2O)_n$—H,R 一般为饱和的或不饱和的 $C_{12} \sim C_{18}$ 的烃基,可以是直链烃基,也可以是带支链的烃基;n 是环氧乙烷的加成数,也就是表面活性剂分子中乙氧基的数目,乙氧基数目可在合成的过程中人为调整,故可制得一系列不同性能和用途非离子表面活性剂。n 越大,分子亲水基上的氧越多,与水能形成更多的氢键,水溶性越大。当碳链 R 为 $C_7 \sim C_9$,$n=5$ 时,生成的脂肪醇聚氧乙烯醚在工业上称做渗透剂 JFC。当碳链 R 为 $C_{12} \sim C_{18}$,$n=15 \sim 20$ 时,生成的脂肪醇聚氧乙烯醚在工业上称做平平加。当碳链 R 为 C_{12} 时,生成的脂肪醇聚氧乙烯醚则俗称 AEO,常作为农药乳化剂。该类表面活性剂的环氧乙烷缩合加成数 n 约为烷基碳数的半数时,具有适当的渗透和润湿性,增加环氧乙烷数可提高润湿性,另外 R 为支链烃基比直链烃基有更好的润湿性,生产中要根据需要选择不同性能不同结构的产品。在农药水分散粒剂中使用该类助剂需要先溶于水,再随着捏合、造粒过程加入到产品中。

脂肪醇聚氧乙烯醚易生物降解,泡沫少,是环境友好型的表面活性剂。

2. 烷基酚聚氧乙烯醚(APEO)

烷基酚聚氧乙烯醚是仅次于脂肪醇聚氧乙烯醚的第二大类非离子表面活性剂,在烷基酚聚氧乙烯醚中,壬基酚聚氧乙烯醚(NPEO)占 80% 以上,辛基酚聚氧乙烯醚(OPEO)占 15% 以上,十二烷基聚氧乙烯醚(DPEO)和二壬基酚聚氧乙烯醚(DNPEO)各占 1% 左右。该类表面活性剂具有良好的润湿、渗透、乳化、分散作用。但壬基酚聚氧乙烯醚被排放到环境中会迅速分解成壬基酚，壬基酚能模拟雌激素，对生物的性发育产生影响，并干扰生物内分泌，同时壬基酚能通过食物链在生物体内不断蓄积，产生累计毒性。有些国家和地区已开始限制其用量，我国环保部和海关总署在 2011 年也首次将壬基酚聚氧乙烯醚列为禁止进出口物质。

APEO 代表品种有 OP-10，无色至淡黄色透明黏稠液体，易溶于水，在农药乳油、医药、橡胶工业用做乳化剂，润湿剂效果较好，由于为液态助剂，在农药水分散粒剂中使用不方便，因此在常规的水分散粒剂配方中一般不用 OP-10 做润湿剂，但当原药油溶性较强，一般的阴离子润湿剂难于润湿、崩解较差时，将 OP-10 与水互溶后随着捏合、造粒过程加入到产品中，可显著提高制剂的润湿崩解性能。

3. 烷基苯磺酸盐

烷基苯磺酸盐是典型的阴离子表面活性剂，化学通式为 $R—C_6H_4—SO_3Na$，R 为烷基。按烷基结构可分为支链烷基苯磺酸盐和直链烷基苯磺酸盐，该类润湿剂具有很好的润湿渗透力，当碳原子数为 9~16 时，它们的润湿渗透性能较好。一般来说相同碳原子的烷基苯磺酸盐，苯环位于烷基的中央比在烷基一端上的润湿性能好，支链比直链的润湿效果好，这是因为它们分子中的亲水基带电荷，在溶液表面饱和吸附时，活性离子由于同性电荷相斥，不易产生凝聚；而支链烷基在界面上占有较多空间，能形成紧密的界面膜，具有很好的表面活性。支链结构生物降解性小，直链结构易生物降解，生物降解性 $>90\%$。

烷基苯磺酸盐代表品种有十二烷基苯磺酸钠（sodium dodecylbenzenesulphonate，SDBS-Na）。该产品易溶于水，在市场上有液体和固体粉末两种形态。液态为 30% 水溶液，通常在洗衣粉、洗手液中使用，固体粉末中有效物含量为 60% 或 80%，通常在农药水分散粒剂中使用的是粉末状。固体粉末外观为白色或淡黄色，不影响制剂外观，可直接加到制剂中，投料方便，但存在易吸潮结块、起泡性强、在酸碱介质中不稳定等缺点，故有时需要与其他表面活性剂复配使用。

4. α-烯基磺酸钠

α-烯基磺酸钠简称为 AOS，化学通式 $RCH=CH(CH_2)_nSO_3Na$，白色固体粉末，具有很好的润湿性，可显著降低水的表面张力。随着碳链的增长，溶解度下降，但在比较宽的碳数范围（12~18）内都有较好的溶解性和较好的发泡力。AOS 具有很好的生物降解性，在自然环境中 5~7d 内可完全降解而消失，不会污染环境，是理想的环保型润湿剂。

5. 烷基硫酸盐类

烷基硫酸盐的化学通式为 $R—OSO_3M$，R 为烷基，M 为碱金属离子。此类润湿剂主要以十二烷基硫酸钠为主，润湿性较好，应用也较多，如日本花王公司开发的某些润湿剂的主要成分就是烷基硫酸钠。但此类润湿剂也有不足之处，即起泡性较强，在酸性介质中稳定性较差。

烷基硫酸盐类代表品种有十二烷基硫酸钠（sodium dodecyl sulfate，K12），其外观为白色细小颗粒或粉末，熔点在 200℃ 以上，溶于水，生物降解性 $>90\%$，是一种安全的阴离子表面活性剂。临界胶束浓度为 6.8mmol/L，润湿性好。

6. 烷基琥珀酸酯磺酸盐

烷基琥珀酸酯磺酸盐为重要的阴离子表面活性剂，润湿、渗透性好，生物降解性好，最早多用于纺织工业渗透和润湿剂。典型代表为渗透剂 T（顺丁烯二酸二仲辛酯磺酸钠）和渗透剂 OT（琥珀酸二异辛酯磺酸钠），农药中主要应用于乳油、悬浮剂等剂型中，在水分散粒剂中也可使用，需要与水先混合，再随着捏合、造粒过程加入到产品中。

三、崩解剂

崩解剂是为加快颗粒在水中崩解速度而添加的物质，具有良好的吸水性，它的分子吸收水后膨胀成较大的粒度或膨胀成弯曲形状并伸直，从而使活性成分崩裂成细小的颗粒；或吸水快速溶解产生局部凹穴，这些凹穴被水取代后使其完全分散成造粒前粉剂的粒度大小。崩解剂在医药领域主要用于片剂或粒剂的制备，在农药中主要用于水分散粒剂和泡腾片剂的崩解作用。

崩解剂分为机械性崩解剂和化学性崩解剂，在水分散粒剂中，机械性崩解剂使颗粒快速崩解变为可悬浮的细粒，促使有效成分快速溶出，并使制剂具有较好的悬浮性和分散性。由于崩解的机制是机械性的，所以在长期贮存或不合理贮存过程中不容易发生变化，而不像某些润湿剂在贮存中失效而有可能降低润湿效率。在泡腾片剂中除了要加入一般的崩解剂外，还需要加入化学性崩解剂，如酸碱系统，遇水反应产生二氧化碳使泡腾片迅速崩解。

近几年随着水分散粒剂加工技术的逐渐成熟，对崩解性的要求也越来越高，崩解剂成为水分散粒剂中的重要组分。对于崩解剂的崩解机制在医药领域研究的较透彻，已经作为研究农药水分散粒剂崩解机制的主要参考内容。目前能有效解释水分散粒剂崩解过程的机制主要包括毛细管作用、膨胀作用、变形回复、排斥理论、润湿热等。

水分散粒剂中常用的崩解剂以水溶性物质居多，按照结构和性质可分为以下几类。使用时通常是两种或三种崩解剂复配，以达到最佳的崩解效果。

无机电解质：如氯化钠、硫酸铵、尿素等。

淀粉及其衍生物：此类崩解剂是指淀粉及经过专门改性后的淀粉类物质，其自身遇水具有较大膨胀特性，如玉米淀粉、可溶性淀粉、羧甲基淀粉钠等。

纤维素类：此类崩解剂吸水性强，易于膨胀，如羧甲基纤维素钠、交联羧甲基纤维素钠等。

表面活性剂：表面活性剂做崩解剂主要是能降低水分与药物之间的界面张力，能增加药物的润湿性，促进水分透入，使颗粒容易崩解。

其他：交联聚乙烯吡咯烷酮、气相二氧化硅、硅酸镁铝、有机膨润土、蒙脱土等。

崩解剂的使用方法如下。

① 内加法　与配方粉料混合在一起制成颗粒。崩解作用起自颗粒的内部，使颗粒全部崩解。但由于崩解剂包于颗粒内，与水接触较迟缓，且淀粉等在制粒过程中已接触温和热，因此，崩解作用较弱。

② 外加法　在造粒过程中随水一起加入。此法崩解速度较快，但其崩解作用主要发生在颗粒与颗粒之间，崩解后往往呈颗粒状而不呈细粉状。不溶于水或溶于水后有黏性的崩解剂不适合此方法。

③ 内、外加法　一部分与配方粉料混合在一起，另一部分随水溶液加入。此种方法可克服上述两种方法的缺点，是较为理想的方法。

下面介绍几种效果较好的崩解剂。

1. 玉米淀粉

玉米淀粉是将玉米用0.3%亚硫酸浸渍后，通过破碎、过筛、沉淀、干燥、磨细等工序而制成的。淀粉有直链淀粉和支链淀粉两类。直链淀粉含数百个葡萄糖单元，支链淀粉含数千个葡萄糖单元。在天然淀粉中直链的占20%～26%，为可溶性，其余的则为支链淀粉。

玉米淀粉为白色略带微黄色的粉末，吸湿性强，最高能达30%以上。为最常用的崩解剂，也作为填料，价格合理。

主要用做医药片剂、丸剂或农药水分散粒剂的崩解剂，一般用量为2%～6%，崩解效果优于其他淀粉和羧甲基纤维素钠。

2. 羧甲基淀粉钠

羧甲基淀粉钠结构如下。

$$R = -CH_2COONa$$

羧甲基淀粉钠（sodium carboxymethyl starch sodium，CMS-Na），属于低取代度马铃薯淀粉的衍生物，其结构与羧甲基纤维素类似，是由淀粉在碱性条件下与氯乙酸作用生成的淀粉羧甲基醚的钠盐。性状呈白色或类白色粉末，无臭，无味，在空气中有引湿性，在常温下溶于水，分散成黏稠状胶体溶液，在乙醇、乙醚中不溶。羧甲基淀粉钠系淀粉的衍生物，主要用做固体制剂的崩解剂。它具有良好的流动性和吸水膨胀性，同时具有可压性，可改善颗粒剂的成型性，增加颗粒的硬度而不影响其崩解性，一般用量为1%～6%。

羧甲基淀粉钠结构与羧甲基纤维素相似，由葡萄糖分子经过1,4-α-糖苷键连接，纤维素则由β-糖苷键连接。羧甲基淀粉钠是由大约100个葡萄糖基引进25个羧甲基基团而制得的多糖衍生物。

羧甲基淀粉钠具有较强的吸水性和膨胀性，具有在冷水中能较快泡涨的性质，是性能优良的崩解剂。能吸收其干燥体积30倍的水,充分膨胀后体积可增大200~300倍,吸水后粉粒膨胀而不溶解,不形成胶体溶液,故不致阻碍水分的继续渗入而影响颗粒的进一步崩解。不溶于乙醇、乙醚等有机溶剂。在碱性环境温度,遇酸会析出沉淀,遇多价金属离子会生成不溶于水的金属盐沉淀。

3. 交联羧甲基纤维素钠

交联羧甲基纤维素钠结构如下。

交联羧甲基纤维素钠(croscarmellose sodium,CCMC-Na),为水溶性纤维素的醚,性状呈白色细颗粒状粉末,无臭无味;是由羧甲基纤维素钠交联而制得的交联聚合物。具有吸湿性,吸水膨胀力大;并能形成混悬液,稍具黏性;不溶于乙醇、乙醚等有机溶剂。性能稳定,但遇强氧化剂、强酸和强碱会被氧化和水解,熔点约为227℃。其中70%的羧基为钠盐型,故具有较大的引湿性,由于交联键的存在,不溶于水,在水中能吸收数倍量的水膨胀而不溶化,具有较好的崩解作用和可压性。对于用疏水性辅料压制的颗粒剂,崩解作用更好,用量可为0.5%~3%。

4. 交联聚乙烯基吡咯烷酮

交联聚乙烯基吡咯烷酮结构如下。

交联聚乙烯基吡咯烷酮(PVPP)即交联聚维酮,结构与聚乙烯基吡咯烷酮类似,英文名cross linked polyvinylpyrrolidone,是乙烯基吡咯烷酮的高分子量交联聚合物。性状为白色或类白色粉末,几乎无臭,有吸湿性,流动性好,不溶于水,在有机溶剂及强酸强碱溶液中均不溶解,但在水中迅速溶胀并且不会出现高黏度的凝胶层,因而其崩解性能十分优越,已为英、美等国药典所收载。与其他崩解剂相比,交联聚维酮有着显著不同的外观,其粒子由相互熔融的粒子聚集体组成。吸水中可以迅速溶胀,加上强烈的毛细管作用,水能迅速进入颗粒剂颗粒中,促使其膨胀崩解,为性能优良的崩解剂。用量可为1%~4%。

5. 气相二氧化硅

气相二氧化硅(EY-CD1),白色蓬松粉末,多孔性、无毒、无味、无污染,耐高温,可作为固体制剂的崩解剂。气相二氧化硅粉粒密度小,粉粒表面及内部存在众多微孔,其表面具有极性的硅羟基,亲水性强。颗粒剂添加少量的气相二氧化硅,能改善颗粒剂的润湿性,使粉体表面及内部的空隙在造粒具有压力时内部相互连通成毛细管，使水容易进入颗粒剂内部，破坏固体结构使得颗粒剂崩解。

四、填料

填料也称载体，在配方中起到调节有效成分含量的作用。高含量水分散粒剂仅含很少或不含填料（如90%莠去津水分散粒剂，由于原药纯度的缘故，配方中原药添加量93%，仅需加入4%分散剂和3%润湿剂），因此填料对高含量水分散粒剂的性能影响较小，制剂性能主要取决于分散润湿剂的性能。而低含量水分散粒剂填料含量多，填料对崩解性和悬浮率的影响很大，即使使用高性能的分散润湿剂，也需要慎重选择填料。

填料的选择要遵循如下几个原则，首先不影响有效成分的稳定性；其次是要有较好的流动性、适宜的松密度和很好的粉碎性；另外还要价格低廉。

填料按其在水中的溶解性可分为水不溶性填料和水溶性填料两大类。水不溶性填料主要有吸附能力强的硅藻土、凹凸棒土、白炭黑、膨润土，中等吸附能力的滑石粉、黏土、高岭土等。水溶性填料主要有硫酸铵、无水硫酸钠、尿素、蔗糖、葡萄糖、乳糖和淀粉等。

填料种类很多，性能差异大，在水分散粒剂的制备过程中要根据加工工艺和原药性能来选择合适的填料。同种原药，不同加工方式，选择的填料种类也不一样。下面介绍几种常用填料的性能和使用方法。

1. 高岭土

高岭土是世界上分布最广的矿物之一。古老地球亿万年前江河湖沉积岩，经过造山运动露出地面后，又经过原始地球运动，经过完全风化之后，生成高岭石、石英和可溶性盐类；再随雨水、河川漂流转于它处并再次沉积，这时石英和可溶性盐类已分离，即可得高岭土，其中的 K_2O、Na_2O 为水溶性成分，大部分被水带走。高岭土主要成分是高岭石，还含蒙脱石、叶腊石、伊利石、水铝英石、三水铝石、石英等。

质纯的高岭土具有白度高、质软、易分散悬浮于水中，良好的可塑性和高的黏结性，优良的电绝缘性能；具有良好的抗酸溶性、很低的阳离子交换量、较好的耐火性等理化性质；熔点约1780℃；密度在 $2.60\sim2.63g/cm^3$ 之间，容重随粉碎度的变化而变化，一般为 $0.26\sim0.79g/cm^3$；pH 一般为 $5\sim6$；比表面积、孔隙率和吸附容量均不大，干燥后有析水性，潮湿后有可塑性，但不膨胀。

高岭土已成为造纸、陶瓷、橡胶、化工、涂料、医药和国防等几十个行业所必需的矿物原料，在农药 WDG 中应用量也很大。高岭土在水中易分散，形成悬浮液，在 WDG 配方中加入高岭土可提高产品悬浮率，但在挤压法造粒中不宜多加，会影响崩解性能。由于吸附容量小并具有黏性，因此它不宜作为液体农药或高黏度农药可湿性粉剂、粉剂、水分散粒剂（WDG）的载体，在低浓度或中等浓度的 WDG、WP 中可适当加入。

高岭土的主要理化性能介绍如下。

(1) 煅烧性能　典型的高岭石层间没有其他阳离子或水分子的存在，层间靠氢氧-氢键紧密地连接。但在自然界中的高岭石常常与其他矿并生，导致天然高岭土中含水和钙、镁、钾、钠等杂质。经过煅烧后，其中的结合水含量减少，二氧化硅和三氧化铝含量均增大，活性点增加，结构发生变化，粒径较小且均匀，性能比煅烧前明显改善。

(2) 细度　各工业部门对不同用途的高岭土都有具体的粒度和细度要求。如美国对用做涂料的高岭土要求小于 $2\mu m$ 的含量占 90%～95%，造纸填料小于 $2\mu m$ 的占 78%～80%。我国市面上销售的常见煅烧高岭土细度为 325 目、800 目、1250 目、1500 目、3000 目超细粉等，在农药 WDG 中使用的高岭土越细越好，但细度越小价格越高，生产中根据使用性能和价格进行合理选择。

(3) 白度　白度是高岭土工艺性能的主要参数之一，纯度高的高岭土为白色，煅烧白度越高则质量越好。

高岭土在水分散粒剂中的应用举例见表 4-11。

表 4-11　5.7%甲维盐水分散粒剂（流化床造粒）

原料名称	投料量/%
甲维盐原药	5.7
GY-D06（羧酸盐类分散剂）	6.0
GY-W04（磺酸盐类润湿剂）	4.0
NNO	10.0
煅烧高岭土	38.0
无水硫酸钠	补至100
固体消泡剂	0.5

2. 硅藻土

硅藻土是一种生物成因的硅质沉积岩，主要由古代的硅藻的硅质遗体组成。硅藻土的结构是由蛋白石状的硅所组成的蜂房状晶格，有大量的微孔，主要孔半径多为 $5\sim 80\mu m$，因此硅藻土的比表面积很大。硅藻土矿的化学成分以 SiO_2 为主，可用 $SiO_2 \cdot nH_2O$ 表示，矿土组分中以硅藻土为主，其次是黏土矿——水云母、高岭石。

纯净的硅藻土一般呈白色、土质，常因含铁的氧化物或有机污染物而呈灰白、灰、绿以及黑色；熔点 1400～1650℃；密度 1.90～2.35g/cm³；轻质、多孔、柔软，易磨成粉末；溶于强碱和氢氟酸，不溶于水和有机溶剂；有强吸水性，可吸附自重 1.5～4 倍的水，有强吸油性，对其他机械性杂质有很强的吸附性。

硅藻土由于具有假密度小、相对密度小、微孔多、空隙率大和吸附能力强的特性，广泛用于制造高浓度粉剂的载体，特别适用于液体农药加工成高浓度粉剂的载体，或者和吸附容量小的载体配伍用做农药粉剂或可湿性粉剂的复合载体，以调节制剂的流动性和分散性能。

硅藻土的主要理化性能介绍如下。

(1) SiO_2 含量　含量是评价硅藻土质量的一个重要参数。硅藻土中非晶质 SiO_2 含量越高，质量越好。一般硅藻土中的 SiO_2 含量达到 60% 以上即可列入开采、利用范围，硅藻土用做农药载体要求纯度高，其中 SiO_2 含量要在 75% 以上。

(2) 颜色　硅藻土颜色越浅越好，杂质较少时，通常呈白色或灰白色，杂质含量越高颜色越深。此外，硅藻土中水分含量较多时，颜色也变得深些，干燥后，颜色就变得浅些。

(3) 密度　一般情况下硅藻土密度越小，质量越好。

(4) 堆密度　堆密度是指在特定条件下单位体积的硅藻土的质量。该项指标是评价原土质量的一个很重要的依据。堆密度越小，硅藻土质量越好。我国硅藻土堆密度通常为 $0.34\sim0.65g/cm^3$。

硅藻土应置于良好的密闭容器中，贮存于干燥处。

硅藻土在水分散粒剂应用中的举例见表 4-12。

表 4-12　50%乙酰甲胺磷水分散粒剂

原料名称	投料量/%
乙酰甲胺磷原药	50.0
木质素磺酸钠	6.0
十二烷基苯磺酸钠	5.0
尿素	4.0
硅藻土	补足至 100.0

3. 凹凸棒土

凹凸棒土呈土状，致密块状，产生于沉积岩和风化石中，其组成以凹凸棒石为主，在凹凸棒石黏土原土中一般含有 70%～80% 的凹凸棒石、10%～15% 的蒙脱土和海泡石、4%～8% 的石英、1%～5% 的方解石或白云石。

凹凸棒石晶体理论化学式为 $Mg_5Si_8O_{20}(OH)_2 \cdot 8H_2O$，理论化学成分质量分数为：$SiO_2$ 56.96%，MgO 23.83%，H_2O 19.21%，但实际的凹凸棒石晶体化学式与理论化学式存在一定的差异。

凹凸棒土有白色、灰白色、青灰色、灰绿色，土质细腻，有油滑感，质轻、性脆，断口呈贝壳状或参差状。具有介于链状结构和层状结构之间的中间结构。具有独特的分散、耐高温、抗盐碱等良好的胶体性质和较高的吸附脱色能力。密度为 $2.05\sim2.32g/cm^3$。比表面积 $9.6\sim36m^2/g$。

凹凸棒石黏土在建筑行业应用多，作为涂料的填充剂、流平剂、增稠剂和稳定剂，其性能好，成本低，可代替传统的轻钙。凹凸棒石涂料的涂膜在电镜里观察，其晶体呈网状排列，均匀地分布在有机黏结剂中，所以涂膜耐洗擦。

凹凸棒土比表面积人、吸附性能强，具增稠性，广泛用于制造农药高浓度粉剂的载体和颗粒剂的基质。在水分散粒剂中作为载体可提高水分散粒剂生产时的成型率，与吸附容量较小的载体配伍做复合载体，可调节制剂的崩解性和悬浮率。凹凸棒土作为农药载体，要求纯度高，比表面积大，吸附性能强，阳离子交换容量小，水分含量小，FeO 和 Fe_2O_3 含量尽量低。

凹凸棒石表面活性高，易团聚，表面含有极性的羟基，与非极性的有机高聚物的亲和性很差，使用时要注意。凹凸棒土应置于良好的密闭容器中，贮存于干燥处。

4. 膨润土

膨润土是以蒙脱石为主要矿物成分的非金属矿产，蒙脱石含量在 85％～90％，也常含少量伊利石、高岭石、埃洛石、绿泥石、沸石、石英、长石、方解石等，由于膨润土中大部分为蒙脱石，因此它的一些性质也都是由蒙脱石所决定的。蒙脱石结构是由两个硅氧四面体夹一层铝氧八面体组成的 2∶1 型晶体结构，由于蒙脱石晶胞形成的层状结构存在某些阳离子，如 Cu、Mg、Na、K 等，且这些阳离子与蒙脱石晶胞的作用很不牢固，易被其他阳离子交换，故具有较好的离子交换性。

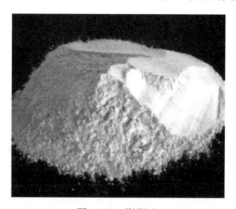

图 4-12　膨润土

膨润土（图 4-12）一般为白色、淡黄色，因含铁量变化又呈浅灰、浅绿、粉红、褐红、砖红、灰黑色等；具蜡状、土状或油脂光泽，用手指搓磨时有滑感。密度 2～3g/cm^3，沸点：381.8℃（760mmHg，1mmHg＝133.322Pa），闪点 184.7℃，膨润土具有强的吸湿性和膨胀性，可吸附 8～15 倍自身体积的水量，体积膨胀可达数倍至 30 倍。膨润土具有悬浮性、分散性和亲水性等优良性能，在水介质中能分散成胶凝状和悬浮状，这种介质溶液具有一定的黏滞性、能变性和润滑性，有较强的阳离子交换能力。

膨润土的应用与其结构类型关系密切，膨润土的层间阳离子种类决定膨润土的类型，层间阳离子为 Na^+ 时称钠基膨润土；层间阳离子为 Ca^{2+} 时称钙基膨润土；层间阳离子为 H^+ 时称氢基膨润土（通常称为天然漂白土）；层间阳离子为有机阳离子时称有机膨润土。

（1）钠基膨润土　钠基膨润土吸水速度慢，并具有悬浮性，触变性，热稳定性，黏结性，可塑性较好，吸水强度、干压强度、热湿拉强度也较好。因此钠基膨润土比钙基膨润土性能好。

（2）活性白土　活性白土是用黏土（主要是膨润土）为原料，经无机酸化处理，再经水漂洗、干燥制成的吸附剂，外观为乳白色粉末，无臭，无味，无毒，吸附性能很强，能吸附有色物质、有机物质。由于蒙脱石晶体结构的变化（铝氧八面体层中的 Al^{3+} 由原来的配位数 6 变成配位数 4，呈不饱和状态），使活性白土呈多孔性结构，具有离子交换性、表面吸附性及过滤性。活性白土可用于石油产品的吸附精制，动植物油的脱色，蜂蜡、甘油的净化剂、水分干燥剂，并可用做医药、日用化工及农药产品的填料和载体。活性白土黏结性好，在流化床造粒的农药水分散粒剂中，当原药松散不易成型时，加入活性白土可有效解决成型率低的问题。

（3）有机膨润土　有机膨润土是通过选用优质钠型土加有机覆盖剂充分作用后，利用蒙脱石晶格间的 Na^+ 和有机阳离子之间的置换反应生成的一类产物。在有机溶剂中具有很强的膨胀性和胶化能力，其有机悬浮液极易形成并非常稳定，广泛用于石墨、涂料、农药、固体润滑、化妆品、食品、纺织等领域，具有增稠、分散、抗沉降、流变改性等作用。

膨润土应置于良好的密闭容器中，贮存于干燥处。

膨润土在水分散粒剂应用中的举例见表 4-13 与表 4-14。

表 4-13　40％苯醚甲环唑水分散粒剂（挤压造粒）

原料名称	投料量/％
苯醚甲环唑原药	40.0
萘磺酸盐分散剂	4.0
润湿剂	6.0
尿素	10.0
膨润土	补至 100.0

表 4-14　70％啶虫脒水分散粒剂（流化床造粒）

原料名称	投料量/％
啶虫脒原药	70.0
GY-D06	8.0
GY-W04	3.0
NNO	15.0
活性白土	补至 100.0

由于啶虫脒原药呈晶体状，造粒时松散成型差，配方中填料改用活性白土后成型率明显提高。

5. 海泡石

海泡石（图 4-13）是一种具层链状结构的含水富镁硅酸盐黏土矿物。斜方晶系或单斜晶系，一般呈块状、土状或纤维状集合体。在电子显微镜下，呈纤维状的

图 4-13　显微镜下的海泡石

海泡石可以看到它们由无数细丝聚在一起排成片状。海泡石有一个特殊的性质，即当它们遇到水时会吸收大量的水从而变得柔软，而一旦脱水干燥就恢复原状。

海泡石是沉积作用形成的或是由蛇纹岩蚀变而成的。海泡石本身无毒无害，但是由于海泡石矿由蛇纹岩蚀变而来，而蛇纹岩又是石棉的主要成分，因此很难将海泡石与石棉分离，一般的海泡石都会含有少量的石棉成分，比例在5%～30%。海泡石的化学成分为硅（Si）和镁（Mg）；其标准晶体化学式为 $Mg_8(H_2O)_4[Si_6O_{16}]_2(OH)_4 \cdot 8H_2O$，其中 SiO_2 含量一般在54%～60%之间，MgO含量多在21%～25%范围内。

海泡石通常呈白、浅灰、浅黄等颜色，不透明也没有光泽，硬度在2～3之间，密度在1～2.2g/cm³之间，耐高温性能达1500～1700℃。具有滑感和涩感，黏舌。溶于盐酸，质轻。干燥状态下性脆。收缩率低，可塑性好，比表面大，吸附性强，吸收大于自身重量150%的水。

海泡石应用领域很广，涵盖炼油、陶瓷、建筑、医药制药、化妆品、农业等几十个领域。在石油精炼过程中可作为吸附剂、脱色剂，在医药制药过程中可作为离子交换剂、净化剂、发亮剂等，在建筑中可作为隔声、隔热材料，在农业上可用于土壤改良、肥料悬浮剂、农药载体饲料添加剂、黏结剂、动物成长促进剂、饲料场地清油剂等。

海泡石有大的比表面积和高孔隙度，能吸附液体或低熔点的农药，最适宜用做高含量粉剂、可湿性粉剂和颗粒剂的载体。因其阳离子交换容量小，也用做低浓度粉剂的载体。在水分散粒剂中可作为填料，由于具有吸水膨胀性，因此有助于颗粒入水后崩解。

经过对风化的黏土状海泡石进行提纯，锂离子或有机盐改性，可制得高性能的适用于涂料、陶瓷釉料和油墨的耐高温悬浮剂、防沉剂、增稠触变剂。主要性能指标见表4-15。

表 4-15　几种海泡石的性能

性　能	海泡石精矿粉（水基）	锂基海泡石（水基/醇基）	有机海泡石（醇基/有机）
外观	灰白色	灰白色	灰白色
目数	325~1250	325~250	325~1250
pH	7~9	7~9	7~9
水分/%	<12	<12	<15
松装密度/(g/cm^3)	0.20~0.24	0.18~0.22	0.16~0.20
悬浮度(24h)/%	>95	>95	—
黏度/mPa·s	800~1500	1200~1800	1500~2000
胶体率/%	—	—	>95

海泡石贮存于干燥环境，应防雨、防潮、防破包。

6. 白炭黑

白炭黑为人工合成载体，分子式可用 $mSiO_2 \cdot nH_2O$ 表示，其中 SiO_2 含量 85% 以上，nH_2O 以表面羟基的形式存在。按生产方法大体分为沉淀法白炭黑和气相法白炭黑。气相法白炭黑常态下为白色无定形絮状半透明固体胶状纳米粒子（粒径小于 100nm），有巨大的比表面积。沉淀法白炭黑又分为传统沉淀法白炭黑和特殊沉淀法白炭黑，前者是指以硫酸、盐酸、CO_2 与水玻璃为基本原料生产的二氧化硅，后者是指采用超重力技术、溶胶-凝胶法、化学晶体法、二次结晶法或反相胶束微乳液法等特殊工艺生产的二氧化硅。

白炭黑是多孔性物质，能溶于苛性碱和氢氟酸，不溶于水、溶剂和酸（氢氟酸除外）。耐高温、不易燃、无味、无嗅，具有很好的电绝缘性。

白炭黑通常情况下呈白色高度分散的无定形粉末或絮状粉末，也有加工成细小颗粒的，质轻、松密度小，相对密度为 2.319~2.653，熔点为 1750℃。不溶于水及绝大多数酸，在空气中吸收水分后会成为聚集的细粒。能溶于苛性钠和氢氟酸。对其他化学药品稳定，耐高温不分解，不燃烧。具有很高的电绝缘性，多孔性。白炭黑比表面积大，吸附容量和分散能力均很高。沉淀法生产的白炭黑比表面积一般都在 200m^2/g 以上，气相法生产的白炭黑比表面积和吸附容量更大。

沉淀法白炭黑广泛用于橡胶制品、日用化工制品、胶结剂、抗结块剂、农业化学品等领域。在农药、高效喷施肥料中使用白炭黑做载体或稀释剂、崩解剂，在水分散粒剂中使用可提高悬浮率，建议使用含量 10% 左右。

气相白炭黑是重要的高科技超微细无机新材料，用于电子封装材料、树脂复合材料、橡胶、陶瓷、化妆品等领域。

白炭黑种类多，不同工业部门对白炭黑的技术指标要求不同。一般气相法白炭黑比沉淀法白炭黑质量好，但因其价格昂贵，在农药中多使用沉淀法白炭黑做填料，要求纯度高，杂质少，水分低，比表面积大，吸附容量大，分散性能好。

白炭黑在水分散粒剂应用中的举例见表 4-16。

白炭黑存放于干燥、密闭的环境中，不宜暴露于挥发性物质中。

表 4-16　50%烯酰吗啉水分散粒剂（流化床造粒）

原料名称	投料量/%
烯酰吗啉	50.0
GY-D10（萘磺酸盐分散剂）	6.0
NNO	5.0
K12	4.0
高岭土	15.0
白炭黑	10.0
硫酸铵	补至 100.0

7. 轻质碳酸钙

轻质碳酸钙是人工制备的碳酸钙，分子式为 $CaCO_3$，与天然碳酸钙相比纯度更高，几乎无杂质，质量轻。

轻质碳酸钙为白色疏松粉末，无气味。溶于稀酸而放出二氧化碳，不溶于水及醇。825℃分解为氧化钙和二氧化碳。水分含量<1%，密度一般为 $2.65g/cm^3$ 左右，熔点1339℃，吸附性弱，吸水率低，硬度为 2.4~2.7，pH 值为 8.0~11.0。

碳酸钙的用途十分广泛，它是橡胶、塑料、油漆、造纸、电线、电缆、油墨、涂料工业的无机填料，是生产电焊条、有机合成、冶金、玻璃、陶瓷、石棉产品的原料，是工业废水中的中和剂，是胃十二指肠溃疡病的止酸剂，是酸中毒的解毒剂，是含 SO_2 废气中 SO_2 的清除剂，也是牙膏及日用化妆品的原料。在农药产品中做填料有调节体系 pH 的作用，在 WG 中加入轻质碳酸钙有助于提高崩解性能，但要注意碳酸钙容易与农药中的酸性成分反应产生 CO_2 气体，导致农药在贮存过程中出现胀袋、胀瓶问题。

用做农药载体要求纯度高，杂质少，水分低，细度越细越好，市场上销售的有 200 目、325 目、600 目、800 目、1250 目、1500 目和 1800 目等。

轻质碳酸钙在水分散粒剂应用中的举例见表 4-17。

碳酸钙应贮存于阴凉、干燥处，避免与酸类物质共贮混运，防止雨淋、受潮。

表 4-17　10%苯醚甲环唑水分散粒剂（挤压造粒）

原料名称	投料量/%
苯醚甲环唑原药	10.0
GY-D06（聚羧酸盐类分散剂）	5.0
GY-W04	3.0
助分散剂	10.0
葡萄糖	10.0
无水硫酸钠	20.0
轻质碳酸钙	补至 100.0

8. 硫酸铵

硫酸铵纯品为无色斜方晶体，工业品为白色至淡黄色结晶体。熔点 513℃±2℃，折射率 n_D^{20} 1.396，相对密度 1.77，相对蒸气密度 7.9。溶解度为 0℃下 100g

水溶解 70.6g，20℃下溶解 75.4g，30℃下溶解 78g，40℃下溶解 81g。水溶液呈酸性，不溶于醇、丙酮和氨，有吸湿性，吸湿后固结成块。加热到 513℃ 以上完全分解成氨气、氮气、二氧化硫及水。与碱类作用则放出氨气。0.1mol/L 水溶液的 pH 为 5.5。

硫酸铵是一种优良的氮肥，适用于一般土壤和作物，能使枝叶生长旺盛，提高果实品质和产量，增强作物对灾害的抵抗能力。还被用于耐火材料、皮革脱灰、啤酒酿造、化学试剂和蓄电池生产、开采稀土等行业，在农药水分散粒剂中作为重要的填料被大量应用，还有调节 pH 的作用，使用时要注意工业硫酸铵有松散干燥型和潮湿型，在水分散粒剂中要选择松散干燥型。

硫酸铵在水分散粒剂应用中的举例见表 4-15 与表 4-18。

硫酸铵吸潮后容易结块，产品宜贮于通风干燥处，防潮、防水、防雨淋、防火，普通运输工具运输。

表 4-18　50%烯酰吗啉水分散粒剂（挤压造粒）

原料名称	投料量/%
烯酰吗啉原药	50.0
GY-D800	6.0
十二烷基硫酸钠	3.0
玉米淀粉	20
硫酸铵	补足

9. 无水硫酸钠

无水硫酸钠为白色均匀细颗粒或粉末，无嗅，味咸而带苦。密度 2.68g/cm^3，熔点 884℃。易溶于水，溶解度在 0~30.4℃ 内随温度的升高而迅速增大，水溶液呈中性。溶于甘油，不溶于乙醇。暴露于空气中会逐渐吸收 1 分子的水。纯度高、颗粒细的无水硫酸钠称为元明粉。

无水硫酸钠主要用于有机溶剂的干燥除水，具有除水效果快、残留少等特点。还可以用做染料和助剂的填充剂以调整染料和助剂浓度，使能达到标准浓度。另外在造纸工业、医药工业、玻璃制造、建筑工业等行业也有应用。无水硫酸钠在农药水分散粒剂中作为重要的填料被大量应用，尤其在流化床造粒中应用较多。

无水硫酸钠在水分散粒剂应用中的举例见表 4-19。

无水硫酸钠应贮于通风干燥处，防潮、防水、防雨淋、防火，普通运输工具运输。

表 4-19　25%噻虫嗪水分散粒剂（流化床造粒）

原料名称	投料量/%
噻虫嗪原药	25.0
GY-D06	5.0
NNO	8.0
K12	3.0
无水硫酸钠	28.0
高岭土	29.7

10. 尿素

熔点 131~135℃，沸点 196.6℃（760mmHg），折射率 n_D^{20} 1.4，闪点 72.7℃，相对密度 1.335，溶解度 1080g/L（20℃）。加热至 160℃分解，产生氨气同时变为氰酸。尿素含氮（N）46%，是固体氮肥中含氮量最高的。其水溶液的 pH 应在 7~8 之间，最多不会超过 9。

尿素被应用到饲料、化妆品等多种化工行业，但在农业中作为含氮肥料应用量最大，在农药水分散粒剂中可作为填料，因其吸水速度快有促进崩解的作用，因此也将其作为崩解剂使用，但在挤压法造粒中加入量不宜过多，否则容易挤压发黏。

尿素在水分散粒剂应用中的举例见表 4-20。

尿素吸湿后容易结块，在使用前一定要保持尿素包装袋完好无损，运输过程中要轻拿轻放，防雨淋，贮存在干燥、通风良好、温度在 20℃以下的地方。

表 4-20　70%烯啶虫胺·噻嗪酮水分散粒剂

原料名称	投料量/%
有效成分	70.0
聚羧酸盐	3.0
脂肪醇磺酸盐	13.0
尿素	5.0
聚乙烯醇	1.5
绢云母粉	补足至 100.0

11. 乳糖

乳糖（图 4-14）是一种二糖，它的分子结构是由一分子葡萄糖和一分子半乳糖缩合形成的，为白色的结晶性颗粒或粉末；无臭，味微甜；水中易溶，在乙醇、氯仿或乙醚中不溶。普通的乳糖，通常带一分子结晶水，呈单斜晶体，快速加热，120℃时失去结晶水，熔点 201~202℃。

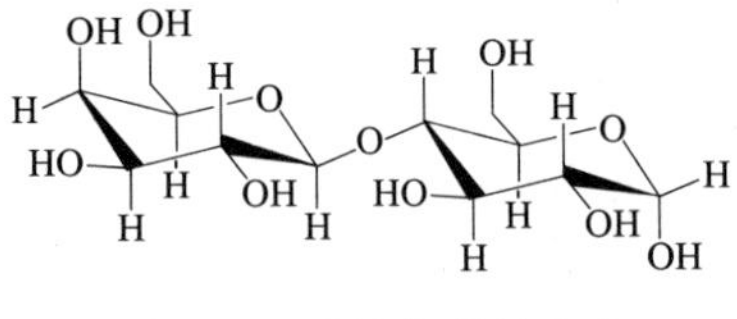

图 4-14　乳糖化学结构式

广泛用于制作儿童食品、糖果、人造奶油等。也可以做培养基、色层吸收剂及赋形剂等。在农药水分散粒剂中可作为填料，有助崩解作用，但用量不宜太多，一般与其他填料复配使用。

乳糖存放于干燥、密闭的环境中。

五、消泡剂

水分散粒剂产品中由于含有润湿剂等容易产生气泡的成分，因此在稀释时容易产生大量泡沫,影响喷雾效率,尤其是出口产品对泡沫要求比较严格,一般 FAO 要求泡沫＜25mL,因此在某些水分散粒剂的配方中需要加入消泡剂来控制泡沫量。

消泡剂的种类很多,如有机硅类、聚醚、硅和醚接枝物、高碳烷醇、天然油脂等。农药中使用的消泡剂以有机硅类为主,该类消泡剂有液态乳液和固体粉末两种类型,液态有机硅消泡剂系由硅脂、乳化剂、防水剂、稠化剂等配以适量水经机械乳化而成的,固体粉末状有机硅消泡剂是按照一定比例将吸附载体与有机硅乳液混合而成的。有机硅消泡剂的特点是表面张力小,表面活性高,消泡力强,兼具有抑泡、破泡功能,用量少,成本低,具有较好的热稳定性,可在 5～150℃宽广的温度范围内使用;其化学稳定性较好,难与其他物质反应,只要配制适当,可在酸、碱、盐溶液中使用,无损产品质量。

六、黏结剂

在流化床造粒工艺的配方中经常需要加入黏结剂,以提高水分散粒剂在生产时的成型率,而在挤压法造粒过程中机械外力作用比较强,配方中一般不需要另外加入黏结剂。

黏结剂多为价格低廉的水溶性高分子纤维素、聚乙二醇、聚乙烯醇等。这些黏结剂大多数是固体粉末状的,使用时先按比例溶于水中形成略黏稠的液体,再在造粒过程中慢慢喷入到物料上使其黏结成粒。这种加入黏结剂的方法比将固体粉末直接加入到配方中更均匀,成粒效果更好。

第四节 水分散粒剂的配制

水分散粒剂的配制是指一个农药品种在进入加工生产之前的小试准备工作。包括试验室的配方筛选、原料验证及在小试设备上稍加放大的过程。

一、小试试验工艺

(1) 原药粉碎　将原药通过气流粉碎机粉碎至粒径 $15\mu m$ 以下备用。

(2) 混合　粉碎好的原药、各种助剂、填料于混合器中,在混合机上充分剪切混合均匀。

(3) 捏合　粉碎的物料加水或加入黏结剂进行捏合。

(4) 造粒　试验室常采用剪切或挤压造粒。

(5) 烘干　用小型流化床设备进行加热烘干,也可用电热恒温鼓风干燥箱烘干,调至50℃,烘 1h 后取出。

(6) 筛分　将烘干的颗粒按照要求选择 20 目和 60 目的标准筛进行筛分,将底部小颗粒和上部的大颗粒弃去,留下中间部分进行性能检测。

(7) 检测　按照规定方法检测崩解性、悬浮率、起泡性等指标。

二、配方筛选

要将一个农药品种加工成水分散粒剂时,首先必须经过配方筛选,选出合格的配方后才可以加工生产。

配方筛选必须要考虑的原则是:所选用的助剂、载体等原料必须是能大量供应、价格合理、质量稳定的工业品,产品必须达到相关标准,产品质量和价格在市场上要有竞争力。

配方筛选主要的程序如下。

(1) 了解原药性质 在进行配方筛选之前首先要了解原药性质,查阅熔点、水中溶解度、硬度、密度等资料,根据原药性能选择助剂和填料。一般熔点高的原药能适应造粒和烘干时的高温,水溶性低的原药在加水造粒和烘干过程中不会使颗粒变实,密度小硬度大的原药容易粉碎,符合以上要求的原药在配方开发过程中比较容易。否则难度会增加。

(2) 确定生产工艺 水分散粒剂的生产工艺有几种,每种工艺使用的小试设备和大生产设备都不一样,因此配方也有较大的区别。比如流化床造粒用气流将物料从底部吹起,同时从上部喷水,使物料在吹起过程中相互碰撞黏结成小颗粒,该工艺形成的颗粒松散易碎,一般要加入黏结剂增加颗粒强度和提高成型率,填料也以黏结性强的高岭土等为主要选择对象,而崩解剂不是筛选的重点。在挤压法造粒中,物料在造粒机内通过旋转挤压成粒,挤压过程中形成的机械力较强,往往将物料挤成结实的柱状颗粒,崩解困难,因此挤压法造粒要注重崩解剂的选择,另外无机盐也不能加多,否则挤压过程容易变黏或挤出的颗粒很硬,不崩解。

(3) 选择填料 根据原药为固态或液态,配制的有效成分含量高低,生产工艺和填料的性能,列出几个备选的填料进行筛选。填料筛选要遵循以下几个原则:比如熔点低的原药在填料筛选时以吸附性强的白炭黑等为主,水中溶解度大的原药在填料筛选时要尽量少用或不用水溶性的无机盐。

(4) 助剂的选择 载体初步确定后,选择合适的助剂。分散剂是水分散粒剂配方中的关键组分,对制剂的悬浮率和崩解性起主要作用,可将不同的分散剂与同一种润湿剂搭配,根据崩解性、悬浮率的测定结果选择效果好的分散剂。但要注意分散剂应用于不同的原药效果不一样,如甲维盐和苯醚甲环唑选用聚羧酸盐效果较好,三嗪类除草剂也适合选择聚羧酸盐类分散剂;吡蚜酮一般会选用木质素类分散剂,总之,农药的种类很多,结构差异也很大,要根据实际情况选择合适的助剂。

三、配方优化

通过以上程序确定了一个水分散粒剂的初步配方,采用该配方配制的样品各项性能指标应该是符合国标或相应的规定的,但作为一个优秀的配方,其性能要高于国标,还需要对配方中的各种成分用量进行优化,找出最佳配比,以提高产品性能，确定最终配方。配方优化可以采用正交试验法。

第五节 水分散粒剂的加工工艺及设备

水分散粒剂的加工方法很多，总的来说分为两类，一类是"湿法"，另一类是"干法"。"湿法"就是将农药、助剂、辅助剂等以水为介质制成浆料，在砂磨机中磨细，然后进行造粒，其典型的方法有喷雾干燥造粒。"干法"造粒是将农药、助剂、辅助剂等一起先混合并用气流粉碎机粉碎成超细粉末，制成可湿性粉剂，然后加入少量水或黏结剂进行造粒，典型的造粒方法是流化床造粒、挤压造粒、高速混合造粒。本章将介绍几种常见的水分散粒剂生产工艺。

一、流化床造粒工艺及设备

我国早期的水分散粒剂以流化床造粒工艺为主，该方法在同一个设备中完成物料混合、造粒和干燥，所以也称一步造粒。流化床造粒技术利用自下而上快速吹出的气流将固体粉末状物料吹起使其形成流态化，并维持物料处于不断往复运动状态，同时在顶部以雾化方式将液体黏结剂定量喷洒到物料上，通常黏结剂液滴润湿粉末形成粒核，粒核与粉末在气流作用下互相碰撞，通过黏结剂的架桥作用互相聚集成颗粒。在造粒过程中气流温度逐渐上升，将颗粒进行干燥。

流化床造粒工艺优点：
① 集造粒、干燥为一体，与其他造粒法比大大减少了装置数量；
② 工人劳动强度低，造粒干燥均在封闭状态下进行，粉尘污染相对较小；
③ 生产的颗粒为球形或不规则球形，多孔、表面积较大、流动好、易崩解。
缺点：生产效率低，物料损耗大。

1. 生产工艺流程

将原药、分散剂、润湿剂、载体、崩解剂等混合均匀，通过气流粉碎机将颗粒细度粉碎成 $15\mu m$ 以下的超微细粉，加入流化床干燥造粒机中，用含黏结剂的水溶液，在流化床干燥造粒机中进行造粒和干燥，测定含水量合格后出料，通过筛分得到成品，见图 4-15。

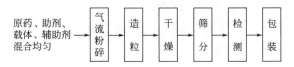

图 4-15 流化床造粒生产工艺流程

生产过程中需要注意的问题：流化床造粒原理很复杂，由于粉体的物理性质及喷雾液的组成能够改变造粒物的特征；空气温度、湿度、喷嘴孔径的大小、喷雾液滴速度、气流强度、气流温度等都影响产品的雾化性能，生产过程中要通过试验加以验证,尤其是要特别注意进风温度和黏结剂喷雾液滴速度的调节,二者达到平衡,才能使颗粒大小均匀,提高造粒成型率。

2. 生产设备

流化床造粒也叫沸腾造粒,主要设备由气流粉碎机、流化床造粒机、筛分机组成。气流粉碎机整套装置见图4-16,主机见图4-17。流化床造粒机既能造粒又能干燥,它由空气过滤器、加热器、沸腾床主机、旋风分离器、布袋除尘器、高压离心风机、操作台组成。图4-18为流化床造粒机主机。图4-19为振动筛分机。

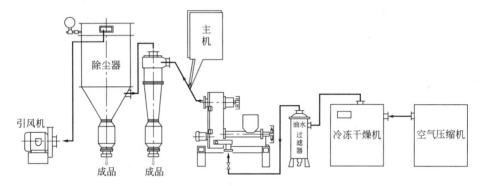

图 4-16　气流粉碎机整套装置

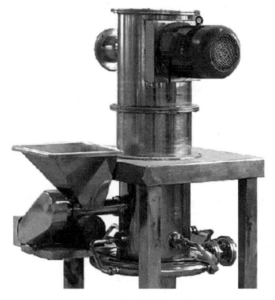

图 4-17　气流粉碎机主机

二、挤出造粒工艺及设备

挤出造粒在水分散粒剂的生产中应用广泛,将粉碎好的物料粉末置于容器内混

图 4-18　流化床造粒机主机

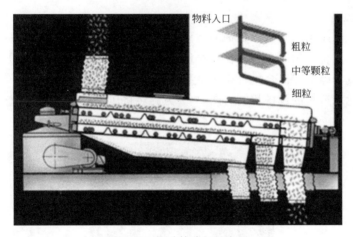

图 4-19　振动筛分机示意图

合均匀,用适当的黏结剂先制成湿粉软材,再用强制挤出的方式使其通过具有一定大小孔径的孔板而制成均匀颗粒,经过干燥、筛分即成产品。该工艺所用的设备规模较小,所需的动力费用低,产品性能较好,被认为是最经济的生产方式。

挤出造粒工艺优点:

① 设备清洗比较容易,适合小批量、多个农药品种交替生产;

② 制得的颗粒为圆柱形,大小均匀,成型率高,物料损耗少。

缺点:劳动强度大,造粒过程包括软材制作、挤出造粒、干燥、筛分等程序,生产过程不密闭，粉尘较多。

1. 生产工艺流程

将原药、分散剂、润湿剂、载体、崩解剂等混合均匀，通过气流粉碎机将颗粒细度粉碎成 15μm 以下的超微细粉，加入混合器中，加入水或含黏结剂的水溶液进行捏合，通过挤压制成条状颗粒，最后通过干燥、筛分得到成品，见图 4-20。

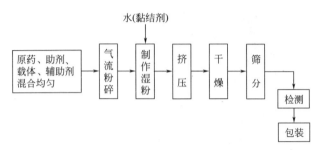

图 4-20　挤出造粒工艺流程

生产过程中需要注意的问题：挤出造粒原理简单，操作复杂，捏合工序的加水量是关键步骤，水加少了挤不出来或颗粒粗糙，水加多了被挤出物呈条状且重新黏在一起，适当的加水量要在生产过程中通过试验加以验证，并且需要操作人员细心才能保证每批产品的质量一致。

2. 生产设备

目前，广泛应用于水分散粒剂的挤压成型造粒法多为湿法造粒，即在粉体原料中加水捏合，混合均匀后在挤压机造粒机中挤压成型。一套完整的挤压造粒工艺设备应包括气流粉碎机、混合机、挤压造粒机、烘干机、筛分机。其中气流粉碎机、筛分机与流化床造粒的设备相同。图 4-21 为旋转挤压造粒机，图 4-22 为螺杆挤压造粒机。

图 4-21　旋转挤压造粒机

三、喷雾干燥造粒工艺及设备

喷雾干燥造粒是液体工艺成型和干燥工业中应用广泛的工艺，适用于从溶液、乳液、悬浮液和糊状液体原料中生成粉状、颗粒状的固体产品。农药水分散粒剂采

图 4-22　螺杆挤压造粒机

用喷雾干燥造粒工艺所得的产品也称干悬浮剂,它先将原药、助剂和水混合,通过湿法粉碎成超微细(可达到 $5\mu m$ 左右)的浆料,再在喷雾造粒塔中通过热气流的作用使雾滴分散,雾滴经过受热,水分逐渐蒸发消失,而包含在其中的固相微粒逐渐浓缩,最后在液桥力的作用下聚团成所需要的微粒。

1. 喷雾造粒生产工艺

图 4-23 为喷雾干燥造粒工艺流程。

图 4-23　喷雾干燥造粒工艺流程

喷雾造粒工艺优点:
① 经过湿法砂磨的物料粒径小且均匀;
② 产品的流动性较好,堆密度小,呈多孔状,在水中易于崩解。

缺点:设备需要用大型的喷雾干燥设备,耗能和造价都较高,设备清洗难度大,生产的农药品种不容易切换。

生产过程中需要注意的问题:喷雾干燥的成粒率与浆料的表面张力和黏度有关,黏度不能低于 $50 mPa \cdot s$ 以下,表面张力不能低于 $50 dyn$ ($1 dyn = 10^{-5} N$),否则成粒率低,生产中应尽量提高浆料的固含量;另外与流化床造粒相似,要特别注意进风口的温度,避免物料因温度过高受热凝聚而影响崩解和悬浮率,出风口的温度不能太低,否则容易出现水分超标问题。

2. 生产设备

喷雾造粒生产工艺的基本组成有三个主要设备:湿法研磨设备(一般用卧式砂磨机)、喷雾造粒塔(图 4-24)、筛分机,其中喷雾造粒塔是最主要的设备。

四、其他造粒方式及设备

水分散粒剂除了以上介绍的几种造粒方式外,还有团聚造粒法。常见的转盘造

图 4-24 喷雾造粒塔

粒法就是团聚造粒的一种，国际市场上销售的水分散粒剂多使用此法生产。转盘造粒一般分为两个工序，首先将原药、助剂、辅助剂等制成超细可湿粉，然后向倾斜的旋转盘中边加可湿粉，边喷带有黏结剂的水溶液进行造粒。该方法的成粒机理是：造粒过程中的粉料微粒在液桥和毛细管力的作用下团聚在一起形成微核，团聚的微核在容器低速转动所产生的摩擦和滚动冲击力作用下不断地在粉料层中回转、长大，最后成为一定大小的颗粒。一般颗粒形状为球形。该方法在生产过程中不密闭，粉尘较多。

高速剪切混合造粒技术是在封闭的容器内把混合和造粒结合在一起的一种造粒技术。造粒原理是由搅拌桨使物料有规律地立体运动，水喷在流动的粉料上，由搅拌叶子产生高速剪切力造成粉粒极大的湍流，滚在一起形成小球粒。高速剪切造粒中，主要机制是成核和聚集。当粉末表面接触到液体黏结剂时成核开始，起始粒子间的液体连接桥形成，在搅拌和剪切作用下粒子增长。该项技术近几年发展较快，具有混合效果较好、生产效率高、含量稳定、耗能低、粉尘少等特点。

第六节 水分散粒剂的控制指标及检测方法

一、水分散粒剂质量控制指标

水分散粒剂的崩解性、悬浮率、热贮稳定性三项质量技术指标是控制水分散粒剂产品性能的关键技术指标。只有这三项技术指标合格后，才能在此基础上测定其他的一些技术指标，如 pH、水分、分散性、湿筛试验、粒度范围、堆积密度等。

二、检测方法

1. 崩解性

在装有 90mL 蒸馏水的 100mL 具塞量筒（内高 22.5cm，内径 28mm）中于 25℃下加入试样（0.5g），塞住筒口，之后夹住量筒的中部，以 8r/min 的速度绕中心旋转，直至试样在水中完全崩解，记录从开始旋转量筒到颗粒完全崩解所用的时间。

2. 悬浮率

参照 GB/T 14825—2006 中的方法 3 进行测定。

（1）方法提要　用标准硬水将待测试样配制成适当浓度的悬浮液，在规定的条件下，于量筒中静置一定时间，测定底部 1/10 悬浮液中残余物质量，计算悬浮率。

（2）试剂和仪器　标准硬水：$\rho(Ca^{2+}+Mg^{2+})=342mg/L$，$pH=6.0\sim7.0$；

量筒：250mL，带磨口玻璃塞，0～250mL 刻度间距为 20.0～21.5cm，250mL 刻度线与塞子底部之间距离应为 4～6cm；

玻璃吸管：长约 40cm，内径约 5mm，一端尖处有 2～2.5mm 的孔，管的另一端连接在相应的抽气源上；

恒温水浴：30℃±1℃，水浴液面应没过量筒颈部。

（3）测定步骤　称取适量试样，精确至 0.1mg，置于盛有 50mL 30℃±1℃标准硬水的 200mL 烧杯中，用手摇荡做圆周运动，约每分钟 120 次，进行 2min，将该悬浮液在同一温度的水浴中放置 13min，然后用 30℃±1℃的标准硬水将其全部洗入 250mL 量筒中，并稀释至刻度，盖上塞子，以量筒底部为轴心，将量筒在 1min 内上下颠倒 30 次。打开塞子，再垂直放入无振动的恒温水浴中，避免阳光直射，放置 30min。用吸管在 10～15s 内将内容物 9/10（225mL）悬浮液移出，不要摇动或挑起量筒内的沉降物，确保吸管的顶端总是在液面下几毫米处。

按照有效成分质量分数的测定方法，测定试样和留在量筒底部 25mL 悬浮液中的有效成分质量。

（4）计算　试样悬浮率 S 按下式计算：

$$S=\frac{m_1-m_2}{m_1}\times\frac{10}{9}\times 100$$

式中　S——悬浮率，%；

m_1——配制悬浮液所取试样中有效成分质量，g；

m_2——留在量筒底部 25mL 悬浮液中有效成分质量，g。

3. pH 值

参照 GB/T 1601—1993 进行。

称取 1g 样品，转移至 100mL 的量筒中，加蒸馏水配至 100mL，强烈摇动 1min，使悬浮液静置 1min，然后测定上清液的 pH 值。

4. 水分

水分散粒剂的水分测定采用共沸法（卡尔·费休法）或快速干燥法。

快速干燥法用快速水分测定仪进行测定，通过加热烘干测定试样水分。准确称取试样适量置于样品盘上，烘约 15min 直至表盘上指针停止不动，此时读取的数据即为含水量。

5. 分散性

(1) 方法提要　将一定量的水分散粒剂加入规定体积的水中，搅拌混合，制成悬浮液，静置一段时间后，取出顶部 9/10 的悬浮液，将底部 1/10 悬浮液和沉淀烘干，用重量法进行测定。

(2) 试剂和仪器　标准硬水：$\rho(Ca^{2+}+Mg^{2+})=342mg/L$，pH=6.0~7.0；

烧杯：1000mL，内径为 102mm±2mm；

电动搅拌机：可控制速度；

不锈钢搅拌棒：带有 4 个固定搅拌叶片的螺旋桨式搅拌棒，叶片之间角度为 45°，如图 4-25 所示；

旋转真空蒸发仪，秒表；

玻璃吸管：长约 40cm，内径约 5mm，一端拉成 2~3mm 的开口，另一端连接到相应的真空泵上。

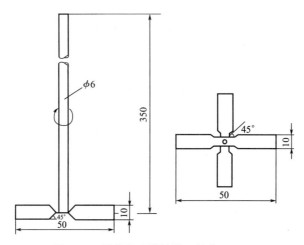

图 4-25　螺旋桨式搅拌器（单位：mm）

(3) 操作步骤　将 900mL（20℃±1℃）的 342mg/L 标准硬水加入已称量的烧杯中，将搅拌器小心地装在烧杯中，使搅拌桨叶的底部位于烧杯底上 15mm 处，搅拌桨叶的螺距和旋转方向应能推进水向上翻,使搅拌器速度开关位于300r/min。称量约9g水分散粒剂样品,准确至±0.1g,加到搅拌的水中,继续搅拌1min。然后关闭搅拌,静置1min。用真空泵法抽出9/10(810mL)悬浮液。要维持玻璃管尖恰好在下落的悬浮液液面之下,于30~60s内完成操作,并注意使对悬浮液的干扰减至最小。用重量法测定从留在烧杯中90mL中得到的固体物。在旋转真空蒸发仪中蒸馏液体并干燥至恒重,干燥温度为60~70℃。

(4) 结果计算 用下式计算水分散粒剂的分散率 P:

$$P = \frac{10}{9} \times \frac{m-w}{m} \times 100$$

式中 P——分散率,%;
w——干燥后残余物的质量,g;
m——所取样品的质量,g。

6. 湿筛试验

按 GB/T 16150 中的"湿筛法"进行。

(1) 方法提要 将试样置于烧杯中润湿、稀释,将悬浮液转移至筛上冲洗。用平缓的自来水流直接冲洗,再将试验筛置于盛水的盆中继续洗涤。测定筛上残留物的质量。

(2) 仪器 烧杯:250mL;

玻璃棒:直径约6mm,带有橡胶套;

筛子:直径20cm,筛孔75μm(如果没有另外指定,依据 ASTM E 11-61 为200目,依据 DIN 4188、ISO 565 为0.075mm)。

(3) 操作步骤

① 润湿。称取10g试样(精确至0.1g)置于250mL烧杯中,加入100mL自来水。静置60s,然后用带橡胶套的玻璃棒,以不超过3~4r/s的速度搅动30s,直到试样在水中完全崩解。

② 湿筛。将浆状物转移到筛子上,用自来水冲洗10min。从筛的四周向中心冲洗,保持软管末端与筛面相距2~5cm。

③ 干燥。用自来水射流将残留物从筛底转移至玻璃皿上,干燥至恒重,记录试样质量,精确至0.01g。

7. 粒度范围的测定

(1) 仪器 标准筛组:孔径与规定的粒径范围一致;

振筛机:振幅5mm,20次/min。

(2) 测定步骤 将标准筛上下叠装,大粒径筛置于小粒径上面,筛下装承接盘,同时将组合好的筛组固定在振筛机上,准确称取水分散粒剂试样50g(精确至0.1g),置于上面筛上,加盖密封,启动振动筛机振荡10min,收集规定粒径范围内筛上物称量。

(3) 计算　试样的粒度 w_1 按下式计算：

$$w_1 = \frac{m_1}{m} \times 100$$

式中　w_1——试样的粒度，%；

　　　m——试样的质量，g；

　　　m_1——规定粒径范围内筛上物质量，g。

8. 热贮稳定性

参照 GB/T 19136—2003 进行。将待测试样置于广口瓶中，塞紧盖子，置于 54℃±2℃ 的恒温箱中，14d 后取出，观察外观是否结块，并测定有效成分热贮分解率。

第七节　商品化的水分散粒剂品种及其应用

我国近几年农药水分散粒剂发展很快，商品化的品种逐年增加，从我国农业部农药检定所的登记情况看，产品包括杀虫剂、杀菌剂、除草剂单剂及复配制剂，从原药来源看，大部分为化学合成农药，有少量生物农药。下面列举了部分登记产品名称。

一、杀虫剂水分散粒剂品种

登记的部分杀虫剂水分散粒剂品种见表 4-21。

表 4-21　登记的部分杀虫剂水分散粒剂品种

有效成分名称	种　类	登记规格/%
甜菜夜蛾核型多角体病毒	生物农药类	300 亿 PIB/g
斜纹夜蛾核型多角体病毒		200 亿 PIB/g
苏云金杆菌		15000IU/mg、16000IU/mg
球孢白僵菌		400 亿孢子/g
棉铃虫核型多角体病毒		600 亿 PIB/g
阿维菌素	微生物发酵产物类	2、5
阿维菌素＋氟铃脲		1＋10
阿维菌素＋烯啶虫胺		1＋9
阿维菌素＋高效氯氰菊酯		1＋2
甲氨基阿维菌素苯甲酸盐		2.5、3、5
甲氨基阿维菌素苯甲酸盐＋氟铃脲		0.5＋10
甲氨基阿维菌素＋氟啶脲		1＋14
多杀霉素		10、20
乙酰甲胺磷	有机磷类	97

续表

有效成分名称	种　类	登记规格/%
啶虫脒	新烟碱类	40、50、70
噻虫胺		50
吡虫啉		70
氯噻啉		40
噻虫啉		36、50
噻虫嗪		25
噻虫嗪＋氯虫苯甲酰胺		20＋20
烯啶虫胺		20
烯啶虫胺＋吡蚜酮		15＋45、20＋60
烯啶虫胺＋噻虫啉		6.7＋13.3
烯啶虫胺＋噻嗪酮		10＋60
高效氯氰菊酯＋啶虫脒	拟除虫菊酯类	3＋12.5＋20、2.5＋23.5
高效氯氰菊酯＋残杀威		3＋9
高效氯氟氰菊酯		2.5、10
高效氯氟氰菊酯＋啶虫脒		2.5＋23.5
高效氯氟氰菊酯＋吡虫啉		3＋30
高效氯氟氰菊酯＋噻虫啉		3＋27
联苯菊酯＋吡虫啉		6＋54
溴氰菊酯		25
噻嗪酮	有机杂环类	20、40、70
吡蚜酮		50、70
吡蚜酮＋噻嗪酮		17＋33
氯虫苯甲酰胺		35
氟虫腈		80
氟啶虫酰胺		10、20
灭蝇胺		70、80
茚虫威		30
氟啶脲	苯甲酰脲类	10
丁醚脲		70、80
氟铃脲		15、20
速灭威	氨基甲酸酯类	25
抗蚜威		25、50
残杀威		12
硫双威		80

二、杀菌剂水分散粒剂品种

杀菌剂水分散粒剂品种见表 4-22。

表 4-22 杀菌剂水分散粒剂品种

有效成分名称	种　类	登记规格/%
代森锰锌	有机硫类	75
代森联		70
丙森锌		70、80
代森锌		65、80
福美锌		80
福美双		80
福美双＋福美锌		30＋50
丙硫多菌灵	有机杂环类	10
丙硫多菌灵＋多菌灵		1＋5
克菌丹		80
多菌灵		10、50、75、80、90
甲基硫菌灵		70、80
百菌清		75、83、90
噻菌灵		60
苯醚甲环唑	三唑类	10、30、37
苯醚甲环唑＋丙环唑		9＋9、15＋15
烯唑醇		50
氟环唑		50、70
氟硅唑		10、25
己唑醇		40、50
腈菌唑		40
戊唑醇		70、80
戊唑醇＋丙森锌		10＋60
戊唑醇＋多菌灵		15＋45
三环唑		75、80

续表

有效成分名称	种类	登记规格/%
嘧菌酯	甲氧基丙烯酸酯类	50、60
醚菌酯		50、60
醚菌酯＋烯酰吗啉		6.7＋12
醚菌酯＋戊唑醇		15＋15
吡唑醚菌酯＋烯酰吗啉		6.7＋12
吡唑醚菌酯＋代森联		5＋55
肟菌酯＋戊唑醇		25＋50
啶酰菌胺	酰胺类	50
甲霜灵＋代森锰锌		4＋64
精甲霜灵＋代森锰锌		4＋64
咪酰胺锰盐＋多菌灵		10＋40
霜脲氰＋烯酰吗啉		20＋50
霜脲氰＋丙森锌		15＋60
噁唑菌酮＋代森锰锌	噁唑啉酮类	6.25＋62.5
噁唑草酮＋霜脲氰		22.5＋30
烯酰吗啉	吗啉类	50、80
烯酰吗啉＋丙森锌		13＋44
氟吗啉＋三乙磷酸铝		5＋45
嘧菌环胺	氨基嘧啶类	50
嘧霉胺		40、70、80
嘧霉胺＋乙霉威		10＋16
咯菌腈＋嘧菌环胺	吡咯类	25＋37
二氰蒽醌	二腈类	66、70
春雷霉素	抗生素类	2
三乙磷酸铝	有机磷类	80
三乙膦酸铝＋代森锌		25＋45
乙烯菌核利	酰亚胺类	50
腐霉利		80
硫黄	无机类	80
碱式硫酸铜		70

三、除草剂水分散粒剂品种

除草剂水分散粒剂品种见表4-23。

表 4-23　除草剂水分散粒剂品种

有效成分名称	种类	登记规格/%
胺苯磺隆	磺酰脲类	20
苯磺隆		75
苯磺隆＋噻吩磺隆		25＋50
吡嘧磺隆		75
苄嘧磺隆		30、60
苄嘧磺隆＋苯噻酰草胺		3＋50
啶嘧磺隆		25
砜嘧磺隆		25
氟唑磺隆		70
甲磺隆		20、60
甲嘧磺隆		75
甲基碘磺隆钠盐＋甲基二磺隆		0.6＋3
氯磺隆		25、75
氯嘧磺隆		25、32、75
氯吡嘧磺隆		75
嘧苯胺磺隆		50
醚苯磺隆		75
醚磺隆		20
噻吩磺隆		75
噻吩磺隆＋氯嘧磺隆		20＋50
噻吩磺隆＋异丙隆		1.5＋57
三氟啶磺隆钠盐		75
四唑嘧磺隆		50
酰嘧磺隆		50
烟嘧磺隆		75
烟嘧磺隆＋莠去津		3＋57、8＋72、8＋84
烟嘧磺隆＋溴苯腈		15＋60
乙氧磺隆		15
莠灭净	三嗪类	80、90
西玛津		90
莠去津		90
环嗪酮		75
环嗪酮＋敌草隆		13.2＋46.8
唑草酮＋2甲4氯钠		4＋66.5
唑草酮		40、75
二氯喹啉酸		50、75、90
嗪草酮		70、75
咪唑乙烟酸		75
异噁唑草酮		75
苯嗪草酮		70
硝磺草酮		75
硝磺草酮＋莠去津		8＋72
敌草胺	酰胺类	50
啶磺草胺		7.5
甲磺草胺		75
氯酯磺草胺		84
唑嘧磺草胺		80

续表

有效成分名称	种　类	登记规格/%
氯氟吡氧乙酸异辛酯＋烟嘧磺隆＋硝磺草酮	苯氧羧酸类	10＋15＋25
精喹禾灵		20、60
氟磺胺草醚	醚类	75
敌草隆	取代脲类	80
氨氟乐灵	二硝基苯胺类	65
草甘膦	氨基酸类	50

参考文献

[1] 丁彬. 最新农药助剂性能质量控制与品种优化选择及应用技术实用手册. 长春：吉林出版发行集团，2004.

[2] 华乃震. 农药水分散粒的开发及进展. 现代农药，2006，5（2）：32-37.

[3] 任俊，沈健，卢寿慈. 颗粒分散科学与技术. 北京：化学工业出版社，2005.

[4] 李遵峰，张宗俭，张小军等. 表面活性剂在农药水分散粒剂开发中的应用. 日用化学工业，2009，39（1）：50-51.

[5] 凌世海. 我国农药加工工业现状和发展建议. 农药，1999，38（10）：19-24.

[6] 刘刚，方波，李增新等. 我国水分散粒剂产品概况. 农药科学与管理，2010，31（6）：20-23.

[7] 刘广文. 农药水分散粒剂. 北京：化学工业出版社，2009.

[8] 刘广文. 现代农药剂型加工技术. 北京：化学工业出版社，2013.

[9] 王早骧. 农药助剂. 北京：化学工业出版社，1994.

[10] 王以燕. 农药剂型名称及代码. 农药科学与管理，2004，25（6）：1-5.

[11] 吴学民，徐妍. 水分散粒剂理论与配方研究. 中国农药，2010，4：7-13.

[12] 夏红英. 农药剂型表面活性剂的发展动向及其对生物活性的影响. 江西农业大学学报，2001（4）：530-532.

[13] [美] J 斯沃布里克，J C 博伊兰. 制剂技术百科全书. 王浩，侯惠民译. 北京：科学出版社，2009.

[14] Caramella C, Columbo P, Conte U, et al. The Role of Swelling in the Disintegration Process. Int J Pharm Tech Prod Mfr, 1984, 5: 1-5.

[15] Caranella C, Columbo P, Conte U, et al. Swelling of Disintegrant Particles and Disintegrating Force of Tablets. Labo-Pharma Probl Tech, 1984, 32: 115-119.

[16] Canmella C, Columbo P, Conte U, et al. Tablet Disintegration Update: The Dynamic Approach. Drug Dev Ind Pharm, 1987, 13: 2111-2145.

[17] Caramella C, Ferrari F, Conte U, et al. Experimental Evidence of Disintegration Mechanisms. Acta Pharm Tech, 1989, 35: 30-33.

[18] Darjaguin B V, Landan L. The theory of stability of highly charged lyophobic sols and coales- cence of highly charged particles in electrolyte solutions. Acta physicochimica URSS, 1941, 14: 633-662.

[19] Fassihi, A R. Mechanisms of Disintegration and Compactibility of Disintegrants in a Direct Compression System. Int J Pharm, 1986, 32: 93-96.

[20] Frank H S, Wen W Y. Ion-solvent interaction. Structural aspects of ion-solvent interaction in aqueous solutions: a suggested picture of water structure. Discussions of the Faraday Society, 1957, 24: 133-140.

[21] Gissinger D, Stamm A. A Comparative Fvaluation of the Properties of Some Tablet Disintegrants. Drug Dev Ind Pharm, 1980, 6: 511-536.

[22] Guyot-Hermann A M, Ringard J. Disintegration Mechanisms of Tablets Containing Sarches. Hypothesis about the Particle-Particle Repulsive Force. Drug Dev Ind Pharm, 1981, 7: 155-177.

[23] Hess H. Tablets Under the Microscope. Pharm Tech, 1978, 2: 38-57, 100.

[24] Kanig J, Rudnic E M. The mechanisms of disintegrant action. Pharm Tech, 1984, 8 (4): 50.

[25] Knowles D A. Trends in Pesticide Formulations. UK London, 2001: 80-95.

[26] List P H, Muazzam U A. Swelling A Driving Farce in Tablet Disintegration. Pharm Ind, 1979, 41: 1075-1077.

[27] Matsumara H. Studies on the Mechanism of Tablet Compression and Disintegration IV. Evolution of Weting Heat and Its Reduction by Compression a Force. Yakugaku Zasshi, 1959, 79: 63-68.

[28] Mitrevej A, Hollenbeck R G. Photomicrographic Analysis of Water Vapor Sorption and Swelling of Selected Super Disintegrants. Pharm Tech, 1982, 6: 48-50.

[29] Nogami H, Nagai T, Fukuoka E, et al. Disintegration of the Aspirin Tablets Containing Potato Starch and Microcrystalline Cellulose in Various Concentrations. Chem Pharm Bull, 1969, 17: 1450-1451.

[30] Peppas N A. Energetics of Tablet Disintegration. Int J Pharm, 1989, 51: 77-83.

[31] Rudnic E M, Lausier J M, Chilamkarti R N, et al. Studies of the Utility of Cross Linked Polyvinylpyrrolidone as a Tablet Disintegrant. Drug Dev. Ind Pharm, 1980, 6: 291-309.

[32] Song J R, Lopez A S, Shen J, et al. Dispersion of Silica Fines in Water-Ethanol Suspensions. J of Colloid and Interface Science, 2001, 238 (2): 279-284.

[33] Verwey E, Overbeek J G. Theory of the Stability of Lyophobic Colloids. Elesvier, 1948.

第五章 缓释剂

第一节 概述

一、缓释剂的概念

化学防治可以高效、及时、快速地防治病虫害,使其成为各种防治方法中的佼佼者,对农作物的增产丰收起到不可替代的作用。但由于化学农药的副作用及使用方法上的不科学,农药利用率偏低,浪费严重,对环境造成污染,深受人们的诟病。如何高效利用化学农药,提高农药的利用率,减少农药用量,成为农药剂型加工及农药应用技术工作者首要考虑的问题。

如果单纯考虑农药的防治效果,当然要选择稳定性好、持效期长的农药,但如果从环境保护的角度考虑,正是这类的农药降解慢,残留时间长,有可能对环境及人畜造成危害,在环境压力越来越大的今天,该类农药必然受到严格限制。然而,在使用持效期短的农药时,为了维持一定的防效,就得增加施药次数,这样既增加农药的投放量,加大污染环境的风险,又费工、费时,增加防治成本。若在持效期短的农药外层包裹一层膜或囊皮,可控制农药按有效剂量,在特定的时间内,持续稳定地释放到防治靶标上,以保持足够的对靶有效剂量,达到稳定的、持续的防治效果。这种能控制农药有效剂量,在必要的时间内释放到靶标上的技术,称之为控制释放技术,该制剂称为控制释放制剂。控制释放制剂从释放特征上可分为缓慢释放、持续释放和定时释放,通常是控制农药缓慢释放,故名为农药缓释剂。有些剂型如粒剂、粉剂虽有吸附和贮存农药的作用,但无控制释放作用,因而不能称之为缓释剂。

缓释(slow-release)是指施药后有效成分缓慢地非恒速地释放。控释(controlled-release)是指施药后有效成分缓慢地按要求的速度释放。前者是缓慢释放,后者是有控制的缓慢释放。但实际上两者很难严格区分,通常的缓释制剂通过制备方法的调控使之具有控制释放功能,而具有控释作用的制剂同时具备了缓释功能。缓释和控释的原理是利用渗透、扩散、析出和解聚而实现的。其主要制备技术有物理法、化学法和物理化学法。

二、农药持效期与用药剂量的关系

常规剂型的农药撒施在靶标上,一次性完全在环境中释放,其有效剂量保持药效的时间即为农药的持效期,而控制释放剂型可以缓慢释放出有效成分,由于有效成分是分批分次释放的,其持效期可以维持相当长的时间。假如农药的持效期为10d,使用剂量每亩50g,要使常规剂型的有效期延长至50d,则需每隔10d施药一次,连续施药5次,总用药量需达到250g/亩。而假如控制释放剂型的持效期2个月,考虑到药剂的缓释作用,起始施药量要比常规剂型增加1倍,即每亩施用100g缓释剂,如果两种制剂达到同样的防治效果,缓释剂比常规剂型节约用药1.5倍,减少施药次数4次。也就是说,两种剂型达到同样的防治效果,其使用剂量相差较大,常规剂型浪费的药量即成为污染环境的无效剂量。

常规剂型和控制释放剂型起作用的药剂浓度变化(A、B),最低有效浓度(C),作物不产生药害的最大承受浓度(D)与时间的关系从图5-1中可知:常规剂型在允许的剂量以下而远高于有效剂量以上用药,施药后浓度急剧下降,经过较短时间就失去药效,要想延长持效期,就得增加用药次数;而控制释放剂型在稍高于有效剂量的水平上可持续发挥作用。

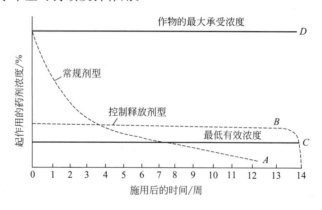

图 5-1 常规剂型与控制释放剂型的药剂浓度变化

三、缓释剂的特点

缓释剂主要利用高分子化合物与农药的相互作用,把有效成分包覆、吸附、交联、均匀分散或包埋于载体中,使之与外界隔绝,而在施药后的一段时间内,有效成分又能不断缓慢释放出来发挥药效。其释放机制与常规剂型完全不同,是因为缓释剂具有一些与常规剂型明显不同的特点。

1. 提高农药的利用率，节省用药成本

缓释化的有效成分由于有囊皮保护或被聚合物载体包裹、吸附或交联，在一段时间内，有效成分可以缓慢地释放出来，提高了有效成分的利用率，减少了用药次数，降低了用药成本，省工省药，减轻了农药对环境污染的压力。朱欣妍等进行甲氨基阿维菌素乳酸微球对小菜蛾的室内毒力试验，结果表明若以药效达到50%计，3%甲氨基阿维菌素微乳剂的持效期为15d，60d应该施药4次，每次50mg/L，而甲氨基阿维菌素微球仅施药一次，用药量100mg/L，两者药效相当，可见甲氨基阿维菌素微球比微乳剂可节约用药量1倍，节省了3次的施药次数（见表5-1）。

表5-1 甲维盐微球与微乳剂对小菜蛾的室内药效试验结果 (48h)

处理时间/d	校正死亡率/%			
	甲维盐聚乳酸微球可湿性粉剂			甲维盐微乳剂
	25mg/L	50mg/L	100mg/L	50mg/L
7	48.28	55.18	75.87	82.76
15	55.72	59.64	64.29	53.33
30	51.97	59.36	62.50	41.61
50	46.67	54.84	57.58	38.33
60	19.64	49.99	57.14	11.33

2. 提高农药稳定性，延长农药的持效期

缓释剂中的有效成分由于与外界环境隔绝，可以降低环境中光、热、空气、水和微生物对有效成分的分解，减少了挥发、流失和相互起化学反应的可能，提高了农药有效成分的稳定性，延长了农药的持效期。某些见光易于分解的有效成分，如阿维菌素和甲氨基阿维菌素，可以通过微囊技术包裹起来，保护其有效成分免受紫外光的影响。据朱欣妍等以药膜法试验，在日光下照射8h，甲氨基阿维菌素原药及微乳剂的光解率达到80%，而微球的光解率降到30%左右。可见微囊化技术可显著提高农药的稳定性。

微囊化杀螟硫磷对木材白蚁的防效优于乳油，不仅可以相对减少杀螟硫磷的使用量，也可相对减少杀螟硫磷的施药次数。处理后80d，杀螟硫磷乳油在0.5g/m^{2}用量下，白蚁的死亡率仅35%，在1.0g/m^{2}用量下，白蚁的死亡率为60%；而杀螟硫磷微囊悬浮剂在0.25~1.0g/m^{2}用量下在360d时白蚁的死亡率依旧可以达到100%（见表5-2）。

表5-2 杀螟硫磷微囊悬浮剂和乳油对木材白蚁的防治效果

供试制剂	使用剂量/(g/m^2)	死亡率/%					
		0	20d	80d	140d	280d	360d
微囊悬浮剂	0.25	100	100	100	100	100	100
	0.5	100	100	100	100	100	100
	1	100	100	100	100	100	100

续表

供试制剂	使用剂量 /(g/m²)	死亡率/%					
		0	20d	80d	140d	280d	360d
乳油	0.5	100	100	35	0	0	0
	1	100	100	60	2	0	0
CK		0	0	0	0	5	5

3. 高毒农药低毒化，降低农药对环境的污染

缓释化技术降低了原药的急性毒性，减轻了农药残留及不愉快的刺激气味，减少了对环境的污染和对农作物的药害，从而扩大了农药的应用范围。

缓释剂降低高毒农药对作物、有益昆虫、天敌和人的接触毒性及吸入毒性，并且可以降低高毒农药对环境的污染，降低农药在水体、土壤中的淋溶和迁移，有利于保护生态环境。农药有效成分主要存在于囊芯中，囊外游离的有效成分相对较少，可以降低有效成分的直接毒性和刺激性。高效氯氟氰菊酯微囊化可以有效降低其急性经口毒性、急性经皮毒性以及对皮肤和眼睛的刺激作用（见表5-3）。

表 5-3 高效氯氟氰菊酯乳油和微囊悬浮剂毒性比较

毒性项目	10%微囊悬浮剂		13.1%乳油	
	毒性	EPA 毒性分级	毒性	EPA 毒性分级
大鼠急性经口 LD_{50}/(mg/kg)	>5000(雄)	IV	64(雄)	II
	>5000(雌)	IV	101(雌)	II
家兔急性经皮 LD_{50}/(mg/kg)	>5000(雌、雄)	III	>2000(雌、雄)	III
大鼠吸入 LD_{50}/(mg/L)	>4.62(雄)	III	0.315(雄)	II
	>4.63(雌)	III	0.175(雌)	II
对家兔眼睛刺激性	轻度刺激	III	中度刺激	II
对家兔皮肤刺激性	微刺激	IV	重度刺激	I

4. 方便包装、贮存、运输

缓释化技术降低了原药在生产、贮存、运输和使用过程中有效成分的降解、挥发和流失。固态化缓释剂便于包装、贮存及运输，并可提高农药制剂的贮存稳定性等。

缓释剂与常规剂型相比，也具有一定的局限性。其一，缓释化有效成分包裹、吸附、分散在囊皮中，具有缓释性能，相对地其速效性较差，不适合用于防治爆发性、突发性的病虫害；其二，缓释剂具有较长的持效性，相对的残留期较长，有残留超标之虞，不适合叶面喷雾用于防治蔬菜病虫害；其三，在生产上，有效成分与高分子载体相互作用过程中，有效成分难完全被包裹（即包覆率难于达到100%，而常规剂型属于一般的物理混合，有效成分全进全出，损失很少），造成较大的浪费，导致生产成本上升；其四，在微囊化制剂中，如果囊皮在环境中不易降解，微囊不破裂，则有效成分很难完全释放出来，无形中降低了农药有效成分的利用率。

缓释剂在除草剂对土壤的封闭处理，防治地下害虫及根结线虫、土传种传病害、生长期及危害期长的害虫、粮食贮存害虫，种子处理，卫生害虫的滞留处理等方面有较高的推广应用价值。

四、缓释剂的发展概况

早在1940年，美国就开始研究微囊剂，1950年相继出现了制备技术和应用专利，并在医药、兽药、肥料、化妆品、香科、食品、复印纸、黏着剂等方面得到应用。缓释剂在医药界的开发和应用较早，而农药缓释剂的应用，也可以说是从航海材料的防污研究开始的。1963年商品化的B.F橡胶（Nofonl Rubber®）即是将6%氧化双三正丁基锡加到氯丁二烯橡胶中制备而成的，用它做成船舶部件，浸没在海水中，抗污能力达8年之久，而药物用量仅为油漆薄膜用量的1/8。类似技术在防治软体动物、蚊、蝇、蟑螂等家庭卫生害虫与家畜、家禽等体内外寄生虫方面相继得到开发和应用。

20世纪60年代中期，美国华盛顿大学林学院化学工程系的研究者提出了控制释放的概念和理论，并着手研究控制释放速率的方法。用高分子载体制备缓释剂，防治林业中蛀食性害虫获得成功。1968年前后，他们开始对水田除草剂2,4-滴丁酸乙酯等的物理型缓释剂进行研究并取得成效。

进入20世纪70年代，化学农药的发展受到严峻考验。降低毒性，减少污染，保护生态环境的呼声空前高涨，同时，提高持效性，克服抗药性也成为延缓农药老品种市场寿命的重要问题。物理型缓释剂的发展在1971～1976年间获得巨大的推进。1974年以美国Pennwalt公司的Penncap-M微囊为缓释剂的典型代表走向实用化。它使高毒持效短的甲基对硫磷显著降低了毒性，并延长了持效期。为进一步降低产品成本和残留问题，淀粉、淀粉黄原酸酯等淀粉衍生物、磷脂质等作为囊皮材料的研究逐渐增多。这类载体具有自然降解、成本低廉等优点，更具有实用推广的价值，成为缓释剂载体的研究热点。

20世纪80年代澳大利亚等国家开发了喷雾成囊的加工、使用技术。杀螟松、灭多威、辛硫磷、对-(E,E)-8,10-十二烯醇（苹果囊蛾性外激素）微囊得到产业化。目前已商品化或已登记注册的农药缓释剂在50种以上。其中已商品化的农药微囊有20多种，主要品种有甲基对硫磷（Penncap-M）、对硫磷（Penncap-E）、二嗪磷（Knoxout 2FM）、氯菊酯（Penncapthrin 200）、扑草灭（Capsolane）、灭草猛（Sumpass）、地草硫磷（Fonofos S.T）、杀鼠灵（TrxHid）、烯虫酯（Altosid SR-10）、除虫菊（Sectrol）、毒死蜱（Dursban）、甲草胺（Chloral）、杀螟松（Suithion）等。

我国于1978年前后，由沈阳化工研究院、南开大学及浙江化工学院等单位开始研究物理型缓释剂，对五氯酚与三氯化磷结合的化学型缓释剂进行了探索。20

世纪 90 年代我国已有对硫磷、辛硫磷微囊剂的生产，同时开发出了甲拌磷、嘧啶氧磷、马拉硫磷、毒死蜱、三唑磷、杀扑磷、敌敌畏、高效氯氰菊酯、高效氯氟氰菊酯、甲草胺、乙草胺、丁草胺等微囊剂。2000 年以后国内又开展对阿维菌素、哒螨灵、烯禾啶、吡虫啉、吡虫啉和吡蚜酮混合制剂、甲基嘧啶磷、三氟氯氰菊酯、印楝素、鱼藤酮等品种的微囊化。在这些产品中，毒死蜱微囊悬浮剂拌种防治花生蛴螬深受市场欢迎，毒死蜱微囊悬浮剂在花生上的大规模使用也反过来推动了微囊化制剂在中国的发展，使得微囊化制剂受到广泛关注，很多研究机构和企业都投入重金进行研发。

五、缓释剂的释放机制

有效成分缓控释机制可分为两大类，即物理途径（physical mechanism）和化学途径（chemical mechanism）。物理途径主要有溶解、扩散、渗透和离子交换等；化学途径则通过有效成分或者酶降解实现。物理途径中，溶解可分为包封溶解系统（encapsulated dissolution system）和基质溶解系统（matrix dissolution system）两大类，前者利用包覆有效成分的外壳载体逐步降解实现缓控释，有效成分释放速率与载体在环境介质中溶蚀速率有直接关系，其典型的缓释体系为微囊；而后者则将有效成分均匀分散在载体基质中，随着载体的降解，药物有效成分逐渐被释放，而随着基质的缩小，药物有效成分的释放速率逐渐降低，因此后者的释药方式属于非零级药物有效成分释放，典型的释放体系为微球。

环境条件对有效成分的释放速率具有较大的影响。环境因素影响载体的性能，使载体孔径变大，分子间作用力变弱等，使有效成分得以释放。环境湿度使载体产生渗透压，高湿度促使水分渗入载体中，导致载体内外产生浓度差，有效成分顺着浓度梯度进行扩散。通过分析缓释剂的释放机制，可以有选择地筛选载体，从而更好地对目标有效成分进行控制释放，提高有效成分利用率，延长农药的持效期。实际上，有效成分释放过程一般是溶出、扩散，溶蚀或扩散与溶出相结合的形式进行。

目前国标没有关于缓释剂有效成分释放速率测定的办法，研究者一般参考文献根据实际应用情况自行进行设计。普遍采用的方法可以分为静态释放和动态释放。

1. 动态释放

动态释放包括淋溶法，即将有效成分装载到柱子中，通过洗脱液以一定流速进行洗脱，定时取样分析有效成分的释放量。

2. 静态释放

静态释放包括培养法、离心法和透析袋法。三者有共同之处，即将缓释制剂置于释放介质中，不同的是取样时培养法取出含药介质直接测定，并补足介质，此种方法每次都会损失部分缓释剂；离心法是指将缓释介质进行离心取上清液测定并将沉淀物重新用介质悬浮的方法，此种方法反复离心、悬浮可能会破坏缓释体系本身，从而影响有效成分的释放；透析袋法将缓释剂置于透析袋中，每隔一定时间取外部介质进行测定,该种方法缺点是透析袋会阻止有效成分的扩散。进行缓释制剂释放速率测定时,所用介质需满足有效成分释放的漏槽条件,即所用介质能够溶解三倍的制剂所含有效成分质量。

第二节 农药缓释剂载体

一、高分子化合物概念

用做农药缓释剂载体的大多数为高分子化合物。

由千百个原子彼此以共价键结合形成相对分子质量特别大、具有重复结构单元的化合物称为高分子化合物。大多数高分子化合物的相对分子质量在一万到百万之间,其分子链是由许多简单的结构单元通过共价键重复连接而成的。高分子多是由小分子通过聚合反应而成的,因此也常被称为聚合物或高聚物,用于聚合的小分子则被称为单体。

控制释放技术及缓释剂的研究开发与高分子化合物的发展和广泛应用有着十分密切的关系,随着高分子化合物及其制造技术的发展,缓释剂的研究也取得了长足的进展。由于高分子化合物的化学结构、物理性状和性能的多样性及加工成型的灵活性,使得它在农药缓释剂中获得广泛的应用。农药缓释剂及其他农药制剂应用的高分子化合物,有天然的、半合成的或全合成的。其中水溶性高分子化合物、亲水性凝胶、吸水性高分子化合物,尤其以天然的水溶性高分子化合物应用较多。

适合于农药缓释剂的高分子化合物需具备的条件:高分子化合物的分子量、玻璃化温度和分子结构等应与制剂加工和控制释放的要求相适应;加工和贮存运输中不分解;不能与农药发生不利的化学反应;高分子化合物及分解产物对环境无不良影响;加工成型容易,价格低廉。由于天然高分子化合物具有易降解、无残留等优点,因而备受关注。

二、高分子化合物分类

1. 天然高分子化合物

天然高分子主要有蛋白类(明胶、白蛋白、丝素蛋白等)和多糖类(阿拉伯胶、海藻酸盐、淀粉、甲壳素、壳聚糖、琼脂等)、蜡类、木质素、天然橡胶等。其特点是稳定、无毒、成膜性好、来源丰富、价格低廉、原料易得,生物兼容性和生物降解性好,降解产物无毒副作用,研究与应用极为广泛。但天然材料由于来源不同,同一材料的分子量、物理性质等可能也会有一定的差异,这将对药物释放性能产生不良的影响。且在土壤中易被微生物分解,其缓释性能无法达到缓释要求;难于兼顾它们的降解性能与缓释性能。另外,完全依靠天然材料合成出性能良好的高分子材料难度也很大。

(1) 淀粉　淀粉可用于制备微球的载体,淀粉微球是天然淀粉的一种人造衍生物,是一种交联淀粉。淀粉微球的制备反应一般在 W/O 型的反相乳液中进行,在引发剂的作用下,交联剂与淀粉上的羟基进行适度交联制备。

β-环糊精是制备包合物的优选载体,它是利用生物酶法合成的一种分子结构呈环状的白色结晶淀粉衍生物。胡林等人以 β-环糊精为载体制备了 β-环糊精鱼藤酮包合物。该包合物对紫外光照的稳定性有明显的增强,形成包合物后,β-环糊精鱼藤酮包合物保持了鱼藤酮对松材线虫的高效杀虫活性。

全淀粉塑料可作为控释包膜颗粒剂的膜材。在淀粉中加入极少量的增塑剂等助剂使淀粉分子无序化,可形成具有热塑性的淀粉树脂,这种材料由于能完全生物降解,因此是最有发展前途的生物可降解材料。淀粉的改性主要是接枝、与其他天然高分子或合成高分子共混以及用无机或有机纳米粒子复合,制备完全生物可降解材料。如天然淀粉利用发酵法,加入增塑剂 TiO_2 可制成可降解塑料,或在天然淀粉中,添加丙三醇、季戊四醇、甘油三酯、聚酯、聚乙烯醇、铵盐等助剂高速混合,经过塑化、挤出、粉碎造粒、吹塑等工艺制备淀粉塑料。

(2) 木质素　木质素是具有复杂结构的天然高分子,它含芳香基、酚羟基、醇羟基、羧基、甲氧基、共轭双键等活性基团,可以进行多种类型的化学反应,所以应用比较广泛,可用于生物领域,也可作为填充增强材料用于化工领域。如将木质素酚醛树脂(LPF)与普通酚醛树脂(PF)按一定比例混合,再与消石灰、硬脂酸、氧化镁、碳酸钙等填充剂及固化剂六亚甲基四胺(乌洛托品)炼塑,并粉碎成木质素酚醛模塑粉,再压成制品,LPF 占树脂的质量分数为 60% 时产品性能很好。

(3) 多糖　作为缓释剂载体的多糖种类有以下几种。

① 甲壳素　是一种天然高分子化合物,广泛存在于昆虫、海洋无脊椎动物的外壳以及真菌细胞中,由 N-乙酰胺基葡萄糖以及 β-1,4-糖苷键缩合而成。利用水溶性甲壳素与经氢氧化钠-尿素-硫脲体系溶解的纤维素共混制膜,使用 5% Na_2SO_4/H_2SO_4 作为凝固剂,所制备的膜材具有较好的吸湿、保湿性,可自然降解。甲壳素可用于医用敷料、膜分离材料、人体组织工程、药物缓释载体等。

② 壳聚糖　属于甲壳素脱乙酰衍生物,其结构类似于纤维素,是葡萄糖胺和Ⅳ-乙酰葡萄糖胺的复合物。是一种带正电荷的直链多糖。壳聚糖基本无毒,具有良好的生物相容性和生物降解性,并且具有较强的生物黏附作用,使其作为微球活性成分载体具有独特的优势。马丽杰等人以壳聚糖和木质素磺酸钠为载体,采用复凝聚法制备了阿维菌素微球,该微球能有效控制阿维菌素的释放。

③ 海藻酸钠　易溶于水,是理想的微球材料,具有良好的生物相容性和免疫隔离作用,广泛应用于生物医药、多功能树脂领域。使用过硫酸钾为引发剂,使得海藻酸钠-高岭土/聚丙烯酸-丙烯酰胺进行共聚,制备出高吸水树脂,其吸水性可达到自身重量的 900 倍。

④ 魔芋葡甘聚糖(KGM)　KGM 是食品工业领域迄今为止报道的具有最高特性黏度的多糖之一,酯化、硝化、接枝共聚等改性方法可获得具有各种用途的魔

芋葡甘聚糖衍生产品。据报道，乙酸乙烯酯可以对 KGM 进行改性，可合成不溶于水的可降解性 KGM 热塑新材料。

(4) 蛋白质　蛋白质是由不同的氨基酸为基本单元通过肽键（—NHCO—）连接而成的大分子，蛋白质在加工过程中受热、酸化、碱化、洗涤等条件下会发生变性，变性可以改变蛋白质分子的 2 级、3 级、4 级结构而不断裂肽键。

国内外尝试应用于塑料方面研究的植物蛋白质主要有大豆蛋白、玉米蛋白、小麦蛋白、葵花籽蛋白等，其中研究最多的是大豆蛋白。大豆蛋白可被多羟基醇塑化，如丙三醇、乙二醇和丙二醇。这种材料如果保持干燥，就具有与工程塑料相同的应用潜力；还可以通过在大豆蛋白质饱和溶液中添加 $ZnSO_4$、Na_2SO_3、SiO_2 助剂，对大豆蛋白进行改性处理。将改性大豆蛋白粉置于模具中，在 110℃ 和 10MPa 下压制 10min 成型，制成了具有很好的韧性和耐水性的可降解蛋白材料。

明胶（gelatin）是动物胶原蛋白部分水解的产物，是一种以动物的皮、骨为原料制备的蛋白类天然高分子化合物，是由 18 种氨基酸与多肽交联形成的直链聚合物。明胶无毒，几乎无抗原性，生物降解性、生物兼容性、生物黏附性较好，是一种优质、廉价的生物材料，在生物、医药及化工等领域得到了广泛应用。明胶是一种制备微球的良好的天然聚合物载体。以明胶为载体制备的医药药物微球有阿奇霉素明胶微球、5-氟脲嘧啶明胶微球、红霉素明胶微球、苦杏仁苷明胶微球等。陆继锋等人以明胶、阿拉伯胶为载体，采用复凝聚法制备出了辛硫磷微球。

2. 半合成高分子化合物

半合成高分子化合物主要为纤维素类衍生物，如甲基纤维素、乙基纤维素、羧甲基纤维素、醋酸纤维素、羟丙基纤维素、邻苯二甲酸醋酸纤维素、羟丙基甲基纤维素等。其优点是毒性小、黏度大、成膜性能良好，但易水解，不耐高温，稳定性差，需现用现配。

纤维素是地球上最丰富的可再生资源，主要来源于树木、棉花、麻、谷类植物和其他高等植物。合成纤维素的主要制备方法是对天然纤维素进行化学改性，如在酸催化作用下，天然纤维素可生成纤维素有机酸脂类化合物；利用纤维素的羟基作为接枝点，将聚合物连接到纤维素骨架上也可合成生物降解材料；使用羧甲基纤维素和甲基丙烯酸甲酯共聚也可制备合成纤维素材料。

3. 合成高分子化合物

按材料的降解性能差异，合成高分子化合物可分为生物降解材料和非生物降解材料。聚羟基酸类、聚氨基酸类、聚酯类等是生物可降解的，而聚烯烃、聚多元醇类等是生物不易降解的。

(1) 生物可降解高分子化合物　人工合成高分子材料比天然高分子材料、微生物合成高分子材料具有更多的优点，一方面它可以利用化学合成同天然高分子结构相似的生物可降解材料，另一方面也可采用共聚合的方式将具有生物降解基团的单体和其他单体结合起来，赋予高分子材料优良的生物降解性能。因此，可降解高分子材料是未来缓释载体的发展趋势。其中被研究较多的高分子聚合物品种主要有聚碳酸酯、聚羟基脂肪酸酯类、聚酯类等。

① 聚碳酸酯　聚碳酸酯可由聚二氧化碳、环氧化合物直接生成，并可应用于农药和肥料缓释性包膜材料。由二氧化碳与环氧化合物共聚合成脂肪族聚碳酸酯，不仅方法简单、性能优异，可以改善二氧化碳共聚物材料热性能和力学性能，而且原料成本低、来源广，为从二氧化碳制取高分子化合物开辟了一条崭新的途径，具有广泛的应用前景。CO_2/PO/CHO 的三元共聚可有效调节二氧化碳与环氧化合物共聚物的玻璃化温度，提高材料的热性能和力学性能，扩大二氧化碳与环氧化合物共聚物的应用范围，加入第三单体环氧乙烷，可以提高二氧化碳与环氧丙烷共聚体的降解性能。

② 聚羟基脂肪酸酯　聚羟基脂肪酸酯（PHA）可以由微生物天然合成，也可以通过化学手段进行合成。人工合成的酸酯类聚合物具有合成材料的物化特性，成膜后具有密度大、光学活性好、透氧性低、可生物降解等特性。PHA 引入磺酸基可合成为一种可降解的高分子载体。化学合成的酸酯类聚合物的缓释性能远远优于微生物合成的聚酸酯，只是成本较高，工艺也有待完善，但研究和开发人工合成的 PHA 必将具有广阔前景。

聚羟基丁酸酯（PHB）是微生物在不平衡生长条件下贮存于细胞内的一种高分子聚合物，广泛存在于自然界许多原核生物中。1925 年由法国巴斯德研究所在巨大芽孢杆菌中发现，并于 1927 年首次从细胞中分离出来。它不仅具有化学合成高分子材料相似的性质，而且还具有一般合成高分子材料所欠缺的性质，如生物可降解性、生物相容性、压电性、光学活性等特殊性质。微生物合成 PHB 的研究备受关注。英国 ICI 公司经过多年努力，率先于 1981 年批量生产了此种生物可降解高分子材料。PHB 作为热塑性聚酯和一种完全生物可降解高分子材料，其应用范围很广，如可用做各种绿色包装材料与容器、纸张涂膜、耐热耐水耐油制品、生物可降解薄膜、污水处理用细菌床、电信器件外壳等。近年来，越来越多的学者注重研究 PHB 在医药及组织工程方面的应用，如作为药物控释微球的载体。

③ 聚酯类　聚酯类生物材料的应用近些年研究较多，根据聚酯单体的不同，可分为不同种类。

a. 聚乙交酯（polyglycolide，PGA）　结构最简单的线型脂肪族聚酯，是体内可吸收的最早商品化的高分子材料，由乙交酯（羟基乙酸的二聚体）开环聚合而来。由于容易水解，优先用于可降解的手术缝线而取代胶原。可通过与 β-磷酸三钙混合，用溶剂浇注法和粒子沥滤法制备混合材料，是理想的人体组织修复材料。

b. 聚丙交酯乙交酯（PLGA）　也称为聚乳酸-羟基乙酸共聚物、聚乳酸-乙醇酸共聚物，是羟基乙酸和乳酸的无规则共聚物，通过改变羟基乙酸和乳酸的组分比，可以有效地调节共聚物的降解速率。通过溶剂挥发法、溶剂萃取法、相分离（凝聚）法、喷雾干燥法可制备微米级微球和注射用纳米级微球，以利于药物的输送和释放，保证药物疗效的发挥，实现药物对不同病灶部位的靶向和药物的控制释放。PLGA 广泛用于抗癌药物控释微球的载体。

c. 聚己内酯（polycaprolactone，PCL） 一种半结晶性聚合物，是利用有机金属化合进行开环而得来的脂肪族聚酯。自 20 世纪 90 年代以来 PCL 以其优越的可生物降解性、良好的生物相容性和力学性能，得到广泛的关注。聚己内酯是一种生物相容性很好的材料，具有优良的药物通过性，可以用于药物的控释载体，已获得美国 FDA 的认证。可以与聚乳酸共聚，生成高弹性、高扩展性热塑性树脂，并且有很宽的降解范围。

d. PEG-PCL-PEG 共聚物 聚乙二醇（PEG）通过开环与 PCL 共聚形成的高分子聚合物，拥有良好的热敏感性和降解性，是理想的药物控释材料。

e. 聚乳酸（polylactic acid，PLA） 也称为聚丙交酯，属于合成可降解高分子聚合物载体，以速生资源玉米为主要原料，一般可由乳酸环化二聚物的化学聚合或乳酸的直接聚合而来。聚乳酸具有良好的热塑性和热固性，是一种无毒、可控制生物降解的聚合物，原料易得，具有很好的生物相容性和生物可吸收性，其降解的最终产物是水和二氧化碳，降解后对环境安全，是一种备受关注的新兴可生物降解的高分子载体，在医药领域被认为是最有前途的载体。同时，聚乳酸还具有良好的理化性质，可以通过改变聚合物的分子量、共聚物的组成及配比等方式改变载体中活性成分的释放速率。经美国食品和药品管理局（FDA）批准，聚乳酸可用做缓控释活性成分载体、医用手术缝合线和注射用微囊、微球等，在药物控制释放领域，聚乳酸成为靶向治疗的最佳药物载体，如头孢唑啉钠聚乳酸微球、美司钠聚乳酸微球等。在农业上，乳酸与乙烯、淀粉等共聚可做降解包装材料及降解农膜，也可用做农药微球的主要载体，如阿维菌素微球、甲氨基阿维菌素微球、多杀菌素微球、毒死蜱微球等。

④ 可降解树脂类 在可降解吸水树脂（SAP）的研究中，海藻酸钠类、纤维素类、聚乳酸类高吸水材料虽具有一定的生物降解性，但一般较难达到 100% 降解。氨基酸类吸水树脂能够达到 100% 的生物降解，但吸水性能较差，可降解吸水树脂还有很多问题亟须解决。在对聚苹果酸（PMLA）的研究中，研究人员通过交酯开环法、内酯开环法制备大分子量的人工合成聚苹果酸，可用于医用材料、高分子絮凝剂、吸水材料等方面，但在合成工艺中产酸能力偏低、过程控制较难，且生产周期长。

(2) 生物不可降解高分子化合物 主要合成高分子有聚烃类（聚乙烯、聚丙烯、聚氯乙烯、聚苯乙烯、聚丁二烯、氯丁橡胶、氯化聚乙烯、苯乙烯-丁二烯橡胶、硅橡胶、丁基橡胶、腈橡胶、聚异戊间二烯、聚氯偏乙烯、聚丙烯腈等），聚多元醇类（聚乙二醇等），聚酰胺类（聚乙烯吡咯烷酮），聚酸酐类，聚乙烯醇，聚醚等。

其特点是无毒、化学稳定性高，缓释性能可通过不同的手段进行调节，能稳定地释放缓释剂中的活性成分，释放速率对活性成分性质的依赖性较小。

① 聚脲树脂 是由异氰酸酯组分与氨基化合物反应生成的一类化合物。异氰酸酯组分可以是单体、聚合物、异氰酸酯的衍生物、预聚物和半预聚物。聚脲可由

二胺与二异氰酸酯或尿素聚合而成。它同时具有耐磨、防水、抗冲击、抗疲劳、耐老化、耐高温、耐核辐射等多种功能，因此应用领域十分广泛。

徐汉虹等人以印楝素干粉为芯材，选用甲苯-2,4-二异氰酸酯（TDI）和六亚甲基四胺通过界面聚合反应生成的聚脲为囊材，所制备的印楝素微囊为近球形，外壁光滑，热、冷贮试验表明，所制备的印楝素微胶囊悬浮剂具有良好的稳定性。李文辉等人以2,4-二异氰酸酯、甲苯二异氰酸酯（TDI）与聚芳基异氰酸酯（PAPI）或甘油为囊壁材料，将溴氰菊酯与马拉硫磷或杀螟硫磷原药加工成微胶囊，制备了2%微囊谷物保护剂。

② 脲醛树脂　脲醛树脂是由尿素与甲醛经缩聚反应制备的热固性树脂，一般为水溶性树脂，较易固化。脲醛树脂成本低廉，颜色浅，硬度高，耐油，抗霉，耐磨性极佳，有较好的绝缘性和耐温性，但耐候性和耐水性较差，遇强酸、强碱易分解。

脲醛树脂是最早用于农药微囊剂的壁材，采用原位聚合工艺，选用脲醛树脂做囊壁材料制备微囊最为经济，其成囊的初始原料为甲醛和尿素，综合成本远低于界面聚合技术，制造的微囊化农药包封率高，微囊稳定，抗水渗透能力强，形貌较好；但不易被生物降解，且不易破囊。冯薇等人以脲醛树脂为壁材、采用原位聚合法制备了溴氰菊酯微囊，李培仙等人采用原位聚合法制备了以脲醛树脂为壁材的草甘膦微囊除草剂，付仁春等人制备了脲醛树脂阿维菌素微囊，赵德等人以脲醛树脂为壁材制备了毒死蜱微囊。制备的微囊包覆良好，粒径分布均匀，粒径为$1\sim10\mu m$，是流动性球形固体微囊，具有良好的缓释性能，有助于延长农药的持效期。

③ 三聚氰胺甲醛树脂　三聚氰胺与甲醛反应所得到的聚合物，又称蜜胺甲醛树脂、蜜胺树脂，英文缩写MF。加工成型时发生交联反应，产品为不熔的热固性树脂。固化后的三聚氰胺甲醛树脂无色透明，在沸水中稳定，甚至可以在150℃下使用，且具有自熄性、抗电弧性和良好的力学性能。微囊性能随着反应条件不同而异，可从水溶性到难溶于水，甚至不溶的固体，pH值对反应速率影响极大。

袁青梅等人以三聚氰胺甲醛树脂为囊壁，用原位聚合法分别对生物农药鱼藤酮和阿维菌素进行包囊，制备微囊。结果表明，三聚氰胺甲醛树脂是较好的生物农药用微囊缓释剂型的囊壁材料，其制备工艺简单，具有良好的外观形貌，粒径大小的分布、稳定性、悬浮性、缓释性均比较好。

(3) 微生物合成高分子材料　微生物合成高分子材料是由微生物通过各种碳源发酵制备的一类高分子材料，主要为能完全生物降解的微生物聚酯。微生物合成高分子材料易加工成型，但在耐热和成膜性等方面还需改进，而且价格昂贵，主要应用于植入人体材料或缓释药物中。其中最常见的有聚羟基烷酸酯（PHA）、聚3-羟基丁酸酯（PHB）和聚羟基戊酸酯（PHV）及PHB和PHV的共聚物（PHBV）。微生物合成类高分子材料的研究与开发中存在的主要问题是产品成本较高。

第三节　微囊

一、微囊化技术的概念

微囊化技术（microencapsulation）是将微量物质包裹在高分子微囊或微球中的技术，是一种贮存固体、液体、气体的微型包覆技术。微囊是目前最为先进的农药剂型之一。具体来说是指将农药活性成分（芯或内相）用各种天然的或合成的高分子化合物连续薄膜（壁或外相）完全包覆起来，而农药活性成分的原有化学性质不发生改变，微囊投放到环境中可通过某些外部刺激或缓释作用使农药活性成分缓慢释放出来，或者依靠囊壁的屏蔽作用起到保护芯材的目的。

微囊根据其存在形态可以分为核-壳型微囊和基质缓释型微囊（微球，microsphere），核-壳型微囊根据囊壁和囊芯的存在形式又可分为单核核-壳型微囊、多核核-壳型微囊以及多壳核-壳型微囊。在光学显微镜和电子显微镜下观察，微囊外形多为球形或接近球形，但以原位聚合法制备的多核核-壳型微囊往往是不定形的不规则立体结构，特殊情况下为不规则絮状结构。微囊结构示意图见图 5-2。

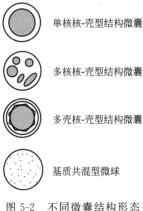

图 5-2　不同微囊结构形态

二、微囊制备的方法

传统的微囊制备方法从原理上大致可以分为化学法、物理化学法和物理法。化学成囊法是指建立在化学反应基础上的微囊制备技术，其利用单体小分子或小分子前体发生聚合反应，将所合成的高分子材料沉积在囊芯表面形成囊状结构。化学成囊法按照反应方式的不同又分为界面聚合法、原位聚合法和锐孔凝聚法。物理化学成囊方法通过改变温度、pH 值、囊壁材料的溶解性或诱发不同囊壁材料间相互结合的方法使囊芯物质被包覆。利用物理化学法制备微囊的典型方法是相分离法（包括复凝聚法和单凝聚法）制备微囊。物理成囊法是指不发生化学反应，直接利用已有的高分子材料通过物理或者机械方法制备微囊。在农药学领域中，利用物理方法制备的微囊大多是活性成分与介质均匀分散形成的微球，例如用溶解-溶剂挥发法形成的微球、利用吸附分散形成的微球等，这些微球的制备方法将在本章第四节中叙述。

1. 界面聚合法

界面聚合（interfacial polycondensation 或 interfacial polymerization）是在互不混溶的两种液体组成的液-液分散体系中进行的，形成囊壁的化学反应发生在分散后形成的油珠（分散相）与连续相界面，在界面处形成的聚合物构成微囊的囊壁，反应完成后剩下的油珠构成微囊的囊芯。

在农药制剂领域中，界面聚合法制备微囊时通常采用水-有机溶剂作为两种互不相溶的液-液（水相-油相）分散体系。形成囊壁材料的小分子前体有两种，一种是油溶性小分子前体，和油溶性活性成分一起溶于油相中；另一种是水溶性小分子前体，反应时溶解于水中，在适当的反应条件下在油水界面发生聚合反应，将活性成分包覆于微囊中。在某些成囊反应中，水分子本身也从水相中参与界面反应。

界面聚合法是制备农药微囊广泛采用的方法，现有商品化农药微囊制剂中很多都是采用界面聚合法制备的，例如市场上推广使用的30%毒死蜱微囊悬浮剂。

制备农药微囊时采用的界面聚合反应典型工艺流程如图5-3所示。

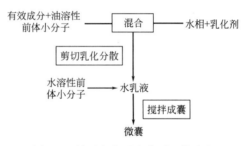

图5-3　界面聚合反应典型工艺流程

（1）聚酯类微囊　界面聚合制备聚酯类微囊所采用的原料为二酰氯和多元醇，其中二酰氯和活性成分溶于油相，多元醇溶于水相，常用的二酰氯为对苯二甲酰氯和癸二酰氯，常用多元醇为乙二醇、聚乙二醇和聚乙烯醇。

典型反应方程式见图5-4。

朱露等报道了利用癸二酰氯和乙二醇制备哒螨酮聚酯微囊的方法：在250mL的烧杯中，15g二甲苯中加入1.2g癸二酰氯和1.2g哒螨酮原药，混匀、搅拌、溶解，高度分散于1.2g的乙二醇和60g水溶液中（其中含2g Na_2CO_3），混合并强烈搅拌，加入分散剂聚乙烯醇，升温至60℃，再慢搅拌2h，用6mol/L的盐酸中和，静置，用布氏漏斗过滤，真空干燥到聚酯共聚物为壁材的哒螨酮微囊。

（2）聚脲类微囊　界面聚合制备聚脲类微囊所采用的原料为异氰酸酯和多元

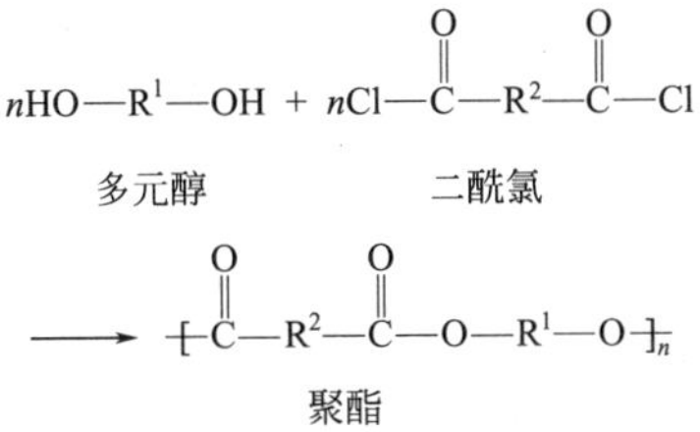

$$n\text{HO—R}^1\text{—OH} + n\text{Cl—}\underset{\text{二酰氯}}{\overset{\displaystyle \text{O}\qquad\quad \text{O}}{\text{C—R}^2\text{—C}}}\text{—Cl}$$
（多元醇）　（二酰氯）

$$\longrightarrow \underset{\text{聚酯}}{\left[\overset{\displaystyle \text{O}\qquad\quad \text{O}}{\text{C—R}^2\text{—C}}\text{—O—R}^1\text{—O}\right]_n}$$

图 5-4　聚酯树脂囊壁反应方程式

胺，其中异氰酸酯和有效成分溶于油相，多元胺溶于水相，常用的异氰酸酯为聚亚甲基聚异氰酸苯基酯（polymethylene-polyphenylisocyanate，PMPPI）（聚合度一般为2~8，常用三聚体）、异佛尔酮二异氰酸酯（isophorone diisocyanate，IPDI）和甲苯二异氰酸酯（toluene diisocyanate，TDI），可以采用的多元胺较多，如乙二胺、三亚乙基四胺（triethylenetetramine，TETA）、六亚甲基四胺（hexamethylenetetramine）、二亚乙基三胺（diethylene triamine，DETA）等。

制备方法：异氰酸酯在加热条件下水解生成酰胺，再进一步反应为胺，未水解的异氰酸酯与生成的胺或水相中的多元胺反应制备聚脲树脂，典型反应式见图5-5。

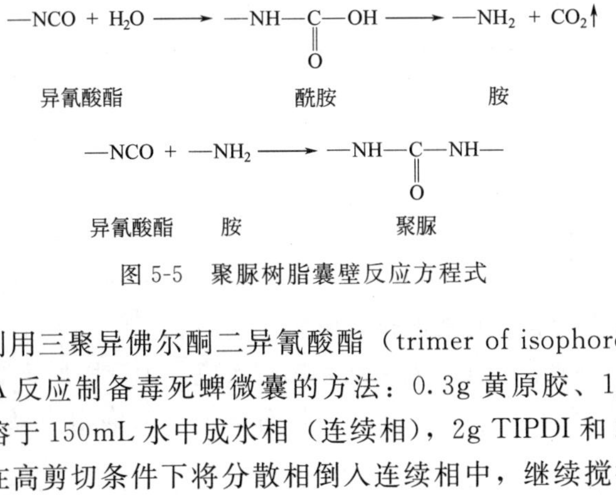

—NCO + H₂O ⟶ —NH—C(=O)—OH ⟶ —NH₂ + CO₂↑
异氰酸酯　　　　　酰胺　　　　　　胺

—NCO + —NH₂ ⟶ —NH—C(=O)—NH—
异氰酸酯　胺　　　　聚脲

图 5-5　聚脲树脂囊壁反应方程式

Zhu等报道利用三聚异佛尔酮二异氰酸酯（trimer of isophorone diisocyanate，TIPDI）与TETA反应制备毒死蜱微囊的方法：0.3g黄原胶、1g TETA和0.6g十二烷基硫酸钠溶于150mL水中成水相（连续相），2g TIPDI和2g毒死蜱溶于4g苯中成分散相，在高剪切条件下将分散相倒入连续相中，继续搅拌12min，过滤，用30%乙醇水溶液洗涤，在50℃干燥24h即可得毒死蜱微囊。所得微囊粒径2~7μm，包覆率94.7%。

Xiao等报道利用TDI与六亚甲基四胺制备毒死蜱微囊的方法：将1.0g聚乙烯醇溶于100mL蒸馏水中形成水相，将1.0g毒死蜱和0.3g TDI溶于1.0g苯中形成油相，将水相和油相混合，高剪切乳化，倒入三口瓶中，慢慢滴入0.7g六亚甲基四胺，边加热边搅拌40min，所得毒死蜱微囊平均粒径0.89μm，微囊对毒死蜱包覆率为98%。

（3）聚氨酯类微囊　界面聚合制备聚氨酯类微囊所采用的原料为异氰酸酯和多元醇，其中异氰酸酯和有效成分溶于油相，多元醇溶于水相，常用的异氰酸酯为

PMPPI、4,4′-亚甲基对苯二异氰酸酯（4,4′-methylene-bisphenylisocyanate，MDI）、IPDI 和 TDI，可以采用的多元醇为乙二醇、聚乙二醇、三羟甲基丙烷和聚乙烯醇。

典型反应方程式见图 5-6。

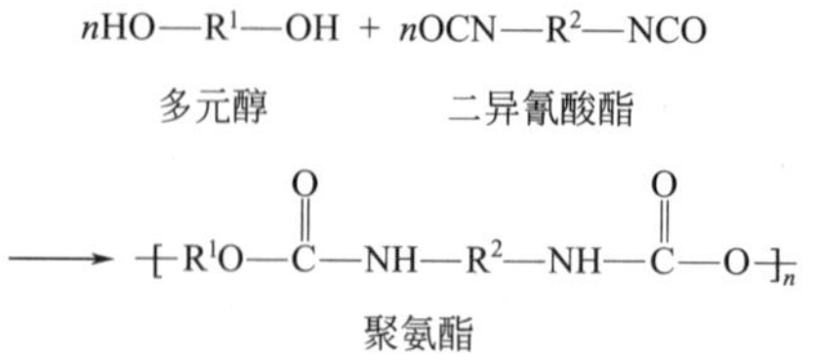

$$n\text{HO}-\text{R}^1-\text{OH} + n\text{OCN}-\text{R}^2-\text{NCO}$$
多元醇　　　　　二异氰酸酯

$$\longrightarrow \left[\text{R}^1\text{O}-\overset{\text{O}}{\underset{}{\text{C}}}-\text{NH}-\text{R}^2-\text{NH}-\overset{\text{O}}{\underset{}{\text{C}}}-\text{O}\right]_n$$
聚氨酯

图 5-6　聚氨酯树脂囊壁反应方程式

Fuyama 等在 1984 年报道了不同反应比例条件下 TDI 与三羟基丙烷预聚物与乙二醇反应制备杀螟硫磷微囊：将杀螟硫磷、TDI 与三羟基丙烷预聚物溶于环己酮，分散于 2% 阿拉伯胶水溶液中，再加入定量的乙二醇于反应液中，60℃ 条件下搅拌反应 2h，即得杀螟硫磷微囊。合成微囊过程中所用反应物比例见表 5-4。

表 5-4　杀螟硫磷微囊制备配料　　　　　　　　　　单位：g

配方组成	配方序号			
	1	2	3	4
杀螟硫磷	12.0	12.0	12.0	12.0
环己酮	0.5	0.5	0.5	0.5
TDI 与三羟基甲烷预聚物	0.8	0.4	0.25	0.15
乙二醇	0.35	0.35	0.35	0.35
阿拉伯胶	1.0	1.0	1.0	1.0

按表 5-4 配料表所制得的杀螟硫磷微囊平均粒径 40~50μm。生测结果表明所制备杀螟硫磷微囊对蚊子的防治效果随囊芯有效成分含量增加而增加，防治效果增加的原因在于囊芯有效成分增加后囊壁相对变薄，微囊对有效成分的释放速率增加。

2. 原位聚合

通过原位聚合（in situ polycondensation 或 in situ polymerization）制备农药微囊过程中，合成囊壁材料的单体和催化剂等均位于囊芯外部，而且要求单体必须能溶于连续相中，而生成的聚合物在连续相中是不可溶的，逐步沉积在囊芯表面形成囊壳，将囊芯整体包覆于微囊中。

按照反应单体种类的多少和反应类型，原位聚合反应可分为均聚反应、共聚反应和缩聚反应。均聚反应是指由一种反应单体聚合形成囊壁的反应。共聚反应是指两种或两种以上单体聚合形成囊壁的反应。而缩聚反应是当前工业化农药微囊生产过程中采用最广泛的一种，是指两种或两种以上多官能团单体先聚合形成预聚物，然后预聚物之间或预聚物与其他单体之间发生缩聚形成囊壁的反应。

原位聚合法中的分散相可以是油溶性的,也可以是水溶性的,同样,其相应的连续相可以是水介质或油介质。不溶于水的活性成分微囊化,一般用水做分散介质,一般在水中加入水溶性的表面活性剂作为乳化分散剂,并高速剪切,将含有有效成分的油相分散成 $1\sim10\mu m$ 颗粒的 O/W 乳液,再加入固化剂固化或升温固化成囊。其工艺流程见图 5-7。

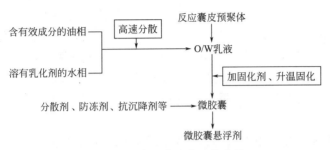

图 5-7 原位聚合法的工艺流程

在缩聚反应生产微囊过程中,常用的壁材有脲醛树脂、密胺树脂、酚醛树脂以及这三类树脂改性聚合物。

(1) 脲醛树脂微囊　脲醛树脂微囊在农药制剂学中得到广泛、深入的研究,其是指尿素和甲醛在弱碱性条件下进行羟甲基化反应即加成反应,得到水溶性线型预聚物,然后在弱酸性条件下羟甲基与氨基或羟甲基之间发生缩聚反应,生成水不溶性立体网状聚合物,逐渐沉积在油相分散形成的油珠表面,直至将油珠完全包覆,形成微囊。具体反应机制如下。

弱碱性条件下,尿素与甲醛加成,形成水溶性一羟基脲、二羟基脲、三羟基脲和四羟基脲,这四种加成产物中以一羟基脲和二羟基脲为主,只有当甲醛过量时才会形成三羟基脲和四羟基脲:

$$\text{H}_2\text{N}-\underset{\underset{\text{O}}{\|}}{\text{C}}-\text{NH}_2 + \text{HCHO} \xrightarrow{\text{OH}^-} \text{H}_2\text{N}-\underset{\underset{\text{O}}{\|}}{\text{C}}-\text{NHCH}_2\text{OH} \xrightarrow{\text{HCHO}} \text{HOCH}_2\text{HN}-\underset{\underset{\text{O}}{\|}}{\text{C}}-\text{NHCH}_2\text{OH}$$

一羟基脲　　　　　　　二羟基脲

弱酸性条件下,羟甲基脲中的羟甲基与氨基或羟甲基与羟甲基之间进行缩聚反应,形成水不溶性立体网状聚合物:

$$-\text{N}-\text{CH}_2-\text{OH} + \text{H}_2\text{N}-\underset{\underset{\text{O}}{\|}}{\text{C}}-\text{NH}_2 \longrightarrow -\text{N}-\text{CH}_2-\text{NH}-\underset{\underset{\text{O}}{\|}}{\text{C}}-\text{NH}_2 + \text{H}_2\text{O}$$

$$-\text{N}-\text{CH}_2-\text{OH} + \text{H}_2\text{N}-\underset{\underset{\text{O}}{\|}}{\text{C}}-\text{NHCH}_2\text{OH} \longrightarrow -\text{N}-\text{CH}_2-\text{NH}-\underset{\underset{\text{O}}{\|}}{\text{C}}-\text{NHCH}_2\text{OH} + \text{H}_2\text{O}$$

$$-\text{N}-\text{CH}_2-\text{OH} + \text{HO}-\text{CH}_2-\text{N}- \longrightarrow -\text{N}-\text{CH}_2-\text{N}- + \text{H}_2\text{O} + \text{CH}_2\text{O}$$

$$-\text{N}-\text{CH}_2-\text{OH} + \text{HO}-\text{CH}_2-\text{N}- \longrightarrow -\text{N}-\text{CH}_2-\text{O}-\text{CH}_2-\text{N}- + \text{H}_2\text{O}$$

利用脲醛树脂制备微囊时也有报道在酸性条件下一步合成微囊的例子。如杨毅等报道以聚丙烯酸作为系统改性剂，在 pH 值为 3.5 的条件下，可以一步制备微囊，所制得的微囊具有良好的光滑度、透明度和强度。

利用脲醛树脂制备的微囊对热稳定性差、易水解，且粗糙、易破。因此，改良的脲醛树脂更受青睐，改良方法包括尿素分步加入、在聚合过程中加入聚乙烯醇、苯酚和三聚氰胺等。例如，刘星等报道用三聚氰胺改性脲醛树脂制备石蜡油微囊：第一步，将一定量的蒸馏水、乳化剂、分散剂、乳液稳定剂、石蜡等混合，在 10000r/min 转速下剪切乳化，制备石蜡乳化液；第二步，在装有温度计、搅拌器、回流冷凝器的四口烧瓶中，加入石蜡乳液和三聚氰胺脲醛预聚体，用甲酸调 pH 为 3，加热，聚合反应 60min 后形成石蜡微胶囊，保温 300min，降温，产品抽滤，滤饼先用 60℃蒸馏水洗涤 2 次，再用石油醚洗涤 2 次，真空干燥 24h，即得石蜡微胶囊。

（2）密胺树脂微囊　相比于脲醛树脂微囊，密胺树脂微囊在农药制剂学中的研究和应用要少得多。密胺树脂微囊的制备与脲醛树脂大体相似，即三聚氰胺和甲醛在弱碱性条件下生成水溶性预聚物，然后在弱酸性条件下聚合成不溶于水的密胺树脂，密胺树脂沉积在囊芯表面形成密胺树脂微囊，其反应机制如下：

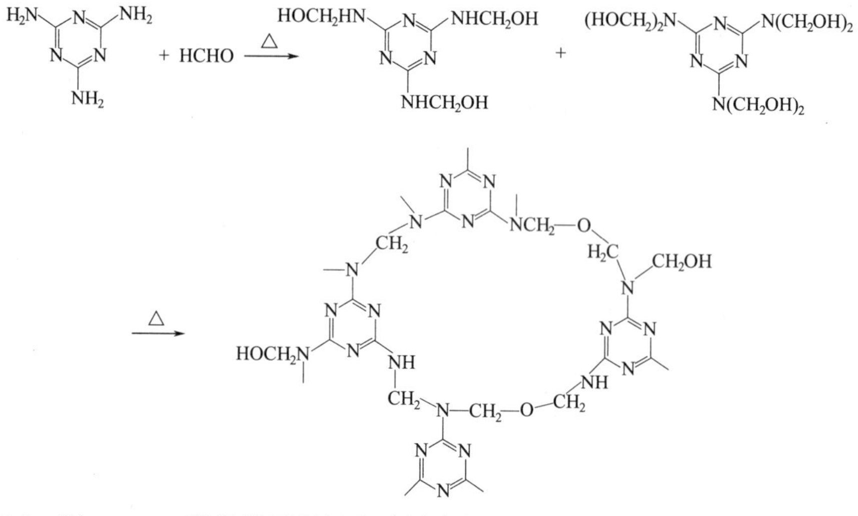

Palanikkumaran 等报道了利用密胺树脂包覆正十八烷的例子，制备步骤如下：将一定量的三聚氰胺和甲醛加入到 200mL 烧杯中，用 10%氢氧化钠水溶液调 pH 值至 8.5～9.0；边搅拌边加热至 70℃，待反应液变澄清后，将反应液温度降至 40℃，加入分散剂十二烷基硫酸钠，充分搅拌；高剪切条件下（3000r/min），在 30min 内逐步加入正十八烷，然后加入聚乙烯醇为乳液稳定剂，继续搅拌 30min，用硫酸调 pH 值至 3.0，逐渐升温至 70℃，保温 2h，过滤水洗，在 40℃下干燥 15h，然后在 100℃条件下干燥 90min 即得正十八烷密胺树脂微囊。

Boh 等在三聚氰胺和甲醛预聚物中加入苯乙烯-马来酸酐改良密胺树脂，制备了动物趋避剂 Daphne（几种挥发混合物）微囊，田间试验表明微囊化可以有效延长 Daphne 的持效期和增加趋避效果。

（3）酚醛树脂微囊　苯酚与甲醛在酸性条件下聚合生成酚醛树脂，可以作为包覆农药活性成分的囊壁材料。但迄今为止，利用酚醛树脂制备农药微囊的例子很少。Bagle 等最近报道了用间苯二酚改良酚醛树脂制备印楝油微囊的例子。反应机制如下：

三、微囊中活性成分的缓释动态

图 5-8 为笔者通过原位聚合法制备的毒死蜱微囊电镜照片，从照片可以看出在囊壁上有许多纳米级微孔，这些微孔构成了活性成分从囊芯释放到囊外的通道。在环境中，囊壁会在挤压、光、热、酸碱及微生物作用下发生破裂或降解，使囊芯中的活性物质释放。但对于农田中具有核壳结构的微囊，微囊中的活性成分主要通过囊壁上的微孔释放到囊外。

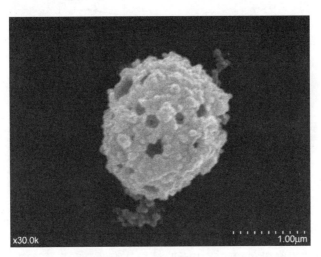

图 5-8　原位聚合法制备的毒死蜱微囊电镜照片（×30k）

理论上，微囊中的活性成分通过囊壁上的微孔释放到囊外的过程符合 Fick 模型，其释放速率可以用以下公式表述。

$$\frac{dM}{dt} = \frac{(4\pi r_0 r_i) P(c_i - c_0)}{r_0 - r_i} \tag{5-1}$$

式中 $\dfrac{dM}{dt}$——释放速率；

$4\pi r_0 r_i$——微囊表面积；

P——活性成分出入囊壁微孔的扩散系数；

$c_i - c_0$——囊壁内外浓度差；

$r_0 - r_i$——囊壁厚度。

在实际中，微囊表面积、活性成分出入囊壁微孔的扩散系数、囊壁内外浓度差以及囊壁厚度都不易测定，囊壁中的活性成分释放大多可以用下式经验方程表述。

$$\frac{dM_t}{dM_z} = kt^n + C \tag{5-2}$$

式中 $\dfrac{dM_t}{dM_z}$——时间 t 时的释放量（比例）；

n——扩散系数，表示扩散的种类，其中 $n = 0.5$ 时为 Fick 扩散；

k，C——常数项。

笔者测定了戊唑醇微囊在水中释放戊唑醇的动态过程，见图 5-9，戊唑醇微囊在水中释放戊唑醇的动态过程符合方程式（5-2），分析其释放动态过程可知在微囊的释放初期有一"突释（burst release）效应"，"突释效应"的存在对微囊化制剂发挥活性成分的速效性具有显著意义。

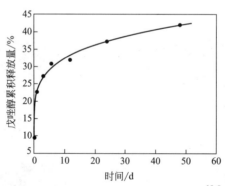

图 5-9　戊唑醇微囊在水中动态释放过程（图中曲线为数据模拟 $\dfrac{dM_t}{dM_z} = kt^n + C$ 的模拟曲线）

四、微囊对活性成分包封率的测定

人们往往很关心微囊包覆过程中囊壁材料是否对囊芯形成有效包覆，有没有非常直观的办法进行判断。以笔者多年的研究经历，准确判断囊壁材料是否对囊芯形成有效包覆不是一件容易的事情，尤其在囊壁材料对囊芯有一定包覆，但包覆不牢固、微囊易破的条件下很容易导致误判。例如，在光学显微镜下对所制备的微囊进行观察时，很难判断出哪些微粒是形成的微囊，哪些是油珠。不过，在有一定经验的基础上，可以通过观察微囊的外形对是否成囊做出大概估计。即活性成分往往存在油相中，以溶液或液体形式分散在水相中形成细小油珠，未成囊时由于界面张力的作用，油珠为规则球形，成囊过程中由于固体囊壁材料的沉积、搅拌和碰撞等综合作用，形成的微囊在外形上往往不如成囊前的油珠形状规整，很多情况下都是不规则球形，但这也是从经验上进行的大致判断，不能提供准确依据。要准确判断囊壁材料是否对囊芯形成有效包覆必须采用正确的方法测定微囊对活性成分的包封率。

理论上，微囊对活性成分的包封率为囊内活性成分占囊内被包覆活性成分与囊外未被包覆（游离）活性成分总和的百分比。依现有技术手段，将微囊内被包覆的活性成分和囊外游离活性成分完全分离是不可能的。因此，目前国内外测定微囊包封率还没有统一标准。2004 年，Asrar 等发表了采用大量溶剂短时间内淋洗囊外游离活性成分来间接测定包覆率的方法。即在一定量的溶剂中加入囊内被包覆活性成分与囊外游离活性成分总和不超过溶解度 1/3 的微囊或微囊制剂，振荡 1min，过滤，滤液中活性成分的量即被认为是囊外游离活性成分。微囊对活性成分的包封率按下式计算。

$$包封率=\frac{试样中活性成分总量-游离活性成分}{试样中活性成分总量}$$

五、微囊的新进展

1. 层层自组装微囊（layer-by-layer self-assembly microcapsules）

单核核-壳型微囊是生产和研究工作中最常见的微囊结构，在微囊中仅含有单层囊壳和单个囊核。但在某些情况下，单核核-壳型微囊中的单层囊壁往往不能满足特定的功能性释放需求。在此情况下，可以在单层囊壳的外面继续包覆一层或多层囊壁，且赋予不同层囊壁不同功能，形成如图 5-1 所示的多壳核-壳型微囊，以满足某些特殊功能性释放需求。层层自组装法是制备多壳核-壳型微囊的有效途径，其最初利用超分子静电自组装原理，通过静电引力的作用，依次吸附带相反电荷的聚合物电解质，形成具有多层囊壳。例如利用带正电荷的聚赖氨酸和带负电荷的海藻酸盐在囊芯表面交替沉积形成海藻酸盐-聚赖氨酸-海藻酸盐囊壳。层层自组装微囊在医药等领域中已经有了比较广泛发的研究，但在农药制剂学领域中研究相对较晚，相关研究报道比较少。例如，在农药活性成分中，氨氯吡啶酸是防治外来生物入侵生物紫茎泽兰的有效药剂，但其具有见光分解的特性，赵静等利用甲壳素和木质素磺酸钠交替沉积在氨氯吡啶酸晶体表面形成多层自组装微囊，得到了具有一定释放速率且可阻止见光分解的层层自组装微囊。

2. 自爆型微囊（self-bursting microcapsules）

前面所述微囊化目的均在于将活性成分包覆于微囊中，使用后在环境中逐渐释放到囊外，延长活性成分的持效期。但有些情况下，活性成分的快速释放是必须的，将活性成分微囊化的目的在于降低活性成分的毒性等。住友公司于2012年报道了吡丙醚聚氨酯微囊，该微囊在水中能保持微囊形态，但微囊四周水分完全蒸发后，微囊自动破裂，将囊芯中的吡丙醚快速释放（见图5-10）。这种微囊适用于对水生生物毒性较高的活性成分，当这种微囊喷施于水稻田后，沉积于叶片表面的微囊在水分蒸发后囊壁破裂，快速释放出活性成分，防治水稻病虫害，而流失到水体中微囊则可以维持微囊形态，有效减少活性成分与水生生物的直接接触，从而降低活性成分对水生生物的直接毒性。

理论研究表明，这种自爆型微囊在水分蒸发后破裂与否是通过控制囊壁的厚度来实现的，较薄的聚氨酯囊壁在水分蒸发后可以自行破裂。

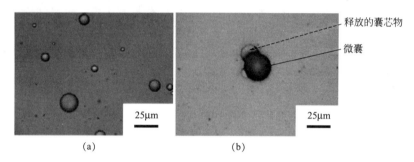

图5-10 吡丙醚聚氨酯微囊在水中的完整形态（a）及四周水分蒸发后囊壁破裂释放出吡丙醚（b）

第四节 微球

一、微球的概念

微球（microspheres或microbeads）作为近年来发展起来的一种具有缓释功能的新剂型在医药上已被广泛研究并实现了产业化。《中华人民共和国药典》对微球定义为活性成分溶解或分散在辅料中形成的微小球状实体，而微囊定义为固态或液态活性成分被辅料包封而形成的微小胶囊。微球以聚酯类（聚乳酸、聚碳酸酯）、多糖类（壳聚糖、淀粉）、蛋白质类（明胶）、纤维素类等可降解材料为载体，微球中的活性成分分散或包埋在载体中而形成均匀球状实体（实心球），是一类均相分散体系，微球粒径一般为0.3～300μm，粒径小于1μm的微球称为纳米微球（nanospheres）或毫微球。

微球与微囊的主要区别有以下几方面。微囊（microcapsules）是以天然的或合成、半合成的高分子材料为囊壁，将液体、固体或气体活性成分作为囊芯包裹而成的壳核结构的介质系统；而微球（microsphere）则是将活性成分以某种方式与高分子材料混合而形成的一个均匀球状的介质系统。两者均为缓释制剂，微球为实心球体，微囊为空心球体。微囊中的囊皮如果不易破壳，则囊芯有效成分不能完全释放出来，造成有效成分的浪费，据研究大约20%的有效成分不能从微囊中释放出来;而微球随着载体的生物降解,有效成分可以完全释放出来。微球与微囊结构见图 5-11。

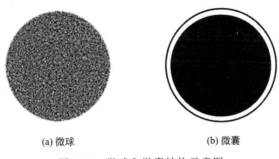

(a) 微球　　　　　　　　(b) 微囊

图 5-11　微球和微囊结构示意图

二、微球在国内外的研究现状

微球目前在医药中成为新型给药系统的研究热点,研究者研制了多种聚乳酸微球、明胶微球、壳聚糖微球、蛋白质微球,并实现了产业化。在农药中的研究属于研究前沿,目前仅见少量报道。

对微球的研究源于对天然聚合物的研究。很久以前,天然橡胶的乳胶(latex)就引起了人们的兴趣。它是一种胶体溶液,分散质是尺寸为 1~100nm 的聚异戊二烯球形粒子,是一种分散在水溶液中的纳米微球。起初,人们认为这种乳胶是由异戊二烯单体通过加聚反应形成的,因此从 20 世纪初开始尝试在试管中模拟合成橡胶。虽然这种假设是错误的(天然橡胶是由乙酸在酶作用下缩聚而成的),但它推动了多相聚合技术的诞生,并由此产生了制备聚合物微球和纳米微球的方法。直到今天,多相聚合还是生产聚合物微球的主要方法。

农药微球的研究始于美国,1985 年 Baker 等以聚碳酸酯研制出 48% 二溴磷微球,以聚砜制备出 42% 舞毒蛾性诱素微球,通过生测试验表明,两种微球都具有较长的持效期,有效期分别长达 180d 和 150d。1996 年 Darvari 等制备了涕灭威羧甲基纤维素微球。2001 年 Jose 等研制了氟草敏乙基纤维素微球。2008 年 Takayuki 等研制了啶虫脒聚乳酸/聚己内酯微球。近几年国内关于农药微球的研究也渐见于文献报道。2002 年唐辉等采用乳化-缩聚法,以明胶为载体研制了阿维菌素明胶微球,粒径分布较为均匀,包埋率在 70% 左右,体外释放试验表明,阿维菌素明胶微球具有明显的缓释性能。2004 年夏晓静等采用溶剂萃取挥发法制备了伊维菌素聚乳酸微球,制备的微球外观较为圆整,粒径分布均匀,体外释放试验表明微球可使伊维菌素长时间缓慢释放。2007 年尚青等通过溶剂挥发法制备了具有缓释性能的阿维菌素聚乳酸微球,所制备的微球为单分散球体,表面粗糙,粒径为 10~100μm。2008 年 Lan Wu 等以壳聚糖为包裹材料,成功研制出了缓释颗粒复合肥。2011 年赵书言以壳聚糖为缓释载体、尿素为缓释对象,制备了尿素-壳聚糖缓释微球；黄彬彬等研制出了多杀菌素聚乳酸微球，并考察了制备过程中各种条件对微球质量的影响以确定最佳配方；郭瑞峰等采用乳化-溶剂挥发法制备了毒死蜱缓释微球，该研究表明，合适的药/载体质量比及聚乳酸浓度有利于提高微球的质量。2013年朱欣妍等研究出甲氨基阿维菌素聚乳酸微球，制备的微球成球性佳、粒径均匀（见图5-12）、重现性好，载药量13%以上（经过优化载药量可达17%以上），微球粒径10μm，包埋率90%以上。他们以正交试验设计研究了水油比、乳化剂浓度、分散剂浓度、聚乳酸浓度、投药量等因素对微球质量的影响，并研究了乳化转速对微球质量的影响，同时进行了不同粒径微球在水中的模拟释放性能研究及对小菜蛾的室内毒力测定。2014年郑玉等研制了吡唑醚菌酯聚乳酸-羟基乙酸共聚物（PLGA）纳米微球，粒径为600nm，载药量18%，包埋率84%。

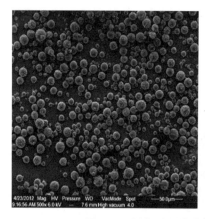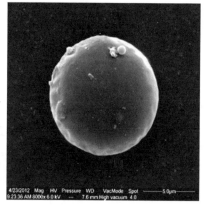

图5-12　甲氨基阿维菌素聚乳酸微球扫描电镜图

这些研究均是试验室小试研究，但实现产业化尚未见报道，目前仅仅是中国农业科学院植物保护研究所与广西田园生化股份有限公司开展合作，进行甲氨基阿维菌素聚乳酸微球的中试产业化研究。

三、微球的分类

根据载体的不同，常见的微球大致可分为以下几类。

1. 聚乳酸微球

在医药领域，聚乳酸作为蛋白、多肽类活性成分的微球载体应用于基因治疗、肿瘤治疗等方面。在农药领域，近些年国内研制的几个微球品种大多数用聚乳酸包载农药有效成分以达到缓释及环保的效果。

聚乳酸和聚乳酸-乙醇酸共聚物（PLGA）微球是近年来国内外研究的热点。目前大部分聚乳酸和聚乳酸-乙醇酸共聚物微球均采用乳化分散法和相分离凝聚法制备。其中相分离法适合于水溶性活性成分微球的制备，乳化分散法对水溶性、脂溶性活性成分均适宜。

2. 明胶微球

明胶作为微球载体材料，无不良反应，无免疫原性，具生物可降解性，是目前动脉栓塞的主要材料，应用广泛，可口服也可注射。明胶微球制备方法主要有物理化学法（喷雾干燥法、冷冻干燥法、单凝聚法、复凝聚法、乳化法等）和化学交联法（喷雾交联）。丁红等（2000）用乳化-化学交联法制备阿霉素明胶微球，体外释药及降解特性均满足临床要求，刘海峰等（2003）以明胶、聚乳酸和壳聚糖为基质材料，采用复合乳液-溶剂挥发法制备了五氟脲嘧啶明胶-聚乳酸微球。

3. 壳聚糖微球

壳聚糖微球可控制活性成分的释放，改善易降解物质（如蛋白）的生物利用度，增强亲水性活性成分通过上皮层的渗透性。同时，壳聚糖可与一定量的多价阴离子反应，形成壳聚糖分子的交联，这一性质可应用于壳聚糖微球的制备。因此，用壳聚糖制备可控缓释微球作为活性成分载体明显优于一般材料。

壳聚糖微球的制备方法有乳化-交联法、乳化-溶剂挥发法、喷雾干燥法、沉淀/凝聚及复凝聚法等。在生物医学领域，已有阿司匹林、盐酸小檗碱、胰岛素等许多药物实现了以壳聚糖为材料制成缓释控释给药系统。

4. 淀粉微球

淀粉微球可分为载药用淀粉微球和吸附剂、包埋剂用淀粉微球，其制备方法主要包括化学法、物理化学法、酶解法等。淀粉在生物体内具有一定的可变形性，其骨架在降解崩溃前的载药能力可保持较长时间，淀粉微球载药后其降解比较缓慢，使活性成分能够缓慢持续地释放出来，并最终以较低浓度缓慢地被机体所吸收，能够显著降低活性成分的毒副作用。除了可以包载活性成分之外，在环境治理及医药领域，淀粉微球还可用于废水治理、止血剂和栓塞剂。已经尝试将其作为靶向制剂的活性成分载体应用在鼻腔给药系统、动脉栓塞技术、放射性治疗、免疫分析等领域。

5. 聚羟基丁酸酯微球

聚羟基丁酸酯（PHB）为微生物合成的新型可降解材料，生物相容性好，具有中长期降解周期。它比聚乳酸、聚乳酸-乙醇酸共聚物降解周期长，生物相容性更好，较适合作为中长期控释活性成分的载体。与目前已有的其他可生物降解材料相比，它不仅具有与化学合成高分子材料相似的性质，而且还有密度大、光学活性好、透氧性低、抗紫外线辐射、生物可降解性、生物组织相容性、压电性和抗凝血性等优点。王正容等用液中干燥法制备左炔诺孕酮聚羟基丁酸酯微球。

6. 清蛋白微球

清蛋白微球是由人或动物血清清蛋白与活性成分一起制成的一种球状制剂，清蛋白是体内的生物降解物质，注入肌体后，在肌体的作用下逐渐降解后清除，性能稳定、无毒、无抗原性，因此清蛋白微球是理想的控缓释靶向制剂之一。清蛋白微球可通过热变性法、化学交联法、聚合物分散法或界面聚合法制备。在医药领域，目前已有环丙沙星、氟尿嘧啶清蛋白微球，但未见临床应用的报道，清蛋白微球主要应用于医药领域,主要有抗癌药物动脉栓塞作用、靶向作用、瘤体内植入作用及作为声学超声造影剂。

7. 磁性微球

磁性微球是通过适当方法将磁性无机粒子与有机高分子结合形成的具有一定磁性及特殊结构的复合微球,在外加磁场作用下,可以引导负载活性成分在体内定向移动定位持续释放,从而提高活性成分的靶向性,达到提高疗效,减少不良反应的目的。磁性微球根据其组成材料的不同分为磁性无机物微球、磁性生物大分子微球和磁性高分子微球。磁性微球主要由三部分组成:磁性材料、活性成分载体、活性成分。在医药制剂领域,常用的磁性材料有 Fe_3O_4 磁粉、纯铁粉、磁赤铁矿等;载体是用来支撑磁性材料和活性物质的,需具有一定的通透性,常用的聚合物载体材料有明胶、聚乳酸、壳聚糖、聚乙二醇等。制备磁性微球的方法主要有热固化法、逆向蒸发法和化学吸收绑定法等。

四、 微球的制备方法

按照制备过程的差异,微球的制备方法可分为三大类:物理化学法、化学法(包括聚合法和交联法)和物理法。常用的物理化学法通过改变条件使聚合物材料的溶液析出固化形成微球,包括有乳化-溶剂挥发法(emulsion solvent evaporation method)、喷雾干燥法(spray drying)、冷冻干燥法(freeze-drying)、相分离法〔(包括单凝聚法(simple coacervation)和复凝聚法(complex coacervation)〕等。常用的化学聚合法包括微乳聚合、悬浮聚合、分散聚合等,化学交联法包括喷雾交联法(spray crosslinking method)、乳化交联法(crosslinking-emulsion method)等。物理法采用机械设备分割微球颗粒,对设备要求较高。

一般聚合物微球的制备方法主要为物理化学法和化学交联法。

1. 乳化-溶剂挥发法

乳化-溶剂挥发法是制备微球比较常用的方法之一。有效成分与载体组成的油相,滴加到含分散剂的水相中,搅拌形成 O/W 乳状液,从中除去分散相中的挥发性溶剂以制备微球的方法称为乳化-溶剂挥发法,也称为液中干燥法。主要包括油相(有效成分及载体)滴加到水相中、乳状液的形成、溶剂的去除和微球抽滤干燥等四个步骤。聚乳酸微球的制备工艺见图 5-13。

影响微球性质的主要因素有聚合物载体、有效成分、乳化剂、有机溶剂、水相、油滴分散方式和溶剂挥发速度等。

① 聚合物载体 聚合物浓度、相对分子质量和组成都对微球的性质有影响。聚合物浓度影响成球过程中的沉积速度,浓度越高,沉积速度越慢,微球粒径越大,如聚乳酸浓度过高,有机相在分散介质中会析出大量聚乳酸,黏结成团。低分子聚合物相变温度低,成球粒径小。组分不同的聚乳酸复合材料其结晶度、亲水性以及降解性的差异可导致微球性质的差异。

② 有效成分 有效成分性质显著影响微球聚合物交联的稳定性,含药量影响

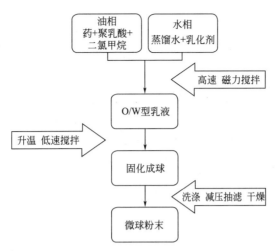

图 5-13　乳化-溶剂挥发法的工艺流程

微球粒径、比表面积和孔隙率。以 O/W 工艺制备的微球，水溶性大的有效成分易扩散进入水相中，导致其包埋率和载药量均低于脂溶性有效成分。

③ 有机溶剂　溶剂挥发法通常以二氯甲烷、丙酮、氯仿、氯乙烯、乙酸甲酯和乙醚等作为溶剂。有机溶剂在连续相中的溶解度是影响微球的粒径、包埋率、载药量等的关键因素。在有机相中加入能与水混溶的有机溶剂可以提高水溶性活性成分的溶解度，提高微球的载药量与包埋率，研究表明二氯甲烷、丙酮组成的二元溶剂，得到的微球粒径较小。

④ 乳化剂　溶剂挥发法常以聚乙烯、明胶、羟丙甲基纤维素（HPMC）、吐温类等作为乳化剂。乳化剂类型、浓度和乳化时间与形成的液滴大小密切相关，直接影响到微球的质量。一般而言，随着乳化剂浓度的增加，其黏度显著增大，微球间相互碰撞的阻力增大，微球分散均匀，凝聚现象减少，粒径也随之减小。同时，微球的比表面积增大，微球中有效成分与水相的接触机会增多，导致微球载药量降低。但乳化剂的含量也不是越多越好，李航等发现，过量的乳化剂会在微球形成的过程中较早地吸附在微球表面，使包覆过程不完善，导致包埋率降低。

⑤ 水相组成　在水相中加入缓冲液、盐或其他添加剂可以改变有效成分或有机溶剂在水相中的溶解度，从而提高载药量和包埋率。

⑥ 液滴分散方式及溶剂挥发速度　在乳化-溶剂挥发法中，液滴主要通过机械搅拌、超声等方法进行分散，搅拌速度是影响微球粒径的主要因素。杨亚楠等研究发现，随着机械搅拌速度增大，所制备的利福平微球的粒径变小，比表面积增大，载药量下降。Zhu 等（2001）在采用 W/O/W 法制备人绒促性素微球时发现，在制备初乳时搅拌速度的增加可使微球的粒径、包埋率均变大，而制备复乳时搅拌速度的增加可使微球的粒径及包埋率变小。减压蒸发比常压蒸发所制备的微球产率和包埋率都要高。

乳化-溶剂挥发法根据分散相、连续相的不同主要包括以下几个方法。

(1) 单乳化-溶剂挥发法　目前应用比较广泛的主要是 O/W 型乳化-溶剂挥发法和 O/O 型乳化-溶剂挥发法。O/W 型乳化-溶剂挥发法是制备疏水性活性成分微球最常用的方法，该方法将有效成分和载体材料溶解在有机溶剂中，并将该有机溶剂分散到含有乳化剂的水相中，通过机械搅拌或超声分散成 O/W 型乳液，除去内相溶剂后，载体材料与活性成分固化成球。但该方法对水溶性的有效成分包埋率偏低。内相溶剂可选用与水不互溶的二氯甲烷、三氯甲烷、乙酸乙酯等或几种溶剂混合。Zhang 等用此法制备了布比卡冈的 PLGA 微球，药物的包埋率随着聚合物溶液浓度的增大而上升，其突释效应则主要受活性成分与聚合物质量比的影响。

O/O 型乳化-溶剂挥发法是制备水溶性有效成分微球的一种比较合适的方法。该方法将有效成分和载体材料溶解在有机溶剂中，再分散到与此溶剂不互溶的含乳化剂的有机相中，乳化成 O/O 型乳状液，挥发内相溶剂，固化成球。但该方法需使用大量的有机溶剂，制备的微球在水中凝聚趋势比较明显。外相可采用高沸点的疏水性液体，如液体石蜡、矿物油或植物油，也可采用极性的甘油或丙二醇等，而内相溶剂采用的是与外相不互溶的溶剂如乙腈等。此法制备的微球干燥时间一般较长。另外，固化后的微球由于外表面沾有油珠，必须用有机溶剂如环己烷等洗涤干净；而且制备的微球与 O/W 法相比部分微球有聚集现象，形成微球中活性成分多以结晶形式存在，表面可出现裂隙等不规则形状，故这种方法的应用没有 O/W 方法广泛。

(2) 复乳化-溶剂挥发法　此法在传统方法的基础上进行改进，首先制成 O/W 或 W/O 型初乳后，将初乳溶液混入含有稳定剂的另一溶液中形成 O/W/O 或 W/O/W 型复乳，之后挥发溶剂，固化干燥成球。但此方法工艺比较复杂，放大较为困难。

W/O/W 型复乳-溶剂挥发法是制备多肽蛋白类药物微球最常用的方法。药物水溶液或混悬液以及增稠剂与水不互溶的聚合物有机溶液乳化制成 W/O 初乳，后者再与含表面活性剂的水溶液乳化生成 W/O/W 复乳。聚合物的有机溶剂从系统中移除后，即固化生成载药微球。由于 W/O/W 型乳液的稳定性与活性成分的包埋率有直接关系，因此，应尽量使复乳保持稳定，避免内水相中的活性成分向外迁移。Moyni-han 等制备了 B 型肝炎病毒疫苗微球，在室温下性质稳定，具有良好的控释功能。

(3) 聚合物合金技术　聚合物合金法系指一种聚合物相分散在另一种聚合物相中形成固态混合物的技术。其影响因素主要有溶剂种类、聚合物分子量、共聚物单体比例和聚合物溶液浓度等。当聚合物溶液浓度超过临界值时，就会发生相分离现象。

2. 相分离法

相分离过程就是凝聚过程，故也称为凝聚法。该法在农药上的应用主要是水相分离法，其成球是在水溶液中进行的，所以有效成分是非水溶性的固体或液体。相分离法是在有效成分与聚合物的混合溶液中,加入非溶剂或不良溶剂、凝聚剂、凝聚诱导剂,或采用其他适当手段(如改变温度、添加无机盐电解质或改变pH等)使聚合物的溶解度降低,使之从溶液中凝聚出来,沉积在被包裹的芯材表面形成微球的方法。相分离法可分为单凝聚法和复凝聚法。单凝聚法是由凝聚剂引起的单一一种聚合物的相分离,而复凝聚法是由至少两种带相反电荷的胶体彼此中和而引起的相分离。

(1) 单凝聚法 该方法在有效成分与聚合物的有机溶液中,加入另一种能与溶解聚合物的溶剂任意混溶,但不能溶解有效成分和聚合物的有机溶剂(凝聚剂,如醇类、醛类、酮类等强亲水性溶剂),以降低高分子聚合物的溶解度,凝聚、固化成球。根据原料性质,可以采取不同的凝聚分离方法。

① 加入凝聚剂 吴绍明等以壳聚糖为载体,以橄榄油为活性成分,采用单凝聚法制备微球时发现,选择烷基酚聚氧乙烯醚和脂肪醇聚氧乙烯醚作为复合乳化剂,凝聚剂用量为壳聚糖的100%,交联剂Epc503用量为壳聚糖的1%,可得到平均粒径为$2\sim10\mu m$的微球。

② 改变温度 一般来说,化合物的溶解度随着温度的变化而明显改变,如乙基纤维素是一种水不溶的聚合物,在环己烷中加热至沸腾可溶解成均匀的溶液,冷却后即凝聚分离出来,利用该特性可制备水溶性的微球。将乙基纤维素分散于环己烷中,加热沸腾后配制成2%的聚合物溶液,在搅拌下加入水溶性的N-乙酰对氨基苯酚,形成固液分散体系,在不断搅拌下,不断冷却混合液,使乙基纤维素与N-乙酰对氨基苯酚凝聚出来形成微球,继续冷却温度,发生胶凝而固化,通过过滤、离心分离出环己烷,而得微球产品。

③ 加入另一种不相溶的聚合物 该方法利用共存于同一溶剂中的不同聚合物互不相溶的特性来实现成球。在2%乙基纤维素的甲苯溶液中,在搅拌下加入不溶于甲苯的盐酸亚甲蓝结晶,使之分散于其中。然后缓缓加入易溶于甲苯而与乙基纤维素互不相溶的液态聚丁二烯,此时含有盐酸亚甲蓝的乙基纤维素被聚丁二烯从甲苯中分离出来,过滤、洗涤、固化成球,即得盐酸亚甲蓝乙基纤维素微球。

④ 加入另一种不溶解的有机溶剂 在制备的聚合物溶液中,加入另一种该聚合物不溶解的溶剂,可以降低高分子聚合物的溶解度,凝聚、固化成球。丁素丽等在一定pH条件下,滴加丙酮直接使明胶溶液发生凝聚,再用戊二醛交联得到直径$200\sim400nm$、表面光滑的明胶微球。

⑤ 盐析法 即把可溶性无机盐加到某些水溶性聚合物的水溶液中,游离出来的聚合物固化成球的方法。李富新等在40℃、500r/min搅拌下,将油溶性的马拉硫磷分散在1%海藻胶水溶液中,形成水包油的乳液,然后迅速降温并减速(500r/min)搅拌,使包含海藻酸与马拉硫磷的乳液凝聚出来,在中性条件下,用0.25mol的$CaCl_2$盐析、固化,得到了性能稳定,包埋率达到90%的微球。

(2) 复凝聚法 该方法系使用带相反电荷的两种高分子聚合物作为复合载体,将有效成分分散在高分子聚合物水溶液中,在适当条件下(改变pH值、温度、浓度、电解质等），使得相反电荷的高分子聚合物发生静电作用，相反电荷的高分子聚合物相互吸引后，溶解度降低并产生了相分离，聚合物与有效成分凝聚成球的方法。经常使用的两种带相反电荷的高分子聚合物组合包括：明胶/阿拉伯胶、海藻酸钠/脱乙酰壳聚糖、海藻酸钠/聚赖氨酸、明胶/羧甲基纤维素等，其中明胶和阿拉伯胶的组合最为常见。

壳聚糖是最常用的微球载体材料之一，在酸性溶液中带正电荷，因此它可以与阴离子聚合物复凝聚成球。目前常用的阴离子聚合物为海藻酸盐，采用壳聚糖与海藻酸盐复凝聚法制备微球时，通常向体系中加氯化钙溶液，使海藻酸盐变成不溶于水的海藻酸钙，固化后与壳聚糖形成聚合体。Sakchai 等分别用一步法和两步法来制备海藻酸盐-壳聚糖包埋泼尼松龙微球。一步法即将泼尼松龙溶解在海藻酸钠溶液中，将此混合物加入到含氯化钙和壳聚糖的混合溶液中即可。两步法即将泼尼松龙和海藻酸钠混合溶解，并加入到氯化钙溶液中，然后再加入壳聚糖。一步法所制备的微球在黏膜附着性上优于两步法所制备的微球，除此之外，两种微球在性质上并无明显差异。

覃伟等把含药物和吐温-80 的碱性明胶溶液与阿拉伯胶溶液混合，调 pH 至 4.0 左右（这时明胶带上正电荷，而阿拉伯胶仍带负电荷），冷却，戊二醛固化得到直径 $12.8 \sim 96.0 \mu m$（平均 $51.16 \mu m \pm 20.34 \mu m$）的复合微球；杨恺等则在 $1500 r/min$ 的搅速下制备平均直径 $5.64 \mu m$ 的明胶-阿拉伯树胶复合微球；王飞等用类似方法制备直径 $38 \mu m \pm 7 \mu m$ 的明胶-海藻酸钠复合微球。

3. 交联法

交联法是以有效成分和高分子材料的混合水溶液为水相，用含乳化剂的油为油相，混合搅拌乳化，形成稳定的 W/O 型乳液，然后用加热或者化学交联的办法使之固化，得到固体载药微球的方法。

（1）化学交联法　利用此法制备微球的载体主要有明胶、壳聚糖和蛋白类材料，这些带有氨基的载体材料与交联剂戊二醛或甲醛中的醛基发生缩合作用，使微球固化、交联、脱水、抽滤、洗涤、干燥、过筛获得微球粉末。目前，已有干扰素明胶微球、阿奇霉素明胶微球、布洛芬明胶微球等的研究报道，根据此法制备的微球外观均较为圆整且水中分散性良好。应用化学交联法制备微球时，材料的浓度、制备时搅拌速度以及交联剂的用量，均对所制备微球的粒径及包埋率有一定影响。

化学交联法使用的交联剂通常为甲醛、戊二醛，而该类交联剂有一定毒性和刺激性，可与一些活性成分反应使被载活性成分失效，因此，现在通常使用新的化学交联剂，如甘油醛、抗坏血酸棕榈酸酯、三聚磷酸钠等。

（2）热交联法　热交联法是制备明胶微球的一种方法，将明胶水溶液加热至一定温度，加入到植物油中，在高温下乳化一定时间，冷却至低温，离心、洗涤、干燥，得到未交联的明胶微球。将乳化得到的明胶微球加入到已预热至高温的植物油中，加热、过滤、洗涤、干燥得到明胶微球；或将乳化得到的明胶微球置于预热至高温的烘箱中加热，直接得到明胶微球。

与之类似的方法为制备蛋白质微球的乳化-加热固化法。该方法利用蛋白遇热变性的性质制备微球,将含药白蛋白水溶液缓慢滴入油相中乳化,再将乳状液滴入已经预热至高温的油中,搅拌、固化、分离、洗涤,即得微球。

4. 化学聚合法

聚合法是把单体化合物分散到一定的介质中使其发生聚合(加聚或缩聚)反应形成微球的方法,包括乳液聚合、无皂乳液聚合、悬浮聚合、分散聚合、沉淀聚合、种子聚合、活性膨胀聚合等,不同方法制备的微球粒径范围各异,但通常比物理化学法制备的微球粒径小且分布均匀。该法只能制备合成高分子微球。

单体聚合法是在磁性粒子和有机单体存在的条件下,根据不同的聚合方式加入引发剂、表面活性剂、稳定剂等物质聚合制备磁性高分子微球的方法。该法主要用于制备磁性微球。单体聚合法成功的关键在于确保单体的聚合反应在磁粒表面顺利进行。

(1) 微乳聚合　微乳聚合法是近几年发展起来的合成纳米复合微球的新方法,应用该法时可以通过聚合前调节微乳液体系的配方来调节产物的尺寸、形态、结构等物化性能。微乳液聚合与一般乳液聚合的不同之处在于微乳液聚合体系内不存在单体液滴,也就是说所有的单体都溶解在胶束内而形成单体溶胀胶束或溶解在连续相内。

(2) 悬浮聚合　悬浮聚合是单体以小液滴的形式悬浮在水中的聚合。悬浮聚合与微乳液聚合不同的是,悬浮聚合的液滴较大,通常为数微米至数十微米。因此,从水相捕捉自由基的概率非常低,不能使用亲水性引发剂。Zhang 等以苯胺和二甲基苯胺为模板分子,甲基丙烯酸为功能单体,三羟甲基丙烷三丙烯酸酯为交联单体,Fe_4O_3 为磁性组分,采用悬浮聚合法制备了磁性分子印迹聚合物微球。由于采用悬浮聚合制备的磁性高分子微球粒径分布较广,磁含量较低等问题,所以该方法发展受到了很大的限制。

(3) 分散聚合　它是一种特殊的沉淀聚合,反应之前单体、溶剂、引发剂等是一个均一的体系,反应开始以后,聚合物达到一定分子量后,从反应体系中沉淀出来,还有就是分散聚合要向体系中加入稳定剂。分散聚合法可以制备从纳米级至微米级的微球,粒径分布均匀。只要选择合适的溶剂和稳定剂即可以制备疏水性的微球,也可制备亲水性的微球。因此分散聚合法近年来尤其受到青睐,成为一种发展较为迅速的微球制备技术。Wangi 等采用分散聚合成功地制备了具有单分散性、超顺磁性、发荧光、功能化的磁性 PG-MA 微球。合成的磁性微球能用磁铁很好地分离开来,并被应用于不同的荧光检测和磁分离的生物分析中。

5. 喷雾干燥法

该方法将有效成分和载体材料溶解在适当的有机溶剂中,通过压力式或高速旋转(离心)式雾化器将溶液雾化成微小的液滴,这种极小的液滴在喷入到热风(适用于 O/W 乳液)或含有惰性气体(如氮气,适用于纯有机溶剂)的热气流时,液滴中的水分或溶剂会瞬间蒸发而使微球固化成形,最后进行干燥收集,其工艺流程见图 5-14（热风干燥）。此方法最常用的有机溶剂介质之一是二氯甲烷。喷雾干燥法凭借其较高的产率、安全性、重现性以及易扩大生产等优势，已在制药、食品、美容产业具有广泛的应用。其适用于多种类型活性成分，包括水溶性、水不溶性和热敏感性活性成分的微球化。Filipovic 等采用喷雾干燥法制备了壳聚糖-乙基纤维素微球，Fang-jing、Elisabetta Gavini 应用喷雾干燥法分别制备了依他硝唑聚乳酸-乙醇酸共聚物微球和万古霉素聚乳酸-乙醇酸共聚物微球，制备过程中无需相分离，也不需要使用表面活性剂，制备的微球粒径较小且活性成分包埋率接近理论值。

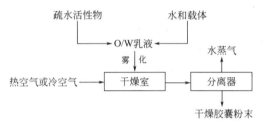

图 5-14 喷雾干燥工艺流程

试验型喷雾干燥机主要由雾化系统、风机、空压机、干燥室、蠕动泵以及进料瓶、收集瓶等辅助设备组成，见图 5-15。雾化系统是喷雾干燥机的关键部件，该仪器采用二流体喷雾的雾化结构，液体通过喷雾器分散成微小的液滴，提供了很大的蒸发面积，可利于达到快速干燥的目的，喷出的雾滴较均匀。干燥室及收集装置采用透明优质耐高温高硼硅玻璃制造，使得喷雾干燥过程在无污染及稳定的环境下进行。温度控制采用实时调控 PID 恒温控制技术，控温准确。射流器自动疏通

图 5-15 SD-1500 试验型喷雾干燥机

（撞针）且频率可调节，在喷嘴被堵塞时，会自动清除以确保试验的连续性。触摸屏控制，各项参数均在液晶面板上显示，整个喷雾干燥试验进程可视，便于掌控试验进程并能及时发现和调整问题。水分蒸发量为 1500mL/h，正常干燥条件下，每小时可干燥微球试样 500mL 左右。

喷雾干燥法制备过程中所需温度较高（>100℃），明胶在此条件下会快速水解而发生性质的改变，从而影响明胶微球的机械强度。夏红等用明胶-阿拉伯胶复合载体并且优化处方工艺制得了直径为 $5\sim25\mu m$ 的明胶-阿拉伯胶复合微球，发现采用两种材料复合可克服单用明胶的缺陷。

6. 超临界流体法

超临界流体（supercritical fluid，SCF）是某些物质达到一定的临界温度和临界压力以上形成的流体，兼有气体和液体的优点，特殊的物理性质使其成为一种优良的结晶溶剂。使用介质通常是二氧化碳，在接近临界状态时温度、压力的微小变化，就可以改变其密度，从而改变其溶解能力，可用于多成分活性成分中某特定成分的分离、聚合物与单体的分离或残余有机溶剂的去除。Pu 等用该法制备了球形度完好且粒度均匀的聚乳酸微球，具有良好的缓释效果；王长明等以超高分子量聚乙烯作为原料，在超临界二氧化碳中通过热处理成功制备了聚乙烯多孔微球。和传统制备技术比较，超临界流体技术具有安全、无毒、无污染、生产过程温和等特点，适用于蛋白质控缓释微球的制备，所制备活性成分颗粒具有均匀、易控、结晶度高等多种优点。

但超临界流体技术作为一项新兴技术，发展时间较短，其基础理论研究仍处于初级阶段。同时，该技术投资较大，生产成本较高，还不能满足工业化大生产的要求。

五、微球的缓释机制

微球中活性成分的释放机制主要有以下几种。

① 在施药初期，分布在微球表面的活性成分直接扩散到环境中，是导致施药初期突释的主要原因。

② 微球进入环境后，载体材料因吸水会导致溶胀，聚合物的孔径变大，内部的活性成分会通过溶胀后产生的孔道扩散到环境中。

③ 对于可降解的载体材料来说，聚合物的降解后释放是活性物质释放的主要方式，聚合物在环境中通过水解、微生物降解等途径逐渐分解，包裹在聚合物内部的活性成分被缓慢释放出来。

影响微球释放的影响因素有微球粒径、环境因素（土壤微生物、土壤 pH 值、土温、土壤水分等）。一般来说，释放时间与微球粒径呈正比，随着微球粒径增大，释放时间延长（见图 5-16）。其原因为微球的粒径越小，总比表面积增大，活性成分向外渗透的面积也增大，所以释药速度加快。

一般在水中及土壤中进行微球缓释机制的模拟研究，在水中的释放机制研究一

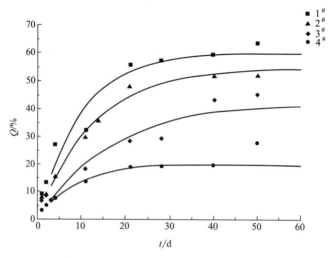

图 5-16 不同粒径甲维盐聚乳酸微球释放曲线
1# D_{50}：9.45μm±0.76μm；2# D_{50}：12.25μm±3.54μm；
3# D_{50}：28.32μm±4.61μm；4# D_{50}：42.69μm±6.87μm

般借鉴医药微球的研究方法，采取透析法；而在土壤中的释放机制研究一般采取包埋法。

1. 透析法

将药物微球放入透析袋，置于相应介质中进行测试。称取一定量微球于半透膜中，半透膜两端扎紧，放入盛有 50mL 自来水的锥形瓶中，铝箔纸包住以避光，室温放置。定时取样，每次取 5mL 介质，再用该介质补足。测定释放出来的有效成分的质量分数。

$$Q = \frac{V_0 c_T + V \sum c}{W} \times 100$$

式中　Q——累积释放百分率，%；

　　　c_T——释放时间点测定的释放介质中的药物浓度，mg/mL；

　　　W——包覆的药物总质量，mg；

　　　V_0——释放介质的总体积，mL；

　　　V——每次取样的体积，mL。

朱新妍对所研制的甲维盐聚乳酸微球的活性成分释放性能及释放动力学进行了研究，结果表明，甲维盐聚乳酸微球在水中活性成分缓释性能良好，60d 累积释放量接近 70%。考察粒径及介质 pH 值对活性成分释放速率的影响结果表明，粒径越大，活性成分释放速率越慢（见图 5-16）；甲维盐聚乳酸微球在不同 pH 释放介质中的释放速率大小为：pH5 缓冲溶液＞pH7 缓冲溶液＞pH9 缓冲溶液（见图 5-17）。由于甲维盐在 pH9 的缓冲溶液中分解率太高，仅对甲维盐聚乳酸微球在 pH5 和 pH7 的介质中的释放曲线进行了拟合，甲维盐聚乳酸微球的活性成分释放符合一级动力学方程。

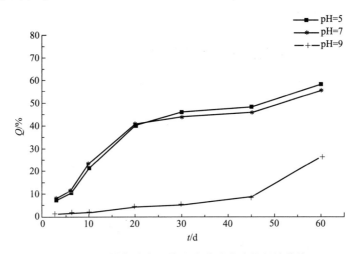

图 5-17　不同介质中甲维盐聚乳酸微球的释放曲线

2. 包埋法

在底部有排水孔的纸杯、铝铂杯或瓷杯中，装入占容器量 2/3 的潮湿细砂或特定土壤（约 500g、土壤水分 12% 左右、pH6～7）。在 3.3～5cm 深度砂土层中埋入用网袋包住的微球试样，用塑料薄膜或滤纸紧盖杯口，放置在 26～28℃ 下，或将杯埋入自然条件下的坑地里，杯上沿露出地面，每天补充丧失的水分（每天加 200mL 水，相当每周两次 1.75h 的降雨）。在到达设计时间后，用镊子将网袋中微球试样取出，除掉覆土，在开口容器内干燥一昼夜，称重后进行试样处理和有效成分质量分数分析，求算不同放置时间释放出的药量和释放速率。

第五节　控释包膜颗粒剂

一、控释包膜颗粒剂的概念

控释包膜颗粒剂是常规颗粒剂的二次加工。即在常规颗粒剂的基础上，利用喷雾相转化流化床包膜技术，在颗粒剂外层包覆一层塑料薄膜，该膜可降解，并具有缓释功能，可达到常规颗粒剂无法实现的缓释功效。目前该技术在缓控释肥料上得到了广泛应用，中国农业大学的胡树文教授已将该技术产业化。农药常规颗粒剂完全可以借助该技术，经过二次加工，实现颗粒剂的缓控释功效，制备控释包膜颗粒剂。

可降解塑料大致可分为光降解塑料、生物降解塑料、化学降解塑料。但由于颗粒剂大多数直接施用于土壤表面或与土拌施于土壤中，所以膜材以生物降解塑料为主。

生物降解塑料指的是既可被土壤、水中的微生物，如细菌、真菌和藻类所释放出的酶降解，又可在自然条件下发生天然降解反应，如水解、氧化反应等的塑料。

生物降解塑料主要分为天然高分子材料、微生物合成高分子材料和人工合成高分子材料三类，其种类详见本章第二节。

二、控释包膜材料在国内外的发展概况

1964年美国ADM公司开发了以热固性树脂为原料的包膜技术，并率先实现了工业化生产。此后德国、日本、加拿大等国陆续开发了各类聚合物树脂材料。目前聚合物包膜材料是发展最快、效果最好的一类控释包膜材料。主要包括以下几类。

（1）醇酸树脂类。1967年美国生产的Osmocote所用包膜材料为醇酸树脂，它是双环戊二烯和甘油酯的共聚物。醇酸树脂可以很好地控制成膜厚度，控释性能较好，可以应用于各类颗粒肥料。

（2）聚氨酯类。这类包膜材料是在肥料表面直接以聚异氰基和多元醇反应生成树脂包膜，从而形成抗磨损的包膜材料。

（3）聚烯烃类。最常用的技术是将热塑性树脂（如聚乙烯）溶于有机溶剂如氯仿中，通过流化床反应器喷涂到肥料表面上；或者将聚烯烃与辅料的熔融液直接喷涂到肥料表面。日本首先开创了热塑性树脂包膜研究。20世纪90年代初，日本研制出聚烯烃包膜肥料技术，在聚烯烃熔融体内加入滑石粉和金属氧化物从而改善聚烯烃的通透性和降解性，达到控制肥料释放速率的目的。还有一些热塑性聚合物包膜技术和产品，如加拿大的一种乳胶包膜尿素产品，选用聚偏二氯乙烯水乳液喷涂在肥料表面，无需回收溶剂；英国的研究技术是将天然橡胶经过改性涂敷在肥料表面。

（4）可生物降解高分子材料。因其环境友好成为当前包膜材料研究的热点。日本学者以淀粉做黏结剂，用稻米壳粉包裹硫酸铵，或在聚烯烃类包膜材料中通过添加光氧化剂——醋酸铁，以提高膜材光降解性。另外，很多微生物可合成各种聚酯，具有较好的降解性，英国ICL公司利用微生物合成聚酯P(3HBCO-3HV)，并已工业化，现年产量已达30t。同时欧洲、美国、日本等国家对甲壳素的开发也十分重视，如日本四国工业技术研究所利用纤维和甲壳素为原料，再添加其他组分制成可降解塑料。

中国的缓控释肥料研究始于20世纪70年代。1971年研制出脲甲醛肥料，又于1973年成功研制出钙镁磷肥包膜的碳酸氢铵，不仅控制了养分的释放，而且抑制了氨的挥发，具有良好的肥效，增产效果显著。20世纪80年代，南京土壤研究所、郑州工业大学开发出磷酸盐包膜尿素，成功制得了一类以复合肥包裹肥料的缓释肥料。进入20世纪90年代，郑州工业大学在包裹型复合肥料的基础上，又开发了缓效多营养包硫尿素，并已投入工业化生产，商品为Luxecote，肥效期90～120d。北京农林科学院徐秋明等人研究了利用废旧塑料薄膜做膜材料制造包膜尿素的工艺。中国农业大学曹一平等人利用流化床技术成功研发了聚合物包膜控释肥料，并已完成了有关技术转让工作。

在可降解包膜材料研制方面中国起步较晚，21世纪后才逐渐出现与可降解材

料和控释肥料膜材相关的研究。目前，在天然有机高分子改性方面，如对壳聚糖、淀粉、聚乙烯醇的研究报道很多。其中，王德汉等研究木质素或磺化木质素。山东省农业科学院土壤肥料研究所以纤维素、氧化淀粉、聚乙烯醇、聚氨酯预聚物、环氧树脂、环氧树脂固化剂、交联剂、乳化剂、引发剂、去离子水按一定配比制得高分子聚合物，用于包裹尿素。华东理工大学陈强等人以多功能甲壳素为材料，用于缓释肥料的研究。华南农业大学廖宗文等人，利用造纸黑液木质素制造功能性肥料，通过对造纸黑液木质素进行磺化、螯合、催化氨氧化及硝酸氧化等化学改性，分别在木质素大分子结构中接入 Zn、Mg 等微量元素制得木质素磺酸锌、木质素磺酸镁等控释肥料。

三、 控释包膜颗粒剂制备工艺

控释包膜颗粒剂制备工艺采取空气悬浮法生产，该法又称为流化床法，由美国威斯康星大学 D.E.Wurster 教授发明，通常称为 Wurster 法。该工艺将所喷的膜材料以溶液或热熔融物形式，喷到悬浮在热气流中（流化态）的固体颗粒或吸附了液体的多孔微粒上，降温固化后，在固体颗粒表面包覆一层聚合物涂层，形成一层具缓释功能的聚合物膜。流化床法是包埋固体芯材的最有效方法，其制备过程是固体颗粒置于多孔板上，通入空气使颗粒分散悬浮在承载气流中，然后将溶解或熔化的膜材通过雾化喷头喷洒在循环流动的颗粒上并沉淀在其表面，经过多次循环形成厚度适中均匀的包膜。常用的包膜材料有多糖、蛋白质、胶类等一些聚合物。最近许多报道用熔融脂肪蜡乳化剂等作为新型膜材的流化床法，主要利用悬浮在空气中的粒子重力的作用，也有报道利用静电力用于流化床法。该工艺可重复使用并易于控制，适合用于较大规模的生产，不适合用于小规模的批量生产。

该工艺可以涂覆各种颗粒剂，甚至可以涂覆不规则颗粒。一般涂覆的颗粒剂粒径较大，适合于常规颗粒剂的涂覆，小于 $100\mu m$ 的颗粒易被排出的空气带走而损失。故该工艺特别适合于制备缓释的颗粒剂。

该工艺最广泛应用的设备为 Wurster 涂层室（见图 5-18），经过设备组合后可用于不同的系统。可以采取不同的流化床装置：侧喷、顶喷和底喷。热气流经分布板将床层上的颗粒吹拂流化起来，中心的气流较大，并置有导流管柱，而容器设计为锥形，颗粒上升到一定高度受气流举力和容器截面积的变化影响而从腔体外缘下落，循环往复；底部的喷雾装置将包衣材料的溶液、乳液、悬浮液或熔融液体雾化喷射到处于流化状态的颗粒表面后，包衣混合液在颗粒表面快速溶剂蒸发和溶质固化成膜，从而在颗粒上包裹上一层涂层。包衣材料的雾滴与颗粒同向运动，喷雾的行程短而料粒干燥的行程长，且料粒的运动遵循严格的轨迹，机会均等，所以容易形成连续均匀的包衣膜，不易粘连，适于喷雾薄膜包衣操作。

包膜的性质决定了缓释颗粒剂释放特性。一般来说，对于易溶的芯材颗粒应选择非水溶液、分散体系或熔融材料来包衣，但由于在流化装置中，成膜过程中水分可快速挥发，所以可以利用喷雾并流化干燥将水溶性颗粒用聚合物的水分散乳液进

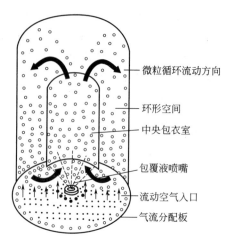

图 5-18 Wurster 涂层室

行包衣,避免了使用有机溶剂的污染及设备防爆要求。为了制备工艺和产品应用性能需要,选择的膜材应满足以下条件:

① 稳定的高分子乳液或溶液,在操作温度下具有优良的成膜特性,使用浓度下黏度不大,其物化性质适于喷雾包衣操作;

② 耐氧化、不与颗粒作用,在干燥成膜后和有水存在的包衣过程中均具有高度的化学稳定性;

③ 优良的耐水、耐温性,膜的阻隔性良好,水、气渗透速率低,能够充分延迟释放;

④ 膜有适宜的机械强度,避免贮运和施工前期的破损和磨蚀,而能在人造裂缝闭合应力作用下破裂,释出活性成分。

中国农业大学以新一代成膜方法开展聚酯包膜材料的肥料包裹研究,2009 年年底成功研制出系列新型高分子膜材料,开发出一整套连续化、自动化生产新型控释肥料的包膜设备(流化床),综合优化了中试包膜工艺,集成了从包膜材料至中试包膜工艺与设备的系统工业技术包。该技术使国内包膜控释肥料首次实现连续化、自动化生产,且包膜工艺环保,膜材可降解,控释肥料的生产研制的主要技术指标达到国际先进水平。所制备的系列新型控释肥料的释放期在 30~180d,降低膜材厚度近 3 倍(由传统肥料膜厚 49μm 降到 16.5μm)。主要技术指标(生产成本、包膜率、降解性及控释性等)处于国际领先水平。

第六节 其他缓释制剂

一、β-环糊精包合物

这是一种在分子水平上形成的微囊,是一个分子对一个分子的包埋。芯材(客体）与"空穴"壁材（主体）主要靠氢键、范德华力、熵驱动的憎水效应等连接起来。目前应用的具有分子水平"空穴"壁材主要为环状糊精，是利用生物酶法合成的一种分子结构呈环状的白色结晶淀粉衍生物，有 α、β、γ 三种，分别由 6 个、7 个、8 个葡萄糖以 α-1,4 键结合而成，其分子外形呈圆台，表面是亲水区，内有一中空的近似圆柱形的疏水区，其空穴尺寸为 5~8nm，能容纳 6~17 个水分子。一些极性较低的芯材可取代空穴中的水，形成稳定的络合物。其中又以 β-环糊精应用最广。

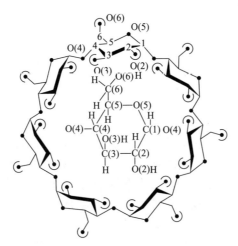

图 5-19　β-环糊精结构

β-环糊精是由 7 个吡喃葡萄糖单元以 α-1,4-糖苷键连接而成的环状化合物（见图 5-19），具有亲水的外围及疏水的内腔，在水溶液中可与多种有机物形成包合物。形成包合物的反应一般只能在水溶液中进行，在 β-环糊精的水溶液中，其环形中心空穴部分被水分子占据，而加入非极性芯材分子时，疏水性的空穴更易与非极性的芯材分子结合，通过置放而形成比较稳定的包合物，并从水中沉淀出来。β-环糊精只能对与其中间空穴大小相近的分子进行包埋，对芯材分子的形状、大小和极性等具有选择性。β-环糊精相对分子质量为 1135，而空穴能容纳的分子大小为 150，理论上的最大包埋率约 11%（质量分数）。对体积过小的分子络合能力低，而比空穴大的分子不能完全被包埋。

制备方法：一般在 70℃下配制 15% 的 β-环糊精水溶液，芯材用极性溶剂溶解，在搅拌中把芯材加入到 β-环糊精水溶液中，逐渐降温冷却，使包结物缓慢从水溶液中沉淀析出，再进行过滤，干燥获得产品；也可以把芯材直接加入到固体 β-环糊精中，加水调成糊状，搅拌均匀后干燥粉碎，获得产品。

胡奕俊等人采用液相法制备了联苯菊酯与 β-环糊精包合比为 1:1 的包合物，由联苯菊酯的苯环端从 β-环糊精的较大端进入空腔形成。此包合物是靠疏水作用和分子间作用力结合形成的超分子结构，没有产生新化学键。侯怀恩等人用 β-环糊精与氯氰菊酯形成 1:1 的水包油型包合物，提高了遇光易分解的氯氰菊酯的化学稳定性，延长了田间持效期，减少了环境污染。三氟氯氰菊酯β-环糊精包结化合物稳定性高，具有一定的水溶性，在水中稳定。水不溶的代森锰锌用β-环糊精包结后，可以提高农药的水溶性、稳定性、乳化性，提高药效并可延长持效期。β-环糊精包结对有机农药具增溶作用，该方法在增加疏水性农药的水溶性和清除环境中的有机污染物等方面有着广阔的应用前景。

β-环糊精包合物中的芯材与外界隔绝，阻止外界环境因素的影响，达到保护芯材的作用，其包合物在干燥情况下很稳定，可以耐受200℃以上的高温，在适宜的温湿度下，芯材可被缓慢释放。β-环糊精为天然产物，具有无毒、可生物降解等优点，但只能对与其空腔大小相近的分子进行包覆，且在水溶液中溶解度低、成本高也限制了这一技术的大规模应用。

二、吸附性缓释剂

将有效成分吸附于无机、有机或天然吸附性载体中，然后涂以控释外膜或将有效成分与高分子载体混合，再浸渍于吸附性载体中，制备的缓释制剂称为吸附性缓释剂。适宜的吸附性载体需吸附性强，但又不与有效成分发生化学反应，且可将有效成分全部释放出来。常用的吸附载体有 Al_2O_3、膨润土、沸石、硅藻土、锯末、离子交换树脂或合成的粒状载体，控释外膜有烯烃类高分子聚合物、蜡和蜡状乳剂等。

制备方法有包膜法和浸渍法。

1. 包膜法

包膜法将有效成分吸附于载体上，再涂抹以聚氯乙烯外膜。如以双硫磷、聚氯乙烯、邻苯二甲酸二甲酯混合，在160℃下处理1h后成型，制备的缓释剂持效期可达2～3周。艾丽娟以天然微囊藻为载体，卡波树脂为包衣剂，制备了25%戊唑醇缓释剂。微囊藻是一种非常好的生物吸附材料，具有吸附小颗粒和金属离子的能力，热稳定性较好，温度低于230℃藻粉不会发生分解，采集后可通过喷雾干燥法获得其藻粉，且干燥后不会改变微囊藻细胞的原始形貌特征。其粒径范围2～5μm，平均粒径3.61μm，主要由碳、氢、氧、氮和硅等元素组成；具有良好的吸水性和失水性，试验数据表明，微囊藻干粉最大吸水量为 $5.1×10^3$ mg/g，最大失水量约为19000mg/g。

2. 浸渍法

将有效成分与高分子聚合物溶合在一起，混入吸附性载体中，可直接制备吸附性缓释制剂。如将20g敌敌畏、18g邻苯二甲酸二乙酯、0.4g甲氧基苯乙烯、1.6g乙烯基苯乙烯混合，浸渍在360g Al_2O_3 片上即可制备敌敌畏缓释剂。

赵美芝等利用阳离子表面活性剂对高岭土、膨润土和凹凸棒土进行有机改性制得有机黏土，可以作为吸附载体，制备持效期长、化学稳定性好的缓释剂，其中表面活性剂是疏水性的有机化合物，在颗粒表面会形成一层疏水膜，显著增加缓释效果。Hermosin等人将除草剂2,4-D吸附于有机改性黏土中，制备吸附型农药缓释剂，可延长除草剂的持效期，还减少了在使用过程中 2,4-D 的飘移，降低了除草剂的飘移药害。丙烯酸酯系高吸油性树脂，对油溶性农药具 14 倍的吸油率，可以制备在水介质中有缓释功效的颗粒制剂。Gary 等将 CO_2 在溶液中乳化以提高树脂微球对药物的负载量，这种方法对缓释剂制作具有广泛的应用前景。

吸附性缓释剂制备工艺简单、时间短、成本低，其农药释放过程是通过吸附、解析、扩散来实现的，但载药量通常不大，且易受周围环境影响而改变吸附平衡，使其达不到真正的控制释放，有时须采取加膜等措施加以弥补和改善。如将纤维素片浸上敌敌畏、邻苯二甲酸二甲酯及硅油的混合物，然后用塑料封闭 98％的外表面，即得敌敌畏的缓释剂，其持效期可达数月。

三、均一体

在适宜温度条件下，将原药均匀地分散于或溶解于高分子聚合物或弹性基质（橡胶）等其他基质中，形成固溶体、凝胶体或分散体，然后按照使用需要加工成型，制成高分子化合物与农药的复合物。作为缓释剂的均一体具有使用方便、一剂多用、药效持久等优点，但均一体在制作过程中，受农药稳定性以及农药溶解度和成型材料相容性等问题的影响，因而，对均一体缓释剂的制备工艺技术提出了更高的要求。此类剂型使用简单，持效期长，用途广泛，但也存在着有效成分含量不高、体积大的缺点。此外，成型过程中有的需要高温，会造成活性成分损失。

均一体与微球的区别在于均一体的制造方法大多采用热处理，即用农药与高分子化合物或橡胶等基质热熔、成型的方法，几乎对所有的高分子化合物均可适用。根据原药和聚合物的种类和性质，在混熔和成型中选用不同的工艺条件和方法。均一体可以加工成不同形状的缓释剂，如块、粒、粉、板、膜等，且载体既可以是生物可降解的也可以是生物不易降解的塑料。

① 当农药与塑料或增塑剂能互溶，塑料熔点低时，塑料熔化后可直接加入原药混熔、成型，而后冷却固化。如涕灭威与脲醛树脂、添加剂混合，加入少量 H_3PO_4，搅拌直至固化。

② 当农药与塑料或增塑剂能互溶，塑料熔点高时，农药、塑料和增塑剂先混合，短时热熔混匀，而后成型、冷却和固化。如涕灭威与聚氯乙烯先混合，分批次在 260℃下受热 1min 后热熔成型、冷却和固化。

③ 当农药与塑料、增塑剂不互溶时，可使塑料溶于某些溶剂和助溶剂（如丙酮、甲醇等），再与农药混合，成型后蒸去溶剂而固化。该法与制备微球的溶剂挥发法类似。

在制备过程中，应考虑塑料软化温度与农药的稳定性、农药溶解度与塑料的相容性问题。加热温度应尽可能低，时间尽可能短；可用混合物或加入助溶剂来降低熔点；用小批量多次处理使受热时间缩短；在某些情况下亦可采用低温加热和溶剂助溶相结合的办法加以解决。

制备这一类均一体的聚合物有聚乙烯、羧化聚丙烯酸酯、聚酰胺、聚氯乙烯、聚脲烷、乙基纤维素、醋酸纤维（CA）、聚己内酯（PCL）、聚乙交酯（PGA）、聚乳酸（PLA）、聚乳酸-羟基乙酸共聚物（PLGA）、脲醛、聚酯等。

缓释时间随配方的改变而不同，可通过改变有效成分载药量，进而控制这种农药缓释剂的释放时间，充分发挥其作用的效能。

参考文献

[1] 艾丽娟，任天瑞，王全喜等．微囊藻载戊唑醇制备缓释剂及其释放行为．过程工程学报，2012，12（1）：112-118.

[2] 曹健．空气悬浮法微胶囊化技术制备延迟破胶剂的研究．第七届全国精细化学品化学学术会议论文集．2004；45-49.

[3] 丁红，邢桂琴，谢茵．阿霉素明胶微球的制备与特性研究．中国医院药学杂志，2000，20（7）：3-5.

[4] 董大为．啶虫脒/三聚氰胺甲醛树脂微胶囊的制备及性能研究［D］．北京：北京化工大学，2012.

[5] 符旭东，高永良．缓释微球的释放度试验及体内外相关性研究进展．中国新药杂志，2003，12（8）：608-11.

[6] 傅桂华．农药微胶囊剂的制备及其释放机制的研究［D］．天津：南开大学，2002.

[7] 付丽英．农药缓释基材的合成及释放速度的测定研究［D］．哈尔滨：黑龙江大学，2008.

[8] 付仁春，周菁，袁青梅等．制备脲醛树脂阿维菌素微胶囊的研究．云南化工，2003，30（4）：14-16.

[9] 黄佳英．阿霉素磁性明胶微球的制备、表征及体外释放性能的研究．南昌：南昌大学，2008.

[10] 郭瑞峰，黄彬彬，杨晓伟等．毒死蜱-聚乳酸微球的制备及其性能评价．农药学学报，2011，13（4）：409-414.

[11] 郭武棣．液体制剂．第3版．北京：化学工业出版社．2003.

[12] 韩敏，苏秀霞，李仲谨．载药微球制剂的研究进展．应用化工，2007，36（5）：493-495.

[13] 何秋星，王学文．磁性壳聚糖微球制备及生物相容性的研究．中国新药杂志，2013，12（2）：221-225，243.

[14] 胡林，夏坚，詹素兰等．鱼藤酮的环糊精包合物对松材线虫的杀虫作用．华东交通大学学报，2006，23（1）：164-168.

[15] 胡树文．新型高分子包膜控释肥料研发．第四届国际缓控释肥产业发展高层论坛．2011；150-156

[16] 黄彬彬，黄榕，蔡晓娟等．多杀菌素微球制备关键工艺研究 I．农药学学报，2011，13（3）：314-318.

[17] 江定心，徐汉虹，杨晓云．植物源农药印楝素微胶囊化工艺及防虫效果．农业工程学报，2008，24（2）：205-208.

[18] 孔令娥．三种不同农药的微囊化及其微囊悬浮体系控释性能研究［D］．北京：中国农业科学院，2012.

[19] 李富新，唐霭淑．海藻胶做囊材料制备马拉硫磷微胶囊剂的工艺研究．农药，1990，29（2）：8-10.

[20] 李峻峰，张利，李钧甫等．香草醛交联壳聚糖载药微球的性能及其成球机制分析．高等学校化学学报，2008，29（9）：1874-1879.

[21] 李培仙，陈敏，谢吉民等．原位聚合法制备草甘膦微胶囊．浙江林学院学报，2008，25（3）：16-19.

[22] 李伟．甲维盐微胶囊的制备工艺研究及其性能表征［D］．泰安：山东农业大学，2011.

[23] 李岩，孙殿甲，毕殿洲．聚乳酸、聚乳酸-乙醇酸共聚物微球的制备及体外释放影响因素研究进展．中国现代应用药学，2002，19（4）：281-284.

[24] 梁丽芸，郭俊，谭必恩．5-氟尿嘧啶明胶微球的制备、表征及释药性能．广东化工，2009，36（5）：117-119，45.

[25] 刘国根．乳液法制备不同形态壳聚糖微球的研究［D］．北京：北京化工大学，2007.

[26] 刘璐，申去非，李蓉等．布洛芬明胶微球的制备工艺．武警医学院学报，2008，17（4）：278-280.

[27] 刘星，汪树军，刘红研．原位聚合制备三聚氰胺脲醛树脂石蜡微胶囊及性能．化工学报．2006，57

(12): 2991-2996.
[28] 刘星辰, 杨帆. 阿奇霉素明胶微球制备工艺研究. 广东药学院学报, 2008, 24 (1): 41-43.
[29] 陆继锋, 金劲松. 复凝聚法制备农药微胶囊的研究. 安徽农业科学, 1999, 27 (3): 201-203.
[30] 陆扬. 明胶微球的研究进展. 明胶科学与技术, 2006, 26 (2): 57-68.
[31] 陆扬. 明胶微球的研究进展 (二). 明胶科学与技术, 2006, 26 (3): 113-127.
[32] 马丽杰, 赵静. 壳聚糖/木质素磺酸钠复凝聚法制备生物农药微胶囊. 北京化工大学学报 (自然科学版), 2006, 33 (6): 51-56.
[33] 聂芊, 陈平, 吴春. 药物与聚乳酸包埋物缓释性能的研究. 化学世界, 2004, 45 (1): 20-21, 16.
[34] 尚青, 李国庭, 范婷婷. 阿维菌素缓释微球的研制. 河北师范大学学报 (自然科学版), 2007, 31 (2): 208-211, 17.
[35] 舒丹丹, 张淑娟, 金丽娜等. 乳化溶剂挥发法及在微囊化制剂中的应用. 北方药学, 2012, 9 (4): 22-23.
[36] 唐辉, 陈文, 姚新成等. 缓释阿维菌素明胶微球的研制及其体外释放特性. 中国新药杂志, 2002, 11 (6): 462-464.
[37] 王忠合, 朱俊晨, 陈惠音等. 微胶囊技术的新进展. 现代食品科技, 2005, 21 (3): 165-168.
[38] 吴海燕, 谢瑞娟. 缓释制剂的研究进展. 国外丝绸, 2006, 3: 20-22.
[39] 夏晓静, 周建平, 王翔等. 伊维菌素聚乳酸微球的制备. 中国药科大学学报, 2004, 35 (5): 43-46.
[40] 谢彩锋, 杨连生, 高群玉. 纳米淀粉微球的制备及其在生物医药中的应用. 现代化工, 2004, 24 (9): 62-65.
[41] 谢平. 农药缓释、控释制剂的研究进展. 世界农药, 2010, 32 (5): 46-47.
[42] 许良葵. 聚乳酸微球的研究进展. 亚太传统医药, 2010, 6 (5): 147-148.
[43] 严锐, 赵华, 胡永琪. 农药控释技术研究进展. 农药, 2006, 45 (7): 437-439, 44.
[44] 杨帆, 谭载友, 林茵等. 红霉素聚乳酸微球制备工艺的研究. 中国现代应用药学, 2002, 19 (4): 290-292.
[45] 杨蕾, 叶非. 农药缓释剂的研究进展. 农药科学与管理, 2009, 30 (10): 36-39.
[46] 杨恺, 郑保忠. 壳核型缓释阿维菌素高分子微球研究. 化工进展, 2005, 24 (1): 65-75.
[47] 杨希琴, 陈东, 荀哲等. 可溶性淀粉交联微球的制备及性质考察. 中国药剂学杂志 (网络版), 2009, (3): 161-170.
[48] 杨毅, 王亭杰, 裴广玲等. 一步法制备脲醛树脂微胶囊过程的研究. 高校化学工程学报, 2005, 19 (3): 338-343.
[49] 袁青梅, 杨红卫, 张发广等. 原位聚合法制备鱼藤酮微胶囊. 应用化学, 2006, 23 (4): 62-64.
[50] 袁青梅, 杨红卫, 张发广. 生物农药微胶囊制备研究. 云南大学学报 (自然科学版), 2005, 27 (1): 57-59.
[51] 詹国平, 韩彦江, 谢恩伟. 阿霉素明胶微球的制备及体外释药特性. 中国医学工程, 2005, 13 (5): 43-45, 8.
[52] 张海龙, 高玲美, 邵洪伟. 聚乳酸载药微球的制备及应用研究进展. 西北药学杂志, 2010, 25 (2): 158-160.
[53] 张广文主编. 现代农药剂型加工技术. 北京: 化学工业出版社, 2012.
[54] 张永春, 李艳, 马毅. 淀粉微球的制备及应用进展. 山东轻工业学院学报 (自然科学版), 2010, 24 (4): 55-57.
[55] 张远, 陶树明, 邱小云等. 生物降解塑料及其性能评价方法研究进展. 化工进展, 2010, 29 (9): 1666-1674.
[56] 张瑶. 缓释微球制剂的研究进展. 医药导报, 2004, 23 (11): 843-844.
[57] 赵德, 韩志任, 杜有辰等. 毒死蜱微胶囊化及释放性能表征. 中国农业科学, 2007, 40 (12):

2753-2758.

[58] 赵书言. 改性壳聚糖农药缓释载体的研究 [D]. 哈尔滨：哈尔滨理工大学，2011.

[59] 周菁，李晓飞，陈韬等. 农药微胶囊剂及其控制释放机制. 玉溪师范学院学报，2003，19（6）：28-30.

[60] 朱露，夏红英. 哒螨酮微胶囊剂的制备研究. 江西化工，2003（3）：82-84.

[61] 朱新妍. 甲维盐聚乳酸微球的研制及其缓释性能研究 [D]. 北京：中国农业科学院，2014.

[62] 祝志峰，卓仁禧. 淀粉囊化农药控释缓释技术. 高分子通报，2003，2：8-14.

[63] Ajun W, Yan S, Li G, et al. Preparation of aspirin and probucol in combination loaded chitosan nanoparticles and in vitro release study. Carbohydrate Polymers, 2009, 75 (4): 566-574.

[64] Al-maaieh A, Flanagan D R. Salt and cosolvent effects on ionic drug loading into microspheres using an O/W method. J of Controlled Release, 2001, 70 (1-2): 169-181.

[65] Asrar J, Ding Y, La Monica R E, et al. Controlled Release of Tebuconazole from a Polymer Matrix Microparticle: Release Kinetics and Length of Efficacy. J of Agri Food Chem, 2004, 52 (15): 4814-4820.

[66] Bagle A V, Jadhav R S, Gite V V, et al. Controlled Release Study of Phenol Formaldehyde Microcapsules Containing Neem Oil as an Insecticide. Int J Poly Mater Poly Biomater, 2013, 62 (8): 421-425.

[67] Baker R W. Durable controlled release microcapsules. EP141584A2, 1985.

[68] Boh B, Ir I K, Knez E, et al. Effect of microencapsulation on the efficacy of deer and rabbit repellent Daphne. Int J Pest Manag. 1999, 45: 297-303.

[69] Darvari R, Hasirci V. Pesticide and model drug release from carboxymethyl cellulose microspheres. J of Microencapsulation, 1996, 13 (1): 9-24.

[70] Dexter R W, Benoff b E. pH-sensitive pesticide microcapsules. EP823993A2, 1998.

[71] Fournier C, Hamon M, Hamon M, et al. Preparation and preclinical evaluation of bioresorbable hydroxyethylstarch microspheres for transient arterial embolization. International Journal of Pharmaceutics, 1994, 106 (1): 41-49.

[72] Fundueanu G, Constantin M, Dalpiaz A, et al. Preparation and characterization of starch/cyclodextrin bioadhesive microspheres as platform for nasal administration of Gabexate Mesylate (Foy®) in allergic rhinitis treatment. Biomaterials, 2004, 25 (1): 159-170.

[73] Fuyama H, Shinjo G, Tsuji K. Microencapsulated Fenitrothion Formulation and Characteristics. J Pesticide Sci, 1984, 9: 511-516.

[74] Gaihre B, Khil M S, Lee D R, et al. Gelatin-coated magnetic iron oxide nanoparticles as carrier system: Drug loading and in vitro drug release study. Inter J of Pharma, 2009, 365 (1-2): 180-189.

[75] Han K, Lee K-D, Gao Z-G, et al. Preparation and evaluation of poly (l-lactic acid) microspheres containing rhEGF for chronic gastric ulcer healing. J of Controlled Release, 2001, 75 (3): 259-269.

[76] Huang H, Chen X D, Yuan W. Microencapsulation Based on Emulsification for Producing Pharmaceutical Products: A Literature Review. Dev Chem Eng Mineral Process, 2006, 14: 515-544.

[77] Ian M Shirley H B S R, Marius Rodson J C A W. Delivery of biological performance via micro-encapsulation formulation chemistry. Pest Manag Sci, 2001, 57: 129-132.

[78] Johansen P, Merkle H P, Gander B. Technological considerations related to the up-scaling of protein microencapsulation by spray-drying. Euro J of Pharma and Biopharma, 2000, 50 (3): 413-7.

[79] Jose I P, Esmeralda M, Celia M, Juan M G. Ethyl cellulose polymer microspheres for controlled release of norfluazon. Pest Management Science, 2001, 57 (8): 688-694.

[80] Murakami H, kobayashi M, takeuchi H, et al. Further application of a modified spontaneous emulsification solvent diffusion method to various types of PLGA and PLA polymers for preparation of nanoparticles. Powder Tech, 2000, 107 (1-2): 137-43.

[81] Palanikkumaran M, Gupta K K, Agrawal A K, et al. Highly Stable Hexamethylolmelamine Microcap-

sules Containing *n*-Octadecane Prepared by *In Situ* Encapsulation. J Appl Poly Sci. 2009, 114: 2997-3002.

[82] Sengupta A, Nielsen K E, Barinshteyn G, et al. Adherent microcapsules containing biologically active ingredients. WO9844912A1, 1998.

[83] Sinha V R, Singla A K, Wadhawan S, et al. Chitosan microspheres as a potential carrier for drugs. Inter J of Pharmaceutics, 2004, 274 (1-2): 1-33.

[84] Tabata Y, Ikada Y. Synthesis of Gelatin Microspheres Containing Interferon. Pharm Res, 1989, 6 (5): 422-427.

[85] Takayuki T, Masahiro Y, Yasuo H, et al. Preparation of polylactide/poly (ε- caprolactone) microspheres enclosing acetamiprid and evaluation of release behavior. Polymer Bulletin, 2008, 61 (3): 391-397.

[86] Thies C. Sustained-release pesticide microcapsules. WO2000048465A1, 2000.

[87] Tsuda N, Ohtsubo T, Fuji M. Study on the breaking behavior of self-bursting microcapsules. Adv Powder Technol, 2012, 23: 845-849.

[88] Tsuji K. Microencapsulation of pesticides and their improved handling safety. J Microencapsul. 2001, 18 (2): 137-147.

[89] Van K J E, Scher H B, Lee k-S, et al. Acid-triggered release pesticide microcapsules. WO2000005952A1, 2000.

[90] Van K J E, Scher H B, Lee k-S, et al. Base-triggered insecticide release microcapsules. WO2000005951A1, 2000.

[91] Wang F J, Wang C H. Sustained release of etanidazole from spray dried microspheres prepared by non-halogenated solvents. J of Control Release, 2002, 81 (3): 263-280.

[92] Wang X, Zhao J. Encapsulation of the Herbicide Picloram by Using Polyelectrolyte Biopolymers as Layer-by-Layer Materials. J Agri Food Chem, 2013, 61: 3789-3796.

[93] Wu L, Liu M. Preparation and properties of chitosan-coated NPK compound fertilizer with controlled-release and water-retention. Carbohydrate Polymers, 2008, 72 (2): 240-247.

[94] Xiao K, Hao Z, Wang L. Preparation of chlorpyrifos microcapsules by interfacial polymerization. J Chem Pharm Res, 2013, 5 (5): 319-323.

[95] Zhu L, Wang Z, Zhang S. Fast microencapsulation of chlorpyrifos and bioassay. J Pestic Sci, 2010, 35 (3): 339-343.

第六章 省力化农药剂型

第一节 概述

一、农药制剂和农药使用方法的展望

农药常规剂型如乳油、可湿性粉剂、悬浮剂、水乳剂等在使用中多是采用常规喷雾法,每亩施药液量在 50L 左右,在 20 亩地进行喷雾作业就需要 1t 水来稀释农药。这种常规喷雾方法费工费时、劳动强度大,已不能适应我国农村经济发展所带来的农村劳动力市场短缺的现实问题,迫切需要研究开发省力化农药剂型。

近年来,随着我国城镇化、工业化的发展,工业吸纳了大量从农村涌出的富余劳力。随着农村劳动力的大量转移外出,中国经济的刘易斯拐点已确认出现,农村劳动力由无限供给走向短缺。其结果导致工业劳动力的价格结束了 1978 年改革开放以来低位徘徊的局面,开始步入一个快速增长的通道。工业劳动力价格的快速增长进一步加速了农村劳动力的转移,开始导致农村劳动力的短缺。这一变化对农业生产已经带来、并将进一步带来深刻的影响——农业作业劳动开始外包给专业化服务组织,许多原本不计入农业成本的农业劳动开始计做成本,并在农业生产成本中占据越来越大的比重。我国农村劳动力出现了老龄化问题,并且妇女占农村劳动力的比例越来越大。以某县 2010 年年底的调查为例:在家务农男性 15210 人、占 39.6%,女性 23145 人、占 60.3%;在家务农劳动力年龄 29 岁以下 3361 人、占 0.8%,30~40 岁 14300 人、占 37%,40 岁以上 20694 人、占 53.9%。这种妇女和老年劳动力为主的农村生产模式,非常渴望能减轻田间植保作业的劳动强度。

日本情况与我国类似,50% 以上农村劳动力在 65 岁以上。日本农药工业为了适应本国农村劳动力短缺的问题,在农药剂型研究开发过程中更加注重安全性、工作效率和省力化,日本农药制剂发展趋势见表 6-1,"省力化"成为农药研发的热点,颗粒剂、大粒剂、水溶性包装袋剂、泡腾片剂等采用抛施或撒施(throw-in formulation）的省力化农药剂型改变了操作人员背负沉重的植保机械下田施药的作业模式，不仅使田间施药作业变得轻松起来，还显著克服了雾滴飘移造成的环境污染风险，很快受到了农户的欢迎，2000年的统计数据显示，这些省力化农药剂型的使用面积达到8.3万公顷，占到日本水稻田面积的30%。图6-1为水稻田田埂施用省力化农药剂型。

图 6-1　水稻田田埂施用省力化农药剂型

表 6-1　农药剂型发展趋势与解决方法和相应制剂研发（仿辻孝三）

发展趋势	解决方法	农药新剂型与使用技术
高工效；环境友好；省力化	水基化	悬浮剂、微乳剂
	颗粒化	水分散粒剂
	微粒子去除	DL粉剂
	高浓度化	1kg粒剂
	控制释放	微囊剂、微球剂
	对靶施药	育苗箱处理剂、种子处理剂、移栽定植用药、低容量制剂
	防止粉尘	泡腾片剂、水溶性包装袋剂、水分散粒剂
	田埂散布	泡腾片剂、水溶性包装袋剂、大粒剂、撒滴剂
	水口施用	高浓度悬浮剂
	育苗箱处理	长效型箱施颗粒剂
	种子处理	种子处理剂
	农药肥料同时处理	药肥合一
	航空散布	飞机喷雾、无人机喷雾

二、省力化剂型的概念

省力化（laborsaving）是农药使用技术的研究目标，即操作人员通过各种手段措施来节约农药施用作业的工时和劳力，即如何做到用最节约劳动力、最省力的方式把农药有效成分快速准确地施用到农作物目标区域中去。省力化既可以通过改善施药机具的途径，也可以通过研制省力化农药剂型（laborsaving formulation）的途径，或者把施药机具和农药剂型结合起来。

在农药使用过程中，农民能够买到的所谓"农药"，其实全部都是农药的某种剂型及其制剂，并非农药原药。任何农药原药都不可能直接施用。所谓农药的剂型和制剂，是农药原药经过特别加工处理以后所形成的具有特定外观形状的、可以进入市场销售、可以被农民使用的商品化产品，这种产品的外观形状、理化性质和作用方式以及它们的毒理学作用，与农药原药相比均已发生了很大变化。省力化农药剂型是针对农药产品施用过程中所花费工时和劳力投入而言的，是与农药田间使用技术密切相关的。例如我国在20世纪50年代曾研究开发了硫黄烟剂用于小麦田锈病防治，工作效率显著高于常规喷雾法，这种烟剂就可以称之为省力化剂型；再比如我国20世纪60年代曾研究开发推广了"甲六粉"和"乙六粉"，它们的原药是甲基对硫磷和乙基对硫磷与六六六的混合制剂，为粉状物，而当时乙基对硫磷和甲基对硫磷原来是加工成乳油制剂使用的，由于它们的油状制剂对人体皮肤的渗透性很强，极易引起中毒事故，在推广使用过程中屡屡发生严重的操作中毒事故，中国农业科学院植物保护研究所王君奎率领的研究组研究开发成功"甲六粉"和"乙六粉"，不仅因有机磷农药原药被矿物性固体粉粒吸收而大大减轻了药剂直接与人体皮肤接触渗透的风险，还因为把喷雾法改为喷粉法以后，大大提高了施药的工效效率，把本来需要2~3h喷雾时间，缩小到每亩仅需10min左右的喷粉时间，这种"甲六粉"、"乙六粉"也就是我国研制成功的一种省力化农药制剂，对我国20世纪60年代农业害虫防治发挥了重大作用。进入20世纪80年代后，随着六六六的禁用和大田喷粉环境污染的质疑，大田喷粉这种省力化农药制剂逐渐完成了历史使命，20世纪80年代末，针对我国温室大棚快速发展的需要，中国农业科学院植物保护研究所率先研究了保护地专用烟剂、粉尘剂等省力化农药剂型，替代了温室大棚常规大容量喷雾技术，省时、省工，被菜农称之为"懒人技术"。

日本与我国在农业生产方面有不少相似之处，人均耕地少、地块小。在一项数据分析报告中表明，1949年以前，日本尚未使用除草剂时，徒手拔除1亩水稻田的杂草需要劳作33.7h，实际情况是，一个农民通常需要4~5d才能拔除一亩水田的杂草，劳动强度可想而知。随着除草剂的研究开发应用，防除一亩水稻田杂草所需要的工时越来越短，20世纪70年代，随着土壤封闭除草剂的使用，通过几次除草剂喷雾处理就可以防除水稻田杂草，而防除一亩水稻田杂草的时间缩短为6.5h；进入20世纪80年代后，随着高效除草剂问世，除草剂喷雾由多次减少为一次即可防除水稻田杂草，此时防除一亩水稻田杂草的时间只需要1.4h或者更少的时间（这还包括喷雾机具校准和药液配制过程）。进入90年代，随着省力化剂型的研究开发，防治一亩水稻田杂草的时间只需要短短的几分钟。

三、省力化剂型的特点

农药制剂的研究开发直接为农药使用服务，农药使用过程就是把农药制剂分散开来"传递"到防治靶标区域的一个过程，因此，农药制剂在使用过程中就存在一个"二次分散"过程，即农药细小颗粒在分散介质中的均匀分散。省力化农药剂型在分散方面就存在着快速、均匀、省力的特点：

① 分散迅速，药剂能够很好地在分散介质中进行"二次分散"；
② 使用便捷，无须负重作业，甚至可以徒手操作；
③ 省时高效，几分钟之内就可以处理一亩地；
④ 药剂投放量小，贮运方便；
⑤ 高效低毒，防治效果好；
⑥ 持效期长，显著降低施药次数；
⑦ 飘移风险小，对环境安全。

四、省力化剂型在国内外的发展概况

减轻劳动强度一直是农药剂型研究开发过程中考虑的因素，20世纪30年代开发的粉剂、颗粒剂，随后研发的烟雾剂、种衣剂等都可看做省力化剂型。按照国际作物生命协会2008年5月修订的第六版《农药剂型分类和国际代码》可以把省力化剂型进行归纳，见表6-2。

表 6-2 省力化农药剂型归纳

剂型名称	剂型代码	释 义
气雾剂	AE	罐装制剂，按动阀门通常在抛射剂作用下喷出的微小液珠或雾滴
触杀粉	CP	直接使用的粉状杀鼠剂或杀虫剂，以前称为追踪粉剂(TP)
粉剂	DP	适用于喷粉或撒布的可自由流动的粉状制剂
直接使用片剂	DT	不用制成喷雾液或分散液，可单独直接施用于田间和/或水域的片状制剂
烟剂	FU	通过点燃发烟而释放有效成分的固体制剂
气体制剂	GA	以化学反应产生气体的制剂
颗粒剂	GR	可直接使用，具有一定粒径范围可自由流动的固体制剂
热雾剂	HN	直接或稀释后通过热烟雾机施用使用的液体制剂
冷雾剂	KN	直接或稀释后通过常温烟雾机施用的液体制剂
展膜油剂	SO	用在水中形成表面油膜的制剂
超低容量(ULV)悬浮剂	SU	可直接在超低容量喷雾设备上使用的悬浮液制剂
超低容量(ULV)液剂	UL	可直接在超低容量喷雾设备上使用的均相液体制剂
熏蒸剂	VP	含有一种或多种挥发性有效成分的制剂，以蒸气的形式释放到空气中。挥发速度通常选择适宜的助剂和/或施药器械加以控制
片剂	TB	预先制好的具有统一形状和大小的固体制剂，通常为圆形，具有两个平面或凸面，两者之间的距离小于直径
种子处理可分散粒剂	WS	用水分散成高浓度浆状物的种子处理粉状制剂

当然，农药省力化剂型是快速发展的，目前，研究者针对我国水田病虫草害的防治技术问题研制开发了很多省力化制剂。因粉剂、烟雾剂、超低容量制剂、种衣剂等都有专门书籍和章节介绍，本章就不再赘述，只介绍近年研发的水稻田有关的省力化剂型。

第二节 展膜油剂

为提高施药效率、减轻劳动强度,根据水稻田水层的独特环境特点,研究者把憎水性农药原药溶解在有机溶剂内制成独特的"油剂"(展膜油剂),使用时只需"点状施药",药剂滴在水面后即自行扩散,呈波浪状迅速扩散(图6-2),日本把此种农药剂型命名为"冲浪剂"(surfing),我国命名为"展膜油剂"或者"水面扩散剂"。我国应用比较多的是8%噻嗪酮油剂,日本在我国登记了4%醚菊酯油剂,均作为水稻田水面展膜施用,试验结果显示,8%噻嗪酮油剂对稻飞虱的防治效果高(8~20d内达85%~98%),对水田常见的小生物低毒,对人畜安全,环境友好,与常规手动喷雾相比,施药效率提高了15~30倍。

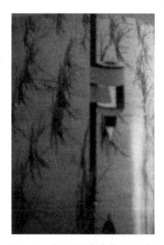

图6-2 水面展膜施药(日本)

为避免在展膜油剂中使用二甲苯、二甲基甲酰胺等毒性高的有机溶剂,冯超等选用生物有机溶剂,通过对溶剂及表面活性剂的筛选和配比,确定了5%醚菊酯展膜油剂的最优配方:醚菊酯5.0%;溶剂月桂酸甲酯50.0%;表面活性剂OP-4、OP-10和2201以质量比4:4:3复配,总质量分数为5.5%;十二碳醇酯4.5%;豆油35.0%(质量分数)。用上述配方制备的5.0%醚菊酯展膜油剂外观透明,滴施在水面时油/水界面张力为0.11mN/m,滴施后药剂在水面的铺展速度为9.3cm/s,能够迅速在水面扩展开,达到"一点施药,整片收效"的效果。该药剂在使用时无需喷雾,将药剂瓶置于水田上方,药剂即从滴出孔自行滴下,迅速铺展于水田表面,田间施药7d对稻飞虱的校正防效达到78.5%(图6-3)。

一、展膜油剂的配方筛选

1. 溶剂体系筛选

溶剂在展膜油剂中起到至关重要的作用,为原药提供溶解体系,使固体原药溶

图 6-3 水面展膜施药（冯超，2010）

解，成为展膜油剂的一组分；与载体互溶，是制剂的重要组成部分，承载助剂；协助调节助剂达到一定的黏度，有利于浸润，便于制剂在水面铺展；增加制剂的贮存稳定性；降低成本，提高效益。

因此选择合适的溶剂非常重要，要综合考虑多方面的因素，如溶解能力、挥发速度、安全性、经济性、来源性和贮存稳定性等。一种好的溶剂必须要有良好的溶解性能，大部分有机溶剂都有一定的毒性，危害人体健康，污染生态环境。冯超在研究5%醚菊酯展膜油剂时，研究比较了7种不同的生物溶剂中的溶解度。方法见下：取 7 只 10mL 小烧杯，分别加入 0.2g±0.02g 醚菊酯原药，用移液枪取 0.2mL 溶剂于烧杯中，用电磁搅拌器搅拌，必要时可微热以加速溶解。如果不能全部溶解，再加入 0.2mL 溶剂，再次微热溶解；如果还不能完全溶解，再加 0.2mL，反复上述操作，直到加至 5mL 溶剂还不能完全溶解时，则弃去。如果原药在某一溶剂中完全溶解，则将其放入 0℃ 冰箱，4h 后观察有无沉淀（结晶）或分层。如没有沉淀或分层，仍能全部溶解，则可加入少量原药再观察；如有沉淀或分层，再加 0.2mL 继续试验。记录溶解结果，计算溶解度。加入 5% 和 10% 助溶剂测溶解度，比较溶解度的变化情况。

比较醚菊酯在不同溶剂中的溶解情况，以及在添加 5%、10% 助溶剂后溶解度的变化情况，确定溶剂。室温 18.5℃ 下测定溶解度，结果见表 6-3。

表 6-3 展膜油剂的溶剂筛选

溶剂	溶解度/(g/L)	加入5%助溶剂/(g/L)	增溶/%	加入10%助溶剂/(g/L)	增溶/%
农溶复合酯	39.5	43.0	8.9	143.2	262.6
豆油酸甲酯	40.0	52.0	30.0	155.8	289.6
棕榈油脂肪酸甲酯	192.0	199.0	3.7	234.2	22.0
生物柴油	182.6	188.8	3.4	234.5	28.4
动物油酸甲酯	172.6	184.7	7.1	200.0	15.9
月桂酸甲酯	267.8	299.2	11.8	294.7	10.1
椰油脂肪酸甲酯	325.3	359.0	10.4	375.6	15.5

结果表明,月桂酸甲酯和椰油脂肪酸甲酯的溶解度远远大于其他溶剂,分别为267.8g/L和325.3g/L,达到了试验所需溶解度。而这两种溶剂在分别添加5%和10%助溶剂后,增效并不是很大,分别为11.8%、10.1%和10.4%、15.5%,均在20.0%以下。采用月桂酸甲酯和椰油脂肪酸甲酯为溶剂的样品放入0℃冰箱4h后,无沉淀(结晶)或分层现象。表明这两种溶剂适合做醚菊酯的溶剂,而月桂酸甲酯较椰油脂肪酸甲酯易得。综合考虑,选取月桂酸甲酯做溶剂。

2. 表面活性剂的筛选

展膜油剂的铺展功能是通过表面活性剂的添加实现的,因此,表面活性剂的筛选非常重要,通过添加合适的表面活性剂对界面进行操作,可调节和改变界面的物理化学性质,降低表(界)面张力,改变表(界)面的化学性质。

(1) 表面活性剂初步筛选 参照 GB 1603—2001《农药乳液稳定性测定方法》的要求,对供试表面活性剂单体进行筛选。按照介绍的方法,取 0.50g 醚菊酯原药,加入溶剂充分溶解,再称取 0.4g 各类表面活性剂分别加入到溶液中搅拌均匀。用移液管吸取适量乳剂试样,用标准硬水配制 100mL 乳状液,并移至清洁、干燥的 100mL 量筒中,并将量筒置于 30℃±2℃恒温水浴内,静置 1h,观察乳状液分离情况,如在量筒中无浮油(膏)、沉油和沉淀析出,则判定乳液稳定性合格。在 25℃±1℃的条件下,观察溶解情况及在水面铺展性。取 1mL 配好的药剂用胶头滴管滴入水中,观察在水面的铺展情况。每种处理重复 3 次,铺展性能参照下述标准(表 6-4),以 B 级以上为合格。

表 6-4 油相在水面分散状态和评价级别的关系

评价级别	分 散 状 态
A	在水面迅速分散,无沉淀,
B	在水面分散,分散性很好
C	在水面分散,有少许下沉
D	在水面基本分散,分散性较好
E	在水面分散,分散性一般
F	漂浮在水面不分散,以油滴或乳状物形势浮在水面

不同表面活性剂在水面铺展性能测试结果见表 6-5,由表面活性剂单体筛选结果可见,表面活性剂 OP-4、OP-10、农乳 500#、农乳 601#、农乳 1601#、农乳 0201、Span-80、农乳 2201、有机硅 408、有机硅 618、有机硅 625 在溶剂中溶解性、水面铺展性较好。

表 6-5 表面活性剂单体筛选结果

表面活性剂	2h 后结果	24h 结果	判定
OP-4	A	A	√
OP-10	A	A	√

续表

表面活性剂	2h 后结果	24h 结果	判定
农乳 500#	A	B	√
农乳 601#	A	B	√
农乳 602#	E	E	×
农乳 603#	E	E	×
农乳 650	D	E	×
农乳 670	C	E	×
农乳 690	B	C	×
农乳 1601#	A	B	√
农乳 0201	A	A	√
农乳 0201B	A	C	×
农乳 0202	C	C	×
农乳 0203	E	F	×
农乳 0204	F	F	×
农乳 0205	F	F	×
农乳 0206	D	F	×
农乳 0208	D	E	×
农乳 2201	A	A	√
Tween-20	B	C	×
Tween-40	B	C	×
Tween-60	C	D	×
Tween-80	D	D	×
Span-20	C	D	×
Span-40	C	D	×
Span-60	D	E	×
Span-80	A	A	√
Silwet-408	A	A	√
Silwet-618	A	B	√
Silwet-625	A	B	√

(2) 表面活性剂种类确定　以月桂酸甲酯作为溶剂，加入 5% 助剂（质量分数），用磁力搅拌器搅拌均匀，取 50μL 滴入水面，测定在水面的铺展半径及所用时间，计算铺展速度及面积。选取在水面铺展速度快、铺展面积大的继续进行试验。试验设 5 次重复，结果取平均值。完成测定后，综合评价不同助剂的影响（表 6-6）。

表 6-6 铺展性能和评价标记关系

铺展速度/(cm/s)	评价标记	铺展面积/cm²	评价标记
>6	++	>1750	++
5~6	+	1500~1750	+
<5	−	<1500	−

注：+表示铺展性好；−表示铺展性差。

经过测定比较（表 6-7），Silwet 408 铺展速度最快，其次是 OP-4 和农乳 2201；农乳 2201 铺展面积最大，达到 2172.55cm²，其次是 OP-10。研究表明，OP-4、OP-10、农乳 2201 和 Silwet 408 综合评价好。但 Silwet 408 在加入月桂酸甲酯放置一段时间后变浑浊。因此选取 OP-4、OP-10、农乳 2201 进行优化调整。

表 6-7 表面活性剂对溶剂铺展性能影响

表面活性剂	铺展速度/(cm/s)	铺展面积/cm²	评价
OP-4	6.96 b	1534.58 c	+++
OP-10	5.37 c	1811.60 b	+++
农乳 500#	5.93 bc	1670.54 bc	++
农乳 601#	3.44 d	1745.51 bc	+
农乳 1601#	5.35 c	1712.35 bc	++
Span-80	5.48 c	1581.78 c	++
农乳 2201	6.56 b	2172.55 a	++++
Silwet 408	10.65 a	1644.68 bc	+++
Silwet 618	2.87 d	698.49 d	−−
Silwet 625	6.96 b	1534.58 c	−−

注：1. 同一列平均值后的不同小写字母表示平均值在 $p=0.05$ 水平差异显著性，下同。
2. +和−表示铺展性能，"++++"表示铺展性最好，"−−"表示铺展性最差。

二、展膜油剂的配方优化

冯超采用正交实验法对 5% 醚菊酯展膜油剂的配方进行了优化，结果见表 6-8：配方 9 综合评价较好，而在各评价指标中铺展面积是展膜油剂的主要衡量指标，故对铺展面积进行单因素方差分析。OP-4 在 2%~5% 范围内随加入量增加铺展面积呈下降趋势，将用量降为 1%~2% 为宜；OP-10 在 1.5%~3% 范围内铺展面积随加入量增加而增大，故将用量调节在 2%~4%；豆油在 30%~35% 时对铺展面积影响不大，调整为 30%~37.5%。由表中各因素铺展面积的级差分析可见，OP-10 对铺展面积的影响最大，农乳 2201 最小。考虑展膜油剂的成膜性问题，配方中添加了十二碳醇酯，并以其作为一影响因素，进行细调正交实验，结果见表 6-9。

由表 6-9 可见，配方 7 综合评价较好。由各因素铺展面积的差异显著性分析，最佳配方为 A2B2C3D2，与配方 7 中 OP-10 含量差 1%，考虑加入农乳 2201 后制剂有效含量问题，在不影响铺展性能的情况下确定最佳用量为 2.0%OP-4、2.0%OP-10、1.5%农乳 2201、4.5%成膜助剂和 35.0%豆油（质量分数）。

由表 6-8 和表 6-9 中数据可知，界面张力越小，铺展面积越大，但界面张力和铺展速度间的关系却不明显，这是油水界面张力首先经过动态界面张力而最终达到平衡界面张力（界面张力）的结果，而铺展面积和平衡界面张力所反映的都是最终的状态。

表 6-8　表面活性剂和载体不同配比对铺展性能的影响

配方	因素(质量分数)/%				评价指标			综合评价
	A OP-4	B OP-10	C 农乳 2201	D 豆油	铺展速度 /(cm/s)	铺展面积 /cm²	界面张力 /(mN/m)	
1	2	1.5	1	30	6.92 de	1745.11 b	0.071 d	－＋－
2	2	2	1.5	35	7.86 bc	1972.27 a	0.050 g	－＋＋
3	2	3	2	40	7.92 b	1995.58 a	0.106 b	＋＋－
4	3	1.5	1.5	40	6.97 cde	1547.62 c	0.116 a	－－－
5	3	2	2	30	6.51 e	1969.61 a	0.065 f	－＋＋
6	3	3	1	35	8.29 ab	2013.59 a	0.051 g	＋＋＋
7	5	1.5	2	35	8.21 ab	1978.42 b	0.087 c	＋＋－
8	5	2	1	40	7.48 bcd	1621.30 c	0.068 e	－－－
9	5	3	1.5	30	8.88 a	1957.20 a	0.057 g	＋＋＋
水平Ⅰ	1904.32 a	1687.05 c	1793.33 b	1890.64 a				
水平Ⅱ	1843.61 ab	1854.39 b	1825.70 b	1918.10 a				
水平Ⅲ	1782.31 b	1988.79 a	1911.21 a	1721.50 b				
R	122.02	301.74	117.87	196.60				

注：＋和－表示评价级别，铺展速度和铺展面积差异显著性为"a 或 b"记"＋"，否则记"－"；界面张力差异显著性为"f 或 g"记"＋"，否则记"－"。

表 6-9　细调正交实验正交表

配方	因素/%				评价指标			综合评价
	A OP-4	B OP-10	C 十二碳醇酯	D 豆油	铺展速度 /(cm/s)	铺展面积 /cm²	界面张力 /(mN/m)	
1	1	2	1	30	9.02 a	1207.68 d	0.299 a	＋－－
2	1	3	2	35	8.91 a	1271.62 c	0.202 c	＋－－
3	1	4	4.5	37.5	8.52 a	1320.84 c	0.238 b	＋－－
4	1.5	2	2	37.5	8.52 a	1477.86 b	0.189 cd	＋＋－
5	1.5	3	4.5	30	9.14 a	1761.46 a	0.200 c	＋＋－

续表

配方	因素/%				评价指标			综合评价
	A OP-4	B OP-10	C 十二碳醇酯	D 豆油	铺展速度 /(cm/s)	铺展面积 /cm²	界面张力 /(mN/m)	
6	1.5	4	1	35	8.32 a	1779.32 a	0.176 d	＋＋－
7	2	2	4.5	35	8.01 a	1882.74 a	0.089 f	＋＋＋
8	2	3	1	37.5	9.29 a	1809.59 a	0.102 ef	＋＋－
9	2	4	2	30	9.05 a	1521.97 b	0.116 e	＋＋－
水平Ⅰ	1206.72 b	1462.76 b	1538.87 b	1437.04 c				
水平Ⅱ	1672.88 a	1614.23 a	1423.82 c	1644.56 a				
水平Ⅲ	1738.1 a	1540.71 ab	1655.02 a	1536.1 b				
R	531.39	151.46	231.20	207.52				

三、展膜油剂铺展性能的测试方法

农药展膜油剂的主要性能指标是药剂在水面的铺展速度和铺展面积，在展膜油剂配方研制过程中，可以采用示踪指示剂法、荧光法、浮子法等来研究测定药剂的铺展速度和铺展面积。

(1) 指示剂法或荧光法 即在溶剂中加入一定量的指示剂或荧光物质，通过测量指示剂在水面的扩散距离得到药剂在水面的铺展速度和铺展面积，这两种方法的优点是直观明了，容易操作。但也有缺点：一是所需指示剂用量大，二是随着药液在水面的扩散，浓度逐渐降低，指示剂颜色变浅，不易观察甚至无法用肉眼观察；三是在试验过程中，每次加入一定量的指示剂导致试验烦琐；四是测定时，根据溶剂极性不同需选择水溶性或脂溶性两种指示剂。

指示剂法的操作程序以苏丹红为例。取 3mL 待测药液，加入 0.0558g 苏丹Ⅱ，搅拌均匀使其充分溶解。向半径 30cm 塑料盆中装水，水深 4cm。取 50μL 上述溶液在水面中心处滴入，在其入水瞬间开始计时，测定在水面的铺展时间和铺展半径。测定试验重复 5 次，求平均数。

(2) 浮子法 冯超研究了浮子法来进行展膜油剂在水面的铺展速度及铺展面积的测定，为测定水面铺展速度和面积提供了一种新的方法。这种方法借助于一定规格的小塑料片作为浮子目标物，测定溶液在水面的铺展速度和面积。

取不同规格的小塑料片作为浮子（规格见表 6-10），置于水面中心处，待静止后，在距浮子 0.5cm 处滴加待测溶液 50μL，溶液将推动浮子向四周移动。在溶液入水瞬间开始计时，当浮子不移动或基本不移动时停止计时。测定浮子在水面漂浮距离，计算溶液的铺展速度及面积。试验重复 5 次。

表 6-10 浮子规格

浮子编号	长/cm	宽/cm	高/cm	质量/mg
1	0.30	0.30	0.07	7.69
2	0.40	0.40	0.07	14.00
3	0.50	0.50	0.07	22.70
4	0.30	0.30	0.04	5.72
5	0.40	0.40	0.04	10.30
6	0.50	0.50	0.04	15.90

本研究表明,通过对不同规格的浮子进行筛选,可以找到一个替代指示剂的方法对水面铺展速度和面积进行测定。在试验过程中发现,规格为 0.3cm×0.3cm 的浮子由于表面积过小而不易控制。溶液推动浮子前进产生推动力,由于浮子质量小导致加速度大,使其在达到溶液铺展边缘时由于本身具有一定速度而静止较慢,使测量不准确。规格为 0.5cm×0.5cm 的浮子由于表面积和质量大而不易控制,由于溶液的表面张力使少量溶液爬覆于浮子表面,从而影响溶液的扩散。通过试验表明,0.4cm×0.4cm×0.07cm,质量为 14.0mg 的浮子最为适合。

四、5%醚菊酯展膜油剂的加工方法

展膜油剂的加工制备方法比较简单,5%醚菊酯展膜油剂的加工方法如下:先将醚菊酯原药用月桂酸甲酯溶解并搅拌均匀,形成透明溶液。将醚菊酯的溶液加入到混合好的表面活性剂中,搅拌均匀至透明溶液,加入载体后,再次搅拌均匀即可。该方法如图 6-4 所示。

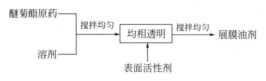

图 6-4 展膜油剂配制方法

五、展膜油剂在水面扩散速率曲线模拟

5%醚菊酯展膜油剂药滴大小与其中水面扩散速率曲线的关系见表 6-11 和图 6-5,可以看出,随滴入量的增加扩散速率呈加快趋势,但在一定范围内速率变化不大。随着扩散速率加快,扩散面积相应增加,说明滴入量与扩散面积呈正比。线性回归方程为 $Y=0.229X+12.38$,滴入量在 $1.25\mu L$ 和 $1.28\mu L$ 之间变化不大,而在 $1.28\mu L$ 时,铺展半径达到 22.5cm。因此,在测试展膜油剂的铺展试验时,选择半径 27cm 的水盆,滴加 $1.28\mu L$ 就能够满足试验要求。根据展膜油剂的水面铺展曲线,计算得出每亩水面滴施 5.3mL 药剂就可以铺展均匀。

表 6-11 药剂滴入量与扩散速率关系

滴入量/μL	时间/s	半径/cm	速率/(cm/s)
1.25	2.2	22.4	10.18
1.28	2.2	22.5	10.23
1.30	2.3	24	10.43
1.5	2.5	27.0	10.80
1.75	2.1	27.0	12.86
2.0	2.0	27.0	13.50
2.5	2.0	27.0	13.50
3.0	2.0	27.0	13.50
4.0	2.0	27.0	13.50
5.0	1.8	27.0	15.00
7.5	1.8	27.0	15.00
10.0	1.8	27.0	15.00
20.0	1.5	27.0	18.00
30.0	1.5	27.0	18.00

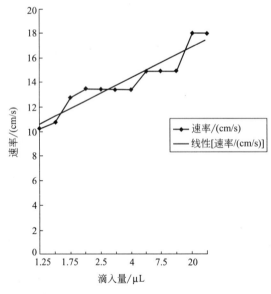

图 6-5 药剂在水面扩散速率曲线模拟

六、农药展膜油剂的配方

通过对溶剂的筛选试验，选择了月桂酸甲酯作为溶剂，然后对数十种不同类型的表面活性剂进行筛选，采用正交法对助剂含量进行确定，经过试验确定5%醚菊酯展膜油剂的最佳配方见表6-12。

表6-12　5%醚菊酯展膜油剂组成

组　成	含量/%
原药	5.0
月桂酸甲酯	50.0
OP-4	2.0
OP-10	2.0
农乳2201	1.5
成膜助剂	4.5
载体	35.0

醚菊酯极性较弱，在弱极性的溶剂中溶解度较大，溶剂的选择主要考虑溶剂对醚菊酯的溶解度、溶剂来源、经济、环保等因素。本剂型主要体现环保性，要求使用少量或不用有机溶剂，通过试验采用了植物型溶剂，获得了较好效果。

表面活性剂在展膜油剂配制中，其主要作用在于降低界面张力和吸附膜，使油性制剂能均匀迅速分散在水面以形成稳定的热力学体系。因此，表面活性剂是展膜油剂的关键组成部分，是制备展膜油剂的先决条件，它的选择应结合考虑制剂外观、热贮及质量等因素。在表面活性剂初步筛选时，参考表面活性剂的HLB值法和胶束浓度CMC理论进行综合考虑和选择。

配制的5%醚菊酯展膜油剂在滴加量为$1.28\mu L$时，铺展速率达到9.29cm/s，铺展面积达到$1882.74cm^2$。通过与市面上出售的30%稻瘟灵展膜油剂（滴就治）比较，5%醚菊酯展膜油剂从铺展速度和铺展面积上均明显好于30%稻瘟灵展膜油剂。

七、5%醚菊酯展膜油剂的质量指标

与常规农药剂型不同，展膜油剂的质量指标中增加了表面张力、平衡界面张力、铺展速度、铺展面积的指标。通过研究，5%醚菊酯展膜油剂的质量标准见表6-13。

表6-13　5%醚菊酯展膜油剂质量标准

项　目	指　标
外观	黄色透明均相液体
醚菊酯质量分数/% ≥	5.00
pH值	5.0～7.0
表面张力/(mN/m)	28.33
平衡界面张力/(mN/m)	0.10
热贮稳定性	合格

续表

项　　目	指　标
铺展速率(1.28μL 药剂)/(cm/s)	12.57
铺展面积(1.28μL 药剂)/cm²	2221.80

八、展膜油剂在水面的分布均匀性

中国农业科学院植物保护研究所率先研究了采用吸油纸吸取水面漂浮的展膜油剂，从而测定其有效成分含量的方法，并证实了这种吸油纸采样法的可行性。经检测，此种方法的添加回收率在 90.9%～96.5%之间。

冯超检测了 5%醚菊酯展膜油剂在水面分散均匀度，研究植株根基部含药量与水面其他部位含药量的关系，结果见表 6-14 和图 6-6。

表 6-14　模拟水田中醚菊酯有效成分分布情况

编号	检测点	3 次重复含量($\times 10^{-6}$)/(g/mL)			平均含量($\times 10^{-6}$)/(g/mL)
1	无植株处	53.62	15.43	34.61	34.55
2	有植株处	642.77	359.66	323.85	442.09

图 6-6　聚集在水稻植株基部的展膜油剂

醚菊酯展膜油剂在水面迅速分散的同时，形成一层薄膜，覆盖于水面。由于毛细管作用，在靠近植株根基部的含药量较高，明显高于无植株的水面，说明醚菊酯展膜油剂的有效成分漂浮于水面上，保护植物根基部，有利于植物吸收，从而有效防治水稻根基部害虫。在模拟水田系统中，无植株部分药剂有效成分含量为 34.55×10^{-6} g/mL，植株根基部含量为 442.09×10^{-6} g/mL，后者约为前者的 12.8 倍。这是由于界面张力和重力的作用所致的，水稻植株相当于毛细管壁，展膜油剂与水相有不同的界面张力，使药剂向植株攀附，当两种力平衡时，药剂停止攀附。这种自然现象有利于植物体对药剂吸收，对存在于植物根基和水面上的害虫有很好的防治效果，为内吸性、触杀性和胃毒性水稻田杀虫剂和水稻田除草剂提供了一种新的施药方法。图 6-7 为农药展膜油剂的入水瞬间。

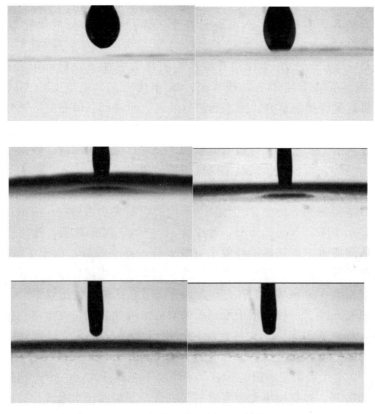

图 6-7 农药展膜油剂的入水瞬间

第三节 泡腾片剂

泡腾片剂（effervescent tablets，剂型代码 EB），是一种投入水中能够迅速产生气泡并崩解分散的片状制剂，最早研究开发的产品供喷雾使用，近年来研究开发了可以直接使用的泡腾片剂。喷雾使用与直接使用的泡腾片剂配方和性能指标无明显差异，只是使用方式有差异。农药泡腾片剂中含有泡腾崩解剂，其崩解机制为酸和碱遇水反应释放二氧化碳而使片剂快速崩解，因该片剂遇水时能迅速产生大量气泡从水中溢出，形同沸腾，故称之为泡腾片剂。

一、农药泡腾片剂的发展历史

泡腾片剂作为一种医药的剂型已经有了广泛的应用，大量用于外用和内服药，还有不少饮料和维生素冲剂采用泡腾片剂。在农药上泡腾片剂的应用时间不长。20

世纪70年代初,日本首先将泡腾片应用于制备除草剂泡腾片剂。因泡腾片剂具有计量准确、性能稳定、贮运方便、使用安全等特点,而且遇水后崩解、分散迅速,日本、德国、美国等国家先后开发了有效成分为杀虫剂、杀菌剂、除草剂、植物生长调节剂的泡腾片。我国近年来也研究开发了杀虫剂、杀菌剂和除草剂的泡腾片剂。

日本最早在20世纪70年代初开始在泡腾片剂中加入农药;70年代末,英、法等国相继研制了喷雾使用的农药片剂;80年代后期,瑞士Ciba-Geigy公司的Somlo等人将磺酰脲类除草剂、助流剂、分散剂、崩解剂、填充剂、黏合剂制成泡腾片剂。在制备工艺中,将乳糖水溶液与有效成分混合,在加入其他助剂后压片,有效地克服了一般的加粉压片易造成的顶裂、裂片、分层等问题。该剂型使用前加入水中,均匀搅拌,可供背负式及拖拉机喷雾使用。

泡腾片剂具有独特的优越性,是水分散片剂的改进剂型,可以在水稻田中直接抛撒使用。日本植物调节协会20世纪90年代初研制成功系列农药泡腾片剂,重点研究推广的是水田除草剂泡腾片剂,每片重30~50g,又称粒霸,施用后片剂中的碳酸盐与固体酸遇水发泡崩解,释放出有效成分,几小时后,由于扩散剂的作用,有效成分均匀扩散到稻田。日本研究开发的水稻田泡腾片剂处理工作效率高,处理一公顷水田只需要12min,省工省力,大大提高了除草剂的使用效率。

日本还研究开发了一种应用于水稻田的农药水溶性袋剂,在水溶性包装袋内含有泡腾颗粒,称之为Jumbo,也称大粒剂,使用方式与泡腾片剂类似,操作者在田埂向水田中抛施,方便实用。

20世纪90年代后期,法国的Meinard研制了一种膏式(paste)泡腾农药。他将泡腾剂、润湿剂、矿物质填充剂等助剂制成膏,制剂或经水泡式包装后,填入水溶性小塑料袋中。使用前用水稀释。该剂型适用于可加工成悬浮剂和乳油的农药。

我国西北农业大学张兴教授研究团队于2001年研制报道了除虫脲泡腾片剂。除虫脲常用剂型有可湿性粉剂、悬浮剂。可湿性粉剂使用时不易定量,稀释时产生粉尘,堆密度低,加入水中不能快速润湿,搅拌时间过长,在水中有结块甚至堵塞喷头的现象。悬浮剂则存在着长期贮存不稳定、不易倾倒的缺点。基于此,他们以昆虫几丁质合成抑制剂除虫脲为有效成分,用除虫脲和柠檬酸、碳酸钠、硬酯酸镁等辅料经粉碎、混合、制粒、干燥、整粒、压片制成除虫脲泡腾片剂。并以三龄初期黏虫为试虫,饲喂含除虫脲的玉米叶,进行室内生物测定,60h后检查结果显示供试的除虫脲泡腾片剂和可湿性粉剂对三龄黏虫的毒力相近,有效成分浓度分别为0.121mg/L和0.123mg/L。说明泡腾片剂在喷雾使用时与常规农药制剂相比生物活性没有差异。

近年来,我国安徽省化工研究院、吉林农业大学、南京农业大学、山东科赛基农控股有限公司分别研制开发了25%吡嘧磺隆泡腾片剂、15%苯噻•苄泡腾片剂、18%二氯喹啉酸•苄嘧磺隆泡腾片剂和16.5%丙草胺•吡嘧泡腾片剂等泡腾片除草剂,用于水稻田杂草防除。湖南农业大学研制开发了32.5%苯醚甲环唑•嘧菌酯泡腾片剂，用于水稻田真菌病害的防治。安徽省化工研究院开发了 3% 吡虫啉泡腾片剂于 2001 年通过省级鉴定，用于水稻田害虫防治。

二、农药泡腾片剂的特点

农药泡腾片剂具有许多优越的性能，主要表现在以下几个方面。

1. 无粉尘污染，对操作者安全

泡腾片剂作为喷雾使用时只需要把片剂投入药液箱即可，无需搅拌，避免了可湿性粉剂粉尘污染问题，对操作者安全。泡腾片剂直接撒施时，操作人员也不会受到喷粉粉粒或者喷雾雾滴的飘移污染。

2. 使用方便，容易掌握

泡腾片施药时可以直接抛施到水稻田内，无需专用的药械，减少了计量配药手续。施药时受气象条件影响小，即使在刮风条件下也可使用。

3. 省时高效

采用泡腾片剂撒施方法处理一公顷水稻田只需要十几分钟，与常规农药相比，大大提高了工作效率。除草剂泡腾片剂在水田的持效期长达 40~50d，基本上可以满足水稻整个生长季的杂草防除的需要。

4. 对邻近作物安全

除草剂泡腾片剂使用时直接抛施，避免了除草剂喷雾使用的雾滴飘移对邻近作物的药害，对邻近作物安全。

5. 扩散性能优越

农药泡腾片剂在抛撒到稻田中接触水面后 10~15s 就开始崩裂，10min 后自动扩散到 100m^2 的稻田范围内。田间检测结果表明，1d 后泡腾片剂内的有效成分能均匀扩散到稻田每一处。

三、农药泡腾片剂的崩解作用机制

泡腾片剂的崩解作用机制主要表现在三个方面。

（1）产气作用　泡腾剂入水后，酸碱系统反应产生二氧化碳逸出，并使泡腾剂形成无数孔洞，使水不断进入颗粒内部，引起泡腾剂膨胀崩解，以达到活性成分溶解释放的目的。

（2）溶胀作用　凡不溶或难溶于水以及制成泡腾剂难以崩解的活性成分，除了酸碱泡腾系统外还应加入其他亲水性的助崩解剂，以促进泡腾剂本身体积的溶胀。

（3）润湿和毛细管作用　有一些崩解剂，其入水后的膨胀作用不是主要的，如干燥淀粉在加压下可形成无数孔隙和毛细管，此孔隙和毛细管有强烈的吸水性，使水迅速进入泡腾剂中，使之全部润湿而崩解。

四、农药泡腾剂的配方组成

农药泡腾片剂主要由原药、填料、崩解助剂和稳定剂等组成。农药原药既可以是除草剂，也可以是杀虫剂、杀菌剂、杀藻剂和植物生长调节剂。常用填料有陶土、膨润土、硅藻土、轻质碳酸钙、锯末、滑石粉、白炭黑、硬脂酸盐等。据报道采用滑石粉和硬脂酸镁调节的相对密度比较理想。崩解助剂可使片剂形成空隙，入水后迅速破裂成小颗粒，释放有效成分，发挥药效。

(1) 有效成分　除草剂、杀虫剂、杀菌剂和植物生长调节剂均可作为泡腾片剂的有效成分。对直接投放水中使用的泡腾片剂，其有效成分最好具有内吸性和安全性，应尽可能避免因药物分布不均匀而导致防效差和产生药害。水田直接投放使用的泡腾片剂以除草剂居多。

(2) 起泡剂　泡腾剂较普通剂型不同之处在于，其制剂的配方中必须含有泡腾起泡剂，使泡腾片剂投放水中产生大量气泡。起泡剂由酸碱系统和适宜的助崩解剂组成。酸系统主要采用有机酸，也可以是无机酸，如柠檬酸、酒石酸、丁二酸、磷酸等；碱系统主要有碱式碳酸盐，如碳酸氢钠、碳酸钠、碳酸钾等。最常用的泡腾起泡剂为碳酸钠或碳酸氢钠与酒石酸、柠檬酸。

(3) 润湿剂和分散剂　喷雾用泡腾片剂需要添加润湿剂和分散剂，以提高有效成分在药液中的分散性，提高药液对喷雾靶标的润湿性。常用润湿剂和分散剂有拉开粉、十二烷基硫酸钠、NNO、木质素磺酸盐、十二烷基苯磺酸钙等阴离子表面活性剂，烷基聚氧乙烯醚、OP 系列、602#、1601#、BY、YUS-WG 系列等非离子表面活性剂，以及阴离子和非离子复配的表面活性剂。

(4) 崩解剂　添加崩解剂可以增加泡腾片剂中的空隙，当泡腾片剂入水后能快速破裂成小颗粒。崩解助剂常用的有交联聚乙烯吡咯烷酮 PVPP、硫酸铵、无水硫酸钠、氯化钙、表面活性剂、膨润土、聚丙烯酸乙酯等。

(5) 吸附剂　吸附剂用于吸附液体农药，多采用材质轻的惰性材料，常用的有硅藻土、凹凸棒土、白炭黑、蛭石和植物纤维性载体等。

(6) 黏结剂　泡腾片剂加工制备过程中添加黏结剂可以使片剂成型并具有一定的硬度，常用的有聚维酮 K30、明胶、聚乙烯醇、淀粉、环糊精、高分子丙烯酸酯等，黏结剂最好选用溶解于水的材料。

(7) 流动调节剂　在加工制备泡腾片剂过程中，为了使压制的片剂容易从压片机中脱模，需要添加流动调节剂，主要采用的有聚乙二醇 6000、滑石粉、硬脂酸、硬脂酸镁等。

(8) 稳定剂　片剂加工制备过程中，根据需要添加磷酸二氢钠、丁二酸草酸、硼砂等来调节片剂的 pH 值，以保证有效成分在贮存期内的稳定。

(9) 填料　填料用做调节泡腾片剂中有效成分的含量，常用的有高岭土、轻质碳酸钙、膨润土、无水硫酸钠、乳糖、锯末等。

五、 农药泡腾片剂的配方设计

农药剂型配方多采用均匀设计和正交设计优化法，但该 2 种优化方案试验精度不够，建立的数学和统计模型预测性较差，且仅适用于线性模型拟合，当试验接近较优区域时，往往非线性关系居多而大大降低模型拟合度。近年来，星点设计和效应面优化法被广泛应用于药学试验设计和优化方案中，结果均表明，星点设计-效应面法二次响应面模型拟合度较高，预测值和实际值误差在3%以内。湖南农业大学采用星点设计和效应面优化法，考察分散剂、崩解剂和起泡剂用量对32.5%苯醚甲环唑·嘧菌酯泡腾片剂悬浮率和崩解性的影响，比较各因素和评价指标之间的相关性，并进行方程拟合，建立了数学模型，得到了较优的农药泡腾片剂配方。

1. 32.5%苯醚甲环唑·嘧菌酯泡腾片剂

湖南农业大学李晓刚团队应用星点设计-效应面法对32.5%苯醚甲环唑·嘧菌酯泡腾片剂配方进行优化，以分散剂、崩解剂和起泡剂的用量为考察因素，以片剂悬浮率和崩解时间为考察指标，采用多元非线性回归拟合选择合适模型，在各因素设定范围内获得的32.5%苯醚甲环唑·嘧菌酯泡腾片剂最佳配方见表6-15。

表6-15　32.5%苯醚甲环唑·嘧菌酯泡腾片剂最佳配方

配方成分	含量(质量分数)/%
苯醚甲环唑	12.5
嘧菌酯	20
分散剂WG5	4.75
分散剂TXC	1.5
崩解剂聚乙烯吡咯烷酮PVPP	5
起泡剂酒石酸	20
起泡剂碳酸氢钠	20
填料	补足100

测试结果表明，32.5%苯醚甲环唑·嘧菌酯泡腾片剂实际平均悬浮率为86.42%，平均崩解时间为159s。

崩解剂PVPP和起泡剂对崩解时间均有显著影响，随着PVPP和起泡剂用量的增加，片剂崩解时间明显缩短。PVPP含量为5%～8%时，润湿时间短，而PVPP含量为8%～15%时，润湿时间反而延长。考虑到泡腾片主要针对南方水稻田病害防治，如片剂在稻田水面崩解过快，则不能使农药有效成分均匀分散，因此，崩解时间不宜过短，PVPP含量控制在5%左右时，有较长崩解时间。起泡剂酒石酸和碳酸氢钠是优良的泡腾剂，以酒石酸为泡腾酸化剂，泡腾粒度大，吸湿性较小，便于生产操作。起泡剂的含量由32.5%～37.5%即能较大程度影响崩解时间，因此，起泡剂含量不宜过高，但泡腾产生的二氧化碳是片剂运动的主要推力，二氧化碳量的多少决定片剂的扩散范围。

2. 15%苯噻·苄泡腾片剂

吉林农业大学经过研究，选择水溶性的无水硫酸钠作为载体和填料，研究确定了15%苯噻·苄泡腾片剂的配方见表6-16。

表6-16　15%苯噻·苄泡腾片剂最佳配方

配方成分	含量(质量分数)/%
苄嘧磺隆	1
苯噻酰草胺	14
分散剂A	2
分散剂B	2
柠檬酸	20
碳酸氢钠	20
黏结剂C	6
无水硫酸钠	35

3. 18%二氯喹啉酸·苄嘧磺隆泡腾片剂

南京农业大学董立尧教授团队经过研究，确定的18%二氯喹啉酸·苄嘧磺隆泡腾片剂配方见表6-17。

表6-17　18%二氯喹啉酸·苄嘧磺隆泡腾片剂最佳配方

配方成分	含量(质量分数)/%
二氯喹啉酸	16.5
苄嘧磺隆	1.5
泡腾崩解剂(N2C)	30
分散剂C	2
BA	8
SB	1
滑石粉	10
乳糖	补足100

4. 其他农药泡腾片剂配方举例

其他农药泡腾片剂配方举例见表6-18、表6-19。

表6-18　10%醚磺隆泡腾片剂最佳配方

配方成分	含量(质量分数)/%
醚磺隆	10
木质素磺酸钠	2
碳酸钠	23

续表

配方成分	含量(质量分数)/%
硬脂酸	18
硬脂酸镁	3
水	2.5
乳糖	补至100

表 6-19　50%氯磺隆泡腾片剂最佳配方

配方成分	含量(质量分数)/%
氯磺隆	50
木质素磺酸钠	2
柠檬酸	9
硬脂酸粉末	3
碳酸钠	11.5
乳糖	补至100

六、 农药泡腾片剂的加工制备

泡腾片剂的加工工艺是先将物料混合，经过粉碎、造粒，再用压片机制成一定形状后干燥。泡腾片剂生产的工艺流程主要包括两条，如图 6-8 和图 6-9 所示。

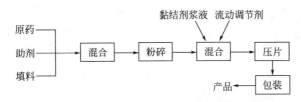

图 6-8　泡腾片剂生产工艺流程示意

工艺流程如图 6-8 所示，将原药（如原药为液体，先用吸附剂吸附成固态粉末）、助剂和填料混合，经气流粉碎至数微米，再经混合机混合，同时加入黏结剂浆液混匀后，再加入流动调节剂混匀，压片，包装。

工艺流程如图 6-9 所示，将原药助剂填料混合粉碎后加入黏结剂和流动调节剂，混合造粒，干燥后进行筛分，过细的颗粒重新造粒，过粗的颗粒回去重新粉碎，符合标准的颗粒压片后包装。

七、 农药泡腾剂加工新技术

1. 酸碱泡腾组分分开造粒

其工艺流程为：将原药、稀释剂、润湿剂、分散剂准确计量后，送气流粉碎机

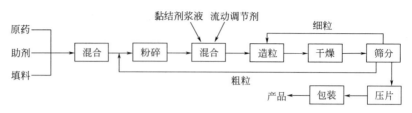

图 6-9 泡腾片剂生产工艺流程示意

粉碎到 500～1000 目细粉，按酸、碱泡腾剂比例分成两份，分别加入酸、碱泡腾剂，分别造粒，制得酸粒和碱粒，分别在 50～80℃ 条件下干燥，加入润湿剂后混合，压片，即得到不同品种农药的水分散性泡腾片剂。本工艺制得的产品，均匀度高，简单，悬浮性好，分散性均匀，使用方便，污染小，使用安全，提高了有效成分生物利用度。

2. 超细粉碎技术

常见的片剂制备方法有湿法制粒压片和干法压片两大类。湿法制粒压片通过制软材、制粒、湿颗粒剂干燥、整粒与混合等步骤制得一定粒径的颗粒后压片即可。此方法能较好地解决片剂生产过程中粉末流动性和可压性差的问题，制备的片剂片重差异小、强度大。而干法压片适用于对湿、热敏感的物质，其方法主要有直压法和干法制粒压片两种。前一方法是将有效成分的粉末和晶体直接压片；后者是将有效成分的粉末压成大片，并经粉碎、整粒后压制成片剂。

经过反复对比试验，考虑到所制备的泡腾片对湿度敏感和需要达到纳米级粒径，且湿法制粒步骤多、工艺较复杂，易使晶体长大，因此采用干法粉末直接压片工艺。具体工艺为：将计量好的原药、润湿分散剂和载体混合均匀，先用气流粉碎机粉碎，再置于超微粉碎机中粉碎至纳米级，取样分析合格后，加入泡腾剂、崩解剂和黏结剂，再充分混合均匀；接着，根据产品大小需要调节冲头直径、填充深度、压片厚度，用花篮式压片机直接干粉压片。

八、泡腾片剂的质量控制指标及检测方法

国际农药分析协作委员会（CIPAC）和世界粮农组织（FAO）对农药泡腾片剂的质量控制的主要指标为：外观、有效成分质量分数、pH 值、悬浮率、崩解时间、持久起泡性等。

泡腾片剂崩解性能的测定方法为：将泡腾片投入水层厚度为 5～7cm 的水槽中，泡腾片入水即开始计时，药片完全分散时计时结束。泡腾片在 7min 内完全分散判定为合格，重复 5 次，结果取其平均值。

九、除草剂泡腾片剂的使用

为解决水稻田省力化除草问题，山东科赛基农控股有限公司研究开发了吡嘧磺

隆与丙草胺的二元复配泡腾片剂。吡嘧磺隆是磺酰脲类除草剂,可防除稻田大多数阔叶及莎草科杂草,对禾本科杂草防效较差。丙草胺属酰胺类除草剂,对稻田多种一年生禾本科杂草高效,是目前防治稻田稗草、千金子的特效药剂。基于室内配方筛选与田间应用技术研究,科赛基农研究开发了16.5%丙草胺·吡嘧泡腾片剂。

16.5%丙草胺·吡嘧泡腾片剂用于防治水田杂草,要掌握如下技术要点。

① 除草剂在温度比较低的条件下除草活性差,请避开低温施药,当温度低于15℃时,禁止用药。

② 整地要平,一般整地后12h待泥浆沉淀澄清后用药,清水用药好于浑水用药。

③ 若选择移栽前施药,必须待水面澄清且移栽前3~5d施药。抛秧田要在抛秧前5~7d施药。若选择移栽后或抛秧后施药必须在水稻返青立苗后施药。

④ 施药时和施药后必须保证3~5cm水层,以利于药剂的充分泡腾并实现快速均匀分散,但水层不宜淹没水稻心叶。水稻田除草,水层管理是影响药效能否充分发挥的关键因素,一般要求水层保持3~5cm,保水5~7d。

⑤ 若漏水田或者因大雨等天气,稻田水层溢出则会使药剂流失,药效下降。

⑥ 施药时请一次甩施一片,匀速行走,均匀抛撒至全田。

对于不同时期、某些特殊难于防治杂草及易漏水地块的施药技术介绍如下。

1. 插秧前施药

耙地平整水澄清后,移栽前3~5d施药,水层3~5cm,保水5~7d。用药200~270g/亩(35~50片),北方用高量,南方用低量。

2. 插秧后施药

① 秧苗充分返青后施药,要求在杂草出苗前均匀施药。

② 若为移栽或抛秧后,二次封闭且以防治莎草、慈姑为主时,可在上述杂草刚刚发生且杂草叶片在水面以下时施药。

③ 水层管理:要求水层3~5cm,保水5~7d。用量:北方用药量200~270g/亩(35~50片);南方用量150~200g/亩(27~35片),恶性杂草多的地块用高量。

3. 慈姑、泽泻、莎草防治方法

慈姑、泽泻、莎草一般在水稻移栽或抛秧后10~20d发生,施药关键技术:待上述杂草大部分发芽且未露出水面时定点施药(将片剂在杂草发生区域撒施),施药后保持杂草被水层淹没并保水一周左右,用量200~270g/亩(35~50片),北方高量,南方用低量。

4. 漏水地块施药方法

在漏水地块或者地势较高地块要采用定位施药法(即将药剂直接撒施到漏水区域或地势较高的区域),用量200~270g/亩(35~50片),北方高量,南方用低量。

16.5%丙草胺·吡嘧泡腾片剂在使用技术方面明显优于传统农药乳油、可湿性粉剂等剂型,每亩地只需要35~50片,一片药剂可以控制15~20m²的水稻田杂草。在施药过程中,操作人员只需要在田埂上转一圈,每次向水稻田中抛撒一片药剂,2~3min即可把1亩水田的除草剂施用完毕,大大提高了施药效率。

第四节 其他省力化剂型

一、撒滴剂

撒滴法是在杀虫双大粒剂开发成功以后在20世纪90年代开发成功的一种新的使用方法。这是中国农业科学院植物保护研究所屠豫钦研究员根据杀虫双和杀虫单的理化性质和作用方式而开发的更为简便而价格低廉的农药使用技术。虽然药剂本身是水溶液,但其使用方式类似于撒粒法,因此,在本节中加以介绍。

所谓撒滴法,就是药液形成一定直径的粗大液滴,不经过喷雾而直接落入田水中。与撒粒法不同之处是,前者是液滴而后者是颗粒。这种液滴的直径为$2000\mu m$左右,远大于颗粒剂而小于粒剂,所以不属于喷雾法,但液滴的运动行为类似于大粒剂撒施,所以称为撒滴法。撒滴法仅适用于水稻田和其他水田作物,不能用于旱田作物。

1. 撒滴法的依据和条件

撒滴法必须具备以下几个条件。

① 有效成分必须是强水溶性的。当液滴落入田水中后必须能迅速而充分溶解于田水中,并在水中迅速扩散,才能分散分布均匀并很快被稻株根系吸收。悬浮性固态农药不能加工为撒滴剂。

② 有效成分的土壤吸附率很小,能在稻田土壤中自由扩散分布。

③ 药剂的内吸性能良好,容易被水稻根系吸收。

④ 有效成分在稻田土壤中具有很好的化学稳定性,半衰期较长。

现有的农药中杀虫双和杀虫单是产量和应用面积最大的水稻田杀虫剂,价格也最低,并且完全符合以上各项条件,因此,它们首先被成功地开发成为撒滴剂。此外,井冈霉素、快杀、巴丹等,也都能加工成符合上述条件的撒滴剂,但必须经过特殊的预处理和配方加工,才能成为撒滴剂。用户不可自行加工使用,以免发生问题。

2. 撒滴剂的作用方式

撒滴剂落入田水中以后,由于设定的药液密度和表面张力,能直接沉到水底泥面,在沉落过程中由于沉降速度很快,不会直接向水中扩散,沉到泥面上以后开始发生溶散现象,溶散过程是贴近泥面呈辐射状向周围水平展开的。在不发生搅动的状态下有效成分不会向田水上层扩散。这种沉降状态极有利于水稻根系很快吸收药剂,因为水稻根系的上层侧根靠近泥面(图6-10)。

3. 撒滴剂的使用方法

商品撒滴剂是装在特制的撒滴瓶中供撒滴用的药液。撒滴剂与撒滴瓶成为一个

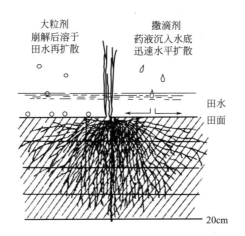

图 6-10 大粒剂（左）和撒滴剂（右）与水稻根系的接触情况（屠豫钦）

包装整体，既是撒滴剂又是撒滴瓶，药液无需加水稀释，不需要使用喷雾器，打开撒滴瓶的外盖，即可进行撒滴操作。商品 18% 杀虫双水剂可以直接作为撒滴剂使用而无需进行特殊的剂型加工。以下介绍一种自制撒滴瓶。

可以用 1 个 500mL 的矿泉水瓶制作撒滴瓶，取下瓶盖，用 1 个直径为 2～3mm 的铁钉，从瓶盖内向瓶盖外锥出 1 个锥形小孔，并使小孔呈小凸起状，凸起的小孔顶部形成直径为 1mm 的孔，瓶盖内侧小孔基部直径为 2～3mm。按照尺寸在每一瓶盖锥出 3～4 个孔，锥孔中心线应同瓶盖中心线有一个小的夹角，以便每一孔流出的药液向外侧分开而不互相重叠。

把 18% 杀虫双药液定量注入瓶中，加盖后拧紧，在行走过程中左右甩动撒滴瓶，药液即可从瓶盖上的小孔射出成为直径约 1 毫米的液柱。由于药液表面张力的作用，液柱很快就会自动断裂成为无数大小均匀的液滴，直径为 1.5～2mm，随着撒滴瓶的左右摆动分散沉落到田水中。撒滴的抛送距离可由操作者掌握。撒滴瓶的摆动速度大则抛送距离远，反之则近。需根据地块大小及地形决定。操作时应走直线，匀速前进，不任意走动，以免剧烈搅动田水。撒滴时田间应保持约 5cm 水层。

二、大粒剂

大粒剂（jumbo）指每个包装重量在 10～50g 的颗粒状或块状剂型，其大小远远大于常规的粒剂，是水田除草剂专用新剂型。主要分发泡片状大粒剂（bubbling tablet type）和水溶性袋状大粒剂（water soluble bag type）两大类。其中发泡片状大粒剂又分为能漂浮在水面上的漂浮型（floating type）和沉到水中的非漂浮型（non-floating type）两大类；水溶性袋状大粒剂包括袋内装小片的片剂型（small tablet type）、袋内装粉的粉剂型（dust type）、袋内装液体的液剂型（liquid type）和袋内装小颗粒的粒剂型（granule type）四类，其中粒剂型又分漂浮型和非漂浮型。目前开发的大粒剂大多数是属于粒剂型大粒剂，有 10g、15g、30g、40g 和 50g 等不同规格包装。大粒剂综合了乳油优良的分散性、可湿性粉剂贮运方便和干悬浮剂使用方便的优点，而且对环境污染小，施药量容易掌握，受气候因子影响小，具有很明显的应用价值。

1. 大粒剂的发展历史

大粒剂最早开始使用是在日本。日本植物调节剂研究协会从 20 世纪 80 年代后期开始进行主要针对水田省力化除草剂技术的研究，到 90 年代成功推出了水田除草专用新剂型——大粒剂。目前，大粒剂在日本的使用面积稳步上升，1998 年的使用面积占日本水稻种植面积的 7%～8%。日本农药株式会社曾研制了 3%杀虫脒大粒剂，效果良好。中国农业科学院植物保护研究所研制的 5%杀虫双大粒剂使用方便，省工省力，工效提高 16 倍。在稻田保水条件下，1～2kg/亩，对二化螟、三化螟、蓟马有 90%左右的防效，持效期 10d 左右，对蚕、桑、鱼类和天敌无害。

目前，由于大粒剂的使用成本偏高，其在我国的使用一直难以推广。在日本大粒剂平均一亩地的成本折合 100～150 元人民币，与日本国内常规的一次性除草剂相当或略高，但是这大大超过了中国农民的承受能力。我国水稻面积种植广泛，如果将大粒剂的开发研究与我国杂草群落有机地结合起来，开发出适应于我国各地杂草危害情况的大粒剂组成和配方，找到降低生产成本的有效方法，大粒剂在我国还是有很大发展前途的。

2. 大粒剂的配方组成及制备方法

大粒剂是一种新的固体颗粒形态的农化制剂，其组成主要包括原药、表面活性剂、油性物质、固体核芯、添加剂。

制备大粒剂通常用圆盘滚动造粒法，在造粒设备中将固体核芯材料与至少一种油性物质紧密混合；通过在一个混合器或研磨机中混合或研磨至少一种生物活性化合物、至少一种表面活性剂、一种或多种添加剂来制备一种粉末；在搅拌下逐渐地将上述的核芯材料与油性物质的混合物加到造粒设备中；继续造粒过程至核芯颗粒表面均匀地被粉末覆盖。配制推荐在 10～40℃之间的温度范围内进行。

为了提高大粒剂的施用效率，可将制剂以每包装 10～20g、推荐使用 25～60g 的单元包装在水溶性袋中。作为制备水溶性袋子的材料，可选用水溶性聚乙烯醇、羧甲基纤维素、糊精、淀粉、羧乙基纤维素等。

3. 大粒剂的优点

① 大粒剂最突出的优点是可以节省大量有机溶剂，节省包装，便于贮存，避免有机溶剂可能造成的火灾及对人身的危害，减少了环境污染，提高了经济效益和社会效益。

② 大粒剂在水中的分散度高，颗粒细、小、轻，用量是普通粒剂的 1/3。

③ 大粒剂中所用原料比较容易制备，生产工艺简单，产品含量较高，可大大降低生产成本。

④ 大粒剂使用过程中没有粉尘飘移，对施药者和邻近作物安全。

⑤ 产品保管和运输方便，贮存稳定性比较好。

⑥ 大粒剂扩散性能优越，受气候因子影响较小，即使核芯材料的颗粒留在水的表面并被风吹在一起也不会降低药效，在刮风时也能使用。

⑦ 杀草广谱，残效时间长。目前在日本试验的大粒剂一般由 2～3 种除草剂有效成分组成，基本上能杀死日本稻田里的主要杂草，而且持效期一般可达 40～50d。

三、可分散袋剂

可分散袋剂也属于大粒剂的范畴，由于制备方法与上述的大粒剂有所不同，单独列为一类。可分散袋剂用手抛撒施用，可大大降低农药中毒的危险，节省劳动力和手工施用农药所需的时间。该剂型通过使用便宜的材料进行简单的剂型加工而制备。此外，可分散袋剂对杂草、害虫和植物病害具有优异的防治效果。它们在水稻田水中的分散不受稻田中水和风的任何影响，因而不会造成对水稻植株的伤害。

1. 可分散袋剂组成

可分散袋剂由液态农药混合物、水中非崩解性多孔载体和水溶性薄膜袋组成。

（1）载体　用做吸收液态农药混合物的载体有两种，载体之一是不溶于水或有机溶剂的粉状或粒状材料，最适合的载体材料有海砂、中空微球、碳酸钙、白云山、叶蜡石和滑石等，它们有光滑的外表面，低吸收有机液体的能力，对水和有机溶剂的高亲和力，优良的环境相容性。载体之二是平均空隙粒径为 $20～100\mu m$ 的多孔块，不溶于水和有机溶剂的黏合无机矿物质和天然的多孔材料可用做多孔块。

如果使用的多孔包装物（载体1）或多孔块（载体2）太轻，它难于抛向远处，相反，若太重，它将黏附在稻田土壤中，导致不能完全释放含有的液态农药。因此，必须依据用途和施药的田间条件，调节袋剂的堆密度和大小。对于载体1的多孔包装物，可以在袋中装填两种以上的载体材料来调节袋剂密度。块状物载体的堆密度可通过调节混合比例来控制，使袋剂在水中漂浮或沉底。

（2）农药混合物　农药混合物包括农药有效成分、溶解原药的有机溶剂及发挥乳化或分散性能的表面活性剂。可分散袋剂可选用沸点大于 60℃ 和密度小于 $1g/mL$ 的有机溶剂，一般非极性溶剂用做农药有效成分的主溶剂，极性溶剂用做助溶剂。为了达到更好的乳化性能和分散能力，可以添加各种表面活性剂作为乳化剂、增溶剂或分散剂，一般添加量为 5%～15%。可添加增稠剂来调节液态农药的黏度。

（3）水溶性薄膜袋　厚度为 $25～75\mu m$ 的聚乙烯醇水溶液薄膜、水溶性纤维素或水溶性糊精可用做水溶性袋。

2. 制备方法

用粒状材料如海砂装填到多孔性袋中,多孔性袋插入到水溶性袋中,将由农药有效成分、表面活性剂、溶剂和辅助剂组成的液态农药混合物吸收进袋中并热封口;或者用粒状材料与黏合剂黏合制成块状多孔载体,将该载体插入到水溶性袋中,再将上述液态农药混合物吸收进袋中并热封口。依据手抛它们的距离和随后在水稻田的沉积情况,水溶性袋剂被加工成每袋重 5~200g。

3. 使用方法

该制剂手抛施用于水稻田水中或灌溉渠入口处,在水中不崩解,保持原来的形状。施用袋剂的数量随制剂中包含有效成分在水中的分散性而变化。只要每 10 公亩(1 公亩 = $100m^2$)手抛施用 5~50 袋的袋剂,农药有效成分就能均匀扩散到整个水稻田施药区域。

四、高浓度悬浮剂

为降低劳动量,日本的除草悬浮剂已经发展为直接使用,即不经稀释使用。这些悬浮剂型有良好的分散功能,使用时不需要在田间稀释,选用手震散布方法,用量在 125~250mL/hm^2。在这种情况下,剂型在水中的分散能力因为颗粒微小或特殊表面活性剂的选择而增强,保证农药在田中能够均匀分散。浓缩的有效成分甚至在稻田水中 1d 就能分散,在砂子表面也仅仅 3d 就能分散。此时,水的高度需要保持 4~5cm。为了不黏附在水稻叶片上和减轻药害,25℃时,药液黏度应该控制在 36~65mPa·s。这种情况下在垄边使用该药剂时,操作时间只有在稻田中使用除草颗粒剂的 1/5。为了达到省力的目的,在移栽后水进入田间时,在田间灌溉的水口处也可使用除草悬浮剂。此时,可用 500~1000mL 悬浮剂随水流进入并在田间分散。

五、育苗箱处理剂

开发用于育苗箱处理的缓释粒剂的目的是节省劳力。此时避免药害和延长持效尤为重要。要求在育苗箱处理时,有效成分应该能够控制释放。颗粒通常选用合适的聚合物来包裹,制备成一种微胶囊颗粒剂,可以减少用药量,并且不会飘移,对环境影响小。由于这些优点,育苗箱处理剂将得到普及。

参考文献

[1] 蔡贵忠.农药新剂型-泡腾片剂.福建化工,2002,2:6,11.

[2] 陈福良编译,郑斐能校.农药新剂型——袋剂.农药译丛,1998,20(4):53-56.

[3] 程永,张杰,苗建强.农药省力化剂型的研究进展.农业工程,2011,1(2):12-16.

[4] 冯超,杨代斌,袁会珠.5%醚菊酯展膜油剂配制及其对稻飞虱的防治效果.农药学报,2010,12(1):67-72.

[5] 金劲松.吡虫啉泡腾片配方筛选及工艺条件的研究.安徽农业科学,2004,32(5):908-909.

[6] 李舣，李晓刚，喻湘林. 32.5%苯醚甲环唑·嘧菌酯泡腾片的制备. 广州化工，2013，41（11），136-137.
[7] 刘广文. 现代农药剂型加工技术. 北京：化学工业出版社，2012.
[8] 罗延红，段岑，张兴. 除虫脲泡腾片制备中的影响因素和质量检测. 农药，2001，40（11）：9-11.
[9] 祁鸣，陶亚春，刁兴等. 纳米级三唑酮水分散泡腾片的研制及应用. 世界农药，2010，32（4）：48-51.
[10] 辻孝三. 农药制剂の基础と今后の展望. 日本农药学会志，2013，38（2）：205-212.
[11] 苏跃. 泡腾片剂在水田除草中的应用与前景分析. 第四届环境友好型农药制剂加工技术及生产设备研讨会报告集，2014：169-171.
[12] 孙锦程，郝惠玲，林永丽. 可溶性农药泡腾剂的制备工艺研究. 中华卫生杀虫药械，2010，16（1）：34-36.
[13] 谢毅，吴学民. 浅谈现代农药剂型进展. 世界农药，2007，29（2）：19-22.
[14] 邢平. 18%二氯喹啉酸·苄嘧磺隆泡腾片剂的研制与开发. 南京：南京农业大学，2007.
[15] 杨华，彭大勇. 10%啶·噻泡腾片剂的研制与测定. 江西农业学报，2013，25（7）：63-65.
[16] 喻湘林，杨琛，朱锐等. 星点设计-效应面法优化：32.5%苯醚甲环唑·嘧菌酯泡腾片剂配方. 湖南农业大学学报（自然科学版），2013，39（3）：323-326.
[17] 袁会珠. 农药使用技术指南. 第2版. 北京：化学工业出版社，2011.
[18] 张少武，苏连碧，樊小龙等. 一类水分散性农药泡腾片剂组合物及制备产品的方法. CN1947504A. 2007.
[19] Takafumi Takeshita, Koji Noritake. Development and promotion of laborsaving application technology for paddy herbicides in Japan. Weed Biology and Management, 2001, 1：61-70.

化工版农药、植保类科技图书

书号	书名	定价
122-20582	农药国际贸易与质量管理	80.0
122-21445	专利过期重要农药品种手册	128.0
122-21715	吡啶类化合物及其应用	80.0
122-21298	农药合成与分析技术	168.0
122-21262	农民安全科学使用农药必读(第三版)	18.0
122-21548	蔬菜常用农药100种	28.0
122-19639	除草剂安全使用与药害鉴定技术	38.0
122-19573	药用植物九里香研究与利用	68.0
122-19029	国际农药管理与应用丛书——哥伦比亚农药手册	60.0
122-18414	世界重要农药品种与专利分析	198.0
122-18588	世界农药新进展(三)	118.0
122-17305	新农药创制与合成	128.0
122-18051	植物生长调节剂应用手册	128.0
122-15415	农药分析手册	298.0
122-16497	现代农药化学	198.0
122-15164	现代农药剂型加工技术	380.0
122-15528	农药品种手册精编	128.0
122-13248	世界农药大全——杀虫剂卷	380.0
122-11319	世界农药大全——植物生长调节剂卷	80.0
122-11206	现代农药合成技术	268.0
122-10705	农药残留分析原理与方法	88.0
122-17119	农药科学使用技术	19.8
122-17227	简明农药问答	39.0
122-19531	现代农药应用技术丛书——除草剂卷	29.0
122-18779	现代农药应用技术丛书——植物生长调节剂与杀鼠剂卷	28.0
122-18891	现代农药应用技术丛书——杀菌剂卷	29.0
122-19071	现代农药应用技术丛书——杀虫剂卷	28.0
122-11678	农药施用技术指南(二版)	75.0
122-12698	生物农药手册	60.0
122-15797	稻田杂草原色图谱与全程防除技术	36.0
122-14661	南方果园农药应用技术	29.0
122-13875	冬季瓜菜安全用药技术	23.0
122-13695	城市绿化病虫害防治	35.0
122-09034	常用植物生长调节剂应用指南(二版)	24.0

续表

书号	书名	定价
122-08873	植物生长调节剂在农作物上的应用(二版)	29.0
122-08589	植物生长调节剂在蔬菜上的应用(二版)	26.0
122-08496	植物生长调节剂在观赏植物上的应用(二版)	29.0
122-08280	植物生长调节剂在植物组织培养中的应用(二版)	29.0
122-12403	植物生长调节剂在果树上的应用(二版)	29.0
122-09867	植物杀虫剂苦皮藤素研究与应用	80.0
122-09825	农药质量与残留实用检测技术	48.0
122-09521	螨类控制剂	68.0
122-10127	麻田杂草识别与防除技术	22.0
122-09494	农药出口登记实用指南	80.0
122-10134	农药问答(第五版)	68.0
122-10467	新杂环农药——除草剂	99.0
122-03824	新杂环农药——杀菌剂	88.0
122-06802	新杂环农药——杀虫剂	98.0
122-09568	生物农药及其使用技术	29.0
122-09348	除草剂使用技术	32.0
122-08195	世界农药新进展(二)	68.0
122-08497	热带果树常见病虫害防治	24.0
122-10636	南方水稻黑条矮缩病防控技术	60.0
122-07898	无公害果园农药使用指南	19.0
122-07615	卫生害虫防治技术	28.0
122-07217	农民安全科学使用农药必读(二版)	14.5
122-09671	堤坝白蚁防治技术	28.0
122-06695	农药活性天然产物及其分离技术	49.0
122-05945	无公害农药使用问答	29.0
122-18387	杂草化学防除实用技术(第二版)	38.0
122-05509	农药学试验技术与指导	39.0
122-05506	农药施用技术问答	19.0
122-04825	农药水分散粒剂	38.0
122-04812	生物农药问答	28.0
122-04796	农药生产节能减排技术	42.0
122-04785	农药残留检测与质量控制手册	60.0
122-04413	农药专业英语	32.0
122-03737	农药制剂加工试验	28.0

续表

书号	书名	定价
122-03635	农药使用技术与残留危害风险评估	58.0
122-03474	城乡白蚁防治实用技术	42.0
122-03200	无公害农药手册	32.0
122-02585	常见作物病虫害防治	29.0
122-02416	农药化学合成基础	49.0
122-02178	农药毒理学	88.0
122-06690	无公害蔬菜科学使用农药问答	26.0
122-01987	新编植物医生手册	128.0
122-02286	现代农资经营丛书——农药销售技巧与实战	32.0
122-00818	中国农药大辞典	198.0
5025-9756	农药问答精编	30.0
122-00989	腐植酸应用丛书——腐植酸类绿色环保农药	32.0
122-00034	新农药的研发——方法·进展	60.0
122-02135	农药残留快速检测技术	65.0
122-11849	新农药科学使用问答	19.0
122-11396	抗菌防霉技术手册	80.0

如需相关图书内容简介、详细目录以及更多的科技图书信息，请登录 www.cip.com.cn。

邮购地址：（100011）北京市东城区青年湖南街13号 化学工业出版社

服务电话：010-64518888，64518800（销售中心）

如有化学化工、农药、植保类著作出版，请与编辑联系。联系方式：010-64519457，286087775@qq.com。